U0574793

国家能源集团
CHN ENERGY

技术技能培训系列教材

电力产业（火电）

汽轮机技术

国家能源投资集团有限责任公司　组编

中国电力出版社
CHINA ELECTRIC POWER PRESS

内 容 提 要

本系列教材根据国家能源集团火电专业员工培训需求,结合集团各基础单位在役机组,按照人力资源和社会保障部颁发的国家职业技能标准的知识、技能要求,以及国家能源集团发电企业设备标准化管理基本规范及标准要求编写。本系列教材覆盖火电主专业员工培训需求,本系列教材的作者均为长期工作在生产一线的专家、技术人员,具有较好的理论基础、丰富的实践经验。

本教材为《汽轮机技术》分册,共十五章,包括汽轮机本体及附属设备、汽轮机调节保安及供油系统设备、水泵、阀门、辅助设备、技术专项等章节;重点介绍了汽轮机新技术知识,汽轮机主辅设备的结构、工作原理、检修工艺、定期维护及常见问题分析等,汽轮机智能化技术,并介绍了电厂检修维护的新规范、工艺及发展趋势等内容。

本教材适用于火电企业新老员工技能培训、技能评定、取证上岗和技能调考等培训及自学教材,也可作为职业技能等级认定、相关岗位技术及管理人员学习、技术比武等参考用书。

图书在版编目(CIP)数据

汽轮机技术 / 国家能源投资集团有限责任公司组编. -- 北京: 中国电力出版社,2025. 2. --(技术技能培训系列教材). -- ISBN 978 - 7 - 5198 - 9584 - 6

Ⅰ. TK267

中国国家版本馆 CIP 数据核字第 202419WW49 号

出版发行:中国电力出版社
地 址:北京市东城区北京站西街 19 号 (邮政编码 100005)
网 址:http://www.cepp.sgcc.com.cn
责任编辑:宋红梅(010—63412383)
责任校对:黄 蓓 李 楠 王海南
装帧设计:张俊霞
责任印制:吴 迪

印 刷:三河市航远印刷有限公司
版 次:2025 年 2 月第一版
印 次:2025 年 2 月北京第一次印刷
开 本:787 毫米×1092 毫米 16 开本
印 张:29
字 数:605 千字 插页 18
印 数:0001—3600 册
定 价:150.00 元

技术技能培训系列教材编委会

主　　任　王　敏
副 主 任　张世山　王进强　李新华　王建立　胡延波　赵宏兴

电力产业教材编写专业组

主　　编　张世山
副 主 编　李文学　梁志宏　张　翼　朱江涛　夏　晖　李攀光
　　　　　蔡元宗　韩　阳　李　飞　申艳杰　邱　华

《汽轮机技术》编写组

编写人员　（按姓氏笔画排序）
　　　　　刘跃东　杜　和　张　辉　赵成权　高　峰　郭楚文

序　言

习近平总书记在党的二十大报告中指出，教育、科技、人才是全面建设社会主义现代化国家的基础性、战略性支撑；强调了培养造就更多大师、战略科学家、一流科技领军人才和创新团队、青年科技人才、卓越工程师、大国工匠、高技能人才的重要性。党中央、国务院陆续出台《关于加强新时代高技能人才队伍建设的意见》等系列文件，从培养、使用、评价、激励等多方面部署高技能人才队伍建设，为技术技能人才的成长提供了广阔的舞台。

致天下之治者在人才，成天下之才者在教化。国家能源集团作为大型骨干能源企业，拥有近25万技术技能人才。这些人才是企业推进改革发展的重要基础力量，有力支撑和保障了集团公司在煤炭、电力、化工、运输等产业链业务中取得了全球领先的业绩。为进一步加强技术技能人才队伍建设，集团公司立足自主培养，着力构建技术技能人才培训工作体系，汇集系统内煤炭、电力、化工、运输等领域的专家人才队伍，围绕核心专业和主体工种，按照科学性、全面性、实用性、前沿性、理论性要求，全面开展培训教材的编写开发工作。这套技术技能培训系列教材的编撰和出版，是集团公司广大技术技能人才集体智慧的结晶，是集团公司全面系统进行培训教材开发的成果，将成为弘扬"实干、奉献、创新、争先"企业精神的重要载体和培养新型技术技能人才的重要工具，将全面推动集团公司向世界一流清洁低碳能源科技领军企业的建设。

功以才成，业由才广。在新一轮科技革命和产业变革的背景下，我们正步入一个超越传统工业革命时代的新纪元。集团公司教育培训不再仅仅是广大员工学习的过程，还成为推动创新链、产业链、人才链深度融合，加快培育新质生产力的过程，这将对集团创建世界一流清洁低碳能源科技领军企业和一流国有资本投资公司起到重要作用。谨以此序，向所有参与教材编写的专家和工作人员表示最诚挚的感谢，并向广大读者致以最美好的祝愿。

编委会

2024 年 11 月

前　言

　　近年来，随着我国经济的发展，电力工业取得显著进步，截至 2023 年底，我国火力发电装机总规模已达 12.9 亿 kW，600MW、1000MW 燃煤发电机组已经成为主力机组。当前，我国火力发电技术正向着大机组、高参数、高度自动化方向迅猛发展，新技术、新设备、新工艺、新材料逐年更新，有关生产管理、质量监督和专业技术发展也是日新月异，现代火力发电厂对员工知识的深度与广度，对运用技能的熟练程度，对变革创新的能力，对掌握新技术、新设备、新工艺的能力，以及对多种岗位上工作的适应能力、协作能力、综合能力等提出了更高、更新的要求。

　　我国是世界上少数几个以煤为主要能源的国家之一，在经济高速发展的同时，也承受着巨大的资源和环境压力。当前我国燃煤电厂烟气超低排放改造工作已全面开展并逐渐进入尾声，烟气污染物控制也由粗放型的工程减排逐步过渡至精细化的管理减排。随着能源结构的不断调整和优化，火力发电厂作为我国能源供应的重要支柱，其运行的安全性、经济性和环保性越来越受到关注。为确保火电机组的安全、稳定、经济运行，提高生产运行人员技术素质和管理水平，适应员工培训工作的需要，特编写电力产业技术技能培训系列教材。

　　本教材为《汽轮机技术》，主要以 600MW 及以上主流火电机组汽轮机本体及辅助设备技术知识内容为主进行编撰，并参考了有关电厂的汽轮机检修、运行规程等。本教材注重理论联系实际，以提高电厂专业人员的技术知识储备、设备维护的技能水平为目标，以解决生产现场实际问题为导向，达到培训提升技术技能水平的目的。

　　因编者的学识、经验和水平有限，错误和不足之处在所难免，敬请各使用单位和广大读者及时提出宝贵意见，以期能够在大家共同努力下不断充实、完善。

编写组

2024 年 6 月

目　　录

第一章 概 述

第一节 汽轮机发展简述

一、汽轮机的发展历史

汽轮机是一种以蒸汽为动力,并将蒸汽的热能转化为机械功的旋转机械,具有单机功率大、效率高、寿命长等优点,是现代火力发电厂中应用最广泛的原动机。

公元1世纪,亚历山大的希罗记述的利用蒸汽反作用力而旋转的汽转球,又称为风神轮,是最早的反动式汽轮机的雏形。

1882年瑞典工程师拉瓦尔设计制造出了第一台单级冲动式汽轮机。随后在1884年,英国工程师帕森斯设计制造了第一台单级反动式汽轮机。虽然那时的汽轮机与现代汽轮机相比结构非常简单,但是推动了汽轮机在世界范围内的应用,汽轮机被广泛应用在电站、航海和大型工业中。

汽轮机的出现推动了电力工业的发展,到20世纪初,电站汽轮机单机功率已达10MW。随着电力应力的日益广泛,美国纽约等大城市的尖峰负荷在20世纪20年代已接近1000MW,如果单机只有10MW,则需要装机近百台,因此,20世纪20年代时单机功率就已增大到60MW,30年代初又出现了165MW和208MW的汽轮机。20世纪50年代随着二战后经济复苏,电力需求突飞猛进,单机功率又开始不断增大,陆续出现了325~600MW的大型汽轮机。20世纪60年代,世界上工业发达的国家生产的汽轮机单机功率已经达到500~600MW等级水平,并制成了1000MW汽轮机。1972年,瑞士ABB公司制造的1300MW双轴全速汽轮机在美国投入运行,设计压力达到24MPa,蒸汽温度为538℃,转速为3600r/min。1982年,世界上最大的1200MW单轴全速汽轮机在苏联投入运行,压力为24MPa,蒸汽温度为540℃。现在许多国家投运的汽轮机单机功率为300~1000MW。

二、汽轮机技术的发展方向

在火力发电厂的热力循环过程中,一般将锅炉蒸汽出口至锅炉给水进口这一段的设备统称为汽轮机设备,其作用主要有以下三方面。

(1)将蒸汽的热能转化为机械能。

(2)回收工质。

(3)给锅炉提供高压给水。

因此，汽轮机设备除汽轮机本体外，还包括凝结水泵、循环水泵、给水泵等转动设备，以及凝汽器、高压加热器、低压加热器、除氧器等静止设备，见图1-1（见彩插）。为了保证上述设备安全、稳定运行，还有很多辅助系统设备参与运行，如汽轮机的润滑油系统，冷却各设备的开式、闭式冷却水系统，防止氢冷机组漏氢的密封油系统，汽轮机的疏水系统，防止汽轮机轴端漏汽的轴封抽汽、供汽系统等。

汽轮机作为一种较为精密的重型机械，一般须与锅炉（或其他蒸汽发生器）、发电机（或其他被驱动机械），以及凝汽器、加热器、泵等组成成套设备，一起协调配合工作。

目前世界各国都在开展大容量、高参数汽轮机的研究和开发，如俄罗斯正在研究2000MW汽轮机。大容量、高参数是提高火电机组经济性最为有效的措施。

同时，我国正在逐步淘汰高能耗的小容量机组，600～1000MW机组已经成为主流。2022年末我国境内火电装机容量约为10.4亿kW，其中1000MW级煤电机组占1.37亿kW，600MW级煤电机组占3.6亿kW。600MW级及以上机组占比达到了48%。

三、我国汽轮机制造业现状

中国汽轮机制造业发展起步比较晚。上海汽轮机厂是中国第一家汽轮机厂，1955年上海汽轮机厂制造出第一台6MW汽轮机。经过数十年的发展，上海汽轮机厂已与上海电机厂合并成立上海电气集团股份有限公司，通过与德国西门子公司合作，技术力量突飞猛进，生产的主力机型包括600MW、1000MW超临界及超超临界机组。

哈尔滨汽轮机厂1956年建厂，先后设计制造了中国第一台25MW、50MW、100MW和200MW汽轮机。后与哈尔滨锅炉厂、电机厂合并成立哈尔滨电气集团有限公司，通过自主研发及引进日本东芝技术，制造出了从超高压到亚临界、临界、超临界、超超临界多型机组，目前生产的主力机型为引进东芝技术生产的1000MW一次中间再热超超临界机组。

东方汽轮机厂于1965年开始兴建，1974年建成投产，2006年改制为东方汽轮机有限公司并隶属于中国东方电气集团有限公司。东方电气集团拥有行业一流的多层次研发平台，还拥有世界最大350t级转子高速动平衡试验台。该公司通过与日本日立公司合作，制造了1000MW超超临界一次再热机组。

以上三家汽轮机制造企业为我国三大汽轮机制造基地，也是我国火电行业大容量、高参数机组最主要的供货商。

第二节 汽轮机新技术及应用

一、通流改造

(一)技术特点

汽轮机通流改造是一种较大幅度提高汽轮机通流效率、消除运行安全隐患的技术手段,主要是通过采用当代先进的气动热力和结构设计技术对汽轮机的动叶片、静叶片、内缸、汽封等通流部件(包括进汽阀门、排汽缸等部件)进行重新设计和更换。

(二)适用范围

(1)主要适用于投产较早(通常 10 年及以上),热耗率较同类机组先进值高 200kJ/kWh 以上的 300MW 及以上等级机组。

(2)可用于常规大修降耗效果不显著、热耗率下降不高于 100kJ/kWh,且存在转子弯曲超标等较大安全隐患的 300MW 及以上等级机组。

(3)也可用于有高背压供热需要的 300MW 及以上等级湿冷机组的低压缸改造。

(三)技术指标

(1)亚临界 300MW、600MW 级湿冷机组:改造后 THA(汽轮机热耗保证)工况热耗率在 7800~7900kJ/kWh 之间。

(2)超临界 350MW、600MW 级湿冷机组:改造后 THA 工况热耗率在 7550~7650kJ/kWh 之间。

(3)亚临界 300MW、600MW 空冷机组:改造后 THA 工况热耗率在 8100~8200kJ/kWh 之间。

(4)超临界 350MW、600MW 空冷机组:改造后 THA 工况热耗率在 7850~7950kJ/kWh 之间。

注意事项:汽轮机通流改造应与回热系统优化、冷端优化等统筹考虑,结合机组实际负荷率选取综合能耗最优的技术方案,且应具有较强的深度调峰能力。

(四)通流改造创新点

(1)取消双列调节级布置形式,采用全周进汽+补汽阀结构。

(2)红套环密封结构高压内缸:适应压力更高、内缸热应力更小;结构简单,膨胀均匀,具有优良的变负荷性能;密封性能更好,可适应更高的蒸汽参数;可满足汽轮机 10 年大修周期需求。红套后的高压内缸和转子效果图如图 1-2 所示。

(3)优化主蒸汽调节联合阀结构,改善腔室、阀座汽道流场,降低阀门压损;采用阀门与汽缸直接连接结构,无导汽管道损失;最终主汽阀+调节阀总压损小于 2%。

图 1-2　红套后的高压内缸和转子效果图

（4）采用多级小焓降反动式设计，合理分配焓降，可以提升缸率；"多级数反动式"通流技术，可以减少每级焓降，提高重热系数，叶片轴向宽度更小，级效率更高。

（5）高效叶型设计。采用小焓降、高效后加载叶型，端部二次流明显减弱；叶型攻角适应范围广，可提高机组变负荷运行经济性。改造前后叶型图如图 1-3 所示。

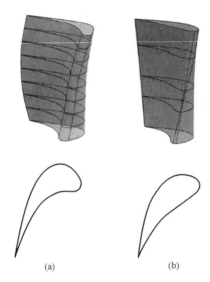

(a)　　　　　　　　(b)

图 1-3　改造前后叶型图

（a）改造前；（b）改造后

（6）采用蜗壳进汽结构：高、低压缸采用切向蜗壳进汽＋横置静叶，汽动性能更优秀，如图 1-4 所示。

（7）中压转子取消冷却蒸汽，优化中压内缸结构。

（8）低压内缸采用整体铸造结构：球墨铸铁具有良好的减震性和抗变形能力，缸体温度场更合理；变形量分布均匀；稳定性好，应力小，变形小；可有效控制汽缸漏汽，解决了低压抽汽温度高的问题。低压内缸外形如图 1-5 所示，低压内缸温度场如图 1-6 所示。

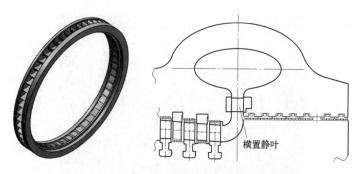

横置静叶

图 1-4 高压缸第一级斜置静叶实体及布置图

图 1-5 低压内缸外形

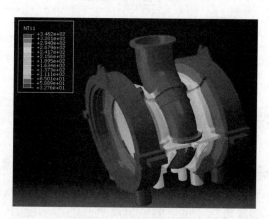

图 1-6 低压内缸温度场

（9）取消焊接隔板结构，采用预扭装配式动、静叶片：可以减少制造工序，节约加工周期，消除焊接结构易脱落的隐患，叶片预扭安装简单方便，易于拆装，同时某效率更高，如图 1-7 所示。

（10）通流部分汽封采用先进智能化汽封体系（AIS），根据位置及参数合理选择汽封形式，提高了蒸汽利用率。高、中压端汽封采用双嵌式汽封

图 1-7 叶片安装

片，优化设计，汽封齿数量不受胀差限制；增加汽封齿数量，可以有效减少漏汽。合理化汽封选择，提高蒸汽利用率如图 1-8 所示。

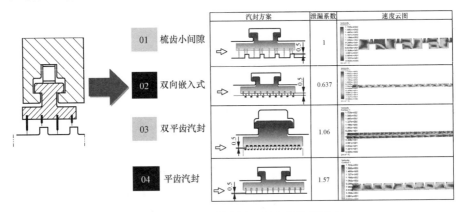

图 1-8 合理化汽封选择，提高蒸汽利用率

二、二次中间再热机组

（一）概述

一般常规机组均采用蒸汽一次中间再热，将汽轮机高压缸排汽送入锅炉再热器中再次加热，然后送回汽轮机中压缸、低压缸继续做功。再热技术通过提高蒸汽膨胀过程干度、焓值提高蒸汽的做功能力，增加第二次再热就是为了提升机组效率。二次再热的系统中，蒸汽在超高压缸、高压缸做功后分别返回锅炉的一次再热器、二次再热器中再次加热，相比一次再热系统，二次再热系统锅炉因多了一级再热，增加了能量分配和调温的技术难度，汽轮机也增加一个超高压缸，多了一套主汽门与调节汽门的协调控制。在两种技术流派中，目前火电机组仍以一次再热为主流，以往二次再热因造价与收益问题，经济性不高，未能广泛应用，随着二次再热机组技术不断成熟和造价下降，以及它的节能优势，也越来越受到发电企业的

关注。

（二）发展史

二次再热技术从20世纪50年代至20世纪70年代得到迅速的发展，美国、德国、日本、丹麦等欧美国家生产制造了大量二次再热机组。受当时金属材料性能设计、制造水平和机组容量的限制，二次再热机组的参数经历了"高—低—高"的过程。从20世纪80年代开始，二次再热技术逐渐提高了经济性、可靠性和灵活性，成为技术成熟的超超临界技术，见表1-1。

表1-1　二次再热机组参数

序号	国家	电厂机号	制造商机/炉	容量(MW)	汽轮机参数		投运年份
					压力/温度/温度/温度(MPa/℃/℃/℃)	背压(kPa)	
1	美国	EDDYSTONE 1	WH/CE	325	34.4/649/566/566	3.447	1958
2	美国	EDDYSTONE 2	WH/CE	325	34.4/649/566/566	3.447	1960
3	日本	川越1	东芝/三菱	700	31/566/566/566	5.07	1989
4	日本	川越2	东芝/三菱	700	31/566/566/566	5.07	1990
5	丹麦	SKE	FLS Milj/BWE	412	28.4/580/580/580	3	1997
6	丹麦	NRD	FLS Milj/BWE	410	29/582/580/580	3	1998

尽管二次再热技术使得机组设备结构和系统更复杂，但受700℃等级金属材料的研制、加工制造工艺，特别是制造成本等因素制约，发展超超临界二次再热技术是提高燃煤发电机组热效率，降低能耗，减少温室气体与污染物排放，实现经济社会可持续发展切实可行的有效手段。

2015年9月世界首台百万千瓦超超临界二次再热机组在江苏泰州投运，随后国内又投运并建设一批超超临界二次再热机组。

（三）特点

在相同主蒸汽与再热蒸汽参数条件下，二次再热机组的热效率比一次再热机组提高1.5％～2％，二氧化碳减排约3.6％；且目前技术成熟的铁素体合金材料和奥氏体合金材料能够满足二次再热超超临界机组的安全要求。但二次再热会使机组结构、调控和操作运行更加复杂，汽轮机需增加超高压缸和相应的控制机构，热力系统也更加复杂。二次再热机组相比一次再热机组过热蒸汽吸热比例相对减小，再热蒸汽吸热比例增大。二次再热汽温调节主要方法有烟气再循环、燃烧器摆角和烟气挡板调节等。

普通一次再热机组一般配置"三高、四低、一除氧"八级回热系统，而二次再热机组配置"四高、五低、一除氧、两级外置式蒸汽冷却器"的十级回热系统，解决了进一步利用二次再热高参数机组汽缸多、抽汽过热度高等新特点来提高机组热效率。百万千瓦二次再热主蒸汽再热、旁路、回热系统图如图1-9所示。

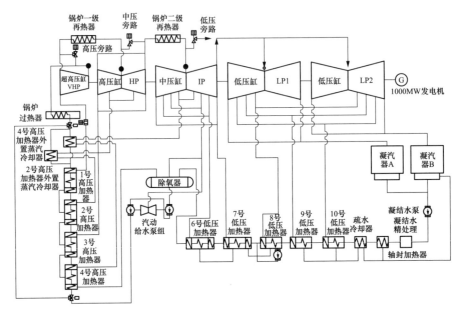

图1-9 百万千瓦二次再热主蒸汽再热、旁路、回热系统图

普通一次再热机组一般配置高压、低压旁路设置；二次再热机组配置高压、中压、低压三级旁路（如图1-10所示）。同时开发了适用冷态、温态、热态、极热态4种状态启停的二次再热独有的汽轮机三级旁路全程自

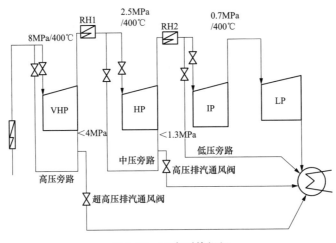

图1-10 二次再热机组

动控制技术，解决了从锅炉点火、旁路保持最小开度通流、旁路最小压力到机组冲转并网、溢流、安全等机组全流程复杂系统启动和控制的难题，实现了多种运行工况下的升温升压协同控制。

三、高低位布置

（一）概述

通俗来讲，高位布置技术就是将汽轮发电机组运转平台从常规的 13.7/17m 提高至 65/85m，将煤仓间设备和除氧间设备布置在主厂房下部的全新格局。

（二）发展史

一般汽轮机组的汽轮机转子和发电机转子连接在一起，形成一个轴系。双轴是指两台汽轮发电机的转子轴系，相当于一炉两机。

采用高低位布置的双机抽汽回热技术具有以下特点：

（1）新型高低位双轴汽轮机布置方案可实现大幅度降低主蒸汽、再热蒸汽的压降和温降的效果，这为进一步提高汽轮机进汽参数提供了有利条件。

（2）高低位方案的核心为采用独创的高低位方式布置双轴、二次中间再热发电机组的技术。将超高压缸、高压缸和高位发电机轴系布置在紧靠锅炉联箱出口的高位位置；中压缸、低压缸和低位发电机轴系布置在常规汽机房。

（3）采用汽轮机高位布置方式后，通过特殊的锅炉集箱技术，实现了机炉间的"直接"连接。在真正意义上实现了大幅度降低主蒸汽、再热蒸汽的压力损失及热损失和节省高温高压管道的目的。

国内普遍应用 600℃ 等级超超临界参数燃煤发电机组。为进一步提高机组效率，国家能源局组建了我国 700℃ 超超临界燃煤发电技术创新联盟，开展相关课题活动，使机组效率能达到 50％ 以上。但是 700℃ 超超临界燃煤发电机组的高温蒸汽管道需要大量使用镍基合金材料，致使电站造价大幅度增加。为了缩短大容量二次再热机组昂贵的大直径主蒸汽和再热蒸汽管道，从而打开更高蒸汽参数以及高效二次再热超临界机组的发展瓶颈，有 4 个解决方案供选择：卧式锅炉、地下锅炉、汽轮发电机组整体高位布置、汽轮发电机组高低位分轴布置，如图 1-11 所示（见彩插）。前 2 个方案对于容量 1000MW 的超超临界机组来说因造价高，一般不可取。汽轮发电机组整体高位布置需要机组承受更多、更大的外部冲击的问题，需要解决管道应力计算及运行中出现的基础偏摆、弹性基础变形、层间位移等诸多影响机组安全的因素。唯一可行的方案就是汽轮发电机组高低位分轴布置方案。其特点是将汽轮机的高压缸和第一级中压缸布置在高位，靠近锅炉过热器和一级过热器出口联箱处，从而大大地缩短了高温主蒸汽和再热蒸汽管道的长度，二次再热机组的优势得以发挥；采用了双轴技术，单机机组容量的瓶颈被打开，按现有的锅炉和汽轮机设计技术，单机容量可达 $1300 \sim 1500\text{MW}$，而且更具有优化机组二次再热热力学性能的潜力。

第二章 汽 轮 机 本 体

第一节 汽轮机工作原理及分类

汽轮机本体是汽轮机设备中最为重要的设备，是火力发电厂三大设备（锅炉、汽轮机、发电机）之一。汽轮机是以水蒸气为工质，将蒸汽热能转换成转子旋转的机械能的动力机械，在热力发电厂中以其作为原动机驱动发电机发电。另外，汽轮机能够变速运行，故还可以用它直接驱动水泵、风机、压缩机和船舶螺旋桨等。

一、汽轮机的基本工作原理

汽轮机的基本工作原理可分为冲动作用原理和反动作用原理。

（一）冲动作用原理

由力学可知，当一运动物体碰到另一静止的或运动速度较低的物体时，就会受到阻碍而改变其速度，同时给阻碍它的物体一个作用力，这个作用力称为冲动力。根据冲量定律，冲动力的大小取决于运动物体的质量和速度变化，质量越大，冲动力越大；速度变化越大，冲动力也越大。若阻碍运动的物体在此力作用下产生了速度变化，则运动物体就做了机械功。

如图2-1所示，蒸汽在汽轮机喷嘴中发生膨胀，压力降低，速度增加，热能转变为动能。高速汽流流经动叶片时，由于汽流方向改变，产生了对叶片的冲动力，推动叶轮旋转做功，将蒸汽的动能变成轴旋转的机械能。这种利用冲动力做功的原理，称为冲动作用原理。

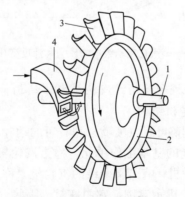

图2-1 冲动式汽轮机工作原理
1—轴；2—叶轮；3—动叶片；4—喷嘴

（二）反动作用原理

由牛顿第三定律可知，一物体对另一物体施加一作用力时，这个物体上必然要受到与其作用力大小相等、方向相反的反作用力。例如，火箭就是利用燃料燃烧时产生的大量高压气体从尾部高速喷出，对火箭产生的反作用力使其高速飞行的，这个反动作用力称为反动力，如图 2-2 所示。利用反动力做功的原理，称为反动作用原理。

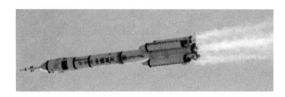

图 2-2　火箭飞行示意图

在反动式汽轮机中，蒸汽不但在喷嘴（静叶栅）中产生膨胀，压力由 p_0 降至 p_1，速度由 c_0 增至 c_1，高速汽流对动叶产生一个冲动力；而且在动叶栅中也膨胀，压力由 p_1 降至 p_2，速度由动叶进口相对速度 w_1 增至动叶出口相对速度 w_2，汽流必然对动叶产生一个由于加速而引起的反动力，使转子在蒸汽冲动力和反动力的共同作用下旋转做功。蒸汽在反动级中的压力和速度变化情况如图 2-3 所示。

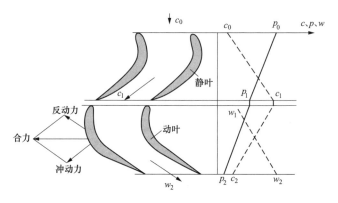

图 2-3　蒸汽在反动级中的压力和速度变化情况

（三）冲动式汽轮机和反动式汽轮机本体结构特点

1. 单级冲动式汽轮机结构

在汽轮机中，一列静叶栅（喷嘴）和其后的动叶栅（动叶片），组成将蒸汽热能转换成机械能的基本工作单元，称为汽轮机的级。只有一个级的汽轮机，称为单级汽轮机；有若干个级的汽轮机，称为多级汽轮机。图 2-4 所示为单级冲动式汽轮机示意图，它由汽缸、喷嘴、动叶片、叶轮和轴等部件组成。蒸汽流过喷嘴时，压力由 p_0 降至 p_1，流速则从 c_0 增至 c_1，将热能转换为动能；在动叶片中，蒸汽按冲动原理给动叶片以冲动力，蒸汽

速度由 c_1 降至 c_2，叶轮旋转而输出机械功，将大部分蒸汽动能转换为叶轮的机械能。由于蒸汽在动叶栅中不膨胀，所以动叶栅前后压力相等，即 $p_1 = p_2$。

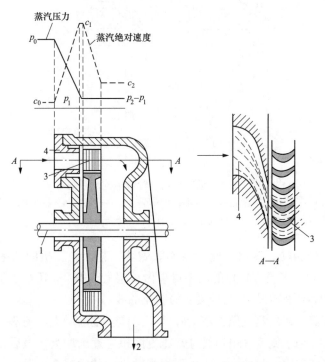

图 2-4　单级冲动式汽轮机示意图

1—轴；2—排汽管；3—动叶片；4—喷嘴

2. 多级汽轮机结构

无论什么形式的汽轮机，其基本结构都可分为转动部分（转子）和静止部分（定子）。转动部分主要包括主轴、叶轮、动叶片和联轴器等，静止部分主要包括进汽部分、汽缸、隔板和静叶栅、汽封及轴承等。除静止和转动部分外，汽轮机还设置了各种工作系统，其中包括疏水系统、汽封系统、滑销系统、调节系统、供油系统和保护装置等，这些系统共同保证汽轮机正常工作。

现就多级冲动式和多级反动式汽轮机的具体结构和工作特点概述如下。

（1）多级冲动式汽轮机。图 2-5 所示为一台多级冲动式汽轮机结构示意图，它由 4 级组成，第一级称为调节级，其余三级称为压力级。汽轮机负荷发生变化时，通常利用依次开启的调节阀，使第一级喷嘴的流通面积变化来改变蒸汽流量，因此第一级通常称为调节级。第一级的喷嘴分别组装在喷嘴室里，每个调节阀分别控制一组喷嘴。压力级的喷嘴装在隔板上，隔板分为上、下两半，分别装在上汽缸及下汽缸上。蒸汽在每一级中膨胀，

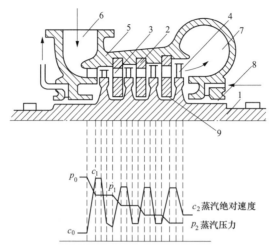

图 2-5　多级冲动式汽轮机结构示意图

1—转子；2—隔板；3—喷嘴；4—动叶片；5—汽缸；6—蒸汽室；

7—排汽管；8—轴封；9—隔板汽封

推动转子旋转做功，蒸汽如此逐级膨胀做功。整个汽轮机的功率是各级功率之和，因此，多级汽轮机的功率可以做得很大。图 2-5 还给出了冲动式多级汽轮机中各级的压力 p 与速度 c 的变化曲线。

　　由于流经各级的蒸汽压力逐渐降低，比体积逐渐增大，则蒸汽的体积流量逐渐增大。为了使蒸汽顺利通过，通流面积应逐渐增大，最后，做过功的蒸汽排入凝汽器中。此外，为防止隔板与轴之间的间隙产生漏汽，隔板上装有隔板汽封，同时为防止通过高压缸与轴之间的间隙向外漏蒸汽和通过低压缸与轴之间的间隙向里漏空气，分别装有轴封。多级冲动式汽轮机总体结构的特点是汽缸内装有隔板和轮式转子。

　　（2）多级反动式汽轮机。图 2-6 所示为一台具有 4 级的反动式汽轮机结构示意图。由于反动式汽轮机与冲动式汽轮机工作原理不同，使得反动式汽轮机与冲动式汽轮机结构也有所不同，其总体结构特点是汽缸内无隔板或装有无隔板体隔板，并采用了鼓式转子，动叶栅直接嵌装在鼓式转子的外缘上；另外，高压端轴封还设有平衡活塞，用蒸汽连接管与凝汽器相通，使平衡活塞上产生一个与汽流的轴向力方向相反的平衡力。

　　图 2-7 所示为上海汽轮机有限公司和德国 SIEMENS 公司联合设计制造的超超临界、一次中间再热、单轴、四缸四排汽、双背压、八级回热抽汽、反动凝汽式汽轮机 N1000-26.25/600/600（TC4F），设计额定主蒸汽压力为 26.25MPa、主蒸汽温度为 600℃、再热蒸汽温度为 600℃，末级叶片高度为 1146mm。汽轮发电机组设计额定输出功率为 1000MW，热耗率为 7316kJ/kWh。

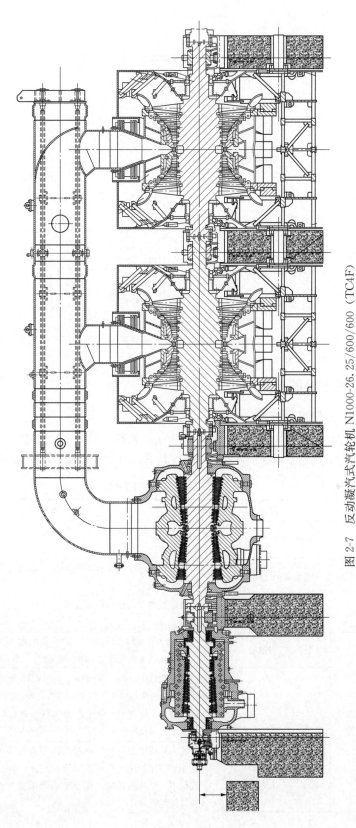

图 2-7　反动凝汽式汽轮机 N1000-26.25/600/600（TC4F）

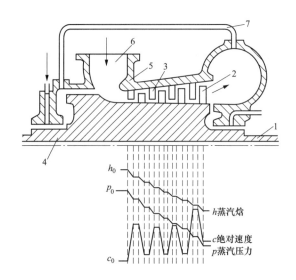

图 2-6　4 级反动式汽轮机结构示意图

1—鼓型转子；2—动叶片；3—静叶片；4—平衡活塞；5—汽缸；6—蒸汽室；7—连接管

二、汽轮机的分类和型号

1. 汽轮机的分类

汽轮机的类型很多，为了便于选用，常按工作原理、热力过程特性、新蒸汽参数、蒸汽流动方向及用途等对其进行分类，汽轮机的分类见表 2-1。

表 2-1　汽轮机的分类

分类	形式	特　点
工作原理	冲动式	按冲动作用原理工作的汽轮机，蒸汽的膨胀主要发生在喷嘴中
	反动式	按反动作用原理工作的汽轮机，蒸汽在喷嘴中和动叶中的膨胀程度接近相等
	冲反联合式	有些级按冲动作用原理工作，有些级按反动作用原理工作
热力过程特性	凝汽式汽轮机	进入汽轮机做功的蒸汽，除少量的回热抽汽外，其余的蒸汽在低于大气压力下的真空状态下排入凝汽器
	调节抽汽式汽轮机	在汽轮机中，部分蒸汽在一种或两种给定压力下抽出，供给工业或生活使用，其余蒸汽在汽轮机内做功后仍排入凝汽器。一般用于工业生产的抽汽压力为 0.5～1.5MPa，用于生活采暖的抽汽压力为 0.05～0.25MPa
	背压式汽轮机	在汽轮机中做过功的蒸汽以高于大气压力排出，供给热用户使用，这种汽轮机称为背压式汽轮机。排汽作为其他中、低压汽轮机工作介质的背压式汽轮机，称为前置式汽轮机

续表

分类	形式	特　点
热力过程特性	中间再热式汽轮机	新蒸汽在汽轮机前面若干级做功后，全部引至锅炉内再次加热到某一温度，然后回到汽轮机中继续做功，这种汽轮机称为中间再热式汽轮机
新蒸汽参数	低压汽轮机	新蒸汽压力小于 1.5MPa
	中压汽轮机	新蒸汽压力为 2～4MPa
	高压汽轮机	新蒸汽压力为 6～10MPa
	超高压汽轮机	新蒸汽压力为 12～14MPa
	亚临界参数汽轮机	新蒸汽压力为 16～18MPa
	超临界参数汽轮机	新蒸汽压力超过 22.1～25MPa
	超超临界参数汽轮机	新蒸汽压力超过 25MPa，温度高于 580℃
蒸汽流动方向	轴流式汽轮机	蒸汽主要是沿着轴向流动的汽轮机
	辐流式汽轮机	蒸汽主要是沿着辐向（即半径方向）流动的汽轮机
	周流式汽轮机	蒸汽主要是沿着周向流动的汽轮机
用途	电站汽轮机	热力发电厂中用于发电的汽轮机
	工业汽轮机	用于工业企业中的固定式汽轮机
	船用汽轮机	用于船舶驱动螺旋桨的汽轮机

2. 汽轮机的型号

汽轮机种类很多，为了便于使用，通常用一定的符号来表示汽轮机的基本特性，这种符号组称为汽轮机的型号。

国产汽轮机型号组成：

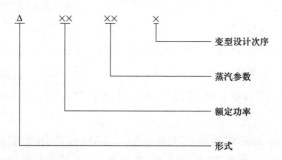

功率单位为 MW，压力单位为 MPa，温度单位为℃。

汽轮机的形式采用汉语拼音来表示，代号和形式见表 2-2，蒸汽参数用数字来表示，见表 2-3。

表 2-2　汽轮机形式表示方法

代号	N	B	C	CC	CB	H	Y
形式	凝汽式	背压式	一次调整抽汽式	二次调整抽汽式	抽汽背压式	船用	移动式

表 2-3 汽轮机型号中蒸汽参数的表示方法

形式	参数表示法	示例
凝汽式	主蒸汽压力/主蒸汽温度	N100-8.83/535
中间再热式	主蒸汽压力/主蒸汽温度/再热蒸汽温度	N300-16.7/538/538
一次调整抽汽式	主蒸汽压力/抽汽压力	C50-8.83/0.118
二次调整抽汽式	主蒸汽压力/高压抽汽压力/低压抽汽压力	CC25-8.83/0.98/0.118
背压式	主蒸汽压力/背压	B50-8.83/0.98
抽汽背压式	主蒸汽压力/抽汽压力/背压	CB25-8.83/1.47/0.49

第二节 汽轮机本体设备

汽轮机本体由转动部分和静止部分组成。

转动部分又称转子，其作用是汇集各级动叶栅上的旋转机械能并传递给发电机，包括动叶栅、主轴和叶轮（反动式汽轮机为转鼓）、联轴器。

静止部分包括汽缸、隔板（持环）、轴承、汽封和盘车装置等。

一、汽缸

汽缸是汽轮机的外壳，其作用是将汽轮机的通流部分与大气隔开，形成封闭的汽室，保证蒸汽在汽轮机内部完成能量的转换过程，汽缸内安装着喷嘴室、隔板（静叶环）、隔板套等零部件；汽缸外连接着进汽、排汽、抽汽等管道。汽缸的高、中压段一般采用合金钢或碳钢铸造结构，低压段可根据容量和结构要求，采用铸造结构或由简单铸件、型钢及钢板焊接的焊接结构。

高压缸有单层缸和双层缸两种形式。单层缸多用于中低参数的汽轮机。双层缸适用于参数相对较高的汽轮机，分为高压内缸和高压外缸。高压缸一般分为上、下两半，中分面法兰通过螺栓（或热套环）连接。中压缸和高压缸一样，有单层缸结构，也有双层缸结构。双层缸结构的中压缸由中压内缸和中压外缸组成。低压缸多为反向分流式，低压缸由外缸和一至两层内缸组成，大容量机组的低压外缸由裙式台板支承，此台板与汽缸下半制成一体，并沿汽缸下半向两端延伸，低压内缸支承在外缸内侧的钢结构梁上。每块裙式台板分别安装在被灌浆固定在基础上的基础台板上。低压缸的位置由裙式台板和基础台板之间的滑销固定。

目前大容量机组高、中压缸有分缸布置，也有合为一体的高中压缸。根据机组容量大小，可设置一个或多个低压缸，其结构采用分流式对称布置。比如上海汽轮机有限公司超超临界 1000MW 级机组采用了四缸四排汽和五缸六排汽两种构造，超超临界 660MW 级机组采用了四缸四排汽和三缸四排汽构造。图 2-8 所示为上海汽轮机有限公司超超临界 1000MW 高压缸三维装配视图（见彩插），2-9 所示为上海汽轮机有限公司超超临界 600MW 高中压缸合缸结构图（见彩插），图 2-10 所示为上海汽轮机有限公司超超临界 1000MW 机组低压缸纵剖面图。

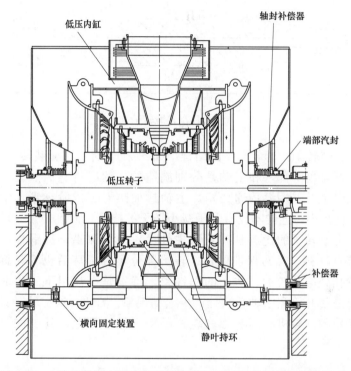

图 2-10　上海汽轮机有限公司超超临界 1000MW 机组低压缸纵剖面图

二、转子

汽轮机转子在高温蒸汽中高速旋转，不仅要承受汽流的作用力和由叶片、叶轮本身离心力所引起的应力，而且还承受着由温度差所引起的热应力。此外，当转子不平衡质量过大时，将引起汽轮机的振动。因此，转子的工作状况对汽轮机的安全、经济运行有着很大的影响。

汽轮机转子可分为轮式转子和鼓式转子两种基本类型。轮式转子装有安装动叶片的叶轮，鼓式转子没有叶轮（或有叶轮但其径向尺寸很小），动叶片直接装在转鼓上。通常冲动式汽轮机采用轮式转子；反动式汽轮机为了减小转子上的轴向推力，采用鼓式转子。

按照制造工艺，轮式转子可分为整锻式、套装式、组合式和焊接式。

(1) 整锻转子：叶轮、轴封套、联轴节等部件与主轴是由一整锻件车削而成，无热套部分，如图 2-11 所示。整锻转子解决了高温下叶轮与轴连接容易松动的问题，这种转子常用于大型汽轮机的高、中压转子。整锻转子结构紧凑，对启动和变工况适应性强，宜于高温下运行，转子刚性好，但是锻件大，加工工艺要求高，加工周期长，大锻件质量难以保证。

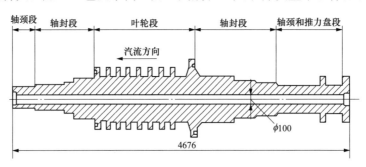

图 2-11　整锻转子

(2) 套装转子：套装转子的结构结如图 2-12 所示。套装转子的叶轮、轴封套、联轴器等部件和主轴是分别制造的，然后将它们热套（过盈配合）在主轴上，并用键传递力矩。主轴封加热器工成阶梯形，中间直径大，两端直径小，这样不仅有利于减小转子的挠度，而且便于叶轮的套装和定位。套装转子的优点是叶轮和主轴可以单独制造，故锻件小、加工方便、节省材料、容易保证质量、转子部分零件损坏后也容易拆换。其缺点是轮孔处应力较大、转子的刚性差，特别是在高温下工作时，金属的蠕变容易使叶轮和主轴套装处产生松动现象。因此，这类转子只适用于中、低参数的汽轮机和高参数汽轮机的中、低压部分，其工作温度一般在 400℃ 以下。

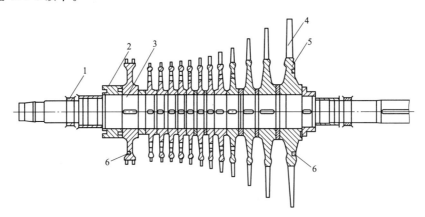

图 2-12　套装转子的结构
1—油封环；2—轴封套；3—轴；4—动叶栅；5—叶轮；6—平衡槽

（3）组合转子：组合转子的结构如图 2-13 所示。这种转子可以根据各段的工作条件不同，在同一转子上，高压部分采用整锻结构，中、低压部分采用套装结构，从而兼得整锻转子和套装转子的优点。组合转子广泛用于高参数、中等功率的汽轮机上。

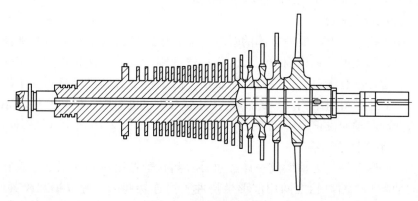

图 2-13　组合转子的结构

（4）焊接转子：焊接转子的结构如图 2-14 所示。它是由若干个实心轮盘和端轴拼合焊接而成。焊接转子的主要优点是不存在松动问题；采用实心的轮盘，强度高，不需要叶轮轮壳，结构紧凑；轮盘和转子可以单独制造，材料利用合理，加工方便且易于保证质量；焊成整体后转子刚性较大等。但是焊接转子要求材料的可焊性好，焊接工艺及检验技术要求高且比较复杂，这一切在一定程度上妨碍了焊接转子的应用。随着技术的不断发展，焊接转子将越来越得到广泛的应用，既可用于高压汽轮机，也可用于低压汽轮机。

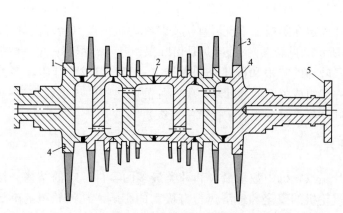

图 2-14　焊接转子的结构

1—叶轮；2—焊缝；3—动叶栅；4—平衡槽；5—联轴器的连接轮

图 2-15 所示为较常见的高参数高中压转子、低压转子结构图（见彩插）。

三、联轴器

联轴器俗称靠背轮、对轮，用来连接汽轮机各个转子以及发电机转子，并将汽轮机的扭矩传给发电机。现代汽轮机常用的联轴器主要有刚性联轴器、半挠性联轴器和挠性联轴器三种形式：

1. 刚性联轴器

刚性联轴器由两根轴端部的对轮组成，用螺栓将两个对轮紧紧地连接在一起。其优点是结构简单，尺寸小；连接刚性强，传递转矩大；工作不需要润滑，没有噪声。采用刚性联轴器，两个转子甚至可以只用三个轴承支承，简化了机组结构，因此广泛应用于大功率机组中。但是刚性联轴器传递振动和轴向位移，对转子找中心要求很高，如图 2-16 所示（见彩插）。

2. 半挠性联轴器

一侧联轴器与主轴锻成一体，而另一侧联轴器用热套加双键套装在相对的轴端上。两对轮之间用波形半挠性套筒连接起来，并以销螺栓紧固。波形套筒在扭转方向是刚性的，在弯曲方向则是挠性的。这种联轴器主要用于汽轮机-发电机之间，补偿轴承之间抽真空、温差、充氢引起的标高差，可减少振动的相互干扰，对中要求低，常用于中等容量机组，图 2-17 所示为上海汽轮机有限公司 300MW 双水内冷发电机组的低压转子与发电机转子的波形筒式半挠性联轴器（见彩插）。

3. 挠性联轴器

通常有齿轮式和蛇形弹簧式两种形式，如图 2-18 所示（见彩插）。挠性联轴器可以减弱或消除振动的传递，对中性要求不高，但是运行过程中需要润滑，并且制作复杂，成本较高，大中型机组已不再使用挠性联轴器。

四、静叶片

静叶片固定在隔板上，也可直接安装在内缸内壁（持环、静叶环）上，如图 2-19 所示（见彩插）。静叶片是由叶根、叶片、覆环三位一体整体加工而成的，各叶片的叶根和覆环分别焊接在一起，组成静叶组，多组静叶片组连接在一起组成整圈的静叶环，每两片静叶之间的流道就成为一个喷嘴。隔板或静叶环将汽缸分成若干个汽室（级）。

五、动叶片

动叶片是汽轮机中数量最大和种类最多的零件，它的结构、材料和装配质量对汽轮机的安全和经济运行有极大的影响。在汽轮机的事故中，叶片事故占 60%～70%，必须予以足够的重视，图 2-20 所示为低压转子上动叶片的拆装作业（见彩插）。叶片应具有良好的流动特性、足够的强度、满意的转动特性、合理的结构和良好的工艺性能。

叶片的类型很多，按工作原理可分为冲动式和反动式两大类；按制造工艺可分为铣制、轧制、模锻及精密铸造等类型；按叶片的截面形状还可分为等截面和变截面（扭曲）叶片。叶片由叶型、叶根和叶顶三部分组成。图 2-21 所示为轧制叶片和铣制叶片的结构。

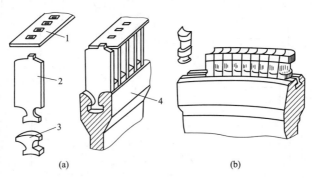

图 2-21　轧制叶片和铣制叶片的结构

(a) 轧制叶片；(b) 铣制叶片

1—围带；2—叶型；3—叶根；4—叶轮

叶型部分是叶片的工作部分，相邻叶片的叶型部分组成蒸汽的流道。

叶型部分有两种形式：一种是截面沿叶高方向相同的等截面叶片；另一种是截面沿叶高方向变化的扭曲叶片。前者制造工艺简单，成本较低，但气动特性较差，适用于叶片相对高度较小的短叶片；后者气动特性较好，并具有较高的强度，但制造工艺较复杂，成本较高，适用于长叶片。

在湿蒸汽区域内工作的叶片，为了提高叶片的抗冲蚀能力，在叶片进口的背弧上均采用强化的措施，如镀铬、电火花强化、表面淬硬及堆焊硬质合金等。

叶片通过叶根固定在叶轮上，叶根与叶轮的连接应该牢固可靠，而且应保证叶片在任何运行条件下不会松动。同时，叶根的结构应在满足强度的条件下尽量简单，使制造、安装方便，并使叶轮轮缘的轴向尺寸为最小。随着动叶片的圆周速度和长度的不同，其叶根所受的作用力也不同，这就需要采用不同的叶根结构形式。由于各制造厂有不同的经验和习惯，因而叶根的结构形式很多。不同形式的叶根在轮缘上的装配情况也不同。

1. 倒 T 形叶根

图 2-22（a）、图 2-22（b）所示为倒 T 形叶根。这种叶根结构简单、加工和装配方便。但是这种叶根在叶片离心力的作用下，对轮缘两侧产生较大的弯曲应力，使轮缘有张开的趋势。若要降低轮缘两侧的弯曲应力，则需使轮缘的轴向宽度加大，因而就使转子的轴向长度增加。由此可见，倒 T 形叶根仅适用于载荷不大的短叶片，如汽轮机的高压级叶片。为了克服上述缺点，在叶根和轮缘上增设了两个凸肩，这种叶根称为外包凸肩倒 T 形叶根，如图 2-22（c）所示。叶根凸肩的作用是阻止轮缘向外张开，以减

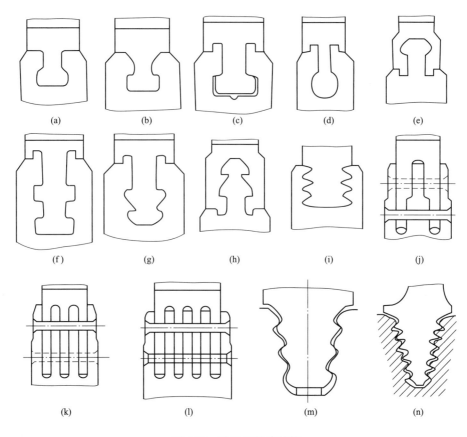

图 2-22　叶根和轮缘结构

（a）（b）倒 T 形叶根；（c）外包凸肩倒 T 形叶根；（d）圆柱叶根；（e）（h）菌形叶根结构；
（f）（g）双倒 T 形叶根；（i）齿形叶根；（j）（k）（l）叉形叶根；（m）（n）枞树形叶根结构

小轮缘的弯曲应力，从而提高了承载能力，或者说在同样的载荷下可以减小轮缘的尺寸。因此，这种叶根在叶轮之间距离较小的整锻式转子中得到广泛的应用。图 2-22（f）、图 2-22（g）所示为双倒 T 形叶根，由于增加了承力面，可在不增大轮缘尺寸的情况下进一步提高叶根的承载能力。这种叶根可用于中等长度的叶片，但两承力面的配合公差要求比较严格，以保证其受力均匀。

2. 菌形叶根

菌形叶根结构如图 2-22（e）、图 2-22（h）所示。这种叶根和倒 T 形叶根同属一个类型。它采用了叶根包围轮缘的形式，叶根和轮缘的载荷分配比较合理。叶片料消耗也较多，故国内目前较少采用，而引进的国外机组中应用较多。

以上几种叶根在轮缘上的装配方法相同，其轮缘的叶根槽道（或凸缘）有两个切口，叶片从切口处插入槽道后，沿圆周移动嵌在槽道内，对于轧制叶片则与隔叶件相间插入。在切口处的叶片称为末叶片，其叶根与切口形状相同，由于它没有承力凸肩，故用铆钉铆接在轮缘上。

3. 叉形叶根

叉形叶根如图 2-22 (j)、图 2-22 (k)、图 2-22 (l) 所示。这种结构是将叶根制成叉形，直接插入轮缘相应的槽内，并用两排铆钉将其与轮缘铆接。铆钉的位置可以设在叶根的中心线上，也可交错地设在相邻叶根的接缝处。叉形叶根的优点是连接强度高，而且可随着叶片离心力的增大相应地增加叶根的叉数，因而强度的适应性好；采用铆钉固定，连接刚性较好；制造工艺较为简单，加工方便，而且是径向单个跨装，检修和拆换叶片比较方便。其缺点是装配时钻孔和铆接工作量大，安装费工，整锻转子和焊接转子由于装配不便，不宜采用这种结构。叉形叶根常用于大功率汽轮机的末几级的叶片。

4. 枞树形叶根

枞树形叶根结构如图 2-22 (m)、图 2-22 (n) 所示。这种叶根分为轴向装配式和周向装配式两种。冲动式汽轮机主要采用轴向装配式。枞树形叶根按照叶根和轮缘的载荷分布设计成尖劈形，接近等强度结构，其齿数可以根据载荷的大小来确定。因此，枞树形叶根有以下主要优点：承力面较多，合理利用了叶根和轮缘部分的材料，承载能力高，并能按照不同载荷设计不同数量的齿数，强度适应性好；采用轴向单个安装，装配和拆换都很方便。其缺点是：接合面多、加工复杂、精度要求高；为了减小应力集中及使各齿上受力均匀，要求材料塑性较好。枞树形叶根主要用于载荷较大的叶片，如调节级和末几级叶片。

此外，尚有齿形叶根，如图 2-22 (i) 所示，以及圆柱叶根，如图 2-22 (d) 所示。齿形叶根常用于轧制叶片。

六、汽封

汽轮机通流部分的动、静部件之间，为了避免碰撞和摩擦，必须留有一定的间隙，而间隙的存在又会导致漏汽，使汽轮机效率降低。为此，在汽轮机动、静部件的有关部位设有密封装置，通常称为汽封。根据汽封所处位置一般分为隔板汽封、叶顶汽封、过桥汽封、轴封汽封，如图 2-23 所示（见彩插）。隔板汽封装设在各级隔板的内孔和转子之间；围带汽封，装设在高、中压级动叶栅的围带和隔板外缘的凸缘之间，也称动叶汽封或叶顶汽封；轴端汽封，或简称轴封，它装设在转子端部和汽缸之间。隔板汽封、围带汽封属于级间汽封。

现代汽轮机中应用最普遍的汽封结构是曲径式汽封（又称迷宫汽封）。图 2-24 所示为曲径式汽封的结构形式。

曲径式汽封按其齿形可分为平齿、高低齿和枞树形等多种形式，其中

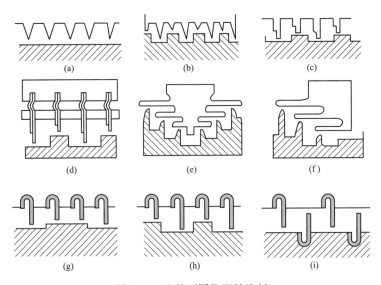

图 2-24　几种不同位置的汽封

(a) 平齿汽封；(b)(c) 高低齿汽封；(e)(f)(d)(g)(h)(i) 镶片式汽封

平齿汽封的密封效果较差。按汽封齿的加工方法又可分为整体式或镶片式。在汽封环上直接车削出汽封齿的称为整体式汽封；由金属片镶嵌在汽封环或转子上而成的称为镶片式汽封。整体式汽封的汽封齿刚性好，但轴向尺寸较长，镶片式汽封则反之。镶片式汽封对工艺水平有一定要求，当镶嵌工艺较差时易倾倒或脱落。

隔板汽封常采用图 2-24 中（b）、图 2-24（c）、图 2-24（d）所示的三种形式，有些低压级也采用图 2-24（a）所示的平齿汽封。隔板汽封的汽封环装在隔板体内孔的环形槽道内，利用弹簧片作弹性支承。

七、轴承

轴承是汽轮机的一个重要组成部分，汽轮机所使用的轴承为滑动轴承，按其作用可分为径向支承轴承、径向推力联合轴承和推力轴承三种类型，如图 2-25 所示（见彩插），它们用来承受转子的全部重力、确定转子在汽缸中的正确位置并支持转子稳定高速运转。

八、盘车

汽轮机冲转前和停机后，驱动转子以一定的转速连续转动的设备称为盘车装置，也称回转装置，如图 2-26 所示（见彩插）。在汽轮机启动过程中，为了迅速建立真空，需在冲动转子前向轴封供汽，由此进入汽缸的蒸汽滞留在汽缸上部，造成汽缸上、下部分之间也存在温差。在这些情况下若转子静止不动，将会由于受热（冷却）不均而产生热弯曲，因此需要用盘车装置带动转子低速旋转。另外，启动前通过盘车装置盘动转子，可以检查动静部件间是否存在摩擦、主轴弯曲是否过大及润滑油系统工作是否正常等，用来检查汽轮机是否具备正常启动条件。盘车装置按转速高低可分为高速盘车（转速为 $40\sim70$r/min）和低速盘车（转速为 $2\sim4$r/min）两种。高速盘车有利于轴承油膜形成及减小上、下汽缸温差；低速盘车启动力矩小，冲击载荷小，对延长零件使用寿命有利。

第三章 汽 缸

第一节 汽缸的结构特点

汽缸是汽轮机的壳体,喷嘴、隔板、静叶片、转子动叶片、轴封、汽封等都安装在汽缸内部,形成一个严密的汽室,既防止高压蒸汽外漏,又防止负压部分空气漏入。汽缸的外形看起来很复杂,但实际上是由直径不等的圆筒或球体组成的,仅在水平中分面剖成上下两半,以便安装内部各种零件,最后用螺栓或紧圈将上下两半连成一体。一般来说,大功率高参数汽轮机汽缸结构有下列特点。

一、双层或多层结构

对于大功率超高压中间再热机组来说,汽缸结构几乎无例外地采用双层或多层结构。如上海汽轮机有限公司 1000MW 超超临界机组高、中、低压缸均为双层缸设计,东方汽轮机有限公司 1000MW 机组低压缸甚至采用了三层缸设计。高、中压缸采用多层缸可以大大简化汽缸结构,在内、外缸夹层中有压力和温度较低的蒸汽不断流动。这样,不但有利于减小内外缸的缸壁温差,使汽缸的热应力减小,更有利于加快启动速度。低压缸的排汽体积较大,需要有较大的排汽容积,因此排汽缸尺寸庞大,而进入低压缸的汽温与排汽温度相差很大,为了改善低压缸的膨胀,采用多层结构,将通流部分设在内缸中,承受温度变化,庞大的排汽外缸则处于排汽低温状态,其膨胀较小,这样可降低每层缸的温度梯度,有利于安全运行。图 3-1 所示为双层结构高中压合缸和三层结构低压缸(见彩插)。

二、中心线支承方式

汽轮机高、中压缸一般通过其水平法兰两端伸出的猫爪支承在轴承座上,称为猫爪支承。猫爪支承有上缸猫爪支承和下缸猫爪支承两种方式,如图 3-2 和图 3-3 所示。下缸猫爪支承是利用下缸伸出的猫爪作为承力面搭在轴承座的支承块上,这种支承方式比较简单,安装、检修方便,但因承力面低于汽缸中心线,当汽缸受热后,猫爪温度升高产生膨胀,汽缸中心线向上抬起,而支承在轴承上的转子中心线未变,造成动静部分径向间隙变化。对于高参数、大功率汽轮机,由于法兰很厚,猫爪膨胀的影响是不能忽视的。这种支承方式主要用于高压以下的汽轮机。上缸猫爪支承是以上缸猫爪作为工作猫爪,下缸猫爪作为安装猫爪,安装垫铁用于安装时调整汽缸洼窝中心。这种支承方式可防止支承面高度因受热而改变,使支承面与汽缸中分面在同一水平面上，猫爪受热膨胀时不会影响汽缸的中心线，能较好地保持汽缸与转子中心一致，但安装检修比较麻烦，而且增加了法兰螺栓受力，法兰接合面易产生张口。为了同时利用上述两种支承方式的优点，大容量汽轮机采用了下缸猫爪中分面支承方式，如图3-4所示。它是将下缸猫爪位置提高（呈Z形），使支承面与汽缸水平中分面在同一平面上，猫爪与下缸整体铸出，位于下缸水平法兰上部，分别支承在前后轴承座上。猫爪与轴承座之间用滑销螺栓连接，以防止汽缸与轴承座之间产生脱空。

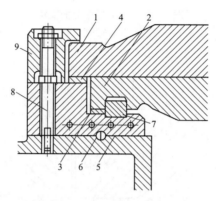

图 3-2　上缸猫爪支承

1—上缸猫爪；2—下缸猫爪；3—安装垫铁；4—工作垫铁；5—水冷垫铁；6—定位销；
7—定位键；8—紧固螺栓；9—压块

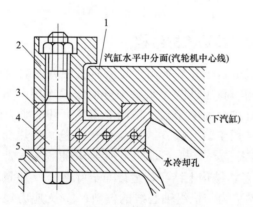

图 3-3　下缸猫爪支承

1—下缸猫爪；2—压块；3—支承座；4—紧固螺栓；5—轴承座

　　高中压缸的内缸一般通过两侧猫爪支承在外缸水平中分面上，猫爪下方有调整垫片用以调整内缸的位置。猫爪上方的外缸相应位置安装有调整垫块，用以调整与内缸猫爪之间的间隙，既可保证有足够的膨胀间隙，又可防止内缸跳动，如图3-5所示。外缸通过猫爪支承在轴承座上。

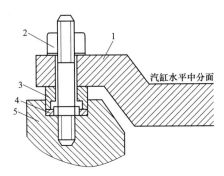

图 3-4 下缸猫爪中分面支承

1—下缸猫爪；2—螺栓；3—平面键；4—垫圈；5—轴承座

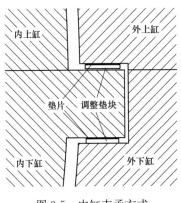

图 3-5 内缸支承方式

三、无法兰螺栓连接的汽缸结构

某些高参数机组高压外缸采用了具有垂直中分面的筒形结构，内缸采用水平中分面结构，高压外缸无水平中分面法兰连接。如 D4Y454 型汽轮机高压内缸上下缸接合面的密封，采用 6 道热套环的紧力法，维持严密不漏。安装时，用专用工具（煤气或丙烷气火焰枪）将热套环加热到 200～400℃，然后套装入位，冷却后即产生所要求的紧力。此结构的优点是：① 内缸无大的法兰，结构上结实，运行安全可靠；② 质量轻，整体对称性好，减小了汽缸热应力与机组轴心线的偏斜；③ 无应力集中，适于快速启动和负荷变动。

如上海汽轮机有限公司 N1023-26.25/6000/600 型二次再热超超临界机组的超高压缸为单流、双层缸设计。外缸采用圆桶形结构，整个周向壁厚旋转对称，且无需局部加厚，避免了非对称变形和局部热应力，能够承受高温高压，如图 3-6 所示。高压蒸汽通过两个进汽口进入内缸，采用全周进汽方式进入第一级斜置隔板。高压内缸卡在高压外缸进汽端的 4 个凹槽内并通过键配合与外缸保持对中。这样内缸由外缸支承并可以从固定点向径向和轴向自由膨胀，并且在热膨胀的过程中，内缸仍能与转子保持对中。高压内缸的轴向固定点结构由高压内缸的一圈围带抵在高压外缸进汽端凸肩上，作用在内缸上的轴向推力传递到螺纹环上。一般来说，采用这种结构的汽轮机运行 50 000h 后才需揭开汽缸进行检修，因此机组检修间隔长，可用率高。但是受检修场地及检修设备限制，目前火力发电厂对该型缸的检修主要以汽缸整体拆卸后返回制造厂检修为主。

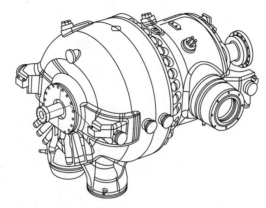

图 3-6　上海汽轮机有限公司 1000MW 超超临界机组高压缸

四、高中压缸合缸布置

目前有很多高参数汽轮机高中压缸采用了合缸布置，如图 3-7 所示（见彩插）。这种布置方式能缩短主长度，减少汽缸和轴承的数量，降低设备投资和安装、检修费用。另外，高中压缸采用合缸后，可合理采用汽流反向流动和增加平衡鼓等措施，能自行平衡轴向推力，从而减少推力轴承的负载，使推力轴承的直径缩小，有利于高压轴承座的布置。在高压缸中，汽流离开速度级后经蒸汽室周围流向高压缸反动级的第一级，不但冷却了蒸汽室，而且还减小了蒸汽室温差，使蒸汽室的热应力降低。由于采用了高中压合缸布置，有利于在高压冲动级后与中压第二级之间设置高压及低压平衡鼓。在高压反动级后与中压第一级之间设置中压平衡鼓，可使高中压内缸的轴向推力自行平衡。

五、蒸汽连接管与喷嘴室

高中压蒸汽通过连接管进入喷嘴室，该段为汽缸的进汽部分，承受着最高的温度和压力。采用双层缸以后，蒸汽必须依次流经外缸、内缸，因此在内外缸之间一般采用带密封环的进汽插管，如图 3-8 和图 3-9 所示。另外，双层汽缸还普遍采用了夹层冷却技术，因此汽缸还设有用于夹层冷却的管道。所以双层缸结构远比单层缸结构复杂。数只喷嘴室在内缸上采用圆周对称布置，以使汽缸受热均匀。每只喷嘴室与内缸均设有导向销，以保证喷嘴室的轴向、径向自由膨胀。一些给水泵汽轮机喷嘴室采用中分形安装在汽缸内，调速汽门安装于外缸上部，通过插管与喷嘴室上部的进汽口相连，如图 3-10 所示（见彩插）。

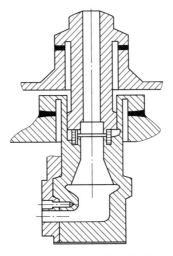

图 3-8　高压进汽连接管

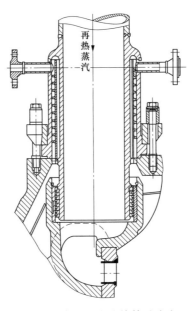

图 3-9　中压进汽连接管及汽室

　　低压缸多采用分流设计，其进汽管采用双层套管，内套管与内缸上的进汽法兰相连接，外层通过波形补偿节与外缸法兰相连接，如图 3-11 所示（见彩插）。内、外缸的膨胀差可由波形节吸收，蒸汽进入内缸后，经"山"形分流环，导汽流向两边分流，进入隔板喷嘴。

六、汽缸夹层冷却（或加热）措施

当负荷达到一定值时，超高压中间再热汽轮机内缸的温度较高，为了不使内缸的热量辐射到外缸造成外缸超温，在夹层中就需要通以冷却汽流。另外，在启动时，因为转子质量比汽缸小，而且因叶片等因素使其接触的表面积较大，所以转子比汽缸胀得快（轴向长度），于是造成了胀差。若在夹层中能通以蒸汽，就能改善启动时的胀差。因此多层结构的汽缸广泛采用了夹层冷却（或加热）技术。

1. 高压缸的夹层冷却（或加热）方式

图 3-12 所示为高压缸夹层汽流示意。蒸汽从调节汽门进入喷嘴室，经过 6 个压力级，蒸汽排出内缸。一部分蒸汽经过以后各压力级继续做功，另一部分蒸汽成为一级抽汽，而一级抽汽口设在高压外缸高压端，因此一级抽汽必须经过高压内、外缸夹层，起到了冷却内、外缸的作用。再有一部分蒸汽经过高压内、外缸夹层后，从蒸汽连接管的螺旋圈内盘旋圈而上，然后从小管中流到二级抽汽中去。在正常运行时，该汽流始终流动不息，使外缸及连接管的外层得到冷却，即汽缸夹层冷却。在启动时，由小管送进蒸汽对汽缸进行加热。

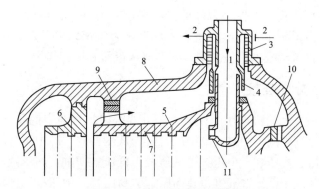

图 3-12　高压缸夹层汽流示意

1—进汽连接管；2—小管；3—螺旋圈；4—汽封环；5—高压内缸；6、7—隔板槽；
8—高压外缸；9—纵销；10—立销；11—调节级喷嘴组

2. 中压缸的夹层冷却（或加热）方式

中压缸的夹层冷却（或加热）方式与高压缸基本相同。中压内缸出口的一部分蒸汽经过内、外缸夹层和蒸汽连接管的螺旋圈，起到冷却汽缸的作用，然后引入除氧器作为加热用蒸汽。在启动时蒸汽从连接管的小管送进夹层对汽缸进行加热。

3. 汽缸法兰、螺栓加热

为了减小在启动过程中出现的汽缸与转子的胀差，在夹层内通以蒸汽对汽缸加热，但是高参数大容量机组仅有这一措施尚不够。从汽缸的结构

33

来看，高参数大容量汽缸的法兰都非常厚，如此厚的法兰在启动中不易胀出，即使汽缸被加热后也无济于事，被法兰牵制造成汽缸变形。

另外，汽缸法兰螺栓更不易加热，因此法兰的膨胀又受到螺栓的牵制。若汽缸、法兰和螺栓三者加热温度控制不当，就会产生很大的热应力，严重时会造成汽缸变形、机组振动、汽缸裂纹以及螺栓拉断等事故。为此，该类型机组对法兰、螺栓设置了专门的加热装置，使机组在启动时加快法兰、螺栓的膨胀。

4. 排汽口采用扩压措施和喷水降温

由于低压缸采用双层或多层结构，因此在内缸与外缸之间的空间形成排汽室，通常将这种汽室制成径向扩压室。这样既可缩短转子的长度，又可充分利用末级叶片的排汽速度，将排汽的速度能转变成动能，从而克服乏汽通道的阻力，使排汽压力有效地达到凝汽器的压力，减少乏汽损失，提高汽轮机效率。一般来说，采用排汽扩压措施后，能使效率提高 0.5%左右。由于大功率汽轮机末几级叶片很长，在启动过程中，尤其机组在 3000r/min 时，没有足够的蒸汽量将低压缸内鼓风摩擦产生的热量带走，而且排汽压力高，蒸汽饱和温度也会升高，使排汽缸温度上升。当温度太高时，会使汽缸产生热变形，使机组发生振动或事故。同时影响末级叶片及凝汽器铜（钛）管的使用寿命和汽缸的水平中心，因此，大功率汽轮机都装有自动喷水装置，以控制和降低排汽温度。另外，在运行中，当低压旁路开启时，为了防止大量蒸汽进入凝汽器，影响末级叶片，此时另一路排汽缸喷水装置自动投入，使排汽口处形成水帘而起保护作用。

七、汽缸的外部连接

火力发电厂汽轮机采用的汽缸组合方式很多，有高中低压合缸的单缸、高低压两缸、高中低压三缸、高中压合缸＋低压两缸、高中压合缸＋低压缸＋低压缸三缸、高压缸＋中压缸＋低压缸＋低压缸四缸、高压缸＋中压缸＋低压缸＋低压缸＋低压缸五缸、超高压缸＋高压缸＋中压缸＋低压缸＋低压缸五缸等多种组合。对于 300MW 以上机组，大多采用高中压合缸＋低压缸＋低压缸三缸、高压缸＋中压缸＋低压缸＋低压缸四缸等汽缸组合方式。无论采用何种方式，汽缸都必须和外部设备连接，以引入工作介质实现能量转换。一般来说，高压缸汽缸外安装有高压主汽门、高压调节汽门，同时与高压侧排汽管及相应的疏水管道相连，为确保轴端不发生泄漏还连接有轴封供汽管和抽汽管；中压缸汽缸外部连接有中压主汽门、中压调节汽门，同时还连接有相应的疏水管道、轴封供汽管和抽汽管，中压排汽通过一至两根连通管与低压缸相连；低压缸外部除连接了进汽连通管、轴封供汽管和抽汽管外，内缸排汽导流环处还安装有喷淋管与外部相连。除此以外，为了实现对汽缸运行过程中压力、温度的监控，各汽缸缸体上还连接有测温、测压元件（管道）。一般来说，高中压汽缸表面还敷设了保温层并安装了罩壳（化装板）。

这些外部连接对汽缸的承载、膨胀等都有不同程度的影响，在汽缸检修中应重视这些因素的影响。

八、新型高效超临界、超超临界机组汽缸特点

我国几大汽轮机制造企业通过"技术引进、消化吸收、合作设计、自主研发"已能独立生产高参数、大容量的高效超超临界机组。如东方汽轮机有限公司通过与日本日立公司的合作，已能自主设计、制造可适应不同地区和功能的系列完整的 300MW 级、600MW 级、1000MW 级机组，具有经济性好、可靠性高、调峰性好的特点。其高压部分采用了 3D 流道优化，通流部分汽封结构采用 DAS 汽封，A 级检修期内 DAS 汽封可最大限度减小常规汽封磨损所产生的损失，维持机组长期、高效、可靠地运行。排汽缸也进行了优化，改善了扩压管的扩压效果、改善了汽流的流动状况，增加了低压外缸刚性，减少了能量损失。

上海汽轮机厂有限公司引进德国西门子技术，采用模块化设计，利用单流圆筒形 H30 高压缸、双流 M30 中压缸、N30 双流低压缸三个 HMN 型积木块组合制造出功率范围为 300～1100MW 的多型机组，四缸四排汽的超超临界机型集中了当今所有可应用的先进技术，机组的参数、容量及技术性能均达到世界顶尖水平。垂直中分的圆筒形高压缸在轴向上根据蒸汽温度区域分为进汽缸和排汽缸两段，以紧凑的轴向法兰连接，可承受更高的压力和温度，有极高的承压能力，高压缸还设置了补汽阀。高中压主汽门、调节汽门均通过特制大型螺母连接在汽缸上，从而减掉了导汽管。低压内缸猫爪伸出外缸支承在轴承座上，避免了内缸中心与轴线的偏移。该机型的可用率高，维护方便，机组的 A 级检修时间间隔较长，与其他机型相比，其 A 级检修时间间隔要长一倍以上，可达到 10 万 h（约 12 年）。

当然，无论汽缸结构如何设计，其部件的作用和原理基本是一样的，汽缸及其内部各部件与带有叶轮的转子构成一个整体，在合理的间隙要求配合下完成热能向机械能的转换。对于汽缸的检修也就是要确保各部件能正常发挥其应有的作用，如定位销不能松动、滑销能正常滑动、间隙不超标，各部间隙应符合设计要求，不能发生动静碰磨，也不能因间隙过大造成泄漏。除了汽缸内部的情况外，从事汽缸检修还应了解汽缸与外部设备的连接方式。

第二节　汽缸维护与修理

一、修前准备

汽缸的检修是较为复杂的过程，开工前应做好充分的准备工作，具体有以下几方面。

（1）汽缸是体型庞大、质量较大的设备，其内部部件众多，因此汽缸解体以后各零部件的摆放场地应提前做好规划并做好地面铺设。

（2）汽缸的检修涉及大件起重作业，因此检修开始以前应做好起重设备的检查、校验工作（如行车）。

（3）汽缸结构复杂，检修中会用到很多专用工具、设备，因此在检修前应对这些工具、设备进行检查、校验（如吊架的调节装置、汽缸螺拆装用的加热柜、加热棒等），确保使用过程不出问题。

（4）汽缸检修过程中会大量使用电动、气动工具，因此需事先准备好检修电源、气源。

（5）汽缸检修作为汽轮机本体检修中的一个重要环节，是与其他部件的检修（轴承检修、油系统检修等）密切相关并配合进行的，开工前应确认其他先于汽缸解体的项目已经实施（如修前试验、实缸中心测量等）。并且这种配合贯穿于检修的整个过程，如果打乱了这个配合过程势必造成不必要的误工、返工。

（6）高、中压汽缸的外罩壳（化妆板）会影响汽缸检修作业，应事先拆除。

（7）汽缸检修前需将上缸（或全部汽缸）上的保温拆除，一般规定当调节级处上缸温度下降至100℃以下时才允许进行拆除保温工作，以免使汽缸产生较大的温差而形成永久变形。因保温拆除时会造成大量有害粉尘污染环境，而机组A级检修中现场施工人员较多，为避免对人员造成伤害，保温拆除尽可能在现场人员撤离后进行。保温拆卸后应及时做好现场清理。

（8）汽缸上安装有大量测温、测压元件，应提前通知相关专业人员拆除。外接的管道应提前拆卸，如果是焊接式的应进行切断，管口做好对应的记号并包扎好。

（9）确保汽缸起吊方向（向上）没有障碍物。

（10）推力间隙测量好以后，在拆解联轴器以前将转子分别向调节阀端、发电机端推足，测量好汽缸两端的转子轴向定位并做好记录，以作为通流间隙的测量、调整依据。轴向定位尺寸（外引值）一般是测量联轴器内端面至轴承端面（或轴承座内固定点）的水平相对位置两点。

（11）对于有汽缸基孔找中心要求的，还应测量汽缸基孔与转子的同心度，这对于解体后汽缸洼窝的调整至关重要。（测量基孔内圈至轴颈间上、下、左、右四点距离值）

二、汽缸解体

（1）大功率汽轮机一般均配套大型蒸汽锅炉，质量达千吨以上，并布置在汽轮机的某一侧，而汽轮机的另一侧布置着质量较轻的输变电设备。若以汽轮机轴线（纵向整体布置）为中心，形成了汽轮机两侧质量不平衡，使汽轮机基础在锅炉侧沉陷多，电气侧沉陷少，则这种不均匀沉陷将引起汽轮机的倾斜，使汽缸猫爪负荷、洼窝中心、轴系中心等方面发生变化。另外，汽缸外的连接件很多，管道、汽门等使汽缸承受一定的拉应力，当管道变形、支吊架损坏等情况发生后必然会改变这些拉应力。大功率机组的高、中压缸，均用前、后、左、右四个猫爪支承在前后轴承座上。当四个猫爪的负荷不均等时，机组在受热膨胀或冷却收缩的情况下，由于左右侧摩擦力不相等，导致汽缸伸长或缩短不对称，使轴承座导键（滑销）卡死，结果发生汽缸胀缩不畅，影响各轴承的负荷分配和胀差超限而故障停机。因此，大机组检修时，必须对高、中压缸四角猫爪负荷进行复测和校正，尤其是运行中膨胀不畅的机组这一工艺必不可少。汽缸猫爪负荷测量，可在空缸（汽缸内隔板、隔板套等全部吊去，只剩下汽缸）或实缸（汽缸内部隔板、隔板套、上缸等全部吊进）时进行，考虑汽缸外部因素对猫爪负荷的影响，建议该项工作在汽缸解体前做，测量后做好记录，在汽缸解体后修整阶段结合汽缸洼窝等数据一并调整。

（2）高、中压汽缸上一般连接着主汽门和调节汽门，汽缸检修工作开始后应先拆除导汽管螺栓，管口做好包扎（如导汽管是垂直法兰，应将下方管道用链条葫芦拉住，以防起吊时管口挂碰）。断开汽门与汽缸的连接。

（3）检查两端轴封外壳中分面有无螺栓连接，如有应先拆除。如轴封为整圈结构用螺栓紧固在汽缸上，则应拔出定位销，将紧固螺栓拆除，并将轴封圈拉出挂于轴颈上。如轴封上部有抽、供汽管，则应及时拆卸，以免影响汽缸起吊。

（4）汽缸一般采用猫爪支承在轴承座上，如果是采用上猫爪支承，意味着下缸是通过汽缸螺栓挂在上缸上的，因此在拆卸汽缸螺栓前应做好猫爪支承工作垫片向检修垫片的转换。具体方法如下。

1）在 4 只猫爪上部架设可监控猫爪高低变动量的百分表。

2）使用千斤顶将汽缸顶起 0.10mm 左右，抽出工作垫块。

3）在下缸猫爪下部塞入垫块及不锈钢皮，松开千斤顶，观察百分表读数是否归零，如未归零则继续顶起，再次调整下缸猫爪垫块下的不锈钢皮厚度，直至千斤顶松开后百分表读数归零（±0.05mm 以内）。

4）四角调整好以后松开全部千斤顶，再次确认百分表是否归位。

5）做好 4 个猫爪的变化量记录。抽出的工作垫块做好标记并包扎好，妥善保存。

（5）汽缸一般采用水平中分面将缸体分为上、下两半（目前也有外缸采用垂直中分的筒形结构，因场地、设备限制以返制造厂检修为主，这里不作说明），中分面法兰使用螺栓紧固，并采用定位销定位。在拆除汽缸螺栓前应尽可能先将定位销拔出，以防汽缸变形、销孔错位造成定位销憋劲无法拆出。然后按照工艺要求拆除汽缸螺栓（汽缸螺栓是将上、下两半的汽缸连接成一体，确保汽缸严密不漏的紧固件。由于它所处的工作环境温度很高，尤其超高压大功率机组的螺栓工作温度一般大于 500℃，材料均选择高强度耐热合金钢。汽缸螺栓的拆装及检修均有严格的工艺要求，将在后文详细说明）。

（6）汽缸螺栓全部拆卸、外部连接全部断开后，就可以开始外缸的起吊。起吊前应在两端转子轴颈上架好百分表，以监控起吊过程中是否有内部部件与上缸卡在一起随上缸上抬带动转子的现象。在汽缸上插入导杆（导杆应打磨光滑并涂抹润滑脂），然后在汽缸四角支顶位置（一般在猫爪后法兰之间或前后两侧吊耳下方）放置好 50t 液压千斤顶。检修人员分站四角，专人进行指挥，同时按压油泵，并测量上缸顶升高度。一般来说，各角每抬升 3~5mm 停顿一次，四角高度一致后再次顶升，确保四角顶升高度一致。当千斤顶行程不够时，在汽缸法兰面垫入准备好的垫铁（上、下两面垫以高压纸板）。千斤顶加垫后继续上序步骤，同时用电筒观察缸内槽道、插管等全部脱离。然后启动行车让上缸受力，发现汽缸偏移应及时放下进行中心调整，待起吊中心与汽缸重心一致后缓慢吊出上缸。将上缸吊到检修区域，四角垫以专用支架或道木。

（7）在内外缸间做好封堵，以防异物落入，并搭设检修平台。测量内缸压块相关数据并做好记录（修前数据，以作修理时的参考依据），然后用上述相同的方法吊出内上缸。

（8）在内缸内做好封堵，以防异物落入，测量隔板套（或隔板）压块等相关数据并做好记录（修前数据，以作修理时的参考依据），然后用类似方法吊出上半隔板套、隔板（上半持环）。

（9）测量转子弯曲度并做好记录。

（10）测量轴向动静间隙，并根据之前测量的轴向定位数据换算出实际动静间隙。

（11）待半实缸中心测量结束后吊出转子（起吊时确保平稳起升，避免动静相碰），将其放置在专用的转子搁架上，轴颈用白布、胶皮盖好。

（12）各隔板套（隔板）中分面压块做好记号，拆出压块，将下半隔板套、隔板（持环）依次吊出。起吊时如遇卡涩可向槽道喷涂松锈剂、煤油或用铜棒敲震，使其松动后吊出。

（13）如需吊出内下缸，则将中分面压块做好记号，拆出压块，采用起吊上缸的方式将其吊出，吊出后及时收集未紧固的垫块，做好记号妥善保存，并及时封堵好下方管口。大功率机组高中内缸下部会有压力表管、疏水管等管道穿过外缸上开设的孔引出缸外，管道在外缸外侧与缸壁焊接在一起。因此，拆卸内下缸前应查看图纸并进行现场查勘，确认这些管道的位置，提前将焊缝磨去，并将下方管道进行切口以便内缸吊出。

（14）中压缸排汽口通过连通管与低压缸相连，因此中、低压缸解体前应拆除连通管。需要注意的是连通管上一般装有垂直和水平的补偿器，以补偿运行时因膨胀造成的汽缸间的相对位移及管道受热的膨胀量。补偿器外侧安装有拉杆。拉杆的作用就是确保连通管总长不变，管道热膨胀时拉杆内的补偿器通过压缩来吸收这一膨胀量。由此可知，拆卸连通管时，螺栓拆除后应适当收紧拉杆使补偿器压缩，以使法兰面留出足够间隙取出法兰密封垫，同时避免安装时法兰相碰，不利于吊装及放入密封垫。安装时，放入密封垫后应松开拉杆，让补偿器处于放松状态，以免法兰紧固时拉杆受到过大的拉应力。法兰紧固后收紧拉杆螺母并做好固定，以免运行中松动造成连通管"拱背"，甚至引起振动。低压连通管拉杆如图 3-13 所示（见彩插），如某电厂机组检修时未将补偿器拉杆螺母固定，结果螺母在拉杆上抖动直至拉杆磨断；又如某电厂检修中将补偿器拉杆在支架内外侧螺母全部锁死，造成补偿器失去作用，管道热膨胀后直接将焊接的拉杆支架撕裂。

（15）低压缸上部的连接管加装了密封盒（密封板），以实现对内外缸的双侧密封（密封盒外圈法兰加密封垫与外缸法兰相连，内圈法兰上、下均装密封垫与内缸法兰相连）。同理对于三层缸的结构，内Ⅰ缸进汽口通过加装进汽短管和密封盒实现与内Ⅱ缸的密封，确保蒸汽顺利进入内Ⅰ缸而不发生外泄，如图 3-14 所示（见彩插）。因此，连通管拆卸后应先将内外缸密封盒拆除。同理，对于三层缸结构，拆卸内 1 缸时应先将两层内缸间的进汽密封盒拆除。

（16）低压缸外缸运行参数低无须保温，其螺栓也是普通高强螺栓，但部分型号的低压外缸变形较大（如上海汽轮机有限公司 1000MW 超超临界机组，缸面间隙甚至达到了 5mm）。如果按正常顺序拆卸接合面螺栓，可能会造成很多螺栓无法拆出，因此拆卸前有必要参考前次检修记录以确定螺栓拆卸顺序。对于这种情况，可采用缓释应力法进行同步拆卸，即从变形量最大的地方开始，向两端拆卸，每颗螺栓松开后再用手将其向拧紧的方向轻旋到位，直至所有螺栓都松一遍后再按此顺序重新再来一遍，直到所有螺栓都拆除为止。另外，拆卸外缸螺栓前应打开低压外缸人孔门，进入缸内检查外缸内侧法兰接合面是否有螺栓紧固，如有则应先行拆除。

（17）低压内缸两端安装有排汽导流环，导流环外圈处安装有喷淋头。排汽导流环体积庞大，有些机型导流环足以阻碍外缸起吊，因此外缸起吊前检修人员应进入外缸内侧，将喷淋管连接头拆开，将上部排汽导流环拆卸，用链条葫芦挂在外缸内侧并固定好再行起吊，如图 3-15 所示（见彩插）。内上缸顶部与外缸间如安装有纵销，解体前也应先拆除。

（18）低压内缸内侧腔室内有很多螺栓，拆卸内缸前应开启内缸腔室盖板，将内侧螺栓先行拆卸。因腔室较小，人员无法进入，即便进入，其内部较小的空间也不足以开展螺栓拆装作业，因此可制作专用的 T 形扳杆伸入腔室内，通过人力扳动扳杆以拆卸螺栓，如图 3-16 所示（见彩插）。

（19）一般来说低压内缸外表面覆盖有一层 3～4mm 不锈钢板制作的隔热板，如图 3-17 所示（见彩插），通过螺栓固定在内缸表面的焊接螺孔桩上，用以隔绝内缸的热辐射及腔室盖板法兰面的漏汽热量）。为了拆卸腔室盖板则有必要将部分隔热板拆下，在拆卸前应做好对应的记号，以免安装时装错。

（20）从解体开始到下缸内各部件全部吊出这一过程中有大量数据要测量记录，同时还要对各部件作仔细的检查。转子吊出后将缸内各部件全部吊出的过程俗称"清缸"，清缸工作及各项检查工作结束则意味着汽缸解体结束。汽缸解体阶段需要检查、测量项目见表3-1。

表 3-1　汽缸解体阶段检查、测量项目内容

名称	内　容
猫爪垫片转换记录	各猫爪下工作垫片、检修垫片厚度记录
转子弯曲度测量记录	转子各点晃动值测量，特别是中部、进汽部、轴封处的晃度值，并综合以上数据分析出弯曲度
缸面间隙记录	螺栓拆卸后缸面间隙情况，作检修参考
各压块间隙记录	内缸、隔板套（持环套）、隔板、轴封套等的压块间隙记录
轴向间隙测量记录	包括动静叶之间、汽封齿与凸台之间的轴向间隙
径向碰磨情况记录	因修前不便于测量径向间隙，通过观察碰磨情况对后期径向间隙的调整给出参考
各接合面泄漏情况检查	（1）内外缸水平接合面。 （2）隔板套（持环套）隔板、轴封套等水平接合面，套、隔板与汽缸间槽道出汽侧密封面。 （3）导汽管、连通管法兰接合面。 （4）各进汽、抽汽插管密封环。 （5）排汽管法兰面
裂纹检查	（1）汽缸各支承点承受拉应力较大处。 （2）缸内各槽道角缝处。 （3）缸内变截面处。 （4）缸内焊缝处及局部补焊区域

（21）上述工作全部完成，汽缸解体阶段结束。检修人员将解体情况及各数据汇总，编制解体分析报告。

三、汽缸修理

汽缸解体工作结束后，需对解体后的设备进行全面的清理检查，并根据解体分析会确定的方案进行修复工作。具体有以下几个方面。

（1）汽缸平面的清理。过去多数由手工砂轮块推磨平面上的氧化皮、锈蚀层，也可用无刃口的铲刀和砂纸进行。随着科学技术的发展，平面砂光机等新型机械工具不断出现，可以取代过去的手工清理方式。但不管采用何种方式，都必须注意不能破坏了平面的表面粗糙度和平整度。

（2）汽缸内外壁清理。主要以清除附着物（外壁为保温砂浆，内壁为锈蚀可剥离层）为目的。可手工采用钢丝刷或砂轮块、粗砂纸清理，也可采用电动工具如角向磨光机装上碗形钢丝轮或砂轮片、千页轮打磨。

（3）低压内缸腔室盖板法兰面清理，并用高压纸板做好密封垫。如有

成型垫片也应一一对应试装，以免垫片上的螺孔与螺栓存在错位现象而影响组装（腔室盖板为不规则形状，螺栓均采用焊接方式固定在法兰面上，孔距具有不确定性）。垫片应与盖板法兰一一对应做好标记以备组装。

（4）将低压内缸隔热板拆卸时断裂的螺孔桩重新烧焊固定，断螺栓更换。开裂的隔热板进行补焊处理。

（5）各压块、键、销清理，应确保其光滑、无毛刺、无凸起，并做必要的倒角、倒圆处理，然后涂擦二硫化钼粉待装。紧固螺孔作回牙处理，紧固螺栓螺纹部分用钢丝刷清理，确保所有螺栓、螺母旋合无卡涩。

（6）大功率机组高、中压缸进、抽汽管会采用活动密封环式插管结构，因此有必要检查外缸内侧及内缸外侧插管的密封环活动情况，插管密封的方式有多种，有开口式密封环，套装在管口的密封槽内，然后将其收紧，套上导向环，插入时管口会将活动的导向管顶开，使收拢的密封瓦进入插口。也有无导向环，直接将插口制成喇叭形，插入时随着直径的变小将密封环收拢进入管口。另有一种是在管口内侧依次装入数道静环和活动密封环，再用螺栓紧固最外侧的静环，活动密封环在两道静环间可自由活动，插入的管口做成弹头形倒角，管子插入后活动密封环自动找正管口并套入，从而实现密封效果。检修中应先检查活动密封环是否能自由活动，如不能活动可通过浸泡煤油、松锈剂、敲震等方式使其活动自如。密封环内孔壁应光滑，无拉伤痕迹，其与槽道间隙不可过大。一般情况下密封环不要轻易拆出，因为开口密封环拆卸过程中会造成变形、撬伤，影响密封效果。组合式密封环拆卸过程中及拆出后清理氧化皮过程中会磨损密封面，造成密封不严。如密封环确需拆出则应提前准备好备品。密封环检查后应涂擦二硫化钼粉，然后收紧密封环套入导向圈。组合式密封环应依次装复各道静环、动环并按要求的力矩紧固好压环螺栓。同时，内、外缸插管口内壁应打磨光滑，以利于插管插入。

（7）对于在法兰面上栽丝的双头螺栓应将其旋出，如螺纹处咬合较紧可通过喷松锈剂、铜棒敲震等方式拆卸，对螺纹确已咬死无法拆出的螺栓在测量其硬度合格且无缺陷的情况下可以不拆，但应提交不符合报告，并做好记录，以便下次检修时校对。

（8）配合金属监督检查项目对高温螺栓进行打磨，一般在端面打磨出一块金属本质，以进行硬度测量。在侧面打磨出一条金属本质以进行光谱分析。如有必要还需进行超声波探伤。注意：不可磨掉螺栓上的编号，以免安装时装错。

（9）宏观检查汽缸内各槽道底部 R 角部位、各变截面区域、原焊缝区有无裂纹，必要时进行打磨着色探伤，并根据金属监督部门出具的处理方案进行处理。对检查、处理情况应作详细记录。如某厂 A 级检修时发现低压内下缸下部纵销垫块焊缝开裂，垫块跑出，内下缸已明显偏向一侧，如未发现此缺陷运行中将会发生不可预测的事故。又如某厂低压内缸一支承猫爪下部直角部位发现细微裂纹，打磨后打止裂孔处理，第二次检修时根据记录再次对上述部位进行检查，发现裂纹加深并扩大，于是进行了内缸更换，消除了隐患。

（10）配合金属监督检查项目对缸内需检查部位进行打磨，一般有两种情况：

1）将待检查部位按要求打磨至露出金属本色，以便于探伤检查。

2）用角磨、旋转锉等工具将发现的裂纹磨除，以消除裂纹缺陷（浅表裂纹作打磨后保留处理，深裂纹打磨后补焊处理）。必要时还须在裂纹两端钻制止裂孔。

（11）汽缸接合面清理以后合空缸、紧1/3螺栓检查法兰变形情况（接合面间隙）并做好记录。这是处理缸面泄漏与热紧螺栓的依据。如发现紧1/3螺栓后法兰面仍有间隙，还需增加螺栓数量甚至对间隙部位螺栓进行热紧，以观察热紧后间隙是否消失，如果不能消除间隙则应对缸面进行处理。

（12）结合汽缸变形记录，处理汽缸泄漏情况。汽缸泄漏多数发生在上下缸水平接合面高压轴汽封两侧，因为该处离汽缸接合面螺栓较远，温度变化较大，温度应力也较大，往往会使汽缸产生塑性变形而造成较大的接合面间隙，使这些部位发生泄漏。结合汽缸间隙测量记录及泄漏痕迹的分析可以查明泄漏原因。一般来说，汽缸泄漏的原因除了制造厂设计不当之处，有下列三种。

1）汽缸法兰螺栓紧力不够。如某厂高压外缸法兰接合面漏汽严重，后经制造厂核算，外缸法兰螺栓热紧转角适当增加，从而消除了漏汽现象。

2）汽缸法兰涂料不佳。如涂料内有杂质、涂刷不均匀或漏涂、涂料内有水分、涂料用错等。这种泄漏通过采用合格的汽缸涂料即可消除。

3）汽缸法兰变形严重，接合面间隙较大。由于汽缸形状复杂及体积庞大，经过消除应力热处理，但残余内应力仍在所难免。当汽缸经过一段时间运行后，残留的内应力和运行中产生的温差应力相互起作用，就会使汽缸变形，使局部区域法兰接合面间隙过大。这种情况的泄漏处理较为麻烦，除螺栓增加紧力、采用密封性更好的汽缸涂料、接合面加垫石墨条（仅限低压部分）、接合面开槽加装密封条、接合面涂镀、接合面堆焊研磨等措施外，可能要通过接合面研刮才能彻底处理。缸面研刮一般以上缸为基准研刮下缸面，如上下缸面均变形严重，则应先通过平尺将上缸面研刮平整，再以其为基准研刮下缸面。一般来说，此项目检修单位很少能单独完成，且工作量很大，工期也较长，在严控工期的汽轮机A级检修中很难实施，必要时可拆出下缸返制造厂通过机加工处理。

（13）汽缸洼窝中心测量调整。汽轮机组A级检修中应对内、外缸进行缸体洼窝检查，以便监视汽缸的变形、位移并利于有关问题的分析。一般来说机组安装时对汽缸洼窝中心与转子的同心度要求较高（偏差应小于0.03mm），经过运行的汽缸，特别是长期在高温下工作的高、中压汽缸，汽缸洼窝中心均会出现偏差，但此偏差一般不会过大，A级检修中只作测量、记录，监督其变化情况，而不对其进行调整。在特殊情况下，如汽轮机转子中心作了较大幅度的调整，使转子中心与汽缸洼窝中心出现了数值较大的偏差时，才会对汽缸位置作出适当调整。此项工作一般在半实缸中心调整结束后进行，具体方式是借助假轴并将其按转子中心线调整，然后空合汽缸，冷紧螺栓，消除汽缸中分面间隙，测量人员进入汽缸内在假轴上架表，然后盘动假轴，测量待测部位洼窝上、下、左、右4点数值并算出偏心值（测量计算方法同隔板洼窝测量计算方法），也可采用内径千分尺测量洼窝与假轴之间距离的方式进行测量。

因为汽缸变形等情况，上、下数值之和与左、右数值之和可能会有较大偏差，故不强求4个方位一致，只需分别比较上、下偏差及左、右偏差即可。

实际上轴封处因距离猫爪最近、孔径较小并位于缸壁处，所以相对变形较小，汽缸垂弧的影响也较小。另外，制造时缸内各部洼窝均为同心加工，因此可以通过测量轴封内孔洼窝来确定汽缸整体洼窝的实际状况，并据此确定汽缸洼窝调整方案。

（14）一般来说，汽缸洼窝中心左右偏差不宜调整，因为汽缸与轴承座之间的直销有些是烧焊固定的，如果下汽缸不吊出，直销就无法取出，洼窝中心的左右偏差也就无法调整。如确需左右调整，则必须取出直销两侧垫块，并根据调整量重新配制垫块。对于汽缸洼窝中心的上下偏差，一般可通过增加或减少猫爪的工作垫片来加以调整，如解体前做过猫爪负荷测量，此时可结合此数据进行综合调整。随着设计、制造工艺的进步，现在有不少机型的汽缸两端加工有基准孔，汽缸洼窝找正只要找正转子与基准孔的同心度即可，这项工作在汽缸解体前就可做好，轴系中心调整好以后只要结合上述测量数据相应调整猫爪下部垫片即可，节省了大量检修工期。汽缸洼窝的找正最终是为了汽封径向的调整，如果汽缸与转子中心同心度偏差微小且汽封径向间隙偏差不大或没有明显的偏磨，即可保持原状。

（15）汽缸接合面水平度测量。汽缸水平度也称为汽缸扬度，一般在汽缸水平接合面上四角部位以及中间部位用合像水平仪进行测量，主要测量左右向及前后向扬度，测量时合像水平仪应放置平稳，旋转刻度轮直至汽泡重合成完整的圆弧，读数后将刻度轮调回基准位置，将水平仪倒转180°放在同样位置再次测量，两次读数的均值即为实际的扬度值。对于检修来说汽缸水平度的测量主要用于与前次检修进行对比，分析轴承座基础下沉状况以及特殊情况下的分析，如发现汽缸接合面间隙过大，可通过水平度记录来分析汽缸的挠度是否过大，以确认汽缸刚度是否不足。

（16）隔板（持环）检修。测量隔板（持环）中分面间隙、内孔椭圆度、隔板挠度等并作相应处理。测量、调整隔板径向、轴向窜动量符合标准。检查清理静叶片及隔板汽封。

（17）检查处理喷嘴组符合要求。

（18）调整各汽封径向间隙至合格。

（19）完成转子相关检修工作。

（20）测量、调整好内缸各部位压块间隙，特别是在内缸洼窝调整好以后，更要仔细测量、调整，以防压块顶住外缸造成汽缸法兰面泄漏，也要防止压块上部间隙偏大造成抖动。

（21）低压外缸顶部一般设置有大气释放阀，也称防爆门，如图 3-18 所示（见彩插）。阀芯上覆薄铅板或紫铜皮、铝皮，铅板或铜皮、铝皮外圈通过法兰与外缸密封。当凝汽器真空破坏时，超压蒸汽向上顶起阀芯撕裂铅板或紫铜皮、铝皮，将超压蒸汽向大气释放，防止过高汽压造成低压排汽缸、凝汽器受损。检查铅板或紫铜皮、铝皮是否有开裂变形，如有缺陷则应对铅皮或紫铜皮、铝皮进行更换。

（22）应对连接在高、中压缸上的导汽管连接法兰接合面进行检查并研磨，确保其平整度和表面粗糙度。

（23）汽缸修理工作全部结束后应将修理情况、数据综合，汇同其他部件的修理情况、数据整编为盖缸验收报告，通过验收会的形式进行分析、验收。确认无误后汽缸即具备盖缸条件。

（24）上述检修工作可视现场实际工期、节点及相关专业协调情况同步开展，并制定严格的工序依序进行。

四、汽缸组装工序

（1）盖缸前应进行一次彻底的"清缸"，即将汽缸内所有部件一一吊出，用压缩空气进行吹扫，并彻底检查、清理缸内各槽道。用内窥镜检查各管、孔内应无异物残留。

（2）认真履行好盖缸许可制度，办理好盖缸许可证，各级人员到场见证盖缸过程。

（3）按照与解体相反的顺序依次吊入汽缸内各部件，并安装好相关的压块、键、销。转子吊入后应确定好其正确的轴向定位，并装好防止轴向窜动的压板。上部隔板（持环）、隔板套（持环套）、汽封套全部就位紧固好以后应盘动转子进行听声检查，确认无碰磨声。在内缸缸面涂抹好汽缸密封脂，吊入内上缸并冷紧好汽缸螺栓，再次盘动转子进行听声检查，无异常声音以后将内上缸螺栓热紧到位。然后吊入外上缸，直至其下落到位后再将上缸吊起 200～300mm，在接合面上涂抹上合格的汽缸涂料，盖上上缸，冷紧螺栓。然后再次盘动转子进行听声检查，无异常声音以后将外上缸螺栓热紧到位。

（4）低压内缸装复后应及时恢复腔室盖板及隔热板。隔热板螺栓紧固后应点焊保险，确保没有松动。如有松动运行中在汽缸振动、汽流冲击等作用下有可能会发生共振，进而引起隔热板撕裂脱落。如某厂 600MW 机组投产后第一次检修，进入外缸内侧检查，发现内缸隔热板多片脱落，残留在内缸上的也存在大片撕裂现象，只能作补焊固定，并重新订制了隔热板，在后一次检修时开外缸进行了全部更换。

（5）低压外缸装复后将排汽导流环安装到位，并及时连接好排汽导流环上的喷淋管接头。

（6）根据确定的垫片记录用相逆的顺序转换好汽缸猫爪工作垫片，安装好汽缸猫爪压块。盘动转子再次进行听声检查，确认无异常。

（7）装复高、中压导汽管。对于高参数机组来说，导汽管螺栓多为热紧螺栓，对紧固后的伸长量是有要求的，因此安装时应严格按照设计要求对螺栓进行热紧，并测量伸长量符合要求。

（8）装复中低、低低连通管。因连通管法兰多采用缠绕垫或增强石墨垫进行密封，安装时应注意螺栓紧固力矩合适并保持周向均匀，严禁采用气动扳手反复紧固，以免力矩过大造成石墨垫片碎裂。

（9）外缸紧固好以后连接相关汽门、排汽管等设备及监控元器件。

（10）实缸轴系中心测量找正后连接好联轴器，将轴承检修工作恢复。

（11）通知相关单位做好外缸保温的包覆工作。

（12）安装好汽缸外罩（化妆板）。

（13）至此汽缸检修工作结束，办理工作票终结。

（14）写好检修报告，完善检修文件包，将相关报告、技术记录等打包上交设备管理人员。

一般来说汽轮机本体的检修分为两大部分：轴系检修及汽缸检修。轴系检修包含轴系中心的调整、转子的轴向定位、轴承检修、联轴器的连接等内容。汽缸检修包含喷嘴组、隔板（持环）、汽封、转子等的检修，汽封与转子径向间隙的调整等内容。为了便于说明喷嘴组、隔板（持环）、汽封、转子等部件的工作原理及检修要点，对上述部件将分章节依次进行介绍。

第三节　汽缸检修工艺方法

一、汽缸接合面螺栓拆装工艺

汽缸接合面螺栓是将上、下两半或前后两段（筒形缸）的汽缸连接成一体，确保汽缸严密不漏的紧固件。

低压外缸接合面螺栓尺寸规格一般较小，拆卸和紧固没有特殊的工艺要求，但需按要求松紧的顺序操作并符合设计时的扭矩要求。拆装螺栓基本按照先中间后两侧、由内向外、左右对称的顺序进行。

汽缸法兰螺栓在汽缸上各部件中所受的应力最大，螺栓的断裂也常有发生，尽管发生断裂的因素很多，但与材料性质和质量有着密切的关系。

尤其大功率汽轮机高、中压汽缸螺栓及低压内缸螺栓由于所处的工作环境温度很高，超高压大功率机组的螺栓工作温度一般大于 500℃，材料均选择高强度耐热合金钢，这类螺栓不仅材料好，而且粗而长，一个螺栓质量往往有数十甚至上百千克，所以，对于这类螺栓的检修工艺要求很严，稍有疏忽，极易损伤螺栓，甚至引起设备漏汽或损坏事故。这类螺栓的拆卸及紧固一般采用热装工艺进行，而且拆装顺序也有严格要求。

1. 螺栓编号及螺纹保护

螺栓拆卸之前应对螺栓及螺母进行编号，因为汽缸螺栓处在高温下长期承力运行的结果就是螺纹会产生微小的变形，螺母与螺纹变形是匹配的，如果组装时螺栓与螺母不匹配，则会因变形不一致而导致螺纹配合不好，严重时会出现螺纹乱扣或咬死现象。已有编号的螺栓要核对在装编号是否正确，没有编号的螺栓应在拆卸前进行编号，一般采用两种编号方式：一种是站在机头面向机尾，左侧为单号、右侧为双号，从前向后编号。另一种方式是直接用字母 A、B 区分左右侧，从前向后编。无论采用哪种编号方式，均应做好记录，以免安装时装错。编号可用钢字码打在螺母、螺栓端部，也可用油漆笔书写。

检修过程中，汽缸接合面螺栓要求全部拆下，清扫、修整、探伤后再行装复。拆下的螺栓要装上专用螺纹保护套，保护套最好是用硬质塑料制作，如没有可临时用铜板、镀锌薄铁板现场制作，也可用胶皮等包扎，以防螺纹碰损。

2. 螺栓加热器及加热棒的使用方法

电阻式螺栓加热器及加热棒分为直流与交流两类。20 世纪 70 年代后期和 20 世纪 80 年代中期，国内大功率汽轮机汽缸大螺栓拆装的加热设备，普遍采用内热式电阻丝交流加热棒，但是交流加热棒存在使用寿命短、安全性差的缺点。20 世纪 80 年代后期，国内有关单位研制生产了由改进型内热式电阻丝直流加热器（棒）和调压式直流控制箱组成的新型汽缸螺栓加热装置，克服了交流加热装置的一系列缺点，是目前使用比较多的加热设备，如图 3-19 所示（见彩插）。

在拆装汽缸法兰螺栓前需要检查加热器与加热棒是否好用。一般情况下，通电 2~3min 内加热棒应能发红，直至呈暗红色即为好用。

采用电阻加热棒加热螺栓时，尽可能选用功率较大的加热棒以提高加热速度，减少螺母的传热量。一般情况下每个螺栓的加热时间应控制在 30min 以内，最长不能超过 50min，否则应停掉电源，待螺栓冷却后再选功率更大的加热棒重新加热。调节加热器电源控制箱控制加热棒电流在 13~15A 为宜，电流过低则加热时间慢、时间长、难松动；电流过高易造成加热棒短路击穿，甚至损伤螺栓。

加热螺栓时，正确选择加热棒规格也是十分重要的。选择加热棒的尺寸时，要参考螺栓加热孔直径及螺栓长度，加热棒直径要比加热孔直径小

0.5～1.8mm。在加热棒的有效长度选择上，以不超过螺栓长度 25mm 为宜，对于对穿螺栓，加热棒发红区域应位于两端螺母之间部位；对于栽丝单头螺栓，加热棒发红区域应位于螺栓上法兰区域。使用挠性加热棒时，为防止损坏，其弯曲半径不能太小，一般最小弯曲半径可按表 3-2 进行选择。使用加热棒时，无论是拔、插加热棒电源接头，还是加热棒换位，都应切断电源，以防接头处突然短路放电造成电击伤害。

表 3-2　加热棒最小弯曲半径的选取　　　　　　　　　mm

加热棒直径	最小弯曲半径
$\phi15$	80
$\phi18$	130
$\phi23$	300

3. 汽缸接合面螺栓拆装顺序及工艺

在拆卸螺栓前 4h 左右，应将螺栓周围用毛刷、吸尘器清理干净，然后在螺栓螺纹处浇上渗透液，如煤油、松锈剂等，以润湿螺纹间的氧化物，并能在拧转螺母时起润滑作用，以防发生咬死现象。

拆卸汽缸接合面螺栓的一般顺序是从中间向两端对称进行，制造厂会给出螺栓松紧顺序图。图 3-20 所示为某型机组高压缸接合面螺栓拆卸顺序图。但在此原则下还需考虑其他因素的影响。一般来说在拆卸汽缸接合面螺栓前，应查阅上次 A 级检修记录，掌握汽缸变形情况，汽缸变形最大部位的螺栓应先拆卸。所谓汽缸变形最大部位是指空扣上汽缸，测量汽缸接合面间隙最大的部位。首先拆卸汽缸变形最大部位螺栓的原因是：该处螺栓在紧固时，为消除接合面间隙所施加的紧固力较大，若先拆卸其他螺栓，那么这些螺栓承受的紧力除原来的预紧力外，还附加法兰变形引起的作用

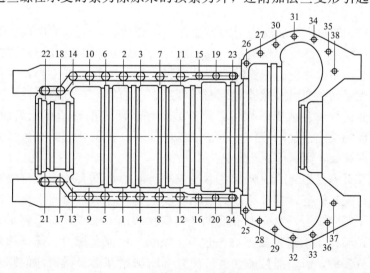

图 3-20　高压缸结合面螺栓拆卸顺序图

力，这样就会使热拆卸螺栓的伸长量增大，加热时间成倍延长，造成拆卸困难，严重时会使螺栓过载损坏。其次是拆卸位置狭窄、作业困难部位的螺栓。接下来是拆卸长度较短、直径较小的螺栓，短螺栓加热伸长总量小，细螺栓加热时螺母热得快，所以拆卸难度相对较大。最后拆卸位置宽敞、长度大、直径大的螺栓。

如果汽缸接合面上既装有带加热孔的螺栓，又装有无加热孔螺栓，那么拆卸螺栓时应先拆卸无加热孔螺栓，之后再按照上述拆卸顺序进行。

汽缸法兰螺栓一般采用对穿双头螺栓或缸面栽丝双头螺栓，螺母一般采用罩螺母。拆卸螺栓时不要一次旋出螺母，而应将螺母旋出几圈，待全部螺栓都松开后再将螺母依次旋出，因为拆卸汽缸法兰大螺栓时，必须用大锤击打或套长管子众人用力扳，这样可避免碰伤相邻螺栓的螺纹。对于对穿螺栓，拆卸前应在法兰面下搭设平台，以便检修人员在法兰下方作业。螺栓松开后可直接将法兰下部的螺母旋出，让螺栓挂在螺孔上，随汽缸一起吊出后再行拆出。因为汽缸螺栓数量多、质量重，所以只用行车吊出非常耗时间，而且加热后温度很高，等待冷却时间较长。

如因特殊情况（汽缸变形过大、螺栓承受超大拉应力）个别螺栓经加热后仍无法拆卸，可采用将相邻位置螺栓再紧上，冷却后先将其加热后螺母旋动一定角度，再加热相邻位置螺栓，再旋松一定角度，依次反复，通过多颗螺栓分担变形应力的方法最终将螺栓全部拆卸完毕。对于确认咬死无法拆卸的螺栓，则需及时提交不符合项报告，批准后进行破坏性拆除。方法主要有气割和机械切割两种。气割就是利用氧-乙炔割炬将螺母两对边顺螺纹割断，再剔出残留的部分，保证螺栓不被破坏。机械切割就是利用角磨机、旋转锉或钻铣刀将螺母部分破坏、切断，以拆出螺栓，过程中尽可能不要损坏螺栓螺纹，因此该项工作应由技能水平高超的技工担任。

4. 紧固件检修

螺栓、螺母拆卸后应进行清扫工作，用螺栓松动剂或清洗剂、煤油对螺纹进行浸泡，然后用钢丝刷、毛刷配合清扫螺杆、螺纹部位。清扫要全面、彻底，不留死角。螺栓的检查分两种形式，一是宏观检查，主要检查螺纹有无碰伤、变形及螺栓有无明显裂纹、弯曲等。二是金属技术监督检查，主要进行着色或磁粉探伤、超声波探伤、硬度检查及金相组织检查。根据发现的缺陷情况，分析出产生缺陷的原因，找出处理的方法。如发现螺栓存在裂纹，则需更换新螺栓。

螺纹最容易出现的缺陷是变形或损坏。变形量不大的螺纹可以在检修现场进行人工修复，螺纹涂研磨膏用配套的螺栓、螺母对研，用组锉磨削硬点直至轻松旋合，对变形量很大且是多扣变形的螺纹，需要到车床上进行修复，车刀每次进刀量不许超过 0.03mm，用配套螺栓、螺母检验。螺纹损坏分多种，齿尖部位碰伤、齿面异物研碾损坏等轻微损坏的修复工作可以在现场用锉刀、板牙、丝锥完成，修复后可继续使用。螺纹断齿是破坏性损伤，如果是高压缸接合面螺栓、螺母，出现断齿后必须更换新品。如果是低压缸接合面螺栓、螺母，螺纹断齿在 2 扣以内，没有其他缺陷的情况下，修复后可以继续使用。

有些大容量机组汽缸接合面大螺栓采用了球面垫圈。球面垫的优点是可以调节螺母与法兰面的相对位置，保证螺栓紧固后不产生弯曲应力。球面垫经常出现的缺陷是裂纹或工作表面划伤。由于要求球面垫工作表面硬度高，大多采取表面氮化处理，处理工艺稍有偏差就很容易造成球面垫内部应力集中，再受运行温度变化的作用，极易产生裂纹。球面垫裂纹检查一般采用着色或磁粉探伤，如有裂纹就必须进行更换。由于球面垫用于调整螺母与汽缸法兰面的相对位置，在机组运行工况发生变化时，汽缸与螺栓膨胀变化不统一，会造成球面垫有相对滑动，高温下金属硬度相对降低，球面垫工作面极易研碾划伤。工作表面划伤很容易检查，修复的方法是研磨划伤部位。对工作表面划伤严重的球面垫，应予以更换。

除此之外汽缸上还大量使用定位销以确保各部件间定位正确。检修中如发现定位销外表面有拉毛、划伤，可用锉刀进行修整并用细砂纸抛光。如发现定位销弯曲变形，则应进行更换。

5. 螺栓预紧应力的确定

汽缸螺栓大多在 300℃ 以上温度下工作，在紧固时需要施加一定的预紧力，要获得较高的螺栓预紧力，则必须在冷紧螺栓的基础上，再热紧一定的弧长（转角），以满足机组热态运行的需要。螺栓预紧力（预紧应力）使螺栓产生一定的弹性变形，设备投入运行后，在高温和应力的作用下，随着时间的增加，螺栓预应力降低，对法兰的紧固作用力也相应减小，出现"应力松弛"现象。因此，在确定螺栓初紧力时，必须考虑这方面的影响。

一般来说汽缸螺栓的预紧应力根据材料不同会有不同的选择，如珠光体合金钢常选用 300MPa，奥氏体合金钢常选用 200MPa。对于现代大容量机组，制造厂一般都会明确规定螺栓预紧应力，基本上都会对冷紧力矩和热紧转角给出标准，检修应严格按照该标准执行。如确实没有执行标准，一般情况下，对于材料为 20Cr1Mo1VTiB 和 20Cr1Mo1VNbB 以及 25Cr2Mo1V、35CrMo、Cr12WMoVNbB 的螺栓，其冷紧力矩可参考表 3-3 进行选择。

表 3-3　螺栓冷紧力矩　　　　　　　　N·m(kgf·m)

螺栓规格	机组状况	
	新机组冷紧力矩	运行 5 年以上机组冷紧力矩
M140	1177(120)	1470(150)
M120	785(80)	1177(120)
M100	736(75)	1177(120)
M76	441(45)	785(80)

M76 以上的螺栓一般需冷紧以后再热紧，螺栓冷紧的目的是消除由汽缸自重引起的结合面间隙，并将结合面上的汽缸密封脂挤压至一定的厚度，给螺栓热紧有较准确的基准。运行时间少于 5 年的汽轮机汽缸接合面间隙一般都是由汽缸自重产生的自然垂弧引起的，而运行时间较长的汽轮机汽缸存在一定的永久变形，冷紧螺栓时还要考虑汽缸变形引起的结合面间隙，冷紧力矩要相应加大。在汽缸变形不大的情况下，可采用加大冷紧力矩的方法。

螺栓热紧弧长的现场计算一般采用近似计算法，用式（3-1）计算，即

$$K = \frac{\sigma_1 L_0 \pi D}{Et} a \tag{3-1}$$

式中　K——热紧弧长，mm；

σ_1——螺栓的预紧应力，一般情况下采用铬钼钒合金螺栓，200MW 以上机组选用 294.2MPa；

L_0——螺栓有效高度，mm，L_0 的取法见图 3-21；

D——螺母外径，mm；

E——工作温度下材料的弹性模数，一般铬钼钒合金螺栓选用 1.89×10^5 MPa；

t——螺栓的螺距，mm；

a——考虑法兰收缩变形的系数，旧螺栓选用 $a = 1.3$，新螺栓选用 $a = 1.5$。

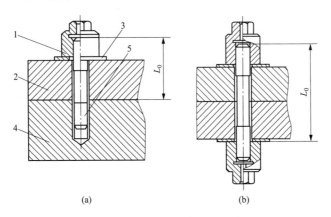

图 3-21　螺栓有效高度的取法

（a）栽丝螺栓；（b）双头螺栓

1—罩螺母；2—上汽缸法兰；3—平垫；4—下汽缸法兰；5—紧固螺栓；L_0—螺栓有效长度

螺栓热紧转角计算方法，用式（3-2）计算，即

$$\theta = \frac{360 \sigma_1 L_0}{Et} a \tag{3-2}$$

式中　θ——螺栓热紧转角，（°）。

以上计算出的热紧弧长及转角已经在系数 a 中考虑了热紧前后接合面

涂料减薄的影响，不必另行考虑。实际检修中建议以制造厂标准为准，尽可能不要以自算的预紧应力代替制造厂标准。

制造厂设计图中会对某些螺栓作出伸长量要求，螺栓的伸长量指的是在未紧固状态螺栓的长度与紧固后长度的差值，这就要求在螺栓紧固前后都要对螺栓的长度进行测量，以确保螺栓热紧后伸长量符合设计要求。因为伸长量的精度要求较高，一般来说偏差不能大于 0.03mm，所以螺栓长度的测量要求较高，必须确保紧固前后测量基准点保持一致。因此有必要采用专用测量工具以保证测量的准确性。

6. 汽缸螺栓热紧工艺

组装时汽缸接合面螺栓首先应按规定的顺序和力矩进行冷紧，冷紧完成后准备好螺栓加热装置，要求加热装置的容量应大于同时加热的加热棒总功率的 30%。用样板在汽缸及螺母上画出热紧弧长或转角的起始位置和终止位置，按照正确的热紧顺序依次热紧汽缸螺栓。过程中如加热时间超过 50min 热紧弧长或转角仍未达要求值，则应停止加热，待螺栓冷却后选用更大功率加热棒进行再次加热，切忌使用大锤锤击或加力杆硬扳，以免损伤螺纹。热紧双头螺栓时，一端螺母与汽缸相对位置应做好对应记号，旋转另一端螺母时此端螺母与汽缸相对位置不应发生改变。

二、汽缸变形及静垂弧的测量和分析

汽缸结合面存在间隙，不仅产生汽缸变形问题，而且由于汽缸在中分面处分成上、下两半的结构，削弱了上下汽缸的刚性。在汽缸自重、保温、进汽管、抽汽管等重力、拉应力作用下，汽缸发生弹性变形，产生静垂弧，导致汽缸结合面间隙增加。对于这类刚性较差的汽缸不可盲目用研刮接合面平面的办法来消除结合面间隙或漏汽，应对汽缸的变形和静垂弧进行测量、分析，然后采取措施消除漏汽。

检修现场可以通过如图 3-22 所示的方法对接合面变形和静垂弧进行测量。首先，吊出上、下汽缸内的隔板或持环等部件，以便检修人员在汽缸内进行测量工作。然后，吊入假轴承、假轴，并将假轴中心线调到与转子中心线一致；在假轴上架好百分表，测量缸内各部位的洼窝中心数值（也

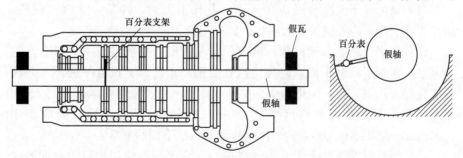

图 3-22　汽缸静垂弧测量

可用内径千分尺测量），做好记录；扣上汽缸测量前后轴封、中部隔板槽道等部位洼窝中心数据并做好记录；冷紧 1/3 接合面螺栓至结合面无间隙，再次测量上述部位洼窝中心数据。比较原始数据与最终数据的差值，即为汽缸变形及静垂弧对汽缸洼窝中心的影响值。一般情况，如果接合面间隙表现为中间大两端小，且数据变化存在连续性，则为静垂弧的影响；如果局部间隙大，两侧自由状态下无间隙，则说明该处是变形造成的间隙；如果合空缸时间隙大，冷紧螺栓后间隙缩小直至消失，这种结合面间隙就不必处理。另外，拆卸汽缸螺栓前可在下缸或法兰下部寻找固定点，通过测量标高的方式来比较空缸、实缸状态汽缸垂弧的变化。如在低压内缸下部纵销安装梁上架上千分表，测量内缸螺栓拆卸前后的数值变化。

三、汽缸洼窝找正

轴系中心找正工作结束后应进行汽缸洼窝相对转子中心线的找正工作，但该找正工作并非要求汽缸与转子完全同心，而是要求找正后中心线满足制造厂设计标准。如上海汽轮机厂有限公司超超临界 1000MW 一次中间再热机组，其高压缸调节阀端内孔中心应比转子中心高 0.1mm，发电机端内孔中心与转子中心同心；中压缸内外缸内孔中心均比转子中心高 0.2mm；低压缸内缸中心比转子中心高 0.4mm。由此可见，汽缸洼窝中心的找正应按照制造厂设计要求进行。找正的方法与汽缸静垂弧的测量方式基本一致，外缸的调整以两端轴封内孔洼窝数据为参照，通过调整猫爪垫片的方式进行调整。内缸的调整在外缸调整结束后进行，以两端最外侧内孔洼窝数据为参照，通过调整内缸猫爪下的垫片进行调整。

汽缸洼窝的调整是为了保证汽缸与转子的同心度要求，最终反映在汽封径向间隙符合要求。因此，如果轴系未作大的调整，且检修前汽封径向间隙偏差不大，汽缸洼窝只需进行测量而不刻意要求进行调整。

四、汽缸结合面研刮

当汽缸接合面出现多处泄漏，且接合面间隙大部分偏大时，应考虑研刮汽缸接合面。研刮工作操作步骤如下。

（1）将上、下缸接合面清理干净，并扣上大盖，冷紧 1/3 汽缸螺栓，用塞尺检查汽缸内外壁接合面间隙，做好记录和记号。

（2）根据所测接合面间隙，确定研刮基准面。一般情况下，以上汽缸为基准，研刮下汽缸平面。但是当汽缸变形严重时，上汽缸平面不平，此时应先将上汽缸翻转，用道木垫平垫稳（注意汽缸静垂弧影响）。然后，用平直尺或大平板检查和研刮平面，一直研刮到用平直尺检查间隙小于0.05mm，方可将上缸再翻转，作为研刮下汽缸平面的基准。

（3）当汽缸变形量大于 0.20mm 时，可用平面砂轮机也可用角向磨光机加装薄型砂轮片、千页轮（砂皮轮）进行研磨。为防止研磨过量，可在下汽缸平面上按变形量用手工研刮出基准点，一般为 10mm×10mm 的小方块，其深度为该处必须的研刮量，每隔 200mm 左右研刮一个基准点，按这些基准点进行研磨。无论用什么样的工具研磨都应切记防止研磨过量。

（4）汽缸法兰平面研刮应注意以下事项。

1）汽缸接合面间隙最大处不能研刮。

2）研刮前必须将汽缸法兰平面上的氧化层用旧砂轮片打磨掉。

3）刮刀或锉刀等研刮工具只能沿汽缸法兰纵向移动，不能横向移动，以免汽缸法兰平面上产生内外贯穿的沟槽，影响研刮质量。

4）研刮工作应由一名高级技工统筹考虑和指挥，防止步调不一发生研刮过量。

5）用砂轮机研磨到汽缸接合面间隙等于或小于 0.10mm 时，研刮工作应改用刮刀（铲刀）精刮。此时检查汽缸接合面接触情况，应在下汽缸法兰平面上涂擦红丹粉，用链条葫芦或千斤顶施力，使上汽缸在下汽缸上沿轴线方向移动约 20mm，往复 2～3 次，然后吊去上缸，按印痕进行研刮。

6）采用红丹或蓝油检查平面时，必须将汽缸法兰平面上的铁屑擦净，以防汽缸在往复移动时拉毛平面。

7）研刮标准为每平方厘米范围内有 1～2 点印痕，并用塞尺检查接合面间隙小于 0.05mm。达到标准后用"00"砂纸打磨，最后用细油石加汽轮机油进行研磨。

8）研刮工作结束后，应合缸测量各轴封、隔板等处的汽缸内孔的轴向、辐向尺寸，以确定是否需要镗削汽缸各内孔。

9）研刮前必须将前后轴承室和汽缸内各疏水、抽汽等管口封闭好，以防铁屑、砂粒落入。

五、螺栓取断丝

汽缸检修过程（特别是解体过程）中经常会遇到螺栓断裂的问题。如何取出断丝是检修人员经常要面临的问题，下面介绍几种断丝取出方法。

（1）断丝高于工件表面。可取合适的六角螺母套在断丝上，用电焊将它们焊为一体，冷却后用扳手将其扳出；直径稍大点的可用旋转锉铣削两对边，然后用大力钳或活动扳手夹住两对边将其旋出；在断丝断面定中心打孔，孔径比螺纹底径小 4mm 左右，然后用断丝取出器将其旋出；在断丝断面定好中心进行打孔，然后换更大钻头扩孔，直至孔壁能看到螺纹底纹，用氧-乙炔快速加热孔壁，冷却后用尖嘴钳将残留部分取出。

（2）断丝低于工件表面。用堆焊法在断丝中部堆焊，然后在堆焊处套上六角螺母烧焊，冷却后用扳手将其扳出；也可采用（1）中所述方法。

（3）大直径断丝。可在中间钻孔，然后用氧-乙炔在孔内向外壁进行气割，直到见到螺纹底纹，冷却后再次快速加热孔壁，再次冷却后用尖嘴钳取出残余部分；在接近螺纹处周向钻制排孔，用窄錾将中间部分剔出后用氧-乙炔快速加热孔壁，冷却后用尖嘴钳将残留部分取出。

六、裂纹处理

目前，对汽缸非加工面的检查，主要以宏观检查（即目视检查）为主，发现异常或疑似异常后采用砂轮打磨着色检查，一般来说浅表裂纹或深度裂纹都能显示。发现裂纹后还应进行超声波检查以查明裂纹深度。对不能采用超声检查的部位可采用钻孔法进行检查。

对汽缸裂纹检查的经验证明，裂纹的分布是比较集中的，主要集中在如下一些部位：各种变截面处，如汽缸壁厚薄变化处，调节汽门座、抽汽口与汽缸连接处，隔板套槽道 R 角等处，如图 3-23 所示（见彩插）；汽缸法兰接合面多集中在调节级前的喷嘴室区段及螺孔周围；制造厂原补焊区。这些部位应是汽缸裂纹检查的重点部位。

汽缸裂纹产生的原因：①铸造应力；②铸造缺陷；③补焊工艺不当；④运行中，在启动、停机、负荷变化、参数波动时，汽缸各部分出现较大的温差，引起较大的热应力，由于长期频繁启停，热疲劳有可能引起裂纹。高、中压汽缸，通常用耐热合金钢一次浇铸成型，在铸件成型过程中，金属由液态向固态转变时发生体积收缩，往往引起缩孔，同时其周围还存在许多分散的小孔洞，通常称为疏松。在缩孔的附近，除了疏松外，还聚集着许多的杂质，并集中在最后凝固的地区，这种现象称为"区域偏析"。

此外，在设计中不可避免地存在汽缸壁厚度不等的情况，加上设有抽汽口、进汽口、排汽口等比较复杂的形状，这不仅会在形状突变的部位存在应力集中，而且使汽缸在铸造成型过程中，由于表层与里层、厚壁区与薄壁区铸件冷却速度的不同，形成各部分晶粒粒度不等和产生较大的内应力。机组安装投运后，由于启动、停机、负荷增减和蒸汽参数的突变等工况，均会在汽缸内产生温差热应力。这些因素与设计、铸造中残余应力过大和对铸造缺陷处理不当等因素叠加，汽缸就容易产生变形和裂纹。从汽缸裂纹的挖补统计结果表明：裂纹均发生在铸件的缩孔、疏松、偏析等缺陷严重的地区，且至今无一例裂纹会发生在无缺陷处。

当汽缸产生裂纹后，在裂纹的端部将引起很大的应力集中，这可用应力线概念来描述。对于一个内部没有宏观裂纹的均匀试样，在拉伸时，应力分布是均匀的，即试样中每一点的应力都等于外力除以试样截面积。假如规定每一点的应力值等于穿过该点单位面积应力线条数，某一点的应力线密集，则该点的应力就大。对于无裂纹试样，由于每一点应力都相同，故每一点的应力线密度都一样，即应力线分布是均匀的。如果试样中有宏观裂纹，在受同样的外力作用下，这时试样中各点的应力就不均匀了。这是因为裂纹内表面是空腔，不受应力作用，没有应力就没有应力线，即含裂纹试样中的应力线不能穿过裂纹而进入裂纹内表面，但应力线又不能在试样内部中断，它只能绕过裂纹尖端，上、下连续。这样，裂纹上的应力线就全部挤在裂纹尖端，裂纹尖端应力线密度增大，即裂纹尖端地区的应力比平均应力要大。

综上所述，在裂纹尖端附近，其应力远比外加平均应力大，即存在应力集中。这样，当外加应力还未达到材料屈服应力时，含裂纹试样裂纹尖端区，由于应力集中就可能使尖端附近某一范围内的应力达到材料的断裂强度，从而使裂纹尖端材料分离，裂纹迅速扩展，使试样断裂。因此，含裂纹试样的实际断裂应力明显低于无裂纹试样，甚至低于材料的屈服强度。由于整个裂纹上的应力线都分布在裂纹尖端，故裂纹越长，就有更多的应力线分布在裂纹尖端。即裂纹尖端应力线更密集，应力集中也就更大，试样就可以在更低的外应力下断裂，即断裂应力更低。另外，由于裂纹尖端的曲率半径趋近于零，引起了更大的应力集中。所以，构件中出现裂纹是很危险的，尤其是对于高应力状态下的重要构件。

由此可见，汽缸出现裂纹后，应高度重视，采取措施，防止裂纹的扩展和汽缸的毁坏。首先应用 $\phi2\sim\phi5$mm 钻头在裂纹两端和中间部位钻孔，探明裂纹深度。钻孔时应小心慎重，每钻深 2mm 左右，应查看裂纹是否到底，直到确认无裂纹为止。裂纹情况查清楚后，可以确定处理方案。一般有下列方案可供选用。

(1) 铲除法。当汽缸裂纹深度小于 $5\sim10$mm 时，经强度核算许可时，可先用角向砂轮机、旋转锉将裂纹磨掉，或用凿子、锉刀将裂纹铲除，然后用细砂纸打磨光滑，进行着色探伤。若仍发现有裂纹，应继续用上述方法铲除残留裂纹，直到完全没有裂纹方可结束。同时，对于因铲除裂纹在汽缸上形成的凹槽应有 $R\geq3$mm 的圆角，以防应力集中产生新的裂纹。

(2) 钻孔限制法。当汽缸裂纹深度小于汽缸壁厚 1/3，且强度许可时，但因裂纹位于难以打磨或凿、锉等部位，可用 $\phi5$mm 左右钻头在裂纹两端钻孔，钻孔深度应为裂纹深度，钻孔钻头尖角应适当磨圆，这样可缓冲裂纹向两端发展。但未钻孔处的裂纹深度方向无法控制，因此，这种方法在万不得已的情况下才可采用。

(3) 补焊法。当裂纹深度达到强度不许可的程度时，只能采用补焊的方法。由于大容量高温高压汽轮机汽缸材料多数采用耐热合金钢，如高、中压内缸，材料为 ZG15Cr1Mo1V，这给汽缸裂纹补焊带来一定困难，同时随着汽缸材料的不同，补焊工艺也有所不同。因此，应由金属监督专工出具补焊工艺并遵照执行。

(4) 加固法。当汽缸裂纹发生在无法补焊或焊接困难的地方时，可采用钢板加固，以限制裂纹的扩展。

(5) 汽缸更换。大功率汽轮机多数采用多只汽缸、多层汽缸，只要其中有一个汽缸发生问题，就会影响整台汽轮机的安全运行。因此，当机组某一个汽缸由于制造厂在设计制造时，出现材料选择不当、投运后发现较多裂纹等问题，为了确保机组长期安全运行，可更换某一台汽缸。

七、汽缸猫爪负荷分配的测量与调整

超（超）临界机组的高、中压缸，均用前、后、左、右4个猫爪支承在前后轴承座上。当4个猫爪的负荷不均等时，机组在受热膨胀或冷却收缩的情况下，由于左、右侧摩擦力不相等，导致汽缸伸长或缩短不对称，使滑销卡死，结果发生汽缸胀缩不畅，影响各轴承座的负荷分配和胀差超限而故障停机。因此，大机组检修时，必须对高、中压缸4角猫爪负荷进行复测和校正，尤其是运行中膨胀不畅的机组这一工艺必不可少。

汽缸猫爪负荷测量可在空缸（汽缸内隔板、隔板套等全部吊去，只剩下汽缸）或实缸（汽缸内部隔板、隔板套、上缸等全部吊进）时进行，因为汽缸内部隔板等零件质量是左右对称的，所以，以上两种情况测得的负荷值相对差数是相等的。但是猫爪负荷并非仅来自汽缸的重量，实际运行中，汽缸外部管路对猫爪负荷的影响也是很大的。因此，建议在机组解体前先测量猫爪负荷分配量。

测量时用1个0～100t拉力计，一端挂在行车上，另一端挂在汽缸某一角的吊耳（在猫爪旁的吊耳）上，在猫爪的平面上架好百分表，监视猫爪的抬升量，并派专人读拉力计和百分表值，一切准备就绪后，缓慢提升吊钩，猫爪每抬高0.05mm时，读出拉力计的相应值，一般读3～5个点。如此每只角测量一次，然后进行计算分析。如发现差值太大，则应进行复测，确认无误后，方可进行负荷的调整。

猫爪负荷的调整按前端和后端分别进行，以各端左、右猫爪负荷相等为原则。调整前应根据前述测量值绘制抬升量与拉力的关系曲线，并据此分析、确定调整量，但此方法费时费力，调整后效果并不理想。因此，可以比较同拉力下左、右两侧抬升量之差，如左侧30t拉力下抬升0.05mm，右侧30t拉力下抬升0.13mm，左、右抬升量之差为0.08mm，这时可以在右侧猫爪下增加0.04mm垫片，左侧猫爪下减少0.04mm垫片（这样可以保证一端标高不会发生变化）；然后再次测量相同拉力下左、右侧抬升量基本一致，如有偏差再作微调。一般来说一端左、右侧负荷差应小于0.5t，只有在汽缸洼窝中心或汽缸水平不许可的情况下，才可放宽猫爪负荷的差值。

汽缸负荷分配还可用测量猫爪静垂弧的方法进行，先将汽缸一端（前或后）左、右两侧猫爪滑动螺栓紧死，以防静垂弧试验时汽缸中心变化；然后，将汽缸另一端（未紧死的一端）某一角的猫爪用50t千斤顶顶起，用百分表监视顶起高度，拆下猫爪螺栓，抽出猫爪垫片，使猫爪脱空而下垂，读出百分表读数，即为猫爪静垂弧值。再顶起猫爪，装进垫片，装复滑动螺栓，该猫爪静垂弧测量就算结束。用同样方法依次测量其余猫爪的静垂弧值。比较同一端左、右猫爪静垂弧值之差应小于0.05mm，否则应进行调整，直至符合标准。该方法风险较大、操作复杂，不建议使用。

　　另一种方法以带压力表的液压千斤顶代替拉力计。具体做法是：准备一只带压力表的液压千斤顶，在一侧猫爪上架好百分表，然后顶升该猫爪0.05mm、0.10mm，记录千斤顶表压。再用同样的方法顶升另一侧猫爪，观察同压力下其顶升量，算出左、右侧的差值，再按相同的方法进行调整，直至两侧猫爪在同压力下顶升量相同。使用该方法方便快捷，而且不占用行车，因此做猫爪负荷的测量调整建议使用此种方式进行。

第四章 滑 销 系 统

第一节 滑销系统结构特点

滑销系统是保证汽轮机在启动受热膨胀、停机冷却收缩及运行中蒸汽参数变化等工况下，汽缸中心线与转子中心线保持一致的重要部件。

一、滑销系统分类

汽轮机滑销系统通常由纵销、横销、立销和角销等组成，几种常见滑销的结构如图 4-1 所示。

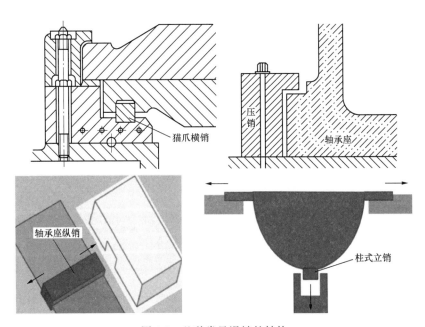

图 4-1　几种常见滑销的结构

（1）纵销：确保膨胀能在轴向自由进行而不会产生横向偏移，如汽缸纵销、轴承座纵销等。

（2）横销：确保膨胀能在横向自由进行而不会产生纵向偏移，如猫爪横销、低压外缸横销及发电机定子中部横销等。

（3）立销：确保膨胀能在垂直方向自由进行而不发生纵向、横向偏移。如汽缸一端中下部与固定轴承座之间的立销。

（4）角销：又称压销，确保膨胀能在横向、纵向自由进行而不会发生垂直偏移，如轴承座四角压住轴承座的角销，以防止轴承座翘头。

58

二、滑销系统结构特点

汽轮机类型不同对应的滑销系统结构也存在差异，以下针对300MW及1000MW典型机组滑销系统的结构特点进行介绍。

1. 300MW汽轮机滑销系统

（1）内缸与外缸之间的滑销。图4-2所示为上海汽轮机厂有限公司300MW汽轮机滑销系统。图4-2中黑点1、2表示高、中压内缸对外缸的膨胀死点。它由上、下缸的纵销和立销组成，内缸的膨胀方向均以此死点各自顺汽流方向膨胀，而中心线保持不变。两低压内缸以图4-2中黑点3、4为死点，它由纵销和横销组成，内缸可顺汽流方向向前后端膨胀，其中心保持不变。

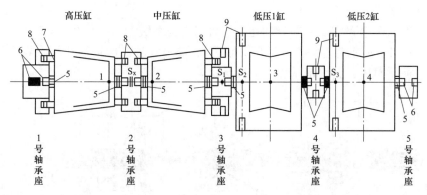

图4-2　上海汽轮机厂有限公司300MW汽轮机滑销系统
1~4—内缸死点；5—立销；6—纵销；7—猫爪；8—猫爪横销；9—横销
S_x—转子死点；S_1—高中压缸死点；S_2、S_3—低压1、2缸死点

（2）汽缸与台板之间的滑销。图4-2中四个外缸和五个轴承座之间共用八个立销来保持它们的中心线相一致。每个轴承座与台板之间在前后各有一个纵销，使外缸膨胀推动轴承座时，所有轴承座的中心线可以保持不变，即通过立销和纵销能使汽缸中心线与转子中心线保持一致，不受膨胀的影响。

高、中压缸的质量通过四对猫爪搭在轴承座上，并且由四对猫爪的横销来保持第一、二、三轴承座的轴向距离，同时保证汽缸能向左、右两侧自由膨胀。在第三轴承座与台板之间除了纵销外，还在中间左、右侧各设一个横销，构成高中压缸及第一、二轴承座的膨胀死点，即第三轴承座在轴向位置是固定不动的，中压缸向前膨胀，推动高压缸及第一、二轴承座向前移动。另外，高压缸膨胀又继续推动第一轴承座向前移动，所以第一轴承座的位移表示了高、中压缸膨胀量的总和。一般称这种膨胀为绝对膨胀量，在带300MW负荷时，制造厂设计计算第一轴承座的绝对膨胀值为28mm。

在两个低压外缸前端左、右侧各设置一对横销，分别构成两个低压缸的死点，外缸就以此死点分别向后端膨胀。两个低压缸分别另设死点是因为低压缸的轴向尺寸很长，如果用一个死点，那么在低压缸Ⅰ处的绝对膨胀的叠加值太大，排汽缸同凝汽器连接比较困难，故采用分别死点的方法。同时，第三、四、五轴承座（第一、二轴承座在内）均是落地布置，它们不与低压缸直接连接，只是通过直销确定其中心位置。直销与汽缸的轴向间隙均大于3mm，所以两只低压缸的膨胀不会相互受到影响，可以各设一个死点。

由上述可知，第四、五轴承座落地固定在台板上，是不滑动的，其纵销的作用仅起轴承座本身受热膨胀的导滑作用。

为了防止在胀缩过程中轴承座翘头，在第一、二轴承座前、后、左、右四个角设有角销（压销）。

2.1000MW二次再热型超超临界机组滑销系统

图4-3所示为上海汽轮机厂有限公司1000MW二次再热超超临界汽轮机膨胀示意图，其滑销系统结构特点如下。

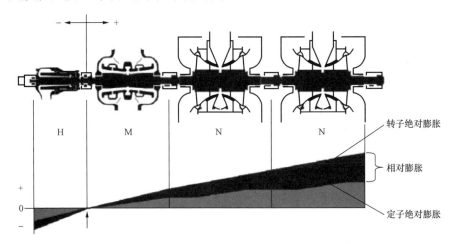

图4-3　上海汽轮机厂有限公司1000MW二次再热超超临界汽轮机膨胀示意图

（1）在2号轴承座内装有径向推力联合轴承，因此，整个轴系是以此为死点向两端膨胀。

（2）2号轴承座固定在台板上，因此，2号轴承座是整个定子滑销系统的死点。

（3）高压缸和中压缸的猫爪在2号轴承座处仅设横销，高、中压猫爪间连接推拉装置以保持轴向距离。高压缸猫爪与1号轴承座间设横销，高压缸受热后以2号轴承座为死点推动1号轴承座向机头方向膨胀。中压外缸与低压内缸间用推拉杆在猫爪处连接，汽缸受热后也会朝发电机方向上顺推膨胀，因此，转子与定子部件在机组启停时其膨胀或收缩的方向能始终保持一致，这就确保了机组在各种工况下通流部分动静之间的胀差比较小，有利于机组快速启动。

第二节 滑销系统维护

为了保证滑销系统的正常工作，使汽缸能自由膨胀，A 级检修中应对滑销系统的纵、横、立（键）销进行解体、清理、检查，测准键销间隙。对于轴承座与台板之间的纵、横、立销，原则上不予解体，对于因位置限制而解体检查困难的键销，A 级检修中一般不予解体检查。

一、滑动轴承座与台板之间纵销、角销

汽轮机的前箱（1 号轴承座）一般为滑动轴承座。轴承座四角安装有角销，如图 4-4 所示。有些角销专门安装了垃圾挡板，检查、检修角销时应先将挡板拆除。用塞尺测量角销与轴承座的滑动配合间隙并做好记录。拆卸角销固定螺栓，清扫、修整固定螺栓和角销，若固定螺栓丝扣受损应予以更换。将专用横梁搁在高压下缸猫爪上。利用猫爪处的汽缸螺栓将横梁与汽缸紧固在一起，在横梁左右延伸端各架一只 50t 千斤顶。将汽缸抬高约 1mm 后在横梁下垫好保险垫块，以防千斤顶失效落下。抽出猫爪上横销垫块（水冷块）。用行车配合链条葫芦将轴承座吊起并缓慢向前平移直至汽缸猫爪不会影响前箱起吊，然后吊出轴承箱。清理检查轴承座底板及台板平面，应光滑，无毛刺、锈蚀，纵销滑块上、滑槽内无老化、结块的润滑脂，油槽畅通，必要时涂红丹粉或蓝油，检查轴承座与台板、纵销滑块与槽道接触面积大于 75%，轴承座纵销两侧间隙为 0.04～0.06mm。清理检查合格后，在两接触面及纵销处涂抹高温润滑脂，将轴承箱吊放就位，并及时检查角销与轴承座的间隙，角销滑动配合间隙一般在 0.04～0.05mm 范围内，如间隙过小可在角销底部加垫片，若间隙过大则将角销底面磨削去掉偏差值，然后涂上防锈油，将其装复并装好垃圾挡板（具体间隙数据查阅相关机组安装说明书）。一般来说非必要情况下，轴承座不必抬起，可采用千斤顶等方式前后推动轴承座，确认其滑动正常，并通过注油口打入新的润滑脂直至挤出新脂，然后清理干净即可。

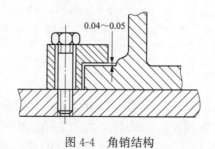

图 4-4 角销结构

二、固定式轴承座的滑销

固定式轴承座的滑销一般由纵销和横销组成，仅承受其自身的微量膨胀，横销、纵销的十字交叉点为其死点，使其位置相对固定。检修中一般不会拆卸固定式轴承座，但特殊情况下（如轴承座振动大等）可将其吊出检修，主要内容是检查轴承座底面与平板的接触情况以及固定螺栓的松动情况。

三、高、中压猫爪横销

汽轮机高中压缸猫爪支承一般采用如图 4-5 所示的三种支承结构形式，猫爪横销一般位于下猫爪下方，检查横销需将其从销槽中拔出。首先，应用塞尺检查猫爪压销间隙及横销滑块两侧间隙，做好记录。然后，拆卸猫爪压销紧固螺栓，利用抬缸工具将猫爪抬起（也有猫爪配备有支顶螺钉），将横销端部螺孔清理干净，旋入专用长螺栓，用专用横担及两个 30t 千斤顶将横销顶出，清理检查滑块及滑槽，应光滑、无毛刺，滑块与滑槽的总侧隙一般为 0.08～0.12mm（以制造厂设计值为准），猫爪压销间隙一般为 0.10～0.20mm（以制造厂设计值为准），螺栓不松动。猫爪水冷垫块螺栓不松动，冷却水室及管道畅通，无阻塞现象（如滑销为自润滑滑块，应检查滑块镶嵌的自润滑体是否完好，如有严重的脱落现象则应更换滑块）。各零件修整合格后，组装时应涂擦二硫化钼粉，同时横销槽上下半应不错位。若有错位，应用 10t 链条葫芦拉下缸使位置对准，再装横销。

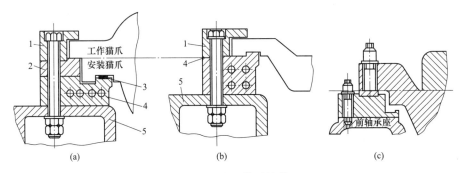

图 4-5　猫爪横销结构

（a）上缸猫爪支承结构；（b）下缸猫爪支承结构；（c）下缸猫爪中分面支承结构

1—压块；2—工作垫块；3—安装垫块；4—水冷垫块；5—轴承箱

四、内外缸立销

内外汽缸下缸与轴承座间一般安装有立销，这是为了确保汽缸与轴承座中心线保持一致，不发生左右偏移。由于立销结构不同，其检修方式也不尽相同，有些机组立销与汽缸（轴承座）浇铸在一起加工制作完成，一般性 A 级检修中，只需清扫滑销，测量配合间隙、膨胀间隙，若间隙严重超标或配合面出现较严重的划伤，需要将汽缸吊出进行修复。机组立销与汽缸（轴承座）用销子和螺栓结构进行连接，也有采用侧块调整好间隙后将侧块焊接固定，如图 4-6 所示。还有一些机组直接采用柱销的形式，在低压内缸中下部采用柱销，其间隙加工制作时即已确定。一般立销在安装时即与轴承座找正并固定，检修中不须拆卸，但是特殊情况下（如安装错误、汽缸变形等）需将其拆出并重新装配。可将原立销两侧夹板拆出（如是焊接式应将其割掉），汽缸洼窝对轴系重新找正后重新配装两侧夹板并紧固好或焊接牢靠。

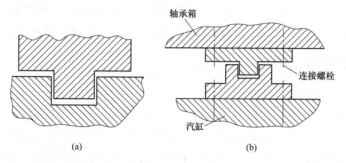

图 4-6　立销结构
（a）立销与汽缸（轴承座）浇铸在一起的结构；（b）用螺栓与汽缸（轴承座）连接的立销

五、其他滑销

为了消除内外缸之间的膨胀差，内缸在外缸内的支承也采用了滑销的形式。如内缸的死点，一般采用柱销（即柱与孔的配合）来确保该点不发生轴向与径向的位移，通过纵销来吸收轴向的胀差，通过压销来吸收横向的胀差。在实际工程中汽轮机本体内部所有存在膨胀差值的地方都用到了滑销，如隔板底键、隔板挂耳、轴封套的底键等。检修人员应深入分析其作用、原理，检修过程中按设计标准修配好滑销间隙。

六、滑销系统检修应注意的事项

汽轮机中很多部件并未采用螺栓紧固，而是采用留有间隙的压块、挂耳，因为汽轮机是热力机械，受热膨胀各部分尺寸会发生较大的变化，而膨胀和收缩会产生应力，一旦产生胀差即便材料最好的螺栓也有可能会切断，否则就会造成部件变形开裂。而这些有相对位移的压块实际上就构成了滑销系统，滑销采用间隙配合，一般来说制造厂提供的间隙标准是安装标准，检修中不能死搬硬套，滑销间隙如图 4-7 所示（见彩插），检修中基本上不会遇到滑销两侧间隙都符合标准（除非是刚安装好），因为机组运行以后必定会发生变形导致滑销向一侧偏移，甚至贴紧一侧垫片，如果此时强制拆出垫片并进行调整，就是加剧了这种变形，而且改变了安装状态，即便调整后的间隙符合标准，这种做法也是错误的。正确的做法是测量两侧间隙之和，只要在 0.06～0.10mm 之间就无须调整。如图 4-8 所示（见彩插），低压内缸进汽管与外缸管孔之间的定中，就采用了四对滑销，既保证了进汽管周向的膨胀不受影响，又保证了进汽管不会发生左、右、前、后的偏移。滑销系统检修中一定要注意检修与安装的区别，不能一味套用安装标准。另外，即便有滑销无需拆卸检修，不等于可以不作检查；相反，检查工作至关重要，不光要检查滑销中是否存有间隙，还要检查销槽 R 角是否开裂、调整垫块焊缝有无脱焊。如果滑销中存有异物或滑动过程中拉毛起球，都会造成膨胀不畅，轻则造成变形，重则顶裂销槽。如果调整垫块脱焊跑出，就会造成偏移引起动静碰磨，轻则造成汽封磨损漏汽，重则机组振动过大停机。因此，滑销系统的检查一定要查细、查实、查全面。

七、改善膨胀的措施

1. 高温润滑脂

由于高、中压缸质量达几十吨，使轴承座与台板产生很大的摩擦力，机组在启停和改变工况运行时，因膨胀不畅使机组安全受到威胁，所以大容量机组的轴承座台板为带滑块结构的形式。滑块嵌在台板上，各滑块上均开有油槽，可注入润滑脂。因高、中压缸侧的轴承座及台板处于高温辐射区，运行一段时间后润滑脂会因高温变干枯，从而造成润滑不良，影响滑动。因此，运行中应采用能耐高温的高温润滑脂，并定期加注润滑脂以使台板始终保持良好的润滑条件。润滑脂一般采用手动油泵（有条件建议采用电动或气动注油泵）加注，并且每次加润滑脂时，应将老的润滑脂挤出，直至见到新润滑脂，才可停止加压。

2. 自润滑滑块技术

因各种原因导致的滑块润滑脂干结，环境中灰尘、杂质进入到滑动面，实际中加润滑脂时，老的润滑脂挤不出，滑动面无润滑脂保护、生锈，所有这些因素作用可导致前轴承箱滑动面摩擦系数成倍增加。采用自润滑滑块是解决这一问题的措施之一，自润滑材料制作的滑块，可以免去定期注润滑脂这些烦琐容易疏忽的工作，使滑块长期保持良好的润滑状态，从而避免滑动面进杂质生锈等问题。

如图 4-9 所示（见彩插），镶嵌型固定自润滑滑块，由金属基材和按一定面积比例嵌入摩擦面的固体润滑剂组成，在摩擦过程中，由金属基材支承负荷。嵌入的固体润滑剂在对偶件的摩擦作用下，于摩擦面上形成一层固体润滑膜，使摩擦副金属间不直接接触，达到润滑的效果。由于金属基材的强度高，热传导性好，从而克服了其他自润滑滑块的脆性、导热性差等缺点。由于镶入固体润滑材料后具有自润滑性好、承载能力强和使用温度范围广等特点，所以它特别适合用于低速、高负荷和往复摆动等难以形成油膜润滑的条件，以及那些不能（或无法）使用油脂润滑的高温、辐照、海水和药物等介质的场合。

　　镶嵌型自润滑滑块的制造有多种工艺方法，以石墨为润滑剂的滑块制造大体上有两种方法。

　　(1) 固体镶入法。固体润滑剂直接压入或配以黏接剂填入孔中。热处理产生不可逆膨胀或靠黏接剂固化后使其牢固地与基材相结合。

　　(2) 铸造法。将已形成的石墨块按要求的排列方式预先固定在特制的铸模芯上，铸入熔化的基体合金时，使之与其形成一体。

　　以上两种方法，其共同特点是嵌入的石墨块在摩擦方向上，都保持了一定的交叠，以保证固体润滑剂在摩擦过程中，形成覆盖整个摩擦表面的转移膜，达到润滑的效果，镶入石墨的面积一般以摩擦表面的 20%～30% 为宜，过小达不到有效润滑的目的，过大则机械强度低。

第五章　喷嘴、隔板（静叶环）

　　喷嘴、隔板或静叶环、平衡鼓环、轴封等是汽轮机通流部分的静体结构，也是组成汽轮机的重要部件。这些部件检修质量的好坏，直接影响机组的安全和经济运行，而这些部件的检修工作量，约占机组整个检修工作量的1/3。所以，这部分的检修工作在整个A级检修中占据很重要的地位。本章重点介绍这些部件的测量、调整和缺陷的处理。

第一节　喷嘴组、隔板（静叶环）的结构特点

　　汽轮机通流部分的喷嘴、隔板或静叶环等静体部分，根据机组蒸汽参数和型号各有不同，冲动式汽轮机因蒸汽只在喷嘴内膨胀，故设有隔板，隔板上装有喷嘴（两片静叶间的流道就形成一个喷嘴）；而反动式汽轮机蒸汽不仅在静叶片内膨胀，同时在动叶片内也具有一定的膨胀能力，故反动式汽轮机动、静叶片的作用是相似的，可将静叶片直接装在汽缸上。由于大功率汽轮机结构上的限制，一般采用内、外缸和平衡鼓环结构。在庞大的低压缸部分，还采用外缸、二层内缸和静叶持环的四层结构。

　　静叶片是由叶根、叶片、覆环三位一体整体加工而成的，各叶片的叶根和覆环分别焊接在一起，组成静叶片组，它与由内外围带焊接而成的隔板相似。静叶片组在水平中分面切成两部分，并分别嵌入静叶环的上下部分安装槽中，然后在安装槽侧面的凹槽内打人L形锁紧片，以固定静叶片组。

一、喷嘴组

　　汽轮机大多采用喷嘴配汽方式，其第一级喷嘴通常根据调节阀的个数成组固定在喷嘴室上，安装在每个喷嘴室的若干个喷嘴即为一个喷嘴组（或称喷嘴弧段），如图5-1（见彩插）和图5-2所示。目前高参数、大容量机组高、中压进汽方式有采用调节汽阀调节全周进汽方式的趋势（即没有喷嘴室和喷嘴组，蒸汽直接由蒸汽室进入第一级隔板、静叶环），此种设计安全可靠性、经济性都大大提高。如上海汽轮机有限公司1000MW超超临界机组高压缸，高压蒸汽通过两个进汽口进入内缸，采用全周进汽方式进入第一级斜置隔板。中压缸采用分流结构，来自高压排汽的再热蒸汽进入中压缸两侧的再热主汽门和调节汽门组件，再进入中压内缸第一级斜置静叶。

　　汽轮机常用的喷嘴组主要有两种：一种是整体铣制焊接而成，另一种

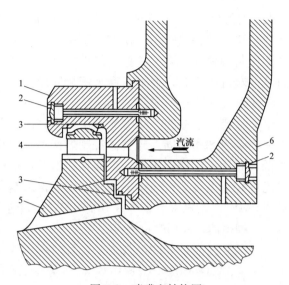

图 5-2　喷嘴室结构图

1—喷嘴组；2—螺钉；3—径向汽封；4—动叶片；5—转子；6—喷嘴式

是精密铸造而成。

　　整体铣制焊接而成的喷嘴组是在一圆弧形锻件上（作为内环）直接将喷嘴叶片铣出，然后在叶片顶端焊上圆弧形的隔叶件，隔叶件的外圆上再焊上外环，如图 5-3 所示。喷嘴叶片与内环、隔叶件一起构成了喷嘴流道。

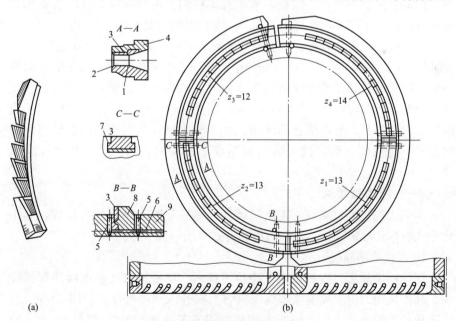

图 5-3　整体铣制焊接喷嘴组

（a）铣制喷嘴组件；（b）整体喷嘴组

1—内环；2—喷嘴叶片；3—隔叶件；4—外环；5—定位销；

6—密封销；7—Ⅱ形密封键；8—喷嘴组首块；9—喷嘴室

喷嘴组通过凸肩装在喷嘴室的环形槽道中，靠近汽缸垂直中分面的一端，用一只密封销和两只定位销将喷嘴组固定在喷嘴室中；在另一端，喷嘴组与喷嘴室通过Ⅱ型密封键密封配合。这样，热膨胀时，喷嘴组以定位销一端为死点向密封键一端自由膨胀。这种喷嘴组密封性能和热膨胀性能比较好，广泛应用于高参数汽轮机上。

铸造型喷嘴组采用精密铸造的方法将喷嘴组整体铸出，它在喷嘴室中的固定方法与上述喷嘴组基本相同。与整体铣制焊接喷嘴组相比，这种喷嘴组的制造成本低，而且可以得到足够的表面粗糙度及精确的尺寸，使喷嘴流道型线有可能更好地满足蒸汽流动的要求，因此得到越来越广泛的应用。国产引进型300MW汽轮机调节级有六个喷嘴组，通过进汽侧的凸肩装在喷嘴室出口的环形槽道内，并用螺钉固定。

喷嘴组是汽轮机承受温度最高的部件之一，目前高参数汽轮机的喷嘴组多采用15 Cr1Mo1V、20CrMoV、Cr12WMoVNb等热强性能好的铬钼合金钢。

二、隔板（静叶环）

隔板（静叶环）的作用是固定静叶片，并将汽缸内间隔成若干个汽室，如图5-4所示（见彩插）。高压部分的隔板承受的温度高、压差大；低压部分的隔板虽然承受的温度低，但承压面积大，并且承受着湿蒸汽的作用。为了保证安全经济运行，隔板必须要有足够的强度和刚度、合理的支承与定位（在任何工况下均能与转子同心）及良好的密封性和加工性。

为了安装与拆卸方便，隔板通常做成水平对分形式，如图5-5所示（见彩插）。隔板内圆孔处开有汽封安装槽，用来安装隔板汽封，减小隔板漏汽损失。隔板通过其外圈凸缘放置于汽缸（或隔板套）的槽道内，为便于安装、检修，其凸缘厚度一般小于槽宽。因为运行中在前后侧压差作用下凸缘向出汽侧靠足，所以隔板凸缘出汽侧为密封面，为调整凸缘在槽道内的窜动量，进汽侧一般分段安装有调整高度的铆钉，以减小凸缘厚度调整难度。

（一）冲动级隔板

冲动式汽轮机的隔板主要由隔板体、隔板外缘和喷嘴叶片组成，其主要形式有焊接喷嘴隔板、铸钢隔板和铸造喷嘴隔板三种。

1. 焊接喷嘴隔板

焊接喷嘴隔板是先将铣制或冷拉、模压、精密铸造的喷嘴叶片焊接在内、外围之间，组成喷嘴弧，然后再焊上隔外缘和隔板体，如图5-6所示。在隔板外缘的出汽边焊有汽封安装环，用来安装动叶顶部的径向汽封，减小叶顶的漏汽。焊接隔板具有较高的强度和刚度、较好的汽密性，加工较方便。因此广泛应用于中高参数汽轮机的高、中压部分。

高参数大功率汽轮机中，高压部分隔板前后压差较大，隔板必须做得

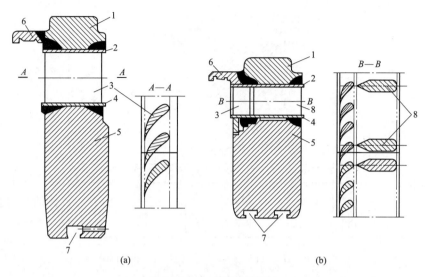

图 5-6　焊接隔板

（a）普通火星救援隔板；（b）带加强筋的焊接隔板

1—隔板外缘；2—外围带；3—静叶片；4—内围带；5—隔板体；

6—径向汽封；7—汽封槽；8—加强筋

很厚（如国产 300MW 汽轮机第三级隔板体厚 100mm），而喷嘴高度却很短。若喷嘴宽度与隔板体厚度相同，就会使喷嘴损失增加，效率降低，因此采用宽度较小的窄喷嘴叶片。为保证隔板的刚度，在隔板体和隔板外缘之间有若干个具有流线型的加强筋相连，如图 5-6（b）所示。窄喷嘴焊接隔板喷嘴损失小，但由于有相当数量的导流筋，将增加汽流的阻力。

2. 铸钢隔板

如图 5-7 所示，因为隔板承受的压差较大，在额定工况下为 1.3MPa 左右，所以隔板特别厚，并由合金钢铸造而成，以保证有足够的强度和刚度。另外，在喷嘴通道部分，为了保证强度，除了将静叶片做成狭窄形外，在喷嘴进汽的一边设有许多加强筋。这种结构型式，虽然增加了强度和刚度，但是加强筋增加了进汽口的阻力和动叶片的附加扰动力。为了减少阻力和附加扰动力，可将加强筋进口处倒成圆角，并打磨光滑，这样可取得较好效果。为了减少漏汽损失，在隔板进汽侧装有两道前一级叶片顶端汽封片。

3. 铸造喷嘴隔板

铸造喷嘴隔板是在浇铸隔板体时将已成形的喷嘴叶片放入其中一体铸出。为避免上、下两半隔板分界面处将喷嘴叶片截断，这种隔板的中分面常做成倾斜形。

铸造隔板制造比较容易，成本低，但表面粗糙度较差，使用温度也不能太高，一般小于 300℃。因此铸造隔板用于汽轮机的低压部分。末级隔板采用铸入式，其静叶片为爆炸成形的空心叶片，具有加工简便、材质结实、质量轻、节约材料等优点。

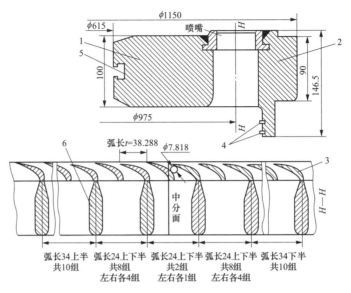

图 5-7　铸钢隔板结构

1—隔板体；2—隔板外缘；3—静叶片；4—汽封齿；5—级间汽封槽；6—加强筋

（二）反动级隔板（静叶环）

反动式汽轮机采用鼓式转子，动叶片直接装在转鼓上。这样与冲动式汽轮机相比，其隔板内径增加了，没有了隔板体这部分，静叶环承受压力的面积大大减小。一般将这种没有隔板体的静叶栅称作静叶环。

三、隔板套（静叶持环）

汽轮机上安装有多级隔板的上下半壳体称为隔板套，同理安装有多级静叶环的壳体称之为静叶持环，如图 5-8 所示（见彩插），隔板套（持环）再装到汽缸内。为了安装检修方便，隔板套（持环）也分成上、下两部分，上、下两半通过定位销定位，法兰螺栓连接。隔板套（持环）的使用简化了高、中压内缸结构，有利于节约材料和便于加工制造。

采用隔板套（静叶持环）可以简化汽缸结构，有利于汽缸的通用，使汽轮机轴向尺寸减小，也便于抽汽口的布置。但隔板套（静叶持环）的采用会增加汽缸的径向尺寸，使水平法兰厚度相应增加，延长了汽轮机启动时间。

上海汽轮机有限公司 1000MW 二次再热超超临界机组高、中压缸各级静叶直接安装在内缸的槽道上，如图 5-9 所示，整个内缸就成了一个整体持环，有效节省了高、中压缸的径向尺寸，使得高、中压缸结构更加紧凑。

四、隔板及隔板套的支承和定位

隔板在汽缸或隔板套中的固定及隔板套在汽缸中的固定，应保证受热

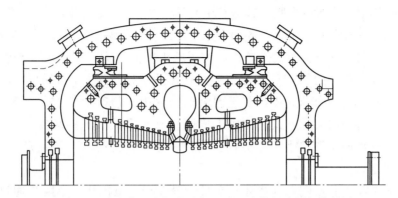

图 5-9　上海汽轮机有限公司 1000MW 汽轮机中压缸俯视图

时能自由膨胀及满足对中要求。因此，隔板及隔板套与安装槽内应留有适当的间隙（径向间隙一般为 1～2mm），并具有合理的支承定位方式。隔板及隔板套的支承方式分为中分面支承和非中分面支承两种。

1. 非中分面支承方式

图 5-10 所示为悬挂销非中分面支承。下半隔板支承在靠近中分面的两个悬挂销上，通过调整悬挂销下部垫块的厚度保证隔板的上下位置，左右位置则靠修整下隔板底部的平键来保证，也可通过调整左右侧悬挂销下部垫块厚度来保证。压板用来压住上半悬挂销，以防吊装时上半隔板脱落，同时与下部悬挂销留有一定的膨胀间隙，以防运行中隔板跳动。这种支承方法使隔板的支承面靠近水平中分面，隔板受热膨胀后中心变化较小，曾为汽轮机高压部分所采用。但高参数机组隔板膨胀量较大，可能导致隔板中心的偏移，因此这种支承方式已很少使用。

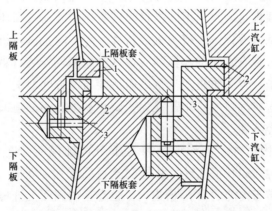

图 5-10　隔板及隔板套的非中分面支承方式

2. 中分面支承方式

超高参数汽轮机对隔板对中的要求更高，为避免隔板中心偏移，一般采用中分面支承，即隔板在汽缸上或隔板套上的支承平面通过机组的中心线，这样就能使隔板膨胀后其洼窝中心始终和汽缸一致。同时，为了不使上半隔板在蒸汽力作用下上浮而产生上下接合面处漏气，在上隔板装有压销予以限制。对于反动式汽轮机，为了减少轴向推力，采用转鼓型结构。因此，通汽部分的静叶环采用持环结构形式，持环按抽汽口的位置分成几段，每段为一个独立体，装于内缸的凸缘上。静叶片装在静叶环的叶根槽内。持环的支承方式，原则上同隔板支承方式。下持环支承在内下缸上，支承面与汽缸水平中分面保持同一水平，上持环与下持环用法兰螺栓固定。

上隔板及上隔板套（持环）本身一般没有定位机构，上隔板通过上、下隔板水平接合面上的定位键或圆柱销定位，上隔板套（持环）通过下隔板套水平法兰上的定位螺栓定位。大多数隔板还在下半隔板的中分面上装设突出的平键，与上半隔板的中分面上相应的凹槽配合。该平键除了确定上半隔板的位置外，还可增加隔板的刚性和严密性。

五、隔板汽封、叶顶汽封

汽轮机工作时，转子高速旋转而静止部分不动，动静部分之间必须留有一定的间隙，避免相互碰撞或摩擦。而间隙两侧一般都存在压差，这样就会有漏汽，造成能量损失，使汽轮机效率降低。为了减小漏汽损失，在汽轮机的相应部分设置了汽封装置，如图 5-11 所示（见彩插）。

在隔板或静叶环与转子轴颈之间的内圆槽道内安装有隔板（静叶环）汽封，其作用是防止动叶前较高压力的蒸汽漏到动叶后一级较低压力处影响机组的经济性。在隔板或静叶环外缘与动叶叶顶围带间，外缘内圈的槽道内安装有叶顶汽封，其作用同样是起到防止动叶前较高压力的蒸汽漏到动叶后一级较低压力处影响机组的经济性。为了防止汽轮机内的高压蒸汽漏出或空气漏入具有真空的凝汽器，在汽缸的两端安装有轴封。对于采用平衡活塞的转子，为了防止蒸汽从平衡活塞与汽缸间泄漏，设置了平衡活塞汽封。所有这些汽封的作用都是为了防止动静之间的泄漏，从而提高机组的安全性、经济性。

汽封的结构形式、工作原理将在下节详细说明。这里简单介绍隔板（静叶环）汽封和叶顶汽封，由图 5-11 可以看到，隔板（静叶环）汽封以块状结构安装于内圆的 T 形槽道内，也有在内圆面上开槽镶入阻汽齿的形式。转子上对应位置为光滑的圆柱形轴颈，也有做成凸台状与高低不一的汽封齿相对应。叶顶汽封也有同样的两种安装方式，不同的是叶顶汽封不光可安装在隔板（静叶环）外缘上，也有直接在隔板之间的内缸壁上对应于动叶围带的位置安装汽封块或阻汽齿。隔板（静叶环）汽封、叶顶汽封是隔板（静叶环）的重要组成部分。

第二节　喷嘴组、隔板（静叶环）、隔板套（持环）检查修理

一、喷嘴组、隔板（静叶环）、隔板套（持环）的解体

汽缸揭去大盖后，应在内缸面上做好铺垫以便开展隔板、隔板套等缸内部件的拆卸工作。首先，应采用记号笔书写、打钢字码等方式对各级隔板（隔板套）、持环、轴封套等做好标记，手绘图纸或拍照等方式记录解体前状态，特别要记录紧固螺栓松脱、断裂，压块松脱、有异物等异常情况；然后，对缸面泄漏痕迹应做仔细检查，虽然缸面检查不是隔板、静叶环等检查的内容，但隔板、静叶环等的检修工作一旦开始就可能破坏缸面痕迹，对汽缸的后期检修造成不利影响。上述准备工作完成后就可以开始设备解体工作，具体内容如下：

（1）检查中分面螺栓是否采用点焊固定，如采用点焊固定则应磨去焊点，但同时应做好防止工具、零件落入缸内措施，对中分面有定位销的应先将定位销取出。

（2）采用从外侧向内侧的方法逐级吊出上半隔板套（隔板），注意起吊过程中如遇卡涩千万不可硬拉，可采用铜棒进行敲震或用撬头堆焊了铜的撬棒在中分面处撬抬的方式配合起吊。对于采用上隔板悬挂在内缸内或隔板套内的结构的隔板，起吊时要特别注意，防止上隔板压块松脱造成上隔板脱落伤人、伤设备，起吊一定高度后从中分面处向上观察上隔板固定情况并敲震隔板套，确认无误后再继续起吊。

（3）吊出的隔板应依序平放在垫了木条的地面上，并保持出汽边朝上。

（4）对下汽缸内各级隔板（隔板套）槽或持环槽、轴封套槽等接触部分及其紧固螺栓加煤油或松锈剂，并用紫铜棒敲击，使煤油或松锈剂逐步渗透到全部接触面，以软化和疏松氧化层。

（5）待半实缸找中心、汽缸通流间隙等相关工作完成、转子吊出后即可对下半部隔板（套）、持环进行拆卸。首先需拆卸中分面处隔板（套）、持环挂耳压块螺钉。压块螺钉一般为一字槽或十字槽沉头螺钉，也有内六角螺钉。如遇螺钉咬死则必须采用加大扭力及敲震的方式拆卸，因此，建议采用穿心螺丝刀（以免敲裂手柄）或直接采用冲击批，可以在加大扭力的同时用手锤敲击手柄。对无法拆出的螺钉可采用烧焊六角螺母使用扳手扳出的方式处理，如果还是不能拆出只能采用电钻将螺钉头去除，先取出压块。

（6）按正确的顺序逐级吊出下半隔板（套）、持环。如遇卡涩同样不能硬吊，而是要采用敲震等方式处理，如果仍然无法吊出，可用两根16号以上的槽钢或工字钢并成一根刚性好的横梁，两端搁在汽缸左右两侧，并用

橡胶或纸板垫好，以防损坏汽缸平面。利用隔板上的吊环螺孔，用螺栓穿过横梁上的孔，拧入吊环螺孔，然后在螺栓另一端加螺母，左、右两侧同时上紧螺母，如图 5-12（a）所示。同时两侧用紫铜棒反复敲击，这样边敲边拉，一般能将隔板等吊出。但是上紧螺母时，螺栓上除了受拉应力外，还受较大的扭转力矩，因此螺栓很易拉断。若改用图 5-12（b）所示的方法，即在汽缸左、右两侧各用一只 30t 千斤顶，将横梁向上顶，并用紫铜棒敲击隔板等两侧，其效果更好。

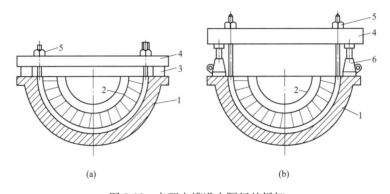

图 5-12　卡死在槽道内隔板的拆卸

（a）采用横梁拆卸隔板示意图；（b）采用横梁加千斤顶拆卸隔板示意图

1—汽缸；2—隔板；3—垫块；4—横梁；5—螺栓；6—千斤顶

（7）下半隔板（套）、持环吊出后放置在垫有木条的检修场地。及时测量、记录各级挂耳垫块、垫片厚度，做好记号，并包装好妥善保存（注意做记号时 A、B 侧的区别）。

（8）一般来说喷嘴室均采用定位销定位有高温螺栓固定在缸体上，螺栓一般采用点焊固定，如无异常则无须拆卸。对于上半隔板采用压块悬挂在上缸槽道内的机型，解体时还应翻转上缸，拆出上隔板。

（9）做好记号，拆出隔板、静叶环上的汽封块，将汽封块及其底部弹簧片（弹簧）包扎起来按顺序排放在料架上。

二、喷嘴、隔板或静叶环的清理、检查、修整

（一）清理

汽轮机通汽部分的喷嘴、隔板或静叶环、轴封、汽封经过长期运行后，均结有不溶于水的盐垢，这些不溶于水的盐垢占结垢的 98.5%～99%，结在喷嘴（静叶片）表面上，会使通道堵塞或者增加汽流阻力，导致机组出力和效率下降。因此，A 级检修中对喷嘴、隔板等的清理是很重要的。但是喷嘴的清理只能用手工清理，不可碰坏喷嘴，并应严防杂物落入喷嘴室内。万一有异物落进喷嘴室，应设法取出或拆出喷嘴板进行清理。由于喷嘴处于高温段运行，一般结垢较少，因此只要用细砂纸清理即可。

隔板、静叶环的清理主要是静叶片上的结垢清除及外环凸缘密封面的清理，如图 5-13 所示（见彩插）。一般来说静叶结垢较严重，建议采用喷丸处理（工艺详见后述说明），如不具备条件可采用手工处理。一般方法为用撕成细条状的细砂皮穿过叶片来回拉动，将弧面砂光，对于背弧面，可用细木条将小块砂皮顶在叶面上来回推动以砂光叶片；对于较厚的结垢，可用断锯条的断面进行推铲，然后再砂光。清理工程中不能破坏叶面表面粗糙度，严禁敲震叶片，更不可采用电动打磨工具清理。凸缘出汽侧端面是隔板与隔板槽的密封面，清理时应用细砂皮包裹方木块将其砂平、砂光。隔板、静叶环上的汽封槽道的结垢、锈蚀是汽封块卡死在槽道内的直接原因，因此，应对槽道的两个侧面进行清理，一般可用手指压在细砂皮上来回推磨即可清理干净，但是对于拆卸卡涩的汽封块时敲击、撬动等造成的变形、卷边等应用锉刀修平修光，确保汽封块插入后不会发生卡涩。

清理工作结束后，应用肉眼对喷嘴、隔板或静叶环进行全面仔细的检查，必要时做进一步的着色检查，并做好专门记录。

（二）检查和修理

1. 汽室喷嘴检查、修理

汽室喷嘴是蒸汽进入汽轮机膨胀做功的第一道关口，它承受的压力和温度最高。从蒸汽滤网通过的小颗粒，首先打在喷嘴壁上，加上喷嘴出汽边很薄，往往在强度薄弱处打出凹坑或微裂纹。这些凹坑或微裂纹成为喷嘴疲劳断裂的发源处，最后会使喷嘴出汽边出现断裂，且多数形成近似半圆形缺口。因此，对汽室喷嘴应重点检查出汽边是否有打伤、打凹及微裂纹，当发现可疑裂纹时，应用着色法进行探伤。发现打裂及微裂纹，应将裂纹彻底清除掉。当裂纹较深，无法去掉时，应用 $\phi 2$ 钻头在裂纹尾端钻一小孔，以缓解裂纹的扩展。同时应用手触摸喷嘴出口通道检查是否有杂物、表面是否光滑等。实践证明，用这种方法检查发现了不少因蒸汽滤网破损而落进喷嘴室的异物（卡在喷嘴喉部），因发现和处理及时而消除了事故隐患。

2. 隔板或静叶环的检查、修理

（1）隔板或静叶环经过清理后，应进行宏观检查和测试。检查的重点如下。

1）隔板体或静叶环进出汽侧有无与转子叶轮碰擦的痕迹，有无裂纹；铸钢隔板加强筋有无裂纹；焊接喷嘴隔板焊缝有无裂纹；铸入式隔板静叶在铸入处有无裂纹和脱落现象。

2）静叶片有无伤痕、裂纹、松动、卷边、缺口等，尤其是隔板水平中分面处，被切成两部分的静叶应无松动、裂纹等。

3）隔板或静叶环上的阻汽片是否完整，有无松动、翘出或卷边等现象。

4）隔板挂耳、压销、横销有无松动现象。

5）隔板或静叶环水平中分面有无漏汽痕迹。

6）隔板有无腐蚀。低压末级隔板静叶片的透气孔应畅通，无阻塞现象。

7）双流式中压、低压第一级隔板固定螺栓应无松动现象，保险良好。

检查时，凡发现异常或可疑裂纹，应用着色探伤等作进一步鉴定。若确属裂纹，可将裂纹用角向砂轮机或小窄錾除清，然后进行补焊。焊后将高出平面的焊缝磨平，并用着色探伤复查，直至没有裂纹。当发现较多裂纹或较长裂纹时，应送制造厂进行返修或更换。对于静叶片被打凹、打伤等部位，可视情况将凹凸部分挫平或将进出汽边微裂纹挫成圆弧等，也可不作处理。对于静叶环上的阻汽片应无松动及毛刺等缺陷。

（2）隔板和静叶环除了上述检查和修理外，还应进行下列测量、检修工作。

1）隔板挠度测量。如图 5-14 所示，将隔板平放在地上，进汽侧朝下，用平尺搁在隔板出汽边，用深度游标卡尺测量距中心点距离相等的 a、b 两点数值，再以一端为支点转动平尺，直至可测量 C 点数值，a、b、c 三数值即为隔板的挠度值。当三值之差大于 0.5mm，或与前次检修记录变化量大于 0.5mm 时即为挠度值超标，累计增值大于 1mm 时，应查找原因，并对隔板进行补强或做加压试验。

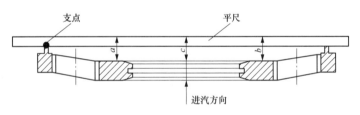

图 5-14　隔板挠度测量

2）隔板加压试验。当隔板弯曲度（挠度）明显增大或隔板存在较大缺陷时，为了确保安全，需要鉴定隔板的强度和刚度是否符合设计要求，这时应将隔板送制造厂进行加压试验。即对隔板人为地施加相当于运行时最大蒸汽压力差所产生的作用力，用百分表测量出隔板的变形，并应用应变仪测量其应力。

由于电厂检修现场条件的限制，加压试验一般在制造厂进行。如某台 300MW 机组中压缸（第 10～15 级隔板）经制造厂加压试验，发现挠度均大于标准值，及时采取补焊和加强措施，确保了机组安全。

3）隔板或静叶环变形使上下接合面间隙增大，产生泄漏，这是隔板或静叶环常见的缺陷。因此，A 级检修时应将上下隔板合拢，用塞尺和红粉检查其接触情况。当接合面间隙大于 0.10mm 时，应进行研刮，直到接触面积大于总面积的 60％和接合面间隙小于 0.10mm 方算合格，对于单级静叶环来说，如果中分面间隙超标，可视情况对中分面进行堆焊修研，但考虑大容量机组静叶环材质要求较高，一般来说只作记录并在组装时在接合面涂抹汽缸密封脂。对于上下隔板或静叶环上静叶片被切成两部分的接合面间隙，一般应小于 0.10mm；否则，应在斜口处进行堆焊，并研刮到密合（注意材质及焊补工艺应符合要求）。对这类缺陷不可随意决策不作处理，因为这种间隙将使蒸汽产生额外的扰动力，影响叶片振动频率，威胁动叶片的安全。另外，对于隔板接合面的键销等也应详细检查，防止毛刺和键销顶部间隙不符合标准，将隔板顶起，而使接合面产生间隙。

4）隔板或静叶环与汽缸（或隔板套）之间的径向、轴向间隙的测量。为了保证隔板或静叶环拆装方便，运行中能自由膨胀，隔板或静叶环与汽缸（或隔板套）的配合为松动配合，因此 A 级检修时应对隔板或静叶环与汽缸（或隔板套）之间的径向、轴向间隙进行测量。测量时将隔板或静叶环分别吊进上、下汽缸内，将百分表测量杆架在隔板或静叶环轴向平面上，用撬棒将隔板向前和向后撬足，百分表二次读数的差值即为该级隔板或静叶环的轴向间隙，也可称为隔板的轴向窜动值。隔板轴向间隙标准一般为0.05～0.15mm，静叶环轴向间隙标准为（0.20±0.05）mm，隔板径向间隙标准一般应大于 2.5mm，静叶环径向间隙标准应大于 3mm，只要用塞尺测量即可。隔板的径向窜动与径向间隙不是一回事。径向窜动测量的实际是隔板底键在键槽里的间隙，该值可通过测量底键宽度与键槽宽度来换算，也可将下隔板放入汽缸或隔板套内，在径向架百分表，用撬棒在径向来回撬动隔板，百分表二次读数的差值即为该级隔板或静叶环的径向窜动值。径向间隙实际是给隔板、静叶环预留的膨胀间隙，防止隔板、静叶环在运行过程中因与汽缸相碰而影响其膨胀，造成其承受过大压应力而发生损坏。

5）隔板或静叶环运行中受前后压差的作用，其外缘向出汽侧与槽道侧边贴死，起到密封作用。因此检修中应清理、检查外缘出汽侧与槽道出汽侧的表面粗糙度，如有汽流吹损应进行补焊、研刮修理。外缘进汽侧分段安装了外露的铆钉，其外露高度确定了隔板在槽道内的轴向间隙，如间隙过大则应堆焊铆钉头，再进行修磨，使其外露高度合适。如间隙过小则直接修磨铆钉头。同时要注意槽道内与铆钉头对应位置有无凹坑，如有则应将其堆焊修平。

6）隔板或静叶环键销的检查与测量。为了保证隔板或静叶环左右的定位和运行中洼窝中心保持不变，在下隔板和静叶环上下部分分别装有定位销、键。下隔板定位销与隔板紧配，其过盈为 0.01～0.02mm，接触面大于 75%，用螺钉固定在隔板上，应无松动现象。定位销与汽缸或隔板套为滑动配合，其两侧总间隙为 0.03～0.06mm，顶部间隙大于 1.00mm。由于上下隔板无紧固螺钉，为了保证上下隔板接合面严密不漏汽和上隔板中心定位保持不变，在上下隔板接合面处装有密封定位键。密封定位键与下隔板的配合为过盈配合，其过盈为 0.01～0.02mm，用螺钉与隔板紧固在一起，无松动现象。密封定位键与上隔板为滑动配合，其两侧总间隙为 0～

0.05mm，顶部间隙应大于 1.00mm，上下隔板合拢后，中心错位应小于 0.10mm。轴向错位应小于 0.05mm，键的棱角应倒成圆角，以保证扣汽缸大盖时，上下隔板能顺利合拢。

静叶环上下部分用螺钉紧固，水平中分面没有密封定位键，但上下静叶环均有定位销。定位销与汽缸的配合为过盈配合，过盈量为 0.01～0.02mm，用螺钉紧固在汽缸上，无松动现象。定位销与静叶环为滑动配合，两侧总间隙为 0.12～0.16mm，顶部间隙高压缸为 7mm，中、低缸为 13mm（具体数据参照制造厂说明）。定位销棱角应倒成圆角，以便于装配。

7）隔板（套）及汽封套、轴封套椭圆度的测量。由于隔板（套）及汽封套、轴封套变形和接合面的研刮，使部件内孔失圆，影响其与转子中心的同心度。所以，在调整这些部件洼窝中心前，应将部件上、下半合在一起，检查接合面无间隙后，用内径千分尺测量内圆上下、左右的直径，根据测量数值按式（5-1）算出椭圆度，即

$$\Delta f = A - \frac{(B+C)}{2} \tag{5-1}$$

式中　Δf——部件内孔的椭圆度，mm；

　　　A——部件上下方向的相对直径，mm；

　　B、C——部件左右方向的相对直径，mm。

8）隔板套（持环）汽封套、轴封套的检查和修理。为了使隔板便于加工制造和具有足够的强度，在汽缸和隔板之间增设了隔板套。隔板套的构造比隔板简单，只对其进行宏观检查，要求无严重变形、腐蚀、吹损等现象，螺栓无伸长、咬毛，定位销光滑、无弯曲等现象；还应检查隔板槽道内槽底直角部分有无裂纹等缺陷。平衡鼓上的活塞汽封，轴端的轴封汽封均将汽封块安装在汽封套或轴封套的槽内，汽封套、轴封套的特点是壳比较薄，上面开了很多的槽。检修中除了要检查其是否有变形失圆、中分面有无泄漏外，还应认真检查槽底直角部分有无裂纹产生。

三、隔板及轴封壳洼窝中心的测量和调整

大功率汽轮机组属大而重的动力机械，加上配套的锅炉在内，总质量达数千吨。尽管设计人员在设计时，对机组的基础沉陷采取了打桩、整体台板等措施，但仍然无法避免机组基础的不均匀沉降，且这种沉降因单位面积上的荷重不同而呈现明显的不均匀性。一般规律是汽轮机沿轴方向为凝汽器处沉降量最大，汽轮机横向为锅炉房侧的沉降量大于电气升压站一侧的沉降量。这样，就在客观上造成了汽轮机轴系中心的变化。加上汽轮机本身变形等因素，每次 A 级检修不可避免地要调整轴系中心，由此破坏了汽轮机通汽部分的洼窝中心。因此，A 级检修中除了要对汽缸进行洼窝中心的测量、调整以外，还需要对隔板、轴封的洼窝中心进行测量，必要时还需进行相应的调整，这也是汽缸检修中的一道重要工序。隔板、轴封

的洼窝中心的测量调整必须建立在汽缸洼窝中心合格的基础上，如果转子上抬造成洼窝偏差，一味上抬隔板有可能造成膨胀间隙不足，机组启动后隔板膨胀与汽缸顶死，造成隔板中分面挂耳承受过大应力，有可能造成挂耳断裂，从而引起动静碰磨、主轴局部过热、机组振动超标以致停机事故。检修人员曾经在工作中发现汽缸盖缸前隔板中分面高出汽缸中分面较多，经过复测隔板膨胀间隙，发现仅有 0.5mm 左右，间隙严重不足，不得不上抬汽缸，再将隔板下调以满足其膨胀间隙要求。

汽轮机隔板及轴封壳洼窝中心的测量有多种方法，具体有假轴法、拉钢丝法、激光测量法、转子实测法等。各方法均有优缺点。

（一）假轴法

需定制一根假轴及对应的假轴承，通过假轴承将假轴轴心线调整到与轴系中心线一致，通过测量假轴与隔板洼窝的三点值来测量洼窝中心。优点是测量比较方便。缺点是需制作假轴、假轴承，同时假轴的静挠度与转子静挠度存在差异，假轴假轴承很少使用，易损坏及锈蚀。另外，火力发电厂的机组 A 级检修工程一般采用外包形式，承包方不可能为其工程专门制作假轴，即便为其提供也不一定能熟练使用。

（二）拉钢丝法

在两端轴承座内安装专用支架，一端固定住细钢丝，另一端通过滚轮及配重吊紧钢丝，配重的选择应以钢丝与转子挠度一致为宜，同时调整支架上、下、左、右位置，使细钢丝与转子中心线一致。然后通过测量隔板洼窝至细钢丝的三点值来测量确定洼窝数据，为了不因钢丝晃动造成测量误差，需在钢丝上用电池接电，用耳机线接在千分尺上，当千分尺与钢丝相碰时电流接通，耳机上会听到电流声，以此来保证测量的准确性。这种方法调整极其烦琐，静挠度也不能保证正确，为保证静挠度可能配重会很重，从而造成钢丝拉断，弹出伤人。

（三）激光测量法

传统的激光测量法需配备专业的激光发生器及计算机、运算软件，代价高昂，需专业人员操作。对于施工单位来说很少愿意采用此法。随着科技的发展及创新活动的开展，也出现了一些新型激光测量法，如某电力工程有限公司就研发了一种全新的无线激光测量法，具体做法类似假轴法，如图 5-14 所示。首先，通过假轴承将假轴与转子实际中心调整一致；然后，通过调整灌铅配重盘的位置将假轴的静挠度调整至与转子基本一致；再在相对测量位置假轴上安装上无线激光测量头。盘动假轴，使用测量头对准测量点则计算机上会自动收集、分析测量数据，通过定位装置还能确保每次盘动假轴后测量头能停在同样的位置，确保因对应位置的变化引起数据失准。采用该方法可以测量半实缸、实缸状态汽缸各部洼窝变化数据，不光可以作为汽缸洼窝、隔板套洼窝等的调整依据，还能为汽封径向间隙的调整提供参考。相信随着科技的发展更新以及创新力度的加大，一定会出现更多实用、高效的测量装置。

洼窝找正无线激光测量装置如图 5-15 所示（见彩插）。

（四）转子实测法

在隔板内圆中下部位置放置肥皂块或橡皮泥块，然后吊入转子，测量左右侧隔板内圆至轴颈的间隙；吊出转子，测量被压后的肥皂块、橡皮泥块的厚度，结合左右侧数据计算隔板洼窝值，并据此进行调整。该方法测量洼窝值存在一定误差，特别是肥皂块、橡皮泥块厚度的测量，一定要由具有熟练操作经验的技术工人一人进行测量，以免因手感不同造成误差加大。另一种方式是制作专用的测量块安装在各级隔板的汽封槽道内正下方，测量块上有带摩擦阻力的伸缩测量头，将转子吊入后，转子自重压在测量头上，使测量头受压退缩。同时按测量块相对应的位置测量转子和隔板左右间的间隙数值。吊出转子，测量测量块上测量头的高度，并与左右数值进行比较换算，以得出实际值。该方法操作简便快速、成本小、数值误差极小，缺点是需针对特定机型制作对应的测量块待用。各火力发电厂可以出图定制并保管好，在机组 A 级检修时交给检修单位使用，使用后将测量块收回用盒装好即可。

目前在检修实践中使用较多的是采用假轴法测量隔板洼窝的方法。由于假轴没有真轴那样粗大，也没有叶轮，仅有几只可前后移动的假盘，所以测量工作既方便又准确。但是，必须将假轴中心调整到与转子同心，才能进行测量与调整，否则将失去测量的意义。下面详细介绍假轴法洼窝测量方法。

1. 假轴的制作

假轴是汽轮机检修中的辅助工具之一。它可用直径为 320～330mm、壁厚为 32mm 左右的整根无缝钢管制作，两端焊以堵板，并在堵板的一端钻 M24×30 的螺孔，以便热处理时将假轴吊起竖立，以免产生过大的弯曲度。同时，在堵板上钻直径为 20mm 的穿孔，使得在加热时排出受热膨胀的空气。焊接结束，进行整轴除应力处理。热处理后表面进行切削加工，并使表面粗糙度为 1.6～3.2。

2. 假轴承的结构

用来支承假轴的轴承，称为假轴承。假轴承一般分为可调整式和非调整式两种。可调整式假轴承如图 5-16 所示，它是用手轮 4 转动蜗杆，使其带动涡轮转动，涡轮与偏心轴相连，由于偏心轴的转动便改变了假轴的中心。利用这个方法，假轴中心可以调整到任意位置，但是必须在可调整幅度内，因此放置假轴时应将假轴中心与转子中心基本放准。非调整式假轴承是用铸铁加黄铜衬套制成的，外圆与轴承的瓦衬滑配，内圆与假轴的轴颈滑配，其间隙应小于 0.03mm。

可调整式假轴承应做好保护，不使被误动或使已调整好的中心发生变化。因此，在测量和调整隔板等洼窝中心时，应先复查假轴中心是否与转

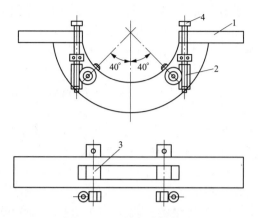

图 5-16　可调整式假轴承

1—轴承架；2—蜗母轮组；3—偏心轮；4—手轮

子中心一致。非调整式假轴就可克服这个缺点，但测量调整隔板等洼窝中心时，同样应先复核假轴与真轴中心。发现两者中心不一致时，应查明原因，并消除，否则不能使用其测量隔板等洼窝中心，纠正后才可测量和计算应调整的量。

3. 假轴盘

假轴盘是用铸铁制成，其内孔与假轴滑动配合，其外径与转子对应的轴颈相等，误差应小于 0.03mm，内外圆应同心，并与假轴保持垂直。假轴盘在假轴上应能前后移动和转动。为了减轻假轴的负载，使假轴盘对假轴的静垂弧影响尽可能地小，一般采取如图 5-17 所示的结构，它能大大减小假轴盘的质量。为了防止假盘变形，在切削加工前应进行除应力热处理。因假轴盘加工制作较麻烦，其内孔与假轴的配合要求较高，实践中往往舍弃假轴盘，直接在假轴上架表进行测量，也可在保证假轴表面粗糙度的前提下使用内径千分尺进行测量。

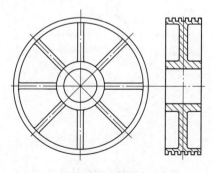

图 5-17　假轴盘

4. 假轴中心的调整

当汽轮机轴系中心校正后，应对各转子的洼窝中心按固定点进行测量，并做好记录，其中最重要的测量点是转子与轴承座油挡洼窝值。吊出转子和轴承，吊进假轴承和假轴，用可调整式假轴承使假轴中心调整到与转子同心（轴承座油挡洼窝测量值与转子吊出前的测量值一致），并经反复测量和验收，确认无误后，方可开始测量隔板及轴封壳洼窝中心。

5. 洼窝中心的测量

当假轴中心调整合格后，可盘动假轴上的假盘，对准某一级隔板或轴封壳，用内径千分卡测量其洼窝中心，并做好记录。

将上汽缸内隔板吊出中间几级（具体吊出哪几级隔板，以工作人员能在汽缸内进行测量工作为好，并视实际情况决定），扣内、外上缸，上紧汽缸法兰螺栓，直至汽缸接合面无间隙，再次进行隔板及轴封壳洼窝中心的测量，由于汽缸变形和静垂弧的影响，将使扣汽缸大盖所测得的洼窝中心有所变化。但是，扣大盖所测的洼窝中心比未扣大盖前更接近工作状态，因此应以扣大盖后所测量的数值为依据，并调整洼窝中心。

6. 隔板及轴封壳洼窝中心的调整

用假轴测得各级隔板及轴封壳洼窝中心后，首先应分析影响洼窝中心的因素，并对各种因素的影响数值进行计算和修正。一般来说，影响洼窝中心的因素有隔板及轴封壳的变形、汽缸静垂弧及汽缸的变形、假轴与转子挠度的不同、轴承油膜厚度的影响、上下汽缸温差的影响。

对于隔板及轴封壳的变形、汽缸静垂弧及汽缸的变形的影响，前面已作介绍，不再重述。

对于假轴与转子挠度的不同的影响，由于假轴与转子结构的不同，质量也不一致，所以两者的静挠度也不一样。当用假轴测量隔板与轴封中心时，所测量的数值与转子测得数值有一个差数，即两轴挠度之差。因此，必须对测量数值按制造厂提供的转子静挠度曲线和假轴静挠度曲线，计算出各级隔板及轴封壳洼窝中心的修正值。

检修中洼窝的测量采用三点测量法，如图 5-18 所示，即测量假轴与隔板洼窝左、右、下三点距离数值，并以此计算隔板洼窝中心与转子中心的偏差，洼窝调整量计算方法见表 5-1。

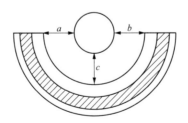

图 5-18　隔板洼窝三点测量法

表 5-1　洼窝调整量计算方法

高低偏移量	$\Delta_1 = C - \dfrac{(a+b)}{2}$	正值则隔板偏低，需向上调整
左右偏移量	$\Delta_2 = \dfrac{a-b}{2}$	正值则隔板偏左，需向右调整

根据表 5-1 的计算数值，汽缸洼窝的调整主要通过调整猫爪垫片及纵销调整块的方法进行。隔板、汽封套的调整应以汽缸洼窝调整结束为前提。如果汽缸洼窝调整完成，隔板、汽封套等的洼窝仍然存在左右或上下方向的偏差，可通过调整挂耳下垫片的方式调整隔板的高低，左右的偏移也可通过挂耳下加垫片的方式来调整，即 a、b 两数值，数值大的一侧加垫片，数值小的一侧减垫片，加减的量均为 Δ_2。但前提是隔板水平中分面与汽缸水平中分面的左右高度差值应一致，另外调整量尽量不要大于 0.30mm，如调整量比较大，可拆下下隔板底部纵销（隔板底键），一般用一侧堆焊、另一侧修锉的办法来调整洼窝中心。当采用纵销堆焊来调整左右洼窝中心时，往往易弄错方向，造成返工，浪费工时，甚至影响检修进度。因此，在调整前必须弄清楚方向，纵销拆下前必须做好左右方向的记号，以防弄错。纵销拆下后应将原有尺寸测量好，做好记录，计算出应堆焊的厚度和应锉去的数量，认定应该锉去的部位，将计算出的数量锉去。然后，在堆焊侧进行堆焊，并立即用保温材料包好，使销子处于退火状态，以便切削加工。

需要说明的是，隔板、汽封套等洼窝的调整并不能仅依测量数据为准，而应综合诸多因素，如所有级的隔板洼窝中心均低于转子中心线，可测量内、外缸洼窝中心（两端内孔洼窝），看内、外缸洼窝中心是否也低于转子中心线，如果是则可通过内缸挂耳下或外缸猫爪横销下加垫片的方式抬高汽缸，然后再调整隔板的方式进行调整。如果隔板中分面普遍高于汽缸中分面，则可将汽缸上抬，然后降低隔板。总之，调整的原则就是：

（1）以转子中心线为基准，保证汽缸中分面与隔板中分面高度差值尽可能小，如偏差太大则隔板体与汽缸间的膨胀间隙将得不到保证。

（2）调整量的确定应与修前汽封块的摩擦状态相适应，如解体前汽封下部有磨损，测量值显示隔板偏低需上抬，如果按此调整则汽封径向间隙会得不到保证，汽封齿的磨损将会更加严重，而汽封的调整事实上是一种破坏性的调整（修刮或胀铆汽封块背弧），检修中应尽可能避免破坏性修复。

（3）因汽缸垂弧与变形的影响，汽缸法兰未紧螺栓与紧好螺栓中分面无间隙时的状态比较，汽缸洼窝与转子中心线之间的差值变化很大，洼窝调整时应充分考虑此差值。

（4）事实证明隔板洼窝的偏差影响远小于汽封径向间隙偏差的影响。而且隔板、汽缸调整后的变量太多，如有考虑不周则会造成更大问题。如检修中隔板调整后就遇到过隔板顶部膨胀间隙小于设计值，汽封块背弧修刮量太大勾不住槽道、压块间隙调整疏忽造成汽缸中分面压不实等情况。综合多因素，隔板洼窝的调整应以"合理调整"为原则，重点确保汽封径向间隙。

四、隔板、静叶环、平衡鼓环、轴封壳膨胀间隙的测量和调整

汽轮机转子中心的调整，使轴封壳、隔板、静叶环等洼窝中心随之调整，破坏了这些部件安装时的膨胀间隙。由于隔板、静叶环、轴封壳的质量远远小于汽缸质量，机组启动时，隔板、静叶环等温度高于汽缸温度，若膨胀间隙小于轴封壳、隔板、静叶环等膨胀间隙的标准数值，此时会使膨胀受阻。当膨胀产生的力大于某些部件的材料屈服极限时，就使其产生变形或碎裂。当膨胀间隙没有或将汽缸顶住时，往往导致汽缸接合面漏汽。膨胀间隙太大，会使隔板在运行中因蒸汽作用力而浮起，导致隔板接合面漏汽，因而增加了对动叶片的附加扰动力。因此，轴封壳及隔板、静叶环等洼窝中心调整结束后，应测量和调整它们的膨胀值。

将上下隔板、静叶环及轴封壳等分别吊入上下汽缸。起吊时应用压缩空气将汽缸和隔板、静叶环、轴封壳等吹清，用磁性百分表架装好百分表，把磁性表架放在汽缸平面上，百分表杆架在隔板、静叶环、轴封壳等中分面平面上读数。然后，轻轻将表杆提起，移动表架，把表杆搭在汽缸平面上读数，两者之差值便是被测隔板、轴封壳与汽缸平面的高低值。令汽缸高为正，低为负，依次对各级隔板、静叶环及轴封壳等测得上、下、左、右 4 个差值（或用深度千分尺测出 4 个数值），并求出它们的代数和，除以 2，即为隔板、静叶环、轴封壳等顶部的膨胀间隙。当此间隙小于标准时，应将上半隔板、静叶环、轴封壳等顶部（左右侧不车）车去所需的膨胀量。然后，在隔板顶部加防止隔板上浮的销钉，它与汽缸的间隙为 0.5～0.6mm。现代大容量机组已很少采用上挂隔板的形式，隔板一般采用中分面支承，上隔板与下隔板中分面采用定位销定位、螺栓紧固。对于这种形式测量上下隔板膨胀间隙均可采用压肥皂块、橡皮泥的方法。当轴封壳、静叶环等膨胀间隙过大时，可以不作处理，因为上下轴封壳、静叶环等均用螺栓紧固，没有上浮的可能。对于下半部分的膨胀间隙可用压铅法测出。

隔板、静叶环、轴封壳等膨胀间隙调整后应进行复测，这样可避免调整中的失误。

静叶环、平衡鼓环、轴封壳的顶部和底部膨胀间隙，一般 A 级检修中不作测量，只有在洼窝中心调整后才测量。测量时将上下部分分别压铅，便能测出。左右侧间隙可用塞尺测量（此间隙每次 A 级检修均测量）。

五、隔板、轴封壳挂耳、压销间隙的测量和调整

隔板挂耳、压销间隙的测量，可按图 5-19 所示进行。

用深度千分尺测出下汽缸与挂耳的高变差 h_1 及上汽缸与隔板和压销的高度差 h、h_2，并令汽缸高为正，反之为负。用游标卡测出压销厚度 δ，这样可按式（5-2）计算出挂耳及压销的间隙，即

$$b = h - h_2 - \delta \tag{5-2}$$

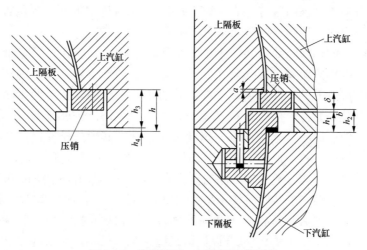

图 5-19　隔板挂耳、压销间隙的测量

式（5-2）中，δ 值大于 2.00mm，A 级检修中一般不做测量。b 值可用公式 $b = h_2 - h_1$ 计算出来。

b 的标准值一般为 0.10～0.12mm，若间隙 b 小于标准，可用锉刀修整压销的厚度；若间隙 b 大于标准，可在压销处加垫片进行调整，也可用堆焊后锉平的办法进行调整。

轴封壳挂耳间隙的测量比较简单，只要将轴封壳在下汽缸内组装后，用塞尺或压铅法便可测出，其标准为 0.08～0.10mm。挂耳的径向间隙应大于 2.00mm，一般可不做测量。当间隙不符标准时，可参照隔板挂耳间隙的调整方法。

静叶环、平衡鼓环、内缸支承的挂耳与压销间隙为 0.10～0.20mm，A 级检修时一般不测量。当机组进行恢复性 A 级检修时，静叶环、平衡鼓环、内缸等洼窝中心进行调整后，应测量各挂耳间隙。测量和调整方法可参照隔板挂耳、压销间隙的测量与调整。

六、轴向动静间隙的测量和调整

转子动叶片和隔板静叶片或静叶环的静叶径向、轴向间隙（动静间隙）测量的正确性是能否保证汽轮机安全经济运行的关键，同时这也是转子、动叶检修的重要内容。因此，动静间隙的测量和调整必须严格按工艺要求和质量标准进行，一般工艺要求如下。

1. 汽轮机转子轴向定位

在汽轮机检修中，检修人员一般对机组的前后左右有约定俗成的定义。如汽轮机侧为"前"或"机头"，发电机侧为"后"或"机尾"。站在机头向机尾看，右手方向为"右"，左手方向为"左"。汽流顺着高压向低压的方向为正向流动，逆着该方向流动则为反向流动。对于双流中压缸及低压缸来说，使用"正向""反向"概念对于检修来说则很方便找到位置。在以下的论述中将会用到这些概念来明确所需说明的位置。

动静间的轴向间隙指转子上的转动部位与隔板、静叶片等定子部件间对应位置的轴向距离，因为转子是置于轴承上的，不光有前后的窜动，还有在不同温度下的膨胀，所以轴向间隙也不是一定的，为了便于测量转子的轴向间隙，制造厂提出了 K 值概念。即将每个汽缸内转子与定子间的众多轴向间隙中的一个作为基准，以此来测量确定其他的轴向间隙数据。一般来说，制造厂将变形影响相对较小的某一点的轴向位置确定为 K 值，如转子第一级隔板与叶轮叶根之间的左侧或右侧的轴向间隙定为 K 值。K 值对安装尤为重要，安装时将转子吊入汽缸，调整转子轴向位置，使 K 值与设计值相同，然后测量各转子联轴器之间的间隙，并据此加工联轴器间的垫片厚度，确保转子 K 值符合设计值。检修时，K 值不一定与安装时的数值相同，原因有以下几个方面：①解体时转子内部温度还未完全释放，转子还处于膨胀状态；②汽缸内部温度还未完全释放，造成汽缸轴向长度改变甚至变形；③因滑销卡涩而造成汽缸未完全收缩；④因推力瓦磨损而造成转子轴向定位发生偏移；⑤长期运行后，隔板、叶轮发生变形，造成轴向间隙发生变化。

因此，检修时要使动静间隙测量数据正确无误，首先，要使汽轮机转子的轴向位置放正确，这也是要求在解体前（联轴器未脱离）测量转子轴向定位的原因。其次，测量转子轴向定位，应将转子推力盘向工作瓦块方向推足，然后测量各转子两端联轴器端面至轴承座内一固定点的轴向距离，如图 5-20 所示，联轴器拆卸后测量各联轴器间垫片厚度并做好记录，如图 5-21 中 a、b、c、d 值。

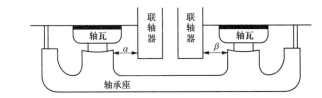

图 5-20　联轴器内端面至轴承座内固定点轴向位置参考值

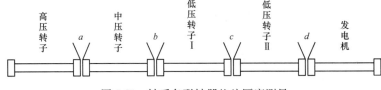

图 5-21　轴系各联轴器垫片厚度测量

检修中转子吊入汽缸内测量轴向间隙时，其他转子可能并不在汽缸内，为了使该转子所放位置与所有转子连接起来并向工作瓦面推足时的轴向位置一样，可以根据如图 5-20 所测的值放置转子。但因为检修过程中，随温度变化转子长度也在变化（实测 300MW 汽轮机低压转子，环境温度变化 25℃左右，转子解体前与组装前比较，总长度变化量达 1.00mm 左右），所以该值仅能作为参考值，检修过程中应利用转子就位的机会反复复核并修正。该值也可称为外引值，因此该值应对应于测得的轴向间隙做好记录，即便盖缸后通过该值也能知道汽缸内动静间轴向间隙的实际情况。

转子在正确位置放好后，转动转子至危急保安器飞锤或飞环向上或按特定记号作为测量时的"0"位置，根据通流间隙图（或转子装配图）依次测量各级动静之间的轴向间隙，并在专用的数据记录表上做好记录。所测得的 K 值与设计值肯定存在偏差，因此有必要将所测数据按此偏差进行换算，制作换算后的数据记录表。根据此表可以客观检查各级是否有变形或加工误差。实际数据可以反映动静间隙是否有超标现象。因为数据的换算涉及多根转子联轴器垫片厚度、联轴器间隙、外引值以及各转子尺寸随温度变化量等数据，很容易发生换算错误，因此此过程中应慎之又慎，谨防发生错误。

下面以高、中、低、低四缸机组为例说明低压Ⅱ缸轴向间隙测量过程。

（1）因为高、中、低Ⅰ转子均已吊出，低压Ⅱ转子吊入后测量外引值与解体前相比转子偏后 0.40mm，K 值设计值为 7.6mm（正向第一级左侧隔板静叶叶根与动叶叶顶间的间隙）。实测 K 值为 8.5mm，轴向数据全部测量好后，按 K 值的差值 0.9mm 进行换算（正向隔板与动叶间的间隙全部减 0.9mm，反向隔板与动叶间的间隙全部增加 0.9mm）发现数据与设计值基本吻合，说明隔板、叶轮没有变形或加工误差。

（2）因为外引值相差 0.40mm（转子偏后），所以按此差值转子应向前偏移 0.40mm，因此测量数据按此差值进行换算（正向隔板与动叶间的间隙全部减 0.40mm，反向隔板与动叶间的间隙全部增加 0.40mm），换算好的数据正向有两级数据偏大 0.20mm 左右。做好记录。

（3）所有转子放入汽缸后，高压转子向推力瓦工作面推足，各转子按解体测量的外引值定位放置。测量各联轴器间的间隙 a_1、b_1、c_1 值，三值之和比联轴器厚度之和大 0.30mm，即 $(a_1 + b_1 + c_1) - (a + b + c) = 0.30$mm，之所以产生这样的差值，是因为中压、低压Ⅰ转子收缩的结果（因为推力瓦在 2 号轴瓦处，高压转子的收缩是从前向后收缩，所以对低压Ⅱ的轴向位置没有影响）。意味着低压Ⅱ转子相对于解体前的位置应该再向前偏移 0.30mm。于是将（2）中数据再作换算（正向隔板与动叶间的间隙全部减 0.30mm，反向隔板与动叶间的间隙全部增加 0.30mm），同时修正外引值。检修换算后的数据与设计值相比全部合格。

（4）盖缸后，连接各转子联轴器，再次测量各联轴器处外引值，发现低压Ⅱ转子前侧联轴器内端面外引值与（3）中的修正值相比又增大了 0.10mm，再次换算，（正向隔板与动叶间的间隙全部减 0.10mm，反向隔板与动叶间的间隙全部增加 0.10mm），所有轴向间隙数据全部符合设计值。这时我们发现，三次偏置修正总量为 $0.40+0.30+0.10=0.80$（mm），实际 K 值为 $8.5-0.80=7.7$（mm），与设计值 7.6mm 仅有 0.10mm 的误差，且各间隙数值均符合设计值。

（5）将最后各转子的外引值测量点做好记录，并在对应的轴向数据上标注外引值。以便特殊情况下进行复核及下次检修时参考。

2. 轴向动静间隙的测量方法

汽轮机转子轴向定位确认后做好记录，可开始 0 位置时动静间隙的测量。测量时一般用专用推拔（斜楔形）塞尺进行，也可使用伸缩规。用推拔塞尺测量时，必须把推拔塞尺插入动、静叶片的轴向间隙中，把塞尺上的指针滑片向下推到与静叶片或隔板中分面接触，然后取出塞尺，读出指针所指的读数，即为该级动静叶片的轴向间隙。当使用无指针滑片推拔塞尺时，可在推拔面上涂粉笔颜色，然后把推拔塞尺插入动、静叶片轴向间隙中，稍用力将塞尺向下压，拔出塞尺按粉笔颜色痕迹，即可读出轴向间隙数值。当推拔塞尺上无刻度时，可用外径千分尺测量粉笔痕迹处的厚度，即为该级动、静叶片的轴向间隙。使用伸缩规测量时应先收缩测量杆长度小于测量间隙，放入测量位置后松开锁紧钮使测量杆弹出，垂直顶在两测量面之间。然后锁紧测量杆，轻轻取出，用游标卡尺测量测量杆的长度即两测量面之间的间隙。

动、静叶片径向间隙的测量，一般用普通塞尺或塞尺片进行。对于间隙小于标准者或测量困难者，可用贴胶布进行测量。因为径向间隙处主要是汽封齿尖的间隙，所以测量方法将在以下汽封的介绍中进行说明。

3. 轴向间隙的调整

因为汽轮机轴向间隙一般在电厂安装时已调整好，所以多数机组的动静间隙原则上不必调整。但是，因为安装的错误而可能造成转子轴向定位的偏差，从而造成轴向间隙的不合格。也有个别级的隔板或叶轮在加工时发生误差造成轴向间隙超标。前者一般是轴向间隙的普遍超标，后者一般是个别级的超标。对于前者造成的误差可以通过改变联轴器垫片厚度的方法进行处理（车削或更换联轴器垫片），对于加工、制造误差造成的轴向间隙不合格，通常采用在隔板或静叶环出汽侧车去需调整的数值（缩小动静间隙），在进汽侧加上与车削量相等的垫片，用螺钉固定牢固。

4. 轴窜的测量

动静间轴向间隙的最小值不一定就存在于检修技术记录上的测量点（比如笔者就遇到过叶轮 R 角处与隔板汽封间的轴向间隙小于所有轴向间隙，并且在运行中 R 角与汽封块相碰磨的情况），为了鉴定汽轮机各转子动、静部分最小轴向间隙，以确定机组在运行工况下的汽缸与转子的胀差值，应对各转子的窜动量进行测量。测量时各转子应相互脱开，有推力瓦的转子应取出推力瓦块。将转子用螺旋千斤顶向前推足，读出百分表读数，并测量转子外引值。然后将转子向后推足，读出百分表读数，同时测量外引值。最后把百分表的两次读数相减，即得该转子的窜动量。而前后两次外引值与转子工作状态外引值的差值即为转子向前、向后的极限窜动量。也可以缓慢盘动转子，同时向前及向后施力，听到摩擦声即停止，前后两次百分表的差值即为转子窜动。各转子测量完毕后，把各转子联轴器连接起来。用同样方法测出轴系的总窜动量，其值应等于或略小于单根转子的最小窜动量。无论单根转子还是轴系的窜动量，均应符合设计要求，特别是转子向前、向后的极限窜动差更应符合设计图纸的要求，如误差大，应查找原因、排除故障，达到标准后，方可扣汽缸大盖。检修中一般不会测量整个轴系的窜动，除非有特殊原因。

轴窜的测量分半缸测量和全缸测量两种。半缸测量，即在不扣大盖情况下测量，它只能鉴定下半汽缸内的最小轴向间隙；全缸测量，即扣缸后测量转子的窜动量，两种测量方法均如上所述。虽然半缸与全缸状态一般不会有太大的差别，但是为了防止上缸某些部件变形造成运行中发生动静相碰，还是建议在全缸状态测量转子的窜动量。

检修中测量轴向窜动量应以制造厂的设计值为准，以上海汽轮机有限公司 1000MW 超临界一次再热型机组为例，其高压转子轴窜为 6.3mm，以 K 值进行定位，高压转子向调节阀端可移动 3.4mm，向发电机端可移动 2.9mm。中压转子轴窜为 5.975mm，以 K 值定位，向调节阀端可移动 2.975mm，向发电机端可移动 3.0mm。如果实测向前、向后的极限位移量小于上述设计值，则运行中就会存在发生轴向碰磨的可能，需仔细分析、查找原因并作出相应的处理。

随着科学技术的发展，对于动、静间隙的验证现在有了更好的方法。如上海汽轮机有限公司 1000MW 超超临界机组的高压缸的碰缸实验，不光可以在实验状态验证径向间隙，还可以在实验状态验证轴向间隙。具体方法是，在实验状态下开启顶轴油，采用手动盘车装置盘动转子。同时通过每次 0.05mm 的方式抬高或降低汽缸，直至手动盘车突然遇到阻力不能盘动，说明发生径向动静相碰。同理，通过前后移动汽缸直至手动盘车遇阻不能盘动，说明发生轴向动静相碰。根据实验数据调整猫爪垫片及横销、纵销调整垫片就可以将汽缸置于一个最合理的位置。

第三节 汽 封

一、汽封检修

（一）汽封的工作原理及结构特点

汽轮机设备中，汽封用于防止蒸汽在级与级之间发生泄漏或汽缸内外发生蒸汽或空气泄漏的部件。一般来说汽封按其所装设的部位分为隔板（静叶环）汽封、叶顶汽封和轴封等。

　　轴封装于每个汽缸的两端，如图 5-22 所示（见彩插）。高压端轴封可阻止汽缸内高压蒸汽向外泄漏；低压端轴封可阻止外界大气漏进具有真空的汽缸内。

　　叶顶汽封是安装于动叶片叶顶位置的汽封，主要作用是为了防止蒸汽从动叶片顶部与静体之间的间隙漏入下一级。汽封体可以安装在隔板外缘内侧，也可以直接安装在持环或内缸壁上。图 5-23 中的叶顶汽封就是直接在持环内壁上开槽镶嵌汽封齿制成的固定式汽封（见彩插）。

　　隔板（静叶环）汽封安装于隔板内圆与转子轴颈之间，如图 5-24 所示（见彩插），用于防止蒸汽从隔板与轴颈之间泄漏。

　　对于采用平衡活塞的转子，为了防止平衡活塞与定子间发生泄漏，设计了平衡活塞汽封。如图 5-25 为上海汽轮机有限公司 1000MW 超临界一次再热机组高压缸局部图，其中平衡活塞汽封用于阻止蒸汽从平衡活塞部位泄漏。

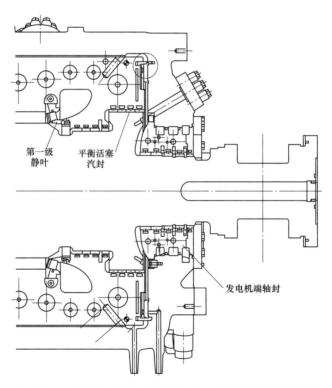

图 5-25　上海汽轮机有限公司超临界 1000MW 汽轮机高压缸

　　除此之外，在喷嘴室外缘与第一级动叶叶顶对应位置一般会开槽镶嵌数道阻汽齿。动静叶叶根、叶顶部位也会加工出一道或数道阻汽环，实际上也起到了阻汽作用，如图 5-26 所示。

　　汽封实际上是动、静配合工作的，按其结构形式可以分两类，一类是活动式，另一类是固定式。在转子上汽封的对应位置一般有三种形式：光

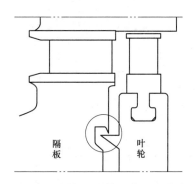

图 5-26　隔板、叶轮上的阻汽设计

滑型轴颈、凹凸齿槽型轴颈、镶嵌了阻汽齿的轴颈。静止的隔板上的汽封有两类结构：装在槽道内的活动汽封块，镶嵌在隔板外缘或内缸壁、隔板套内壁上的固定式的阻汽齿。其中比较常见的是装在槽道内活动的汽封块。

轴封因为直径较小，汽封块有些做成了上下两个半圆环，大部分汽封块都是根据直径大小做成很多块插在槽道内组成一个圆环（汽封圈）。汽封块的根部做成 T 形或 L 形与 T 形或 L 形的汽封槽道配合。用于密封的一面是机加工制作的梳齿，如图 5-27 所示。相对应的轴颈上制作成城垛状凹凸齿槽。转子上的齿槽和具有高低齿的汽封块配合工作，以最大限度减少气体的流动。这种汽封被称为迷宫式汽封或曲径式汽封，其工作原理如图 5-28 所示，汽封齿与相对应部件间形成若干个缩孔，当蒸汽经过第一个缩孔时，由于通流面积突然减小，蒸汽压力由 p_0 降至 p_1，汽流速度增加。高速汽流进入缩孔后的汽室后，由于摩擦、涡流等原因，速度降低，动能转换成热能，比焓值恢复到原来的值。然后蒸汽再依次经过以后各缩孔，重复上述过程。蒸汽每经过一个缩孔产生一次节流，压力降低一次，各汽封片前后的压差之和等于汽封前后的总压差。采用这种汽封，由于汽封齿尖可以做得很薄，动静间隙可以很小，减小了漏汽面积；另外，由于漏汽总压差被各汽封片分担，每一个汽封片前后压差较小，蒸汽速度减小，从而减小了漏汽量。漏汽面积和汽封前后总压差一定的情况下，汽封片数越多，每个汽封片两侧压差越小，漏汽量越小。

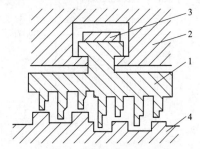

图 5-27　迷宫式隔板汽封

1—隔板汽封环；2—隔板；3—弹簧片；4—转子

91

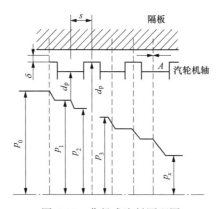

图 5-28　曲径式汽封原理图

对于活动式的汽封块而言，其结构形式有很多种：有汽封齿高度一样的平齿形汽封块，汽封齿高度不一样的高低齿汽封块，将汽封齿做成枞树形的枞树形汽封块，汽封齿中间做成蜂窝状结构体的汽封块，也有做成城垛状齿槽的汽封块（对应于轴颈上镶嵌阻汽齿的结构），也有叶顶汽封块直接做成蜂窝状或毛刷状与圆筒面动叶围带配合工作（蜂窝汽封、刷式汽封），如图 5-29 所示（见彩插）。

汽封块安装于槽道内，槽底与汽封块之间以弹簧片或弹簧进行支撑。如图 5-30 所示，弹簧片将汽封块向圆心方向顶起直至汽封块与套顶死，上、下隔板内的汽封块在中分面处留有一定的膨胀间隙，当机组启动时，汽封块因质量小，热容量小，热膨胀比汽缸等部件快，汽封块就不至于互相挤碰而使整个汽封圈直径变大，造成泄漏。运行中转子受热膨胀直径变大时，汽封圈同样受热膨胀，中分面间隙消失后汽封块因膨胀互相挤压，克服了弹簧片的应力，使汽封圈直径相应变大，确保了汽封与轴颈不会发生碰磨。同时当有汽缸变形或汽封间隙过小而发生碰磨时，转子会挤压汽封块向后退缩，以减小汽封块对转子轴颈的挤压应力。

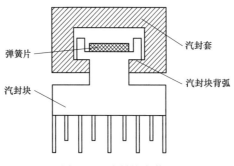

图 5-30　汽封块安装图

为了防止汽封块与转子碰磨后带动汽封圈在槽道内随转子一齐转动，汽封圈一般安装有防转销或防转压块，如图 5-31 所示。防转压块一般安装于上半汽封圈中分面处，既可以防止起吊时上半汽封块滑落，又可以起到汽封块防转作用。

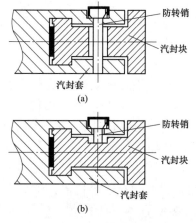

图 5-31　汽封块防转销的两种结构

(a) 贯穿式；(b) 非贯穿式

固定式汽封一般为镶嵌在隔板或隔板套、内缸壁上的 J 形阻汽片（也有镶嵌在转子轴颈上），它由不锈钢或镍铬合金薄片制成（厚度一般为 0.2～0.5mm），用不锈钢丝嵌压在转子的齿槽内，如图 5-32 所示（见彩插）。这种汽封的特点是结构简单、紧凑，汽封片薄而且软，即使发生动静摩擦，产生热量也不多，因此安全性比较好。其主要缺点是汽封片薄，每一片汽封片能承受的压差较小，因此需要的片数比较多，而且汽封片容易损坏。

（二）汽封的拆卸

转子吊出后应及时对汽封进行检查，主要是观察并记录汽封块上汽封齿及隔板、汽缸及转子上的阻汽齿的碰磨、缺损、倒伏情况，必要时摄像存档，这对汽封的检修、分析机组振动、分析机组效率降低原因、动静间隙调整方案的制定等至关重要。汽封环解体时，先将水平中分面的防转压块或套上的防转销拆除，然后垫以木块轻轻敲击，或用钝头錾子在两汽封块之间轻轻敲震以使汽封块松动。但是，由于高温氧化和低压湿蒸汽区的锈蚀，往往使汽封块卡死而拆不出，个别的汽封块不得不用电钻钻去或用切割片剖开，既费工，又损坏设备。所以，拆汽封块前，应用煤油或松锈剂充分浸透。拆时不能用硬质材料周向敲击汽封块端面，以免敲出卷边而加剧胀死。一般只能用木块等较软的材料轻轻振击，使其慢慢移动而取出。汽封块取出时，应查对其编号是否正确，若发现编号混乱或不合理，应重新统一编号。并按编号用白纱带捆扎好，堆放时依次排列整齐，并防止损坏梳齿。高温部分汽封块易发生卡死，主要是因为汽封块与槽道轴向间隙小，高温下汽封块与槽道间形成氧化皮所致，所以拆卸时应浸泡松锈剂并轻轻敲震，不可过于心急而大力敲击以免受击部位变形胀死在槽道内。检修时应将氧化皮打磨干净，否则仍可能卡死。

一般来说镶嵌式阻汽片仅作检查，将倒伏的阻汽片用扁口钳校正即可，但是对于缺损、断裂或从槽中松脱的阻汽片，也有必要进行更换修复。可用窄口錾子将嵌条起出约 10mm，然后用大力钳或钢丝钳夹住嵌条拉出，再夹住阻汽片拉出，轮流操作直至阻汽片全部拆出。对于比较紧的可以磨制窄口錾顺槽剔出嵌条、阻汽片。

（三）汽封的清理、检查、修整

汽轮机轴封、汽封经过长期运行后，均结有不溶于水的盐垢，这些不溶于水的盐垢占结垢的 98.5%～99%，结在轴封、汽封槽及轴封块、汽封块上，造成汽封块卡死，不能退让。对于轴封、汽封槽及轴封块、汽封块，应用喷砂或砂纸将上面的锈垢清理干净。

清理工作结束后，检查轴封块、汽封块应完整，无损伤和裂纹。梳齿应完好，无缺口、缺角、扭曲、卷边等现象，轴封、汽封的弹簧片应无严重的氧化剥落、锈蚀、裂纹等，且保持弹性良好。梳齿歪斜、倒伏的应用扁口钳将其校正，齿尖磨损有翻边的应用刮刀、锉刀将其修尖。对于存在变形、梳齿磨损严重等缺陷的汽封块应作更换处理。

清理后的汽封块逐片插入槽道，检查其与槽道的配合间隙是否合格。如遇卡涩应查明原因并修磨卡涩位置，确保其在槽道中能自由滑动。汽封块在汽封槽内的轴向间隙标准：隔板汽封为 0.05～0.10mm；轴封块与轴封壳槽的间隙为 0.10～0.15mm。超过标准会使汽封块在槽内松动严重，在蒸汽压力差的作用下发生歪斜或倾倒，使部分轴封、汽封梳齿发生磨损，另一部分齿间隙过大，导致漏汽量增大，影响机组效率。同时，因轴封漏汽量增加，蒸汽通过轴承油挡进入轴承室，而使油中含水量增加，促使油质恶化等。反之，轴向间隙小于标准易发生轴封、汽封块在运行中卡死现象，导致轴封、汽封的磨损或径向间隙变大，使漏汽量增加，机组效率降低，增加油中含水量，同时使检修时拆装困难，甚至破坏后才能拆出。由此可见，轴封、汽封块在轴封壳、隔板槽内的轴向间隙是不可忽视的。当发现不符合标准或标准不符合实际情况者，应予以修正，切不可强硬装入。另外，在轴封、汽封组装时，必须将轴封、汽封块、轴封块槽、隔板槽上的毛刺等修光，并涂擦二硫化钼粉剂。

汽封块的弹簧片（弹簧）是保证轴封、汽封正常工作的重要零件，它必须具有耐高温、耐腐蚀以及良好的弹性等性能。检修中应逐片检查是否有裂纹、腐蚀等缺陷，同时用手弯曲、按压 1～2 次，鉴定其弹性是否良好，凡不符合技术标准者应予以更新。

（四）汽封径向间隙的测量和调整

（1）工具材料的准备。汽封的测量、调整应备有一定数量的 0～25mm 的外径千分尺及厚度为 0.05、0.10、0.15、0.20、0.25、0.30、0.40、0.50mm 的狭长塞尺片，专用刮刀，铁柄旋凿，手锤，中齿、细齿锉刀，游标卡尺，旋转锉，台虎钳，松锈剂，医用橡胶布，红丹粉等工具、材料。

（2）调整隔板、轴封壳假洼窝中心。因汽缸垂弧的影响，半缸状态时隔板、轴封洼窝中心与实缸状态会有一定的偏差，结合汽缸面间隙等因素，对各级隔板洼窝给出一个调整修正量。轴封距猫爪较近，垂弧对其影响不大，而对汽缸中部的隔板的洼窝影响最大，向前后两侧逐渐变小。一般来说可以取空缸间隙的70%进行修正。如某级隔板处缸面间隙为0.60mm，则隔板挂耳下加垫 $0.60 \times 0.7 = 0.42$ mm 垫片，四舍五入可以加垫0.40mm。如果有隔板套或持环，则以隔板套或持环的支承猫爪所在位置进行修正值计算，并在其下部增加相应的垫片。从而实现隔板洼窝与转子同心的半缸状态下的假洼窝中心。修正垫片做好记录。

（3）吊进下半隔板、轴封壳，装入汽封块。按假洼窝中心吊入并就位好各隔板（套）、轴封套，用压缩空气将隔板、轴封壳、汽缸等吹干净，用二硫化钼粉擦各级隔板及轴封壳的汽封槽。然后将下半汽封块插入汽封槽内并装好弹簧片或弹簧。用手按压汽封片，确认其退让、弹起状态良好。检查相邻汽封高度是否一致、是否有错位，否则应查明原因并处理。

（4）汽封块贴橡皮膏（医用胶布）。为了检测转子轴颈与汽封齿之间的间隙，可以通过贴医用胶布的方式来进行。一般来说，医用胶布的厚度为0.22～0.25mm（使用前测量），将一定层数的胶布贴在汽封齿上，观察其与转子轴颈的接触痕迹即可知道该处的间隙。操作前先查明间隙标准，然后确定胶布层数，按标准层数及加一层、减一层按旋转方向在汽封块上贴好胶布。如图5-33所示，注意胶布贴法：每一层间应略微错开，并逆向转子旋转方向倾斜，侧边按压不使胶布毛边翘起。这样转子转动时与胶布背面接触，不会碰到带胶毛边，造成胶皮卷起。三道胶布层顺转动方向厚度依次增加。三道胶布层为一组，分别贴在汽封的左、下、右三个位置。

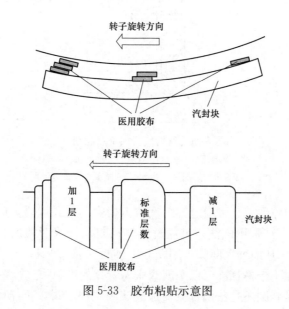

图 5-33 胶布粘贴示意图

（5）吊入转子。转子吊入前认真检查转子并用压缩空气将叶轮、轴颈上的积尘吹干净，前后侧的轴瓦也应擦干净并浇上汽轮机油。吊放过程中转子前后两端应有专人看护并扶稳转子，同时应有专人指挥，按正确的轴向位置缓慢、平稳地放入转子。转子放入后确定轴向位置正确并安装上防窜动压板。在各级汽封所对应的转子轴颈上方 45°位置涂擦红丹粉，红丹粉不应留有可见厚度（涂红即可）。然后用钢丝绳或检修盘车盘动转子 2～3 转，使红丹痕迹处于上半转子上（以防转子吊出时因晃动将红丹痕迹碰上胶布，产生虚假红印）。以相逆的工序吊出转子。

（6）检查胶布上的碰磨痕迹。转子如果与胶布相碰，转动后肯定会在白色的胶布上留下红色的碰磨痕迹。通过对痕迹的分析可以知道转子与汽封之间的间隙范围。举例说明：如汽封片径向间隙标准为 0.50mm，胶布厚度为 0.22mm。按 4 中所述方法选用一、二、三层胶布，按图 5-32 所示进行粘贴。盘动转子后，发现一层胶皮没有接触痕迹，二层胶布上有零星红点但胶布没有压痕，三层胶布上有明显红黑色压磨痕迹，露出的一、二层胶布上没有摩擦痕迹。这时可以断定，转子与汽封块的间隙应该在 0.45～0.55mm，符合标准。如果不符合标准则应对相应的汽封块进行处理。方法如下：

1）汽封间隙偏大。可以通过对汽封块凸缘背弧进行修磨处理，使汽封块在弹簧片作用下能弹出更高的高度以减小间隙。修磨方法主要有两种，一种是采用手工方式，用旋转锉、刮刀手工修刮背弧。另一种方式是用专用靠模夹住汽封块，用铣床铣削背弧，如图 5-34 所示。

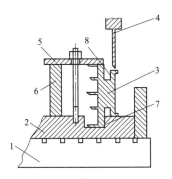

图 5-34　汽封块机加工示意图

1—立式车床转盘；2—专用靠模；3—汽封块；4—刀具；

5—压板；6—垫块；7—垫片；8—需要加工的背弧面

2）汽封间隙偏小。可通过推锉汽封齿齿尖的方式以增大间隙。但对于高低齿汽封则不宜采用此法，可通过胀铆汽封块凸缘背弧的方式使汽封块弹起高度减小，从而增大间隙，如图 5-35 所示。

3）对间隙不合格且不可以车削或胀铆背弧的汽封块进行更换。

4）无论是修磨还是胀铆背弧，都应该确保加工量，不能盲目操作，以免造成调整过度。

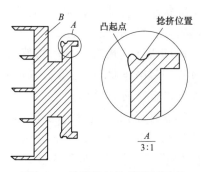

图 5-35　捻铆汽封块背弧面示意

（7）将处理好的汽封块重新安装好并按要求贴好胶布，重复（3）～（6）的步骤，直至下半汽封与轴颈间隙全部符合标准。

（8）将（2）中的临时垫片去除，将上部汽封块安装好，如图 5-36 所示，测量上、下部各汽封齿高度 a，确保上部汽封齿高度与已调整好的下部汽封齿高度 a 一致。按步骤（6）的方法进行修整。

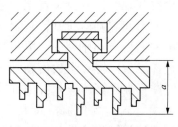

图 5-36　汽封齿高度测量

（9）检查上、下部汽封块端面与隔板平面高度，确保上、下部隔板拼装后上、下部汽封块不会碰顶，如有必要可将下部汽封块抽出一块。

（10）以上述相同的方法在上、下汽封齿上贴好胶布，按步骤（5）的方法吊入转子，在轴颈上部 45°位置涂擦红丹粉。然后将上隔板（套）或持环套装复。合上内缸，组装上缸，并紧三分之一螺栓至缸面无间隙。按步骤（5）的方式盘动转子两至三圈。

（11）按相逆的顺序揭开汽缸，拆卸上半隔板（持环），检查胶布接触痕迹。如下部隔板接触情况不理想，则通过调整挂耳垫片的方式进行微调。上半汽封参考下部调整量进行修整，修整后重复上个步骤再次进行测量，直至上、下部汽封间隙均符合要求。

一般来说通过上述步骤均能将汽封间隙调整至合格。需要说明的是胶布一定要按要求贴好，如果胶布卷起或脱落，则前功尽弃需重新来过。另外，对胶布接触痕迹的分析需通过实践才能提高分析的准确性。

如果有假轴及与轴颈直径一样的假轴盘，将可以省略步骤（2）～（7），直接用假轴盘、塞尺测量汽封径向间隙，然后再实缸状态盘胶布，通过调整挂耳垫片的方式将实缸状态的汽封间隙调整至合格。

汽封径向间隙的调整是汽轮机检修中最重要的一道工序，而且工艺要求极高，工期也最长。该项工作应由有经验的检修人员专人负责指挥，统一协调，不仅要防止过程中起吊作业的安全，还要防止工艺不良造成返工。

（五）汽封块周向（膨胀）间隙的调整

汽封块径向间隙的调整或轴封、汽封块的换新，改变了轴封、汽封块的圆周周长，破坏了安装时的正常状态。周长过大，会使整圈轴封、汽封块互相向直径大的方向顶开，导致径向间隙增大，漏汽量增加，失去了检修调整的作用。若周长符合标准，在启动时因轴封、汽封块质量小，热容量小，热膨胀比汽缸等大型部件快，使汽封块互相向直径大的方向顶开，使机组在启动升速过程中不发生碰擦，从而提高机组的安全可靠性。周长太短，会使整圈轴封、汽封块首尾脱开，导致漏汽量增加，同时失去因为轴封、汽封热膨胀自动增大启动过程中间隙的功能。所以，轴封、汽封径向间隙调整结束后，应对各轴封、汽封块进行膨胀间隙的测量和调整。

汽封块膨胀间隙测量时，可将上半圈和下半圈分别按编号装入轴封壳、隔板汽封槽内，用塞尺检查各轴封、汽封块首尾相接的平面，其间隙应与设计值相符，如间隙偏小或无间隙则应研刮，直到符合标准。用深度千分尺测量出上缸左右和下缸左右四点与轴封壳、隔板平面的高低，凡高出平面者令其为正，反之为负，然后，将4个数值相加。若和为正值，说明轴封、汽封块周长太长，应按标准计算出应截去的部分，截去后用上述方法检查平面，接触情况应良好；若和为负值，并大于设计值，则说明轴封、汽封块周长太短，用同样方法计算出应接长的长度。汽封块的接长块，可用同类型的旧轴封、汽封块切割而成，并用埋头螺钉与轴封、汽封块紧固成一体，同时检查平面接触应良好。当接长块太薄，无法与被接长者用螺钉紧固时，可将被接长的轴封、汽封块先截去一些，然后一次接长。汽封块膨胀间隙调整后，应用上述方法进行复测。需要注意的是，对于安装了压板的汽封块，应确保压板与汽封块之间留有一定的间隙，以防压板阻碍汽封块的膨胀。

（六）汽封块轴向间隙的测量和调整

轴封、汽封轴向间隙测量的正确性关系到汽轮机胀差限额的问题，如果测量调整失误，将使机组发生动静碰擦并产生严重后果。因此，该项工作必须在吊进汽轮机转子，并定好转子轴向位置后才可进行。有的机组转子轴向定位以推力瓦工作面为基准；有的机组以高压调节级导向叶片叶根到第二列动叶覆环进口边的轴向间隙为基准；有的机组以第一压力级静叶根部与动叶顶部的轴向间隙为基准（K 值）。不管设计如何，都应以联轴器全部连好并向推力瓦工作面推足的状态为基准去测量汽封的轴向间隙。转子位置放准后，用游标卡尺或钢皮尺测出轴封、汽封轴向间隙。当测得的数值与制造厂质量标准不符时，可调整轴封壳的轴向垫片，图 5-37 所示为某厂 660MW 机组高压缸轴封轴向间隙标准。当同一轴封壳内有个别轴封块轴向位置不符合标准时，可将轴封块轴向一侧车去需要调整的数量，另一侧则加上车去的量。隔板汽封轴向位置不符合标准时，可与动静叶片轴向间隙同时考虑，将隔板一侧车去需要调整的量，另一侧加上车去的量。也可用同样的办法，调整汽封块的轴向位置。

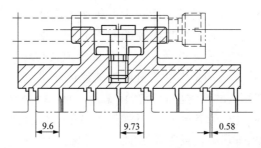

图 5-37　某厂 660MW 机组高压缸轴封轴向间隙标准

（七）调整块式汽封的改进

调整块式的汽封具有便于调整、使用周期较长等优点。但是，调整块式汽封块背弧面的接触面仅为调整块处两点，加上调整块仅用一只 M6 螺钉紧固，运行中由于振动等因素，螺钉易产生疲劳断裂或松动，导致汽封块严重磨损。如某台 300MW 机组第一级隔板汽封因调整块螺钉脱落，而使汽封块磨损约 1/3。另外，两点受力的汽封块变形失圆严重。如某台 300MW 机组在一次 A 级检修中，调整式轴封、汽封块因变形失圆，几乎全部换新。所以应尽量不采用这种结构的轴封块和汽封块。若因备品跟不上或节约检修费用，需将非调整式轴封、汽封改为调整式，则应对其做如图 5-38 所示的改进。将轴封、汽封块上的钩子车去 1mm 左右，然后改为调整式。这样，即使调整块螺钉断裂或脱落，也不会发生严重的磨损。

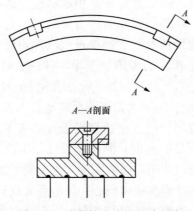

图 5-38　汽封块改为调整式示意

（八）用机械切削代替手工切削

以前中小型机组汽封块的调整，多数采用手工切削的办法，但是此方法已远远不能适应现代大机组检修的要求。其一，大功率机组高、中压部分的汽封块采用耐热合金钢制造，手工切削比较困难；其二，大功率机组轴直径大，轴封、汽封块弧段较长，手工切削无法保证质量；其三，工效低，检修工期长。因此，应以机床切削加工代替手工加工。但是，机械加工时找正中心困难，因此应尽可能减少上机床的次数，原则上要求达到一次成功，这样就要求轴封、汽封间隙的测量准确无误。为了克服整圈切削加工找正的困难，可按图5-39所示制作背弧铣床放在现场对汽封块进行切削加工。背弧机以0.5~1kW电动机通过减速齿轮带动转盘旋转，转速为15~20r/min。被切削的汽封块固定在转盘上，通过调整柱状背模来调整背弧的直径尺寸，通过摆臂的转动对背弧进行铣削，使背弧加工到需要的尺寸。由于背弧铣床适宜单块找正和切削，所以具有较好的灵活性。

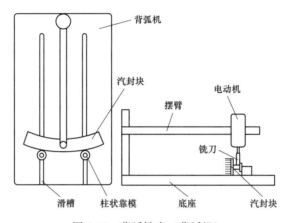

图5-39　背弧铣床（背弧机）

（九）阻汽片的更换

一般来说对于阻汽片的更换大多采用返制造厂修复的方式。因为大型机组阻汽片直径较大、周长较长，而火力发电厂一般不具备用于加工阻汽片内圆的车床。但是特殊情况下更换少量阻汽片则必须现场施工。磨制专用片状刀头将阻汽片已拔出的齿槽刮干净，将备品阻汽片截取略大于1/2周长（直径按齿槽槽底直径计算）的一段，用木棰轻轻敲击阻汽片，按周向将其打入齿槽，重复捻打1~3次，不要反向捻打，直至其全部进入齿槽根部。然后嵌入嵌条，按同样的方法捻打嵌条直至嵌条全部打实，再将槽口部位铆紧。计算好阻汽片的高度，制作模板贴在阻汽片上，通过用工方法用磨头或旋转锉加工阻汽片至需要的高度（也可制作可绕轴心旋转的装置，将其中心调整至与阻汽片安装板体同心，将电磨或旋转锉固定在旋转臂上，绕轴心加工阻汽片，每次增加一定的切削量，直至阻汽片高度合适）。最后将阻汽片内圆磨出尖角。

（十）汽封块的组装

汽封径向、轴向、周向调整工作全部结束后，应依次将各汽封块从槽道中拆出，用压缩空气将槽道内吹扫干净，检查各接合面应无毛刺，弹簧（弹簧片）没有变形，固定压板、固定销应有足够的膨胀间隙。用二硫化钼粉涂擦滑动接触面，按正确的位置将汽封块装复并安装好固定压板、固定销。

二、汽轮机汽封改造技术

（一）铁素体汽封

目前国内机组的汽封大多数采用拉别令汽封结构，材料为刚性材料。采用这种汽封的机组整体水平是好的，但也存在一些问题，主要表现在汽封漏气量大、真空差，影响机组经济性，为了节能降耗，希望对汽封系统改造，以提高机组经济性和安全性。

1. 原设计分析

从原理上分析看，原汽封是一种安全可靠性的结构，如果将汽封间隙调整到合理值时，汽封效果很好。但是从目前大多电厂统计资料看，存在汽封漏汽量大、真空差的问题。分析其原因主要是在安装时为保证机组安全运行，汽封安装间隙值偏大。我们知道，汽封安全值完全正比于漏汽面积，而设计时，汽封腔室的大小受结构因素的影响，不可能很大，漏汽量的增大使流出汽封腔室的蒸汽流速增加，而流速的增加又导致压损的增加，使多余蒸汽来不及流出汽封腔室，从而引起腔室压力升高，最终导致漏汽、油中进水等一系列问题。而低压汽封，其目的本来是防止空气进入，以免破坏真空，机组真空差的主要原因是低压部分向凝汽器漏空气。空气为不凝结性气体，当排汽中空气的比例达到 0.2% 左右时，凝汽器中的换热急剧恶化，真空度下降，因此解决好低压汽封间隙问题是提高机组运行真空的一个主要手段。

2. 改造方案

高压汽封漏汽影响机组经济性和安全性，低压部分真空差也影响机组的经济性。近年来，随着技术的发展和新材料的研制，一种新型材料广泛应用于汽轮机制造中，即高压部分采用 OCr15Mo（也称为铁素体），低压部分采用铜汽封。铁素体是一种软态材料，在安装时可以将间隙调到非常小，即使与转子发生摩擦，也不会淬火变硬伤及转子表面，这两种材料目前已广泛应用于新机组中，并已取得了非常好的效果。经分析，对 300MW 机组而言，高压前汽封漏汽量每减少 1t/h，热耗要下降 4.8kJ/(kW·h)；真空每减少 1kPa，热耗下降 47kJ/(kW·h)，功率增加 1600kW。同时，对改善汽轮机油中进水问题也是非常有效的，对机组安全性也有好处。

综上所述，高压汽封采用铁素体材料改造后，可以改善目前机组的汽封漏汽、油中进水问题。低压汽封采用铜汽封改造后，可以解决真空差的问题，提高机组经济性。但在实践中因为汽封间隙较小，机组启动及运行过程中往往会造成碰磨，从而引起转子振动，这种碰磨并不如预想的很快就可以随着铁素体汽封的磨损而消失，往往少则数天，多则数月，因此汽封间隙调整时间隙不能盲目缩小。

（二）布莱登可调汽封

汽轮机内部的泄漏可影响到汽轮机热效率损耗的 80%，仅是轴汽封的磨损，就可构成汽轮机热效率的巨大损失。经常发现的汽封磨损及叶顶汽封的磨损，尤其是像高中压汽缸等敏感部分的间隙过大，其效率之损失可超过其余各种效率损失的总和。

使汽轮机运转时保持小的径向动静间隙一直是一个难题，因为当汽轮机启动时，转子易产生振动（特别是在转速即将越过临界转速时），汽缸、隔板及汽封体经常在启动过程中受到较大的温差而产生变形，这些都将导致动静间隙减小，故采用小的间隙容易导致动静摩擦、汽封磨损、转子热弯曲、汽封齿及叶顶汽封遭到严重的损坏，同时小的动、静间隙容易造成开机困难。

汽封的现行结构是将弹簧片放置在汽封弧块的背面，使它在发生碰磨时能够退让。这种设计的目的之一是减小汽封圈的过度磨损。假如汽封动静间隙能在启动期间为大间隙，而在机组达到一定负荷（即通过汽轮机的蒸汽流量达到一定量）时，该间隙转变为设定的小间隙，则在保持泄漏控制的同时能使最严重的汽封磨损得到避免，且开机更为方便，布莱登可调汽封正是能满足这种要求的汽封。

布莱登可调汽封是将现行结构汽封弧段背面的弹簧片取消，并在汽封弧段之间增加螺旋弹簧，弹簧装在汽封块端面钻出的孔中，使汽封张开，转子径向间隙达到最大。在汽封弧段每一块的背面中心部分加工一个进汽槽，让上游的蒸汽压力作用于汽封圈的背面，保持当汽轮机通过的蒸汽达到一定流量时，汽封环背面的蒸汽压力会克服弹簧力、摩擦力和汽封齿面蒸汽压力而使汽封各弧段闭合，从而使转子径向间隙达到最小（设计间隙），如图 5-40 所示（见彩插）。虽然布莱登可调汽封有如上优点，但其运行状况并非如预想般完美，因为汽封环槽道内通入蒸汽以闭合汽封环，也造成了汽封块与槽道之间容易结垢卡涩，从而使汽封环的张开、闭合功能丧失。检修中发现多数汽封块与槽道卡死，无法拆出，只能破坏性拆除。而且卡死的状态有张开也有闭合。如果启动过程中汽封环处于闭合状态，则有可能造成动静碰磨。如运行中汽封块卡死在汽封环张开状态则有可能造成泄漏导致热效率降低。

综上所述，新技术的运用应有的放矢，不能盲目跟风，否则得不偿失。对于检修来说应注重于提高检修质量，让设备处于最优状态。

第六章 转 子

由主轴、叶轮、叶片、联轴器等部件组成的转动体总称为汽轮机转子，简称转子。

转子是汽轮机中最精密、最重要的部件之一。高速旋转的转子承受很大的离心力和在动叶片上由蒸汽传递产生的扭矩。转子工作的重要性，对转子的设计、制造、安装、检修和运行等各方面提出很高的要求，从而保证其安全可靠地运转。

本章主要介绍超高压、大功率汽轮机转子结构特点，以及转子的检修工艺、质量标准，其中包括主轴的检查和探伤，叶轮、叶片的清理和检查，叶片更换工艺等内容。

第一节 大功率汽轮机转子的结构

超高压大功率汽轮机转子几乎都采用整锻形转子，即叶轮、联轴器、推力盘等和主轴锻成一体。

采用整锻形转子的优点是：①能克服套装式转子在高温条件下，由于加热过程中可能产生的暂时热挠曲，或可能使叶轮与轴失去紧力等不允许存在的缺点；②能适应快速启动；③结构紧凑，轴向长度短，转子刚性好，便于加工，联轴器与轴锻成一体，结构简单，尺寸小，强度高，传递功率大等。

整锻形转子的缺点是：①需要有大型锻冶设备，加工要求高，工艺复杂；②耐热合金钢消耗量大，制造成本高等。

现以 N300-16.18/550/550、N300-16.18/535/535、D4Y454 型及上海汽轮机有限公司 1000MW 超超临界机组 N1000-26.25/600/600（TC4F）汽轮机转子为例，进一步说明汽轮机转子的结构。

一、高压转子

N330-16.18/550/550 和 N300-16.18/537/537 型机组高压转子是整锻形转子，全长 4676mm，总重 8.2t，联轴器与转子锻成一体，尺寸小，结构简单，强度高，传递功率大。在转子中心钻有直径为 100mm 的中心孔，其目的是除去转子锻造时集中在轴心的夹杂物和金相疏松部分，以保证转子的强度，便于制造和检修时探伤检查，保证转子质量。其材料采用 27Cr2Mo1V。

高压转子从车头开始，设有第 1 道轴颈、低压侧轴封、8 个压力级叶轮、1 个调节级叶轮、高压侧轴封、第 2 道轴颈、推力盘和联轴器。在 8 个压力级叶轮平面上，在直径为 720mm 的圆周上，均布着直径为 40mm 的 7 个平衡孔，目的是平衡叶轮前后的蒸汽压力差，以减小转子的轴向推力。由于转子、叶片在制造过程中，存在着金相组织的差异和加工误差等因素，使转子产生质量不平衡。因此，在调节级叶轮和末级叶轮外侧轮面上，设有圆周燕尾槽，还在末级叶轮的轮缘上钻有 24 个螺孔，用以在校动平衡时加装平衡质量。

上海汽轮机有限公司 1000MW 超超临界机组是目前我国 1000MW 级汽轮机组的主力机型，为反动式汽轮机，高压转子是整锻无中心孔鼓式转子，重量为 14.1t，其材质为耐高温的 X12CrMoWVNbN10-1-1。该转子由整锻主轴及一体锻造的连接法兰和插入式叶片组成。从车头侧看起，高压转子的结构依次为 1 号轴颈、轴封、15 个反动级叶轮、轴封、推力盘、2 号轴颈、联轴器。为了平衡高压转子的轴向推力，高压转子的进汽端设有平衡活塞（即将高压转子进汽侧的最高压力一段轴封段的直径放大），它的高压侧与高压缸进汽相通，压力高，低压侧与高压缸排汽相通，压力低。平衡活塞在此压差作用下产生与 15 个反动级方向相反的轴向推力，从而可以平衡一部分轴向推力。与其他机型不同的是高压转子轴头设置液压盘车装置，通过齿套驱动轴系转动，如图 6-1 所示。

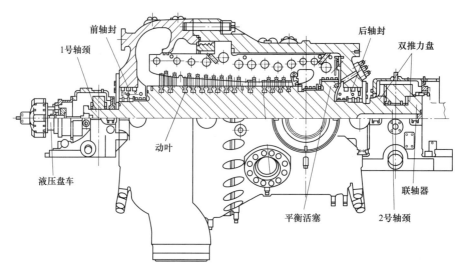

图 6-1　上海汽轮机有限公司 N1000-26.25/600/600（TC4F）机组高压转子结构图

高压转子除上述结构外，轴端还安装了主油泵轴、推力盘、第一道轴颈、前轴封、后轴封、第二道轴颈及联轴器。

二、中压转子

亚临界压力以上级别中间再热型汽轮机的中压转子，其进汽是经过锅炉内再热后的蒸汽。它的工作温度与高压转子相同。由于中压转子所处的工作温度较高，设计制造时，其要求和高压转子一样，为整锻转子，采用耐热合金钢。另外，由于进入中压缸的蒸汽压力比高压缸蒸汽压力低，容积流量随之增大，要求通流部分的尺寸比高压缸大，所以中压转子相应地比高压转子大。N300-16.18/550/550 型和 N300-16.18/535/535 型机组中压转子，其整根转子全长 5152mm，总质量为 15.1t，转子上有 11 个压力级叶轮、叶片，叶轮设计成等厚度和等直径的。中压转子两端有联轴器，与转子锻成一体，前端与高压转子相连，后端与低压工转子相连。在转子中心钻有直径为 100mm 的中心孔，作用同高压转子。在中压第一压力级和最后一个压力级叶轮外侧轮缘上，设有加装平衡质量的燕尾槽。同样在各级叶轮上开有平衡孔，以平衡叶轮前后的压力差。

　　N300-16.18/550/550 型和 N300-16.18/535/535 型汽轮机，其高中压转子呈反流向布置，抵销或减少了两转子的轴向推力。

　　上海汽轮机有限公司 TC4F 机组中压转子也为反动式整锻鼓式转子，采用双流设计，如图 6-2 所示（见彩插）。其通流部分共 28 级，其材质为和高压转子一样的耐高温 X12CrMoWVNbN10-1-1。转子结构从前向后看依次为带对中装置的前侧联轴器、轴封轴颈、正反向共 28 级动叶、轴封轴颈、3 号轴颈、后侧联轴器。该转子为单轴承支承，前端由带对中装置的联轴器与高压转子连接在一起，由 2 号轴承支承，后端由 3 号轴承支承，这种支承方式不仅结构比较紧凑，主要还减少基础变形对于轴承荷载和轴系对中的影响，使汽轮机转子能平稳运行。

三、低压转子

　　由于低压缸进汽参数比中压缸更低，容积流量亦随之更大。为了适应这一要求，必须将低压转子通流截面积设计得很大，因此低压转子一般很庞大。但是，由于受材料、制造工艺等条件限制，低压转子又不能做得过于庞大。

　　为了解决 N300-16.18/550/550 型及 N300-16.18/535/535 型汽轮机低压转子的上述矛盾，采用了两根低压焊接转子，它由几个鼓形轮和两个端轴焊接而成。这种结构具有强度高、相对质量轻、刚度大、能承受叶片较大的离心力等特点，又能适应制成低压转子大直径的要求，尤其在没有大型锻冶设备的情况下更加适用。但是它要求材料有较好的焊接性能和较好的综合机械性能，并要求具有好的焊接工艺。N300-16.18/550/550 型机组低压转子采用 17CrMo1V 锻钢，该材料有较好的焊接性能和综合机械性能，且有较高的热强性和低温冲击韧性，既适用于锻件，也适用于大截面零件的拼焊结构，但该材料有低温脆性。由于低压转子承受的离心力较大，在高速旋转时径向受到很大的拉应力，因此会产生弹性变形，使转子轴向长度比自由状态时的长度会有所缩短。

单根低压转子总质量为27t左右，两端均有与转子锻成一体的联轴器及轴颈。整根转子上有12个压力级叶轮和叶片，蒸汽从中间进入，由汽缸内的分流环将蒸汽分为两股汽流，反流向做功后流入凝汽器。因此，低压转子的轴向推力是自行平衡的。

350MW汽轮机低压转子，整根转子全长7705mm，为了减轻低压转子的质量，采用整锻鼓式和末二级整锻叶轮的结构。在转子的鼓式部分开有叶片槽，叶片直接嵌入槽内，整个转子上共装12级叶片。蒸汽从中间进入，经低压缸分流环将蒸汽分成两股反流向汽流，做功后流入凝汽器。在转子两端各有联轴器、轴颈、轴封等。

低压整锻转子采用高强度NiCrMo钢（Ni3.25-3.75；Cr1.50-2.00；Mo0.3-0.6；V0.07-0.15）。

D4Y454型汽轮机高、中、低压转子均由若干锻件用气体保护焊、埋弧焊拼焊而成，转子焊接后在一定温度下消除应力。这种结构的优点是：①可用小锻件拼成大转子，因此转子材料和加工不困难；②小锻件质量容易控制，可用超声波全部探伤，也可在高应力部位进行取样试验和分析；③锻件尺寸小，加工中发现问题更换方便，损失较少；④可在高温部位选用高强度优质材料，如中压转子前部采用12Cr钢；⑤焊接转子不需加工中心孔，因此不会出现中心孔处应力集中和应力过大；⑥整个转子可设计成等应力；⑦焊接转子的惯性矩大，有利于抗扭振和改善电网的稳定性；⑧在启停和增减负荷等条件下，因热应力小而适应能力强。

上海汽轮机有限公司TC4F机组共有两根采用双流设计的整锻低压转子，如图6-3所示，其材质为26NiCrMoV14-5，具有良好的低温抗脆断性能。每根低压转子12级，其动叶采用全三维的弯扭（马刀型）叶片，其末级叶片长度达1146mm，采用抗腐蚀性能好的17-4PH材料制作，且采用了表面激光硬化技术处理，提高了材料的抗疲劳强度和抗腐蚀能力。和中压转子一样，转压转子前端没有轴承，以带对中装置的联轴器与前端转子相连。

四、联轴器

联轴器的作用是将汽轮机各转子连接成一平滑曲线，并将汽轮机各转子的做功扭矩传递到发电机转子上。同时因为推力盘设在高中压转子上，所以要求联轴器还要传递轴向推力，因此联轴器必须能承受扭矩和轴向推力所产生的应力。

联轴器一般分刚性、半挠性和挠性三类。若两个联轴器直接刚性连接，称为刚性联轴器；若联轴器两侧通过波形筒等连接，称为半挠性联轴器；若通过啮合件（如齿轮）或蛇形弹簧等连接，称为挠性联轴器。半挠性联轴器能减小两转子之间振动的相互影响和略微补偿两转子不同心的影响。挠性联轴器还允许两转子能有相对的轴向位移，但传递功率较小。因此，

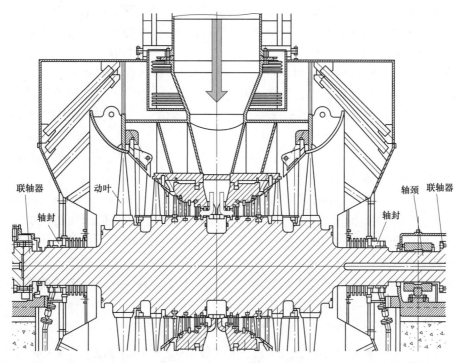

图 6-3　上海汽轮机有限公司 N1000-26.25/600/600（TC4F）机组低压转子结构图

超高压大功率汽轮机转子的联轴器，一般都采用与主轴整锻在一体的刚性联轴器，该联轴器结构简单，尺寸小，强度高，能传递的功率大。如上海汽轮机有限公司早期 300MW 双水内冷型机组 4 根转子均采用这种结构，只有发电机转子采用波形筒联轴器。

目前大容量高参数汽轮机和发电机转子的联轴器均采用与主轴锻成一体的刚性联轴器。在两联轴器中间设一垫片，使各联轴器的凸面与垫片凹面匹配，起到定中心作用。这种结构在解体时为了取出垫片，必须将转子轴向移动，使凹凸面脱开，为此联轴器上设 4 只支顶螺孔，以便解体时轴向移动转子。

上海汽轮机有限公司 TC4F 机组高压转子为两轴承支承，中压转子及两根低压转子均采用单轴承支承方式，转子车头侧通过联轴器端面上的止口用液压超紧配螺栓连接在前侧转子上，车尾侧采用一只轴承支承。

刚性联轴器的缺点：由于刚性强而易传递振动；补偿能力差，对两转子找中心要求高。

五、转子的临界转速

汽轮机转子、发电机转子都有自己的自然振动频率，通常称为转子固有的角频率。与固有角频率相应的转速就是转子的临界转速。转子实际运行的转速就是其干扰频率。当转子实际运行转速与临界转速合拍时，就会发生共振，产生剧烈振动。反之，避开临界转速，转子振动便随之减小。

转子共振的扰动力之一来源于转子自身偏心引起的不平衡力。虽然转子经过精密的动平衡，但不可避免地存在着残余不平衡质量。这种不平衡质量在运行中引起的离心力，对机组正常运行和越过临界转速都会使机组振动增大，不平衡质量越大，振动也越大。

单转子的临界转速可用转子静挠度的大小来估算，其关系可用式（6-1）表示，即

$$n_k = 310 / y^{1/2} \tag{6-1}$$

式中 n_k——转子临界转速，r/min；

y——转子的静挠度，mm。

转子的静挠度与转子的质量、跨度及弹性有关。转子的弹性则取决于转子的跨距、转子的刚度和转子的支承方式。因此，转子的临界转速取决于转子的粗细、质量、几何形状、两支承的跨距和支承刚性或弹性。一般来说，转子直径越大，质量越轻，跨距越小，支承刚性越大，转子的临界转速越高；反之，临界转速越低。

上海汽轮机有限公司 TC4F 机组各转子临界转速见表 6-1。

表 6-1　上海汽轮机有限公司 TC4F 机组各转子临界转速　　　r/min

项目	Ⅰ阶临界转速	Ⅱ阶临界转速
高压转子	2640	7860
中压转子	1920	5460
低压Ⅰ转子	1200	3480
低压Ⅱ转子	1320	3660

超高压、大功率汽轮发电机组，一般由多个转子连接在一起运行，这就组成了一个轴系。单个转子参加轴系工作后，其临界转速由于各转子的转动惯量会相互影响，相互制约。所以临界转速不等的几个转子串在轴系中后，其临界转速会有所改变。

临界转速的大小，除了与转子本身结构有关外，还与支持轴承的刚性和弹性及连接刚度等有关。一般来说，轴瓦和轴承座是具有弹性的物体，转子的临界转速就接近弹性支承时的临界转速，改变轴承刚性会影响临界转速。由于轴系中各支持轴承的刚度不完全相同，所以轴系中转子的临界转速是难以精确计算的，一般由试验确定。但是，在设计计算时，应考虑各转子在轴系中的临界转速，必须避开工作转速（3000r/min）一定范围，以防在正常运行时因产生强烈振动而造成重大事故。

因为各转子在轴系中的临界转速均应避开工作转速（3000r/min）一定范围，所以在正常工作转速时，机组不会发生共振危险。但是机组在启、停过程中，均要遇到几次临界转速，因此机组启停过程中，尤其在升速时，切不可在临界转速区域停留，并应快速越过此转速。对检修工作来说，应

尽量提高转子的动、静平衡，找中心的精确度及连接联轴器的检修质量。只要动、静平衡及找中心质量合格，越过临界转速时的机组振动一般不会产生太大影响。

第二节 汽轮机转子的检查修理

汽轮机 A 级检修中，转子随汽缸解体吊出，放置在专用带滚轮的转子搁架上，对转子进行相关的检查、清理、检修工作。A 级检修过程中转子随轴系找中心、汽封径向间隙调整等工作会多次吊入、吊出，期间必须严格做好转子动叶、轴颈的保护防止损坏。

一、转子叶片清理

汽轮机转子的清理，主要是对动叶片的清理。尽管对大容量超高压机组配套的锅炉给水品质要求很高，但是汽轮机经过长期连续运行，在转子和隔板的叶片上均有各种成分组成的结垢。这些结垢对汽轮机效率有极其严重的危害，并且常常影响汽轮机通汽部件的工作性能。现场检修统计结果表明：厚度为 0.0672mm 的积垢会使通流容积减小 1％，级效率下降 3％～4％。如果积垢剥落，汽轮机叶片表面就会变得粗糙，因而使效率进一步下降。

严重的结垢会堵塞动叶片通流截面积，使推力轴承负载增大，造成推力轴承故障，进而使汽缸内部部件损坏。若垢积在隔板喷嘴内，会使隔板产生较大的挠曲、振动和其他比较复杂的问题。总之，结垢会严重影响汽轮机通流部分流通不畅，从而造成热力损失、流量变化和高频疲劳等隐患。

结垢在蒸汽中的溶解度与蒸汽压力、温度有关，一般在中压和低压部分结垢较严重。但是对于汽轮机 A 级检修来说，为了提高机组级效率和发电的经济性，对整个汽轮机转子叶片的清理是不可忽视的。如果叶片清理质量好，相对级效率可提高 0.5％左右。

汽轮机转子叶片清理的方法很多，但至今应用较广、效果较好的是喷砂清理、喷丸清理和手工清理，现分别介绍如下。

1. 喷砂清理

转子叶片的喷砂清理是用压缩空气或高压水与粒度为每英寸（2.54cm）40～50 目的细河砂或氧化铝砂粒混合物，经过喷枪产生高速喷射，将叶片上的结垢打磨掉。实践证明，砂的粒度越细，被喷砂表面越光洁，但当采用干式喷砂时，粉尘污染严重。因此，一般选用适中的砂粒度。若喷砂用的砂粒度较大，叶片表面将被打毛，运行中会加速结垢和影响机组效率，同时影响叶片的使用寿命。如某厂一台 300MW 汽轮机 A 级检修时，动、静叶片均用粒度大于每英寸 50 目的石英砂喷砂清洗，结果使叶片表面非常毛糙（手触摸有粗糙感觉）。虽然机组效率未测出，但是像这种喷砂清洗方法，对汽轮机来说是严禁的。

喷砂分干式喷砂和水力喷砂两大类。以前使用最广泛的是干式喷砂。干式喷砂又分压力式和抽吸式两种。

干式喷砂的缺点是沙尘飞扬，环境污染严重，对人的身体健康有较大危害，采取下列措施可克服上述缺点。

（1）采用密闭的矿工服或喷砂工作服，操作人员的呼吸可用纯净的压缩空气供给，这样操作人员受到沙尘的危害基本消除，但环境污染仍未获得解决。

（2）采用密闭的喷砂小室，砂和空气的混合物通过分离器分离后排出，从而减少了环境污染。但是，由于这种设施较复杂，设备磨损严重，给维护增加很多工作量和费用，所以这种措施很少有单位采用。

（3）用水力喷砂取代干式喷砂。为了减少对环境的污染和降低叶片表面混合水的粗糙度，目前正在使用水力喷砂，即由专用泵将砂和水的混合物升压后，水泵旁路水经喷枪喷射在叶片上，达到清洗叶片的目的。将温度为 60～70℃ 的软化水和刚玉类砂，按一定比例在容器内用压缩空气搅拌混合后，经喷砂水泵升压后，通过喷嘴喷射到被清洗的叶片表面。喷嘴离叶片的距离为 300～400mm，喷嘴与叶片表面基本保持垂直。由于砂和水的混合物对阀门有严重的磨损，所以系统中的阀门必须采用旋塞阀。为了使这种喷砂取得较好的效果，必须对砂种、砂粒度、压力、喷嘴形式等进行合理的选择。

不管采用任何一种喷砂形式，喷砂前均应将转子两端轴颈、联轴器、推力盘、超速保安器等不必喷砂的部位用塑料布包扎好，把转子吊到专用架子上绑扎牢。同时，将使用的砂子烘干（水力喷砂例外），用每英寸 50 目筛子将粗砂粒和杂质筛去，灌在专用桶（筒）内，供喷砂时使用。喷砂时喷枪口应与被清扫叶片保持 100mm 左右的距离（指干式喷砂），以免距离过小损伤叶片，或距离过大，喷砂效果不佳。喷砂时喷枪应不断移动，切不可停留在某一点喷射（一般以结垢清扫干净为原则，不必使叶片发亮），以免某一点打出凹坑或损伤叶片。喷砂完毕应用压缩空气将积在转子上的沙尘吹清，并进行全面检查，发现漏喷或结垢未清扫干净的地方，应进行补喷砂，直到将叶片全部清扫干净为止。

2. 喷丸清理

喷丸清理又称玻璃微珠清理，其方式与干式喷砂清理方式类似，即以微小的玻璃珠代替砂粒，采用 0.4～0.5MPa 的压缩空气、60～80 目微小玻璃珠，通过专用清洗设备及喷枪对积垢部位进行喷射除垢，同时通过丸粒对叶片表面的轰击能消减残余压应力，提升叶片的疲劳强度。喷丸处理后的叶片表面粗糙度明显好于喷砂清理，且不容易锈蚀，如图 6-4 所示（见彩插），目前喷丸清理已成为叶片的主要清理方式。

3. 手工清理

尽管喷砂清理具有速度快、效率高、费用少、清理效果较好等优点，但是喷砂对叶片增加表面粗糙度是不可忽视的，对于叶片表面本来就比喷砂还粗糙的机组，喷砂清理有益无害，但是对于叶片表面本来很光洁且没有较多腐蚀的机组，喷砂清理就不一定很合适，或者会得不偿失。汽轮机各级叶片均较光洁，就不一定要用喷砂法清理叶片。喷丸清理后表面粗糙度要明显好于喷砂清理，但费用高、工期长、污染大也是不争的事实，在工期、环境等条件不允许或积垢并不严重的情况下，可以采用手工清理的方式对叶片进行清理，但是由于手工清理对叶片的根部、内弧等许多地方无法清理干净，为此有必要对手工清理用的工具进行研究与改进。一般来说，按照叶片型线分别制作专用的钩刀或铲刀，对叶片逐片进行清理，或用木片、竹片等削成需要的形状压住细砂纸对相应部位进行打磨，以弥补手工清理的不足。

当叶片结垢的成分为 Fe、O_2、CuO、NaSiO、NaHCO 等水溶性物质时，可用清洗剂喷射在叶片上，浸泡 $1\sim2$ 天后，用细砂纸打磨后再用棉布擦净，即可将结垢除去 80% 左右，效果较好。

二、转子中心孔清理

超高压、大功率汽轮机高、中压缸转子一般设有直径为 100mm 左右的中心孔，以便除去大型锻件在中心部分的夹杂物和金相疏松等缺陷，同时便于对转子内部进行检查和探伤。机组检修时必须打开中心孔两端（或一端）堵头，进行清理和检查。机组经过长期运行，中心孔内壁往往有锈蚀等缺陷，由于孔径小，长度较长（约 5m），孔表面粗糙度要求很高，因此必须采用专用研磨工具进行研磨，才能达到要求。

如图 6-5 所示，中心孔与堵头采用过盈配合，因此拆卸堵头较为困难。检修中一般采用热烘方式将其拆出。具体方法如下：

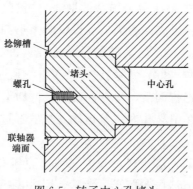

图 6-5 转子中心孔堵头

（1）将转子放置在搁架上，待拆堵头一侧略低于另一侧。

（2）准备好 4 把以上氧-乙炔烤把（最好使用柴油烤把）、测温枪，在联轴器下方搭设好工作平台，上方设置承重杆。

（3）用窄口錾将堵头边缘捻铆处剔平整，起出堵头边缘的两只骑缝螺钉。

（4）制作如图 6-6 所示专用工具，将长丝杆旋入堵头螺孔，将圆筒形罩形座（内孔应大于堵头直径 10mm 左右）穿过丝杆套在堵头外侧，在外侧用螺母压紧。

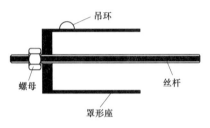

图 6-6　拆卸堵头用专用工具

（5）用烤把快速加热联轴器端面并用测温枪监视升温情况，当温度升至 200℃左右试着用重型套筒旋紧长丝杆上的螺母，如不能旋动则继续加热直至螺母能够旋紧。（之所以采用罩形座就是为防止火焰直接喷向堵头）

（6）快速撤开烤把（勿熄火），用重型套筒向拧紧方向旋转螺母，这时堵头就会缓慢拔出。注意过程中要连续，如发现卡涩可继续用烤把烘烤片刻再继续旋螺母。当丝杆外露增长量接近堵头长度时用铁丝或细钢丝绳穿过罩形座上的吊环挂在承重杆上，以免堵头掉落地面。

（7）堵头全部出来以后会掉挂在承重杆上，待温度降至常温后将其吊运至检修场地，拆出丝杆，对堵头进行清理，特别是外壁的拉损伤痕应作修磨。

中心孔研磨工具主要由可调铣头、磨头、磨杆、传动齿轮、传动链、导向轴承、座架等部件组成。磨头上装设特制条形细油石，并通过磨杆中心孔用长螺栓调整其外径，使其与转子中心孔匹配。当可调铣头以 10～20r/min 的转速带动磨杆和磨头转动时，便对中心孔进行研磨，并由皂液泵将皂液升压注入孔内进行润滑、冷却和清理。同时磨头由电动机带动传动齿轮和传动链，使其在中心孔内往复运动。一般经过研磨，中心孔便能达到检查要求。

中心孔研磨结束后，应用皂液反复冲洗，直至孔内无残留研磨砂粒，并用质软而无毛边的清洁白布擦干。然后，用内窥视镜进行检查或超声波探伤，一切检查工作结束后，应立即按下述措施进行充填惰性气体保护，以防中心孔内壁锈蚀，其工艺详见下面"转子的检查"。

三、转子的检查

高参数大功率汽轮机转子，由于运行条件苛刻，设计时受金属材料的热强性能的限制，使经过长期运行的设备出现裂纹等缺陷的可能性很大。因此，转子经过清理以后，尤其是喷砂清理以后，基本上达到物见本色，对宏观检查等均比较有利，清理工作结束后，应立即进行全面仔细的检查。

由于汽轮机转子与静止部件的摩擦，蒸汽流动引起的磨损及因蒸汽产生的汽蚀，工作介质与金属部件之间化学变化而产生的腐蚀等，都会使机组零部件损坏或降低设计性能，也会由此产生裂纹，并逐渐扩大，造成热疲劳损坏。

由于汽轮机通流部分蒸汽温度的变化将在转子中产生热应力，只要在转子表面和内部之间存在温差，热应力将持续地存在。热应力与温差成正比，由于热量从表面传向内部需要时间，所以在转子表面热应力最大。同理，当对转子冷却时，表面的热应力也最大，转子加热或冷却相当于在转子上施加一个循环的交变应力。转子材料承受应力变化存在应力极限，在经过若干次交变应力作用后，最终转子将产生裂纹，而这种裂纹一般只产生在表面。如果在检修中没有查出这些裂纹，让带有裂纹的转子继续投入运行，其后果不堪设想。尤其在大的应力集中处，更易产生裂纹，故应仔细检查。

转子中心孔处虽没有很大的应力集中，但该处承受着很大的离心应力，因此要注意转子的蠕变寿命，一般在投运 8～10 年后，应对中心孔进行全面的检查。除用内孔窥视器检查外，还应作超声波、磁粉、着色等探伤。

当发现裂纹时，可根据情况车削放大叶轮根部圆角、扩大中心孔和平衡孔，以消除表面裂纹。当转子表面有多处微细裂纹，且转子寿命已消耗 80% 左右时，为了延长转子使用寿命或将转子表面车削掉约 1mm，并适当放大叶轮根部圆角，通过放大圆角可降低应力集中，以延长转子使用寿命。

转子表面检查包括宏观检查、无损（超声波、磁粉、着色）探伤、显微组织检查、测量检查等。

（一）宏观检查

宏观检查就是不借助任何仪器设备，用肉眼对转子作一次全面仔细的检查，即对整个转子的轴颈、叶轮、轴封齿、推力盘、平衡盘、联轴器、转子中心孔、平衡质量等逐项逐条用肉眼进行检查。宏观检查实际上是发现问题、确保检修质量的第一关。实践证明，很多设备上的问题，如裂纹，大部分是宏观检查时发现的。所以宏观检查必须查全、查细、查透，要杜绝走马观花等流于形式的检查。

转子中心孔的检查应先将中心孔两端堵板拆除，然后用内孔窥视器检查中心孔是否有腐蚀、裂纹等异常。当发现中心孔有锈蚀等情况时，应用专用研磨机对孔内表面进行研磨，待孔内表面研磨光滑后再进行检查。如发现裂纹等缺陷，应用车削或继续研磨的办法扩大中心孔，直至裂纹等缺陷除净。同时进行强度核算，必要时降低出力或换新转子。检查处理后的中心孔应进行充氮气保护并封上堵头。

汽轮机转子中心孔充氮气保护及封堵头工艺如下。

（1）将转子用枕木单头垫高，使其倾斜，斜度以确保安全为原则，在此原则下斜度越大越好。

（2）如图 6-7 所示制作充氮用专用工具。将一根六角螺栓中间打穿孔，穿入一根全长大于中心孔长度 200mm 左右不锈钢管，钢管从六角头一侧穿出约 5mm，六角头侧与钢管间焊接固定。制作两片直径小于中心孔内径约 4mm 的夹板，剪一块直径大于中心孔内径约 2mm 的羊毛毡，用夹板夹住羊毛毡，套在螺栓上用螺母夹紧，制成充氮用活塞。

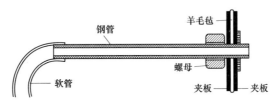

图 6-7　中心孔充氮活塞

（3）用手握住钢管，将加氮气用的专用活塞插入中心孔内并缓慢推至孔底，直到活塞与另一端联轴器端面平齐，这时中心孔内的空气就会全部从钢管中排出，然后接通经减压后的氮气软管。

（4）用氧-乙炔火焰加热已拆卸堵头的联轴器端面，使中心孔受热膨胀到可放入堵头的尺寸（可用预先制成的样棒测试）。此时快速将软管套在钢管上，微微打开安装了减压阀的氮气阀门，随着氮气的进入，中心孔内气压逐渐增大，并将活塞向外顶出。此时由熟练的技术工人准备好堵头，迅速将活塞抽出同时将堵头塞入中心孔，对正位置并立即上紧骑缝保险螺钉。若用液氮冷冻堵头代替烘烤加热联轴器工艺，则效果更佳。

（5）用钝口錾子在捻铆槽内向堵头侧对称捻铆 2～4 个铆点。

（6）将转子复原放平。

（二）无损探伤

转子应先用"00"号砂纸打磨光滑，然后进行着色探伤（工艺同前所述）。若有裂纹，应采取措施将裂纹除尽。对于发现异常的转子或焊接转子，除了宏观检查外，还应对焊缝做超声波探伤。对于叶片叶根的可疑裂纹，还可用 X 或 γ 射线拍摄胶片检查。由于这些探伤检查均由具有合格证的专人进行，故本书不再详述。

（三）显微组织检查

对于可疑的某级叶轮的根部圆角和其他转子上的可疑处，应进行显微组织检查。

（四）测量检查

汽轮机转子属高精度部件，在高速运转时，要求各转动部位无显著的不平衡，并要求动静部分保持正常间隙。因此，测量检查的内容多、要求高，现将各种测量检查方法讲述如下：

1. 扬度测量

转子扬度测量，一般在修前（轴系校中心前）测量一次和修后（轴系校中心后）测量一次。扬度测量前，应检查轴颈上是否有毛刺，轴颈和水平仪上是否有垃圾。每次测量应在同一位置，测量时将水平仪放在转子前后轴承的中央，并在转子中心线上左右微微移动，待水平仪水泡停稳后读数，然后将水平仪转180°再读数。取两次读数的算术平均值，即为转子的扬度。将测得的转子扬度与制造厂要求和安装记录进行比较，每次检修前后应基本一致。

2. 晃度的测量

转子晃度测量均在汽轮机轴承上进行，先用细砂纸将各测量部位的结垢、锈蚀、毛刺等打磨光滑。由于大功率机组有多根转子，而推力轴承只有某一转子上有，对于没有推力轴承的转子，在单独盘动时，轴向会窜动，不仅影响测量的正确性，而且易发生动、静部分的轴向碰擦，损坏机件。所以，应用专用压板将转子两端的轴向撑紧，防止测量时轴向窜动和下轴瓦跟着转子一起转动而发生事故。因此，压板必须用厚度大于12mm的钢板配制，撑好转子凸肩处。防止轴向窜动的压板与转子接触部位应堆焊铜焊，然后锉成光滑的圆头，转子盘动前应在撑板和轴承处加清洁机油，以防转子盘动时，拉毛轴颈和损坏轴瓦。将百分表架固定在轴承或汽缸等水平接合面上，表的测量杆指在被测表面上，拉动测量杆，观察百分表读数是否有变化，指针是否灵活。

为了测量出最大晃度的位置，一般将转子圆周分为八等分，用粉笔逆时针方向编号，并以第一只危急保安器或特定标志向上为1，测量时测量杆指向位置1的圆心，百分表的小指针最好放在量程中间位置并与刻度线对齐，大指针拨至零位，以免读数时搞错。然后，按转子旋转方向盘动转子，依次对各等分点进行读数，最后回到位置1时大指针读数应回归零位，否则应查明原因，重新测量。最大晃度是直径方向相对180°处数值的最大差值。在正常情况下（晃度小于0.05mm），转子晃度不作八等分测量，而用连续盘动转子的办法，读出百分表指针最大和最小的差数，即为晃度值。

3. 瓢偏值的测量

转子的推力盘、联轴器、叶轮等应与轴中心线有精确的垂直度，否则会引起推力瓦发热或磨损、叶轮碰擦、轴系中心不准等异常情况。因此，A级检修中应对这些部件进行瓢偏度测量。测量前可将圆周分为八等分，用粉笔按逆时针方向编号，1号的位置应与超速保安器飞出端或特定标志向上相同，以便今后检修测量时进行比较和分析。

测量方法按照晃度测量时，将转子两端用专用压板撑紧，并在轴承处和轴向撑板处加清洁润滑油。但是尽管采取了上述措施，转子在盘动时仍难免有微量的轴向窜动，影响测量的准确性。为此，测量时必须在直径相对 $180°$ 处固定两个百分表。把表的测量杆对准位置 1 和 5 的端面，并避开端面上的螺孔、键槽等凹凸处，测量杆应与端面垂直，使百分表的小指针最好放在量程中间位置并与刻度线对齐，大指针拨至零位。然后，按转子旋转方向盘动，依次对准各等分点进行读数。最后回到 1 和 5 的位置，观察两侧百分表读数是否一致，否则应查明原因重新测量。

瓢偏度的计算，先算出两百分表同一位置读数的平均值，然后求出同一直径上相对两数之差，即为被测量端面的瓢偏值，其中最大差值即为最大瓢偏值（瓢偏值一般应小于或等于 0.02mm）。用两只百分表测量瓢偏值，是为了消除转子在盘动时的轴向窜动和摆动的影响。瓢偏度测量记录见表 6-2。

表 6-2　瓢偏度测量记录　　　　　　　　　　　　　　mm

测量位置		1	2	3	4	5	6	7	8
低1前联 轴器端面	A	0.01	0	−0.03	−0.045	−0.05	−0.05	−0.06	−0.06
	B	0.02	0	−0.03	−0.05	−0.06	−0.06	−0.06	−0.055
	$A-B$	−0.01	0	0	0.005	0.01	0.01	0	−0.005
	瓢偏值 $=[$ 最大 $(A-B)-$ 最小 $(A-B)]/2=0.01$								

4. 轴颈椭圆度和锥度的测量

汽轮机转子轴颈加工工艺和检修工艺要求均很高，其椭圆度和锥度一般应小于或等于 0.02mm。由于润滑油中有杂质，经过一段时间运行后，轴颈上往往出现拉毛、磨出凹痕等现象。所以，在测量轴颈椭圆度和锥度前，应先用 800 目以上金相砂纸和细油石涂上汽轮机油沿圆周方向来回移动，直到将轴颈打磨光滑为止，最后用清洗剂将砂粒擦洗干净，并用布擦试检查。然后，用外径千分尺在同一横断面上测出上、下、左、右 4 个直径的数值，其最大值与最小值之差即为椭圆度。用外径千分尺在同一轴颈的不同横断（一般测前、后、中间三处）面上测量各横断面的上、下、左、右的直径，计算出算术平均值，其最大值与最小值即为该轴颈的锥度。一般情况下，将转子吊入汽缸内，用百分表测得的晃度包含着椭圆度。锥度一般不做测量。

四、转子的修理

汽轮机转子通过上述清理检查后，应对查出的问题进行修理和修整。

（一）转子表面损伤的修理

一般来说，转子表面是不允许碰伤的，但是转子在运行时，由于蒸汽内杂质等将转子表面打出凹坑，动、静部分碰擦会使表面磨损和拉毛等。

在检修中不小心时，也会碰出毛刺、凹坑等损伤。对于这些轻微的损伤，可用细齿锉刀修整和倒圆角，并用细油石或金相砂纸打磨光滑，最后用着色探伤法复查被修整的部位，应无裂纹存在。

（二）轴颈的研磨

转子轴颈要求表面粗糙度为0.025mm，椭圆度和锥度应小于或等于0.02mm。因为大功率汽轮机的油系统比较复杂和庞大，难免存在着杂质，当汽轮机转子高速旋转时，杂质将轴颈磨出高低不平的线条状凹槽，并使表面粗糙度大大增加，如图6-8所示（见彩插），轴颈磨损影响轴承工作性能，所以检修时必须对被磨损变毛的轴颈进行研磨。

首先，用长砂纸绕在被研磨的轴颈上，加适量的汽轮机油，由1或2人将长砂纸牵动作往复移动。其次，研磨约0.5小时，应停下，将磨下的污物清理后再继续研磨，直到轴颈表面粗糙度为0.05时，将长砂纸调到对面180°方向，用同样方法对轴颈另一半进行研磨。最后，用M10金相砂纸贴在轴颈上，外面仍用长砂纸绕着用同样方法进行精磨，直到表面粗糙度为0.025～0.05mm时，可认为轴颈合格。除上述方法外也可采用在轴颈上缠绕麻绳来回拉动等方式以提高轴颈表面粗糙度。

当转子轴颈磨损和拉毛严重时则有必要采用涂镀、微弧焊、激光焊等方式对磨出的沟槽进行处理，如沟槽较多、较深也可征求制造厂意见后进行在线车削。各种处理方式各有优缺点，如涂镀层有脱落风险，微弧焊后以手工修平，表面粗糙度、椭圆度等不理想，笼式轴颈车削表面粗糙度也不理想且改变了轴颈直径，造成轴瓦需作相应改造以与轴颈匹配。另外，如椭圆度、锥度大于标准较严重时也应进行车削加工，一般情况下，该工作送制造厂进行。

（三）轴封梳齿的检修

大功率汽轮机高、中压转子上均装有密集的轴封梳齿，如N300-16.18/50/550型机组高压转子前后轴封有116根梳齿，中压转子有78根梳齿。由于这些梳齿的轴向和径向间隙较小，加上机组启停和增减负荷时的胀差变化，以及制造、检修时质量不佳等因素，运行中往往发生磨损和梳齿断裂、飞出等异常情况。检修时应对损坏的梳齿进行更换，其工艺如下。

1. 旧梳齿的拆除

坏的梳齿用专用窄口錾子将捻压嵌条（填隙条）的一端起出约10mm，然后用钢丝钳将梳齿和嵌条一起缓慢拉出。拉时钳子尖端压在转子上，易产生印痕和毛刺，因此，必须在钳子尖端垫好厚度为1.5～2mm的铜皮。对于捻压嵌条过紧，梳齿与嵌条易拉断的轴封梳齿，可设法用薄车刀将嵌条车去，然后拉出旧的梳齿。旧的梳齿取出后，应对梳齿槽进行清理检查，并修去毛刺和整修不平的地方。

2. 备品核对

核对新梳齿尺寸，其直径与相应的轴颈直径的误差应小于10%；梳齿厚度误差应小于30%；梳齿弯钩宽与转子上梳齿槽宽应相等，并使梳齿不需用大力就能压入槽内，梳齿高度的余量应小于3mm，余量过大会使装齿和车削困难。梳齿材料应符合设计要求，一般均采用制造厂提供的梳齿备品。

核对捻压嵌条尺寸，其宽度应等于槽宽度减两倍的梳齿厚度并使其正好压入梳齿槽内；其高应等于槽深减梳齿厚度再减0.3～0.4mm，即嵌入槽内应比轴颈表面低0.3～0.4mm，嵌条断面呈椭圆形，嵌条材料为1Cr18N19Ti不锈钢丝，轧制后应退火处理。

3. 新梳齿安装

将新梳齿按相应轴颈圆周长放50mm左右余量整圈截下。为了使断口的变形尽可能小，应用小钢锯或剪刀截断，先截同等周长两圈，其中一圈用于试装，另一圈作为同等周长的样品。待试装完毕，适当调整样品长度，然后按修整后的长度截取其余各圈。用类似的方法把嵌条截成数圈，并将其整平。

将截下的整圈梳齿套在转子上，把一端弯钩部分嵌进槽内，并用木锤将梳齿击到槽底，然后用嵌条捻压，同时注意嵌条头应比梳齿端部长100～200mm，以使两者接头交叉，增加强度。

捻压嵌条的捻子，捻子刃口应大于1mm，并根据槽宽尽可能放厚一些，以免捻打时切断嵌条。一旦发现切断，应拉出嵌条并查出原因后，重新开始安装工作。捻子用质量约500g的专用手锤捻打。捻打顺序应按梳齿嵌入端向另一端沿圆周方向进行，重复捻打1～3遍，但不得反向捻打。当每圈安装尚余200mm左右时，应将余量截去一部分。然后，用锉刀修到使两个接头有0.5mm左右的间隙，同时测量好嵌条的长度，截去余量，用起始端预留的嵌条捻压。梳齿整个安装过程应本着边装边查的原则，以便及时查明原因，及时纠正不符合质量要求的工艺。

为了减少漏汽损失，各圈梳齿的接口应错开40mm以上。

4. 汽封梳齿捻压的注意事项

捻打前应反复核对梳齿的安装方向，切不可搞错，以免轴向间隙不符合标准而返工。捻子刃口应大于1mm。一般比嵌条窄0.5mm左右。不得使用有缺口的捻子。嵌条应整理平直，不得有拧扭和卷曲，应用砂纸打磨光滑。梳齿装入槽时，应用木锤轻轻锤击，梳齿不得在高度方向有弯曲现象。捻压时应自始至终向另一端沿圆周方向进行，重复捻压时不得反向进行，以防嵌条压延而拱起。捻子不得打在梳齿上，以免打裂或打曲。梳齿与嵌条两者接头应交叉100～200mm，以防梳齿在接头处松动而飞出。接头应留0.5mm左右间隙，各梳齿接头应错开40mm以上。应以边捻压、边检查为原则，以便及时发现打裂、松动等不符合要求的梳齿，及时查出原因并进行重装。

5. 车削梳齿直径

新梳齿安装好后，其直径一般留有余量，需要切削加工才能达到轴封径向间隙的要求。一般情况下该项工作送制造厂进行。在检修场一般是没有条件上机床车削的，如必须在现场进行车削处理，只能将汽缸内轴封壳等拆除，用铜质或浇有轴承合金的假轴承做支承，吊进转子，用减速齿轮、动力头或盘车装置做动力盘动转子，用小车床刀架进行车削工作。当更换的梳齿量在 5～10 圈时，可用原轴承支承，用人工或检修盘车盘动转子进行车削工作，其转速由人用力大小来控制。但是不管用何种方法车削，盘动转子前都应设好临时加油箱，并保证在转子转动时连续供油润滑，车削对其梳齿外径的圆周速度约为 1m/s，每转的进刀量在 0.1mm 以下，以免进刀过量损坏梳齿。当梳齿外径车削到离要求尺寸尚有 0.2mm 左右的余量时，应停止车削。吊出转子，装复轴封壳及轴封块，吊进转子，检查轴封间隙。若间隙过小，可用上述方法继续车削，直到符合标准为止。因为汽封间隙要求较高，而手工或盘车盘转子并不能保证转动的连续性及稳定性，因此非必要情况下并不建议现场加工，还是委托制造厂加工为妥。

梳齿车削完毕，应修去毛刺，外圆用砂纸打磨光滑，并全面检查各梳齿是否符合质量要求。对于不合格的梳齿，应拔去重装。

（四）推力盘检修

高压转子前侧或后侧一般设计有推力盘，推力盘和推力瓦配合工作，确定转子在汽缸的轴向位置。在正常运行的情况下，推力瓦中工作瓦块受力，保证汽轮机的转子不会向调阀端或发电机端过量移动。但减负荷，尤其是甩负荷的情况下，由于惯性等原因，造成汽轮机转子发生反向移动。这时候，受力的是推力瓦中的非工作瓦块，从而保证汽轮机的转子在汽缸中轴向的相对位置不发生改变。推力盘一般与转子一体加工，两侧工作面具有极高的表面粗糙度。推力盘一般有单推力盘与双推力盘之分，但作用都是一样的。单推力盘的两个端面都是工作面，双推力盘两盘之间的两个端面为工作面，如图 6-9 所示（见彩插）。

汽轮机检修中，对推力盘的检查也是一个重要的工作。一般来说推力盘不会有大的缺陷，主要应检查工作面的表面粗糙度和瓢偏度，因为润滑油中有异物，会造成盘面磨损，这时就有必要用细油石浇上润滑油对工作面进行打磨。推力盘的瓢偏值应小于 0.02mm。如推力盘工作面磨损严重、工作面瓢偏值超标，会造成运行中推力瓦油膜不稳定，严重的会引起推力瓦高温甚至烧瓦或引起轴向振动，因此有必要返制造厂对工作面进行车削、抛光处理，并相应调整推力间隙。同时应注意检修过程中对推力盘的保护，严防撞击、磕碰而造成损伤。

（五）直轴

汽轮机发生主轴弯曲事故后，必须进行直轴工作。由于转子是精密而庞大的构件，所以直轴工作是很复杂的技术性工作，必须持慎重态度。由于直轴工作很少，特别是对于大功率机组，即便发生主轴弯曲情况，也很少会在电厂内进行处理，一般都是返制造厂进行处理，故对直轴工艺仅做简要的介绍。

1. 转子弯曲的原因

转子发生永久性弯曲，往往是因为主轴单侧摩擦过热而引起的。金属过热部分受热膨胀，由于周围温度较低部分的限制而使热膨胀处产生了压应力。当压应力大于该材料的屈服点（屈服点随温度升高而降低）时，过热部分就发生塑性变形，并因受压而缩短。当转子完全冷却时，过热部分因塑性变形，其长度比其余部分短，使转子向相反方向弯曲，摩擦伤痕就处于轴的凹陷侧。

直轴用的局部加热法就是利用这种原理，即对转子弯曲最大的凸出部分进行局部加热，使其产生塑性变形，当冷却时转子就向弯曲相反方向变形，从而使轴伸直。

2. 转子弯曲的测量和检查

转子弯曲测量的工艺方法与径向晃度测量相类似，其不同处是弯曲测量需采用多点同步测量，且各表应架设在转子同一截面处，测量点的分布应根据轴弯曲的实际情况而定。一般来说，测点越多测出的最大弯曲值越准确。同时利用各测量点测得的数值，绘制轴弯曲线，以求出弯曲最大点和最大值，为直轴提供依据。当轴弯曲不是同一方向时，即为扭曲弯曲。这种弯曲应仔细找出几个方向的弯曲最大点和最大值，并分别绘制几条轴弯曲线。

当找出弯曲最大点后，应对摩擦凹陷处用砂纸打光或用砂轮磨去毛刺或磨痕，用着色探伤或其他无损探伤检查。当发现裂纹时，应将裂纹在直轴前，用砂轮或车削加工的方法除去裂纹，以免在直轴时因附加应力影响而使裂纹扩展。同时，对摩擦部分和正常部分作硬度试验。当发现淬硬组织时，应在直轴前对该部分进行退火处理。

3. 直轴方法的确定

直轴的方法通常有下列几种。

（1）捻打法：用人工对转子弯曲的凹陷侧进行捻打，使该部分金属纤维伸长，使轴校直。

（2）加压法：用千斤顶把转子弯曲的凸起部分压向凹陷侧，把轴校直。因为转子有弹性变形，所以用这种方法直轴必须反复多次。

（3）局部加热法：一般用氧-乙炔焰加热转子凸起部分，使该处金属纤维缩短，使轴校直。

（4）局部加热加压法：预先在转子弯曲的凸起部分加压，使转子产生预应力，然后对该处进行局部加热。加热时，转子受热处欲向上弯曲，此时受到预应力的阻止，由于膨胀的压应力与预应力叠加在一起，使局部加热处的应力比加热时容易大于转子材料的弹性极限，因此直轴效果较前三种好。

（5）内应力松弛法：利用金属在高温下的松弛性能，即在一定的应变下，作用于零件的应力会逐渐降低的现象，在应力降低的同时，零件的弹性变形会部分转变为塑性变形，达到直轴的目的。根据上述原理，在转子的最大弯曲部分的轴圆周上，用感应加热或远红外加热设备，加热到低于回火温度 30～50℃，接着向弯曲凸起部分施压，使转子产生弹性变形。在高温条件下，作用于主轴的应力逐渐降低，同时弹性变形逐步转变为塑性变形，从而使轴校直。这种校直后的轴没有残余内应力，稳定性较好。

选用什么方法直轴是由转子弯曲的大小、轴的直径、转子长度、转子结构、轴的材料等因素决定的。对于大功率汽轮机转子来说，因为强度高的转子用前三种方法来直轴是无济于事的，即使直好了轴由于内应力未消除，使用后仍有可能产生弯曲。所以超高压大功率汽轮机组转子的校直，宜选择内应力松弛法较妥。

第三节 动 叶 片

叶片是汽轮机的重要部件，有动叶片和静叶片之分。动叶片安装在转子上，静叶片安装在隔板或静叶环上。而叶片又是使蒸汽的热能转换成机械能的重要部件，在设计制造时，既要考虑叶片有足够的强度，保证叶片不断裂，又要有良好的型线，达到最佳的级效率。汽轮机动叶片由高压级到低压级，其长度也由高压向低压逐步增长。超高压大功率汽轮机的叶片，短者仅几十毫米，长者达 1m。叶片既长又大，在汽轮机高速运转时产生很大的离心应力和弯应力，因此工作条件十分复杂，汽轮机因叶片断裂而发生事故屡有发生。本节将重点介绍叶片的检查、更换工艺以及断裂原因分析和预防断叶片的措施等。

一、动叶片的结构

1. 动叶片的分类

汽轮机的动叶片种类和形式很多，大功率机组动叶片的结构有以下几种。

（1）按叶片截面形状分，有等截面叶片和变截面叶片，如图 6-10 所示（见彩插）。等截面叶片用于长度较短的叶片，其断面不随叶片高度变化而改变。变截面叶片用于较长的叶片，因为叶顶与叶根处圆周速度相差很大，为了使汽流在通流部分获得良好的流动角度和使叶片具有足够的强度，将通流部分的截面设计成沿高度变化并沿高度扭曲的叶片，以获得相对较高的级效率。

（2）按叶片的作用分，有反动式和冲动式两种。反动式叶片除了将蒸汽的动能转变成机械能外，还同时具有蒸汽在叶片内膨胀做功的作用，所以反动式叶片的级效率比冲动式叶片的级效率高。

（3）按叶顶结构分，有铆钉头式、履环（围带）与叶片一体的及无覆环（围带）的三种。铆钉头一般有圆形、方形、矩形和菱形，除了较宽的叶片有两个铆钉头外，一般采用一个铆钉头，覆环与叶片连成一体的叶片，它具有较高的强度和良好的汽流通道，这种结构在国产大机组上已广泛采用。图 6-11（h）具有较高的强度和良好的汽流通道，这种结构在大功率机组上广泛采用。

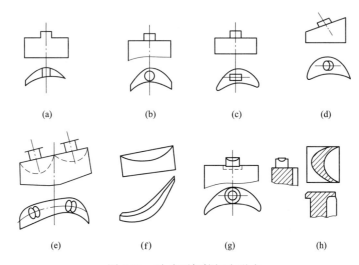

图 6-11　叶片顶部铆钉头形式

（a）用于一组叶片的顶部，一次同时从两面铣出铆头；（b）用于较厚的叶片上；

（c）用于节距小而厚的叶片上；（d）用于斜叶顶的叶片上；

（e）用于宽度大、叶顶薄的叶片上；（f）为叶顶薄而没有覆环（围带）的叶片；

（g）用于铆钉头直径较大的叶片；（h）覆环和铆钉头连成一体的叶片

（4）按叶根分，有 T 形叶根 、外包 T 形叶根 、双 T 形叶根 、叉形叶根、枞树形叶根等结构，如图 6-12 所示。由于叶根承受周期性蒸汽作用力和离心力的叠加，又具有较大的应力集中，所以叶根结构是否合理，对叶片的安全运行起着重要作用，故现代大型汽轮机叶片大多数采用 T 形、双 T 形和枞树（侧装式）叶根。因为 T 形和双 T 形叶根都不用拉筋，叶根与叶片制成一体，强度较高，加工和安装简单，适用于较短和中等长度的叶片上。

枞树形叶根又称侧装式叶根，具有很高的强度，应力分布较均匀，能承受较大的离心力和弯应力。

尽管上述叶根具有较高的强度，但当加压和安装工艺不当时，仍会产生叶片断裂事故。

2. 叶片的分组

为了调整短叶片的自振频率或提高效率，大多数汽轮机叶片用覆环或

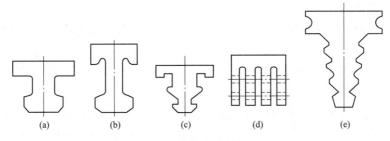

图 6-12 叶根形式

（a）T 形叶根；（b）外包 T 形叶根；（c）双 T 形叶根；（d）叉形叶根；（e）枞树形叶根

拉筋将几个叶片连成一组，或将整级叶片连接成一圈。连接的方式有分组连接、网状（或称交错）连接及整圈（环形）连接等，如图 6-13 所示。

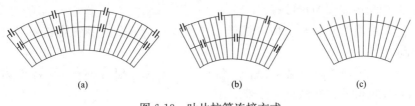

图 6-13 叶片拉筋连接方式

（a）分组连接；（b）网状连接；（c）整圈连接

　　一般短叶片为提高效率采用覆环连接，中长叶片用覆环和拉筋连接，末级长叶片有自由叶片，也有用拉筋连接并分组的叶片。

　　此外，现代大功率汽轮机叶片有采用覆环、叶片和叶根制成一体的单片式叶片。D4Y454 型超临界 600MW 汽轮机调节级采用由若干叶片组装焊接在一起，形成一个整体围带。装到叶轮上时还加预扭，以提高叶片承受蒸汽作用的能力，减少潜在的产生裂纹的可能性。由于整个轮盘形成一个等应力盘，无应力集中问题，也没有叶根的齿和销孔误差造成的附加应力和附加荷载。另外，无叶轮的壁厚部分，在启停和负荷变化时不受热应力限制。

二、动叶片的检查

　　汽轮机叶片承担着能量转换的重要作用，工作情况十分复杂，电厂汽轮机断叶片事故常有发生，因此在机组 A 级检修时应加强对叶片的检查。

　　叶片检查一般分两步进行。第一步在揭开汽缸大盖后，立即用肉眼检查一遍。因为此时叶片尚有余热，也比较干燥，没有或很少有锈斑，看上去比较清晰，若有裂纹、碰擦等情况易被发现。第二步在叶片经喷砂、喷丸清洗或其他方法清洗后立即进行。常用的叶片检查方法如下：

　　（1）用肉眼逐级逐片检查一遍，并以拉筋周围、进出汽边、叶片通流部分与叶根过渡区、表面硬化区、铆钉头根部等为重点检查处。用粉笔将可疑处做好记号。

（2）用小撬棒轻轻撬叶片，观察拉筋、铆钉头等是否有脱焊、断裂等情况。

（3）用小铜锤轻击叶片，细听是否有哑声。若有哑声，说明拉筋、铆钉头、叶片等有松动或裂纹。

（4）肉眼检查叶根销钉有无异样突出、封口片有无松动、填隙条有无异常外露及折弯处有无磨损和折断。如图 6-14 所示（见彩插），某电厂 A 级检修中检查发现高压转子数级叶轮上动叶封口片有松动、脱落现象，从而避免了重大恶性事故的发生。

（5）对可疑叶片用着色法探伤或其他无损探伤，查明是否确有裂纹、拉筋脱焊等现象。

（6）用超声波或 γ 射线、X 光射线拍摄照片，查明可疑叶根是否有裂纹。其中超声波探伤较可靠。

（7）测量叶片频率与历次检修记录比较，是否有明显变化和频率是否合格。

（8）凡发现叶片覆环有轴向、辐向不平整和叶根处不齐时，应作为有裂纹可疑的叶片，并做重点检查。

（9）写出叶片检查的专门报告。

三、动叶片损伤的类型和处理措施

由于超高压大功率汽轮机的叶片是在高应力和高温、高压等复杂的条件下工作的，所以对于叶片上查出的任何缺陷，均应认真分析和处理，以消除隐患，确保机组长期安全运行。叶片缺陷产生的原因和处理措施通常有以下几种。

1. 机械损伤

叶片的机械损伤取决于汽轮机加工制造、安装和检修的工艺质量。由于加工粗糙、安装马虎和检修工艺不严，新安装或更换蒸汽管道后，冲管未严格执行部颁标准的要求，从锅炉到汽轮机的蒸汽系统残留的焊渣、焊条头、铁屑等杂物，随高速蒸汽流过滤网或冲破滤网进入汽轮机，将叶片打毛、打凹、打裂。另外，由于加工粗糙、设计不合理，汽轮机内部本身残留的型砂、汽封梳齿的碰擦、磨损掉下的铁屑等将叶片打坏、轧伤。因安装、检修工艺不严，螺母、销子未加保险，运行中由于振动而脱落，杂物遗留在汽轮机内部等，将叶片打伤、打毛、打裂。运行不当或其他原因，也会造成汽轮机动、静部分碰擦而损坏叶片。运行人员操作不规范造成汽缸疏水未能及时排出引发水击现象也会造成叶片受损。另外，汽轮机本身叶片断裂，也会导致打伤、轧伤相邻叶片等。

对于上述原因造成叶片的机械损伤，首先应找出原因，然后视实际情况进行处理。对于叶片被打毛的缺陷，仅用细锉刀将毛刺修光即可；对于打凹的叶片，若不影响机组安全运行，原则上不做处理。一般不允许用加热的办法将打凹处敲平，因为加热不当会使叶片金相组织改变，机械性能降低；另外，由于叶片打凹处敲平，往往在打凹处产生微裂纹，成为疲劳裂纹的发源处。所以只有在有把握控制加热温度的情况下，才可采取加热法整平叶片，但加热温度应适当，以防叶片产生裂纹。对于进出汽侧叶片的卷边、翻边，可按流道形状制作垫块垫于两片叶片之间，再将卷边、翻边处撬平或敲平。对于机械损伤在出汽边产生的微裂纹，通常用细锉刀将裂纹锉去，并倒成大的圆角，形似月亮弯。对于机械损伤造成进、出汽边有较大裂纹的叶片，一般采取截去或更换措施。当截去某一叶片时，应在对角 180°处截去同等质量的叶片或重新校验动平衡，如果叶片已经断裂，也可在对角 180°处截去同等质量的叶片。总之，对于机械损伤的叶片，处理应仔细，严防微裂纹遗漏，造成事故隐患。

2. 水击损伤

汽轮机水击是在启动和停机时，由于操作不当，或设计安装对疏水点选择不合理，或检修工艺马虎，杂物将疏水孔阻塞而引起的。水骤然射击在叶片上时，其应力骤增，同时叶片突然遇水变冷。所以，水击往往使前几级叶片折断，使末几级叶片损伤。水击后的叶片使进汽侧扭向内弧，出汽侧扭向背弧，并在进出汽边产生微裂纹，成为疲劳断裂的发源点。另外，水击引起叶片的振动，容易将拉筋振断，破坏叶片的分组结构，使频率下降，继而产生共振而将叶片折断。

由上可知，对于发生过水击损伤的叶片，损伤严重时应予更换；对于损伤轻微的叶片，一般不做处理。

3. 水蚀损伤

水蚀是蒸汽中分离出来的水滴，对叶片所造成的一种机械损伤，一般都发生在低压末级叶片上。这是因为蒸汽在汽轮机内膨胀做功到一定程度后显现出的湿度，从湿蒸汽中分离出来的水分靠惯性、旋涡扩散、旋涡撞击等作用在静叶片上，集结起来形成水膜。当水膜离开静叶出汽边时，由主汽流作用将水膜撕裂，形成水滴。水滴的速度远低于蒸汽速度，因此在进入动叶片时，即撞击叶片入口侧背弧，而且叶顶圆周速度越高，水滴撞击叶片的速度也越高。所以，大容量汽轮机末级叶片水蚀比小容量机组严重。为了防止水蚀，汽轮机末级叶片入口侧背弧从叶顶起，焊有长 300mm左右的硬质合金带（司太立合金），以防止或减缓末级叶片水蚀。

对于水蚀损伤的叶片，一般可不做处理，更不可用砂纸、锉刀等把水蚀区产生的尖刺修光。因为这些水蚀区的尖刺像密集的尖针竖立在叶片水蚀区的表面，当水滴撞来时，能刺破水滴，有缓冲水蚀的作用。所以，水蚀速度往往在新机组刚投产第 1～2 年最快，以后逐年减慢，10 年以后水蚀就没有明显的发展。同时，由于水蚀损伤在叶顶处最严重，其强度的减弱几乎与因水蚀冲刷掉的金属质量而减小的离心力相当。因此，由此产生断叶片可能性较小，所以在没有有效的防水蚀措施前，对水蚀损伤的叶片不必做任何处理。如司太立合金已基本脱落，且转子有机会返制造厂，则可委托制造厂对叶片水蚀部位进行处理，并重新镶焊司太立合金。

4. 叶片的腐蚀和锈蚀

叶片的腐蚀往往发生在开始进入湿蒸汽的各级，因腐蚀剂需要适度的水分才会发生化学作用。但是，当水分多到足以将聚集的腐蚀剂不断地冲掉时，腐蚀作用又不会发生。

因为汽轮机叶片均为不同成分的钢材制造，所以其腐蚀主要是应力腐蚀，它是由腐蚀和应力结合所产生的，它所造成的裂痕是将结晶颗粒扯破，延续成裂纹。当叶片冷加工后热处理不当时，又有应力集中存在或表面粗糙度较大时，都将助长应力腐蚀的发生和发展。应力腐蚀的主要腐蚀剂是氢氧化钠。

锈蚀是金属被氧化的结果。锈蚀在汽轮机通汽部分是常见的一种损伤，而且多半发生在汽轮机的中、低压部分。当蒸汽里含有碱质或酸性物质时，锈蚀更为强烈，这种现象在日常生活中能普遍见到，如果在蒸汽里同时存在二氧化碳，则使锈蚀格外强烈。实际上，汽轮机在运行中，在多数情况下，锈蚀和冲蚀是共同起作用的。

汽轮机叶片虽然用不易生锈的钢材制造，它与其他材料相比要耐用得多，但是并非不锈钢就完全不会生锈。含铬量为 $12\%\sim14\%$ 的不锈钢，本身不能抵抗氯离子。不锈钢的防锈作用是因为其表面能产生一层含铬的氧化物起保护作用的结果。但是遇到能侵蚀铬的物质，这个保护层就将失去作用。属于侵蚀最剧烈的是盐酸和氯盐（氯化钠、氯化镁）的水溶液，氯化物将铬氧化物保护层烂穿，并和内部的钢材接触，于是钢材氯化物和附近的铬氧化物保护层三者发生电化学反应，结成局部电池。这个作用使内部钢材被腐蚀成深洞。在这种情况下，腐蚀总是和锈蚀作用相结合同时发生的。如 300MW 汽轮机两根低压转子共 24 级叶片材料均为 1Cr13、2Cr13 不锈钢，经过 10 余年运行，叶片表面已被腐蚀和锈蚀成深约 0.3mm 的密集凹坑，频率有下降趋势，第 22、28、34、40 级叶片频率下降约 10Hz，有些叶片频率已降到不合格范围，使覆环发生断裂等。检修中我们也会发现经过水力喷砂的动叶片很多就会锈迹斑斑。因此，必须严格控制蒸汽品质和停机时保持低压缸内的干燥度，如控制向凝汽器内排放较高温度的疏水和放水，以减缓腐蚀和锈蚀的速度。

四、叶片断裂的原因分析

上面分析了汽轮机叶片损伤的几种情况，但在现场检修中，因上述因素使叶片折断的实例尚不多见。然而，无论是国产机组还是进口机组、是中小型机组还是大功率机组，叶片断裂事故屡见不鲜，对国民经济造成很大损失。尤其是大机组断叶片事故，其危害和影响更大。如某厂在 24 年内，共发生断叶片事故 40 次，其中两台 300MW 机组投运 5 年发生 14 次，叶片断裂的主要原因为频率不合格或频率安全裕度较小，低频率运行时落入共振区，使叶片发生共振而疲劳断裂。然而，叶片频率不合格的主要原因是设计不当和安装工艺不良所引起。安装工艺不良，使叶片分散率不合格，运行中频率下降，使叶片频率由安装、检修时的合格范围下降到运行后的不合格范围，致使叶片断裂。由此可见，只要设计时避开了叶片频率不合格范围，安装工艺方面采取保证质量的措施，叶片的断裂事故一般可减少 60% 左右。一般来说叶片的频率分散率应小于 8%，即用相同的夹紧力夹紧叶根，用胶锤敲击叶片，测量叶片的振动频率，将频率过高的叶片及频率过低的叶片剔除，选用频率差与平均频率之比不超过 8% 的叶片进行安装。因为电厂现场检修很少涉及更换叶片的可能，且该项工作还涉及叶根接触面研磨，并对安装紧力等有严格要求，现场检修人员基本不具备该项技能，因此该项工作一般委托制造厂进行，这里不作详细说明。

五、叶轮检修

大功率机组一般都是采用焊接式或整锻式叶轮，而有些小功率汽轮机仍然采用套装式叶轮。对于叶轮的检查主要以检查叶根槽部位为主，对于采用直销固定的 T 形形叶根叶片的叶轮，还要注意检查销孔周边有无裂纹。而套装式叶轮还应检查叶轮与轴颈之间的键槽 R 角部位有无裂纹。对发现的裂纹应进行相应的处理，特别是套装叶轮的键槽部位的裂纹处理较为复杂，需将叶轮从转子上卸下，对裂纹部位进行打磨直至裂纹消失，然后根据金属监督部门出具的焊补方案进行焊补处理。具体过程如下。

（1）制作直径大于转子叶轮最大直径的专用地坑，地坑深度应超过转子长度的一半。

（2）制作高度合适的地锚及两只与两侧联轴器匹配的法兰式"牛鼻"，如图 6-15 所示。制作中空的钢制框架（中空部位直径略大于转子轴颈直径），将其对中覆盖在地坑上。

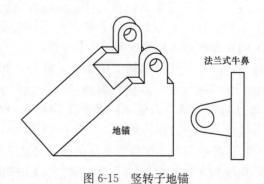

图 6-15　竖转子地锚

（3）将"牛鼻"装于两侧联轴器上（中间的孔处于水平）。

（4）吊起转子，将"牛鼻"中间的孔与地锚中间的孔对齐，穿入钢制柱销作为转轴。

（5）用行车起吊另一侧的"牛鼻"，直至转子竖起。然后抽去钢柱销，将转子吊至地坑上方，再缓缓放入地坑，直至最下部的叶轮与框架距离缩小至 1cm 左右。

（6）采用 6～8 只柴油烤把对叶轮轮面进行烘烤，并用测温枪对被烤叶轮进行测温，当叶轮膨胀后轮孔扩大，叶轮就会发生下坠，落在框架上，如温度超过 300℃ 叶轮仍未松动，则应停止加热，待其冷却至常温后再增加烤把进行烘烤，以实现叶轮快速膨胀。

（7）缓慢吊升转子，直至叶轮与转子彻底分离。再用另一行车将烘下的叶轮吊离地坑，再用同样的工艺逐一烘烤叶轮，直至将缺陷叶轮卸下转子。

（8）对键槽 R 角部位的裂纹进行挖焊、打磨，直至检验合格。

（9）制作长度比叶轮内径大 0.20mm 的样棒。将叶轮放置在框架上，然后用烤把进行烘烤，直至样棒能放入叶轮内孔，在孔内壁涂上猪油。然后将竖直吊起的转子缓缓插入叶轮孔（注意同时插入定位键），直至叶轮到达原位。

（10）按上述方式将其余各级叶轮逐级烘套到位。

（11）通过"牛鼻"后地锚将转子放平。

受场地和工艺要求限制，上述方法一般电厂现场检修并不具备条件，也缺少有经验的技术人员，最好委托制造厂进行处理。

六、叶片调频

（一）叶片调频的基本理论

为了掌握叶片调频的理论依据，使调频工作少走弯路和取得较好的效果，在介绍叶片调频方法前，首先将叶片振动特性等有关理论作简要的叙述。

汽轮机叶片是具有无限多自由度的弹性体，因而具有一系列的自振频率和相应确定的主振型。在扰动力相同的条件下，不同振型的动应力水平不同，幅值也就不同，因此对叶片的危害性也不一样。

汽轮机在运行中，由于叶片处在转动中工作，叶片上将受到周期性变化的扰动力，或由于机组振动使叶片受到附加的作用力，从而引起叶片振动。由于形成扰动力的源不同，因此不同源产生的扰动力频率可能不同，根据频率的高低，扰动力一般可分为两类。

第一类扰动力是设计的原因及制造、安装的问题破坏了汽流的均匀性，或由于机组振动叶片受到了附加的作用力所形成的。如上下隔板接合面有较大的间隙，喷嘴节距不均匀，静叶损伤，隔板部分进汽、排汽口有加强筋或导流板，级前和级后有进汽或抽汽，喷嘴出口处沿圆周间隙不均匀而引起的抽吸作用不均匀，以及隔板等部件因制造和安装不正确等原因，破坏了沿圆周方向上蒸汽流速的均匀性等，从而激发起叶片的振动。

这类扰动力，使叶片每转一圈受力情况变化一次或数次，故称为低频扰动力。

第二类扰动力是由叶片相对于喷嘴或静叶的位置所决定的。汽轮机在运行时，每个叶片相对于喷嘴或静叶的位置不断变化，由于喷嘴或静叶出口边有一定厚度，使出口处的汽流沿圆周形成不均匀状态。当叶片经过两个喷嘴出口汽流的中间部位时，叶片受到的蒸汽冲击力最大，通过喷嘴出口边缘时，所受冲击力较小，因而任一叶片在转动时所受到的蒸汽作用力呈交变性。这类扰动力的频率不仅与汽轮机转速有关，还与全周喷嘴或静叶的数目有关，叶片每转一圈，受力变化次数与喷嘴数相等。由于喷嘴数较多，这类扰动力频率较高，故称为高频扰动力或喷嘴扰动力。

叶片受到上述周期性扰动力作用时，可能在不同方向发生强迫振动。为便于分析，通常按照主要的振动方向，可分成下列几种类型的振动。

1. 切向弯曲振动

围绕叶片截面最小惯性主轴的振动称切向弯曲振动，切向弯曲振动的特点是叶片的每一个等高断面只有切向位移，没有扭转振动，等高面上各点的振动方向和大小都相同。同时，叶片振动时叶根不动，叶顶有位移，一般用 QA 符号来代表切向弯曲振动。由于汽流不均匀所产生的扰动力的作用方向主要在轮周方向，而叶片在这一方向的刚度较小，因而较小的扰动力就可激发切向振动。所以，切向振动是最容易发生而又是最危险的一种振动。通常 QA 型振动又分 A_0 型振动和 A_1、A_2 型振动，如图 6-16 所示。

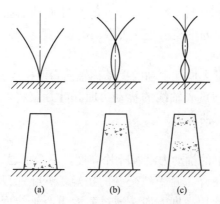

图 6-16　QA 型振动的三种类型

(a) A_0 型振动；(b) A_1 型振动；(c) A_2 型振动

A_0 型振动：当叶片作 A_0 型振动时，沿叶片全长均有位移，叶顶振幅最大，自叶顶至叶根振幅逐渐减小。

A_1 型振动：这种振动沿叶片高度有一处不振动，或者称之为 1 个支点；在叶顶处振幅最大，由叶顶向下振幅逐渐减小，至节点处为零。然后，振幅又逐渐增大（但方向相反），达到另一最大值后再逐渐减小，直至叶根处为零。节点上、下两部分的振动方向相反，即相位相差 $180°$。

A_2 型振动：这种振动的特点是沿叶片高度出现了两个节点和 3 个振幅最大值，相对于 A_0 型、A_1 型振动，A_2 型振动更加危险。

若叶片除根部紧固外，叶顶也有支点，则在振动时就可能出现叶根不动，叶顶没有或几乎没有位移的振动，这种振动称为 B 型振动。B 型振动根据叶身上产生节点数目的不同，也可分为 B_0、B_1、B_2 等各种振型。由此可知，自由叶片是不会发生 B 型振动的。但装有覆环的成组叶片，则在叶片作切向振动时，就会发生顶部不动或几乎不动的 B 型振动。一般来说，当叶片发生轴向振动时，因覆环并不能增加叶片的轴向刚度，它不可能使叶片顶部保持不动，所以一般情况下，不会产生轴向 B 型振动。

B_0 型振动：B_0 型振动的特征是叶身上没有节点。从叶根向上振幅逐渐增大，在中间某一点处振动达最大值，此后又逐渐减小，直至叶顶处接近于零。由于叶片根部安装的松紧不同，覆环铆接质量的好坏均会使叶片组的 B_0 型振动与理想情况有差别，这就可能产生不对称的 B_0 型振动。

B_1、B_2 型振动：B_1、B_2 型振动的特点是叶身上分别有 1 个节点和 2 个节点。

理论和实践证明，成组叶片的 A_0、A_1、A_2 等型振动和 B_0、B_1、B_2 等型振动频率值是相互影响的。成组叶片做 B_0 型振动时，叶片间的节距由于各叶片振动的振幅和相位不同，沿叶片高度变化，在离叶根 0.6 叶片高度时，振幅最大处节距的改变最显著。如在这里加穿 1 根拉筋，并有足够的刚度，则由于拉筋阻碍叶片间节距的变化，B_0 型振动即不会发生。

在 A_0、A_1 型振动中，组内各叶片等高处振动的振幅和相位相同，因此，成组叶片上的拉筋不能阻止这类振动的发生。

2. 轴向弯曲振动

围绕叶片截面最大惯性主轴的振动称轴向弯曲振动。这种振动，当叶片受到垂直并通过叶型重心轴线的扰动力时，叶片就将产生弯曲振动，并在叶片中产生交变的弯曲应力。

3. 扭转振动

当作用在叶片上的扰动力沿着叶片高度，不全部通过叶片截面重心时，叶片除受交变的弯矩外，尚受到交变的扭矩。若叶片只存在交变的扭矩作用，则叶片将围绕叶片高度方向，通过截面重心轴线而振动，这种振动称为扭转振动。扭转振动使叶片中产生交变的剪切应力。

4. 复合振动

当扰动力不通过叶片截面重心时，叶片一般同时存在弯曲和扭转振动，其合成振动称为复合振动。此时同时存在交变的弯曲应力和剪切应力，两种应力合成交变的复合应力。

以上简述了汽轮机叶片振动的概念，作为现场调频的基本理论知识。

（二）叶片调频的方法

从汽轮机叶片断裂事故统计分析可知，叶片断裂的主要原因之一是叶片振动频率不合格，或者说叶片在运行中，其自振频率与扰动频率发生共振而疲劳折断。如果在现场检修时能采取措施把叶片的自振频率与发生共振的扰动频率调开，则汽轮机叶片断裂事故将大幅度下降。但是，由于某一种叶片从设计、试制、试验到制造、安装，往往要用 1～2 年时间才能实现，如果单靠这方面的措施来解决叶片断裂事故，便会出现许多机组停用待换新叶片的不利局面。对大机组来说，这显然是不可取的方案。所以在现场检修中一般采取下列方法进行调频。

1. 改变叶片组的刚度

在现场检修中，改变叶片组进行调频是比较容易实现的，其原理是改变叶片组的连接刚度，一般有下列几种。

（1）拉筋的补焊。叶片拉筋的焊接往往由于拉筋孔清理不干净和焊工的焊接技术水平不够，而使银焊产生气孔或未焊透等缺陷。机组投运后，在焊接质量欠佳的地方产生脱焊或焊口裂纹，使叶片组的频率下降或不合格。此时可将老的银焊熔掉，并用专用工具将拉筋与孔清理干净，然后进行补焊。拉筋焊接质量提高后，叶片组的频率一般可比原来提高 5%～10%。拉筋银焊不宜堆积过厚，一般以拉筋与孔之间的缝隙填满并牢固为原则，拉筋上银焊可略高于叶片表面，当银焊过多时，因叶片组的质量增加会使频率稍有下降。当采用拉筋补焊进行调频时，必须注意下列几点：

1）拉筋与叶片拉筋孔必须清理干净，并修去毛刺，拉筋孔倒角须圆滑光洁，对镀铬叶片的拉筋孔处必须将镀铬层清理干净，否则会影响焊接质量。

2）严格控制银焊的温度，因为温度过高，拉筋和叶片会产生金相组织的异变，从而降低材料的机械性能。所以一般银焊的温度不应超过 700℃，但又必须使银焊液能流到所需的焊接处。万一焊接温度控制不当而超过 700℃时，可对焊接处进行 650～700℃ 的高温回火处理。

3）焊接时必须每一叶片组焊一片后换另一叶片组，交叉焊接，以免在拉筋中引起较大的残余应力。

（2）改变覆环和拉筋的尺寸及位置。覆环和拉筋尺寸的改变，对叶片组的频率会产生两个相反方向的影响，因此在改变覆环和拉筋尺寸后，叶片组频率变化究竟如何，取决于刚性和质量的相对变化情况。又因为覆环和拉筋尺寸改变后，叶片上或铆钉头所受的离心力和弯应力均发生变化，所以还应进行强度核算。

拉筋位置的改变，对叶片组的频率也有影响，一般当拉筋位于 0.5～0.6 叶片高度处时，可取得叶片组 QA 型频率较高的数值。

另外，据上海汽轮机厂介绍，若将覆环两侧倒 1.5mm×1.5mm 的角，以减小覆环的质量，可使叶片组频率提高 3% 左右。

根据检修现场调频经验，得出以下几点结论：

1）当拉筋直径不变，改变组内叶片数目时，叶片组频率随着组内叶片数的增加而升高，但增至一定片数时，其频率趋于不变。

2）当组内叶片数不变，改变拉筋直径时，叶片组的频率随拉筋直径的增加而下降。因拉筋直径增加而使叶片组质量增加，其影响大于因拉筋直径增加而使频率升高的影响。

3）拉筋直径不变而拉筋孔直径加大时，使叶片组的频率有所下降，可能是叶片组刚度降低所引起。

4）捻铆覆环铆头：用覆环连接的叶片组，若因铆接质量不佳使频率不合格，可进一步捻铆铆钉头。但重铆前应作消除冷作硬化处理，重铆时要适度，防止捻铆过头产生覆环与叶片离缝或冷加工脆化，引起叶顶、覆环、铆钉头裂纹。如 300MW 机组第 15 级叶片覆环及铆钉头处发现许多裂纹，就是捻铆工艺差所致。

2. 提高叶片安装质量

叶片根部的装配紧固程度，对叶片振动频率有很大影响。紧固程度的好坏，取决于叶片的装配工艺和质量。叶片在叶片槽内，应使叶片之间的接触面及叶片与叶槽间的紧力面严密贴合。一般应用红粉检查各接触面的接触情况，并用 0.03mm 塞尺片检查，当接触面积大于接触总面积的 75%，0.03mm 塞尺片塞不进时，可认为安装质量合格。否则，接触面应进行研刮。另外，应牢固地装配锁紧叶片，以保证叶片紧固程度。总之，提高叶片安装质量能相应提高叶片的振动频率。

3. 改变叶片高度

叶片振动频率与叶片高度的 2/3 次方成反比，因此高度的改变对叶片频率的影响很大，但通过改变叶片高度进行调频，要根据实际可能，一般增加高度是不可能的。缩短叶片高度除应考虑振动特性符合要求外，还应考虑机组的出力和经济性，及对下级隔板的吹损等不利因素，在不得已时才采用这种方案。

4. 改变叶片和叶片组的质量

由频率的理论计算可知，叶片频率与其本身的质量的平方根成反比。要改变叶片或叶片组的质量，方法较多，常用下列方法。

（1）在叶片顶部钻减荷孔，以提高叶片或叶片组的频率。冲动式汽轮机的叶片，当顶部无铆钉头且有足够厚度时，可钻孔减荷进行调频。由于钻孔，减少了叶片的质量，使叶片频率提高，同时也使叶片根部和叶轮轮缘所受的离心应力减小。但是这种方法工艺要求较高，应用专用工具施工。

（2）采用空心拉筋。在调频时，有时为了提高叶片组的连接刚度，但又不使叶片组因质量增加而使频率降低，这时采用空心拉筋能有效地解决这个问题。

（3）削去叶片顶部进口侧。削去叶片顶部进口侧，其目的也是减小叶片质量，提高叶片频率。

（4）改变成组片数或改单片。改变叶片成组片数，既能改变叶片组的连接刚性，又能改变组内的质量。这种调频方法在检修现场较为方便。但当原来组内片数较多时（冲动式叶片一般每组为7～8片，反动式叶片一般为12～13片），增加组内片数对提高叶片组频率效果较小。另外，可将成组叶片改为单片进行调频。改变叶片组内片数，除应考虑叶片的振动特性符合要求外，还应兼顾整圈叶片组的合理布置和组内片数改变对各片所受应力的影响。

（5）捻叶根。对于由于叶片安装质量欠佳，运行后频率下降较多的叶片，一时又无能力解决的，可捻紧叶根轮缘处的外露部分，以提高叶根的紧固程度，从而提高叶片的频率。

5. 其他方法

叶片调频方法，除上所述外，还有几种常用方法。

（1）增加拉筋。当叶片产生切向共振时，在叶片最大振幅处加穿一根拉筋，便可消除切向振动。

（2）加阻尼覆环。为了减小叶片的动应力，往往将整级叶片用网状交叉连接的方式连成整圈。但是有些短而大的叶片无法用拉筋来实施这种网状交叉连接，所以在较宽的覆环上加穿网状交叉的阻尼覆环。该阻尼覆环穿在叶片自带覆环的燕尾槽内，前后共两圈，每圈以8片叶片为一组，前后两圈分组在每组中间一片交叉，每组覆环两端用电焊与叶片自带覆环点牢。这样形成了类似整圈阻尼拉筋的结构，从而抑制了叶片的振动，保证了叶片安全运行。

（3）改变高频扰动力的频率。由前述可知，高频扰动力又称喷嘴扰动力，所以改变高频扰动力的频率，就是改变喷嘴或静叶的只数，即重新设计喷嘴或隔板。

总之，叶片调频的方法较多，不再一一介绍。在检修现场，当发现叶片振动特性不符合要求时，应分析叶片振动类型，根据实际情况，选择调频方案。若一时没有把握将叶片频率调好，可先选比较容易的方法进行调频试验，直至找到最佳调频方案。不过需要说明的是，现代大功率机组随着设计水平的提升、制造质量的提高及材料的优化，因叶片频率不合格造成断叶片的事故已经越来越少，另外大功率机组的叶片成本也非常高，上述各种调频方法只能在极端情况下才可实施，而且必须由具备相应经验的技术人员实施，各电厂基本不具备上述条件。因此对于大功率机组的动叶片不建议草率地进行调频处理，以免造成不可挽回的损失，可委托制造厂查明原理并实施叶片调频方案。

七、叶片更换

由上述可知，汽轮机叶片安装质量的好坏，对叶片振动特性有直接的影响。所以，汽轮机叶片的更换是汽轮机检修工作中工艺要求高、技术复杂、工作量大的项目之一。一般必须制订专门措施，经参加换叶片的工作人员学习和讨论后执行。在确定换叶片项目时，可根据叶片的损坏原因，以及备品叶片的数量和质量等因素，决定整级更换或局部更换。对于大功率机组，因制造厂技术保护、备品备件难以采购以及检修工期紧迫、电厂检修队伍技术力量薄弱等原因，该项工作一般委托制造厂实施。

第七章　轴　　承

汽轮机轴承分支持轴承和推力轴承，支持轴承支承转子的重量，推力轴承承受转子运转时的轴向推力。轴承工作的好坏直接影响汽轮机的安全可靠性。轴承的种类很多，一般可分为滚动轴承和滑动轴承两种，而滑动轴承习惯被称为轴瓦，在汽轮机中采用的是滑动轴承。本章重点介绍椭圆瓦、可倾瓦和推力轴承等的结构特点和检修工艺。

第一节　轴　承　结　构

轴承的结构形式根据汽轮机功率、转速等因素进行设计和造型，它由轴承座和轴承两大部分组成。轴承座也称轴承箱，大功率机组的轴承座一般采用落地轴承座，即轴承座直接安装在汽轮机基础上。轴承座采用铸铁或铸钢铸成，结构上由上半轴承盖和轴承座下半组成，如 N300-16.18/550/550、N300-16.18/535/535 以及 N1000-26.25/600/600（TC4F）型机组均采用这种结构。有的机组采用钢板焊接而成，这种结构轴承油室内表面光洁，无铸造型砂、疏松、砂眼等缺陷，不漏油，便于清理油室等，如 TC2F-33.5 型机组采用此结构。

从汽轮机机头侧到汽轮机尾部，各轴承座依次被称为 1 号轴承座、2 号轴承座……依次类推，1 号轴承座也被称作前箱。轴承座在水平接合面处分为上盖和座体两部分。由于一个轴承座内有 1～2 道轴瓦，为使加工制造和安装检修方便，上盖在轴向长度方面分成两段或三段，在顶部装有测振仪、测温表、排油烟气管等，如图 7-1 所示（见彩插）。

在轴承座内部，除了安装支持轴承和推力轴承外，还有联轴器、胀差测量元件、轴向位移测量元件、盘车齿轮等，如图 7-2 所示（见彩插）。在前轴承箱内还有主油泵、调速器、保护装置等，如图 7-3 所示（见彩插）。

在装有盘车装置大齿轮或联轴器的轴承室内，为了防止鼓风摩擦损失致使其内部油温升高装设了齿轮护罩或联轴器护罩。

在轴承座前后汽轮机轴穿过的地方，设有外油挡环，外油挡环一般由铸铝、铸铁或钢板制成，上面镶嵌 3～5 圈黄铜齿片，用以在转子运转时防止润滑油飞溅和泄漏到轴承座外，如图 7-4（见彩插）所示，轴承端部两侧或朝向轴承座外侧的一侧安装有内油挡板。内油挡板一般为由黄铜板或铝板制作的环状中分板体，转子从其内孔穿过，其内孔部位车削成尖齿状，使轴瓦内排油被该齿挡住，减少飞溅到外油挡上的油量，如图 7-5 所示（见彩插）。

为了进一步减少轴承排油外泄的缺陷，部分汽轮机轴承采用有浮动式内油挡，如图7-6所示。该油挡是一个浮动环，环体用磷青铜或钢板制成，内圆表面浇铸轴承合金。浮动环嵌在油挡板的槽内，顶部或侧部装有防转销，其安装板体用螺栓固定在轴承两端或朝向轴承座外侧一端，机组运转时，浮动环靠防转销固定，不能转动，只能浮动。当轴承泄油飞溅到浮动环上时，大部分油被挡住，流向轴承室，小部分油进入浮动环的径向间隙，产生油膜，使浮动环不会烧毁。同时，由于浮动环上的反螺旋槽或凹槽的作用，使油沿槽流入轴承室并回到油箱。

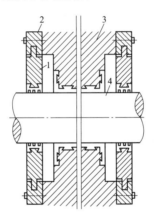

图7-6　浮动油挡
1—浮动环；2—油挡板；3—轴瓦；4—转轴

一般来说大功率机组1号轴承座为滑动式轴承座，轴承座中部与基础台板之间装有纵销，以确保轴承座能纵向滑动，同时为防止轴承座在高压缸的重压下发生"翘头"，四角还设置有角销（压销），如图7-7所示（见彩插）。为减小滑动的摩擦阻力，滑销还安装了润滑油道，定期用高压油枪通过注油嘴向滑块内注入高温润滑脂，以保证滑块活动不卡涩。A级检修中应对高温润滑脂进行换新，换油时只要用高压油枪向滑块内注入高温润滑脂，将老的润滑脂挤出，直到见到新的润滑脂流出即可。

固定式轴承座的固定相对简单，一般采用螺栓将轴承座固定在底板上，有些轴承座两侧中部设置横销，确保其膨胀时不发生轴向位移。

大功率汽轮机所选用的轴瓦，虽有各种不同的形式，但大多数制成上、下两半，在中分面处用螺栓连接成一体。轴瓦本体大多数以铸铁、铸钢为基体，并在基体上车燕尾槽再浇铸轴承合金，最后按各种结构形式加工成所需要的形状，能使轴瓦内孔和轴颈形成楔形间隙，以保证在运行中产生稳定的油膜。下面就常见的几种轴承结构作简单介绍。

一、圆筒形轴承

圆筒形（或称圆柱形）轴承是最早用于汽轮发电机上的老式滑动轴承，

其轴瓦内孔呈圆形，内孔等于轴颈直径加顶部间隙，而顶部间隙为轴颈的
1.5‰～2‰，两侧间隙各为顶部间隙的一半，如图7-8所示。轴承下瓦与轴
颈的接触角按轴瓦长度与轴颈之比值（长颈比）及轴瓦负荷大小而定，一
般取60°左右，当轴瓦长度与直径之比小于0.8～1或轴瓦负荷大于0.8～
1MPa时，接触角可达到75°左右。

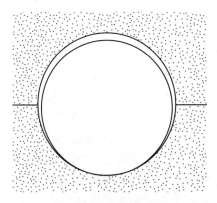

图7-8　圆筒形轴承

圆筒形轴承被广泛用于中小型汽轮机上，但是在大功率汽轮发电机上
仍有使用，它结构简单，便于制造加工和检修维护。

二、椭圆形轴承

椭圆形轴瓦是随着汽轮机单机容量不断增大和转速不断升高，而在圆
筒形轴瓦的基础上发展起来的。它被用于功率较大的机组上。椭圆形轴瓦
的顶部间隙为轴颈直径的1‰～1.5‰，两侧间隙和顶部间隙基本一致。所
以，椭圆轴承实际上是由两个不完全的半圆合成的，即在加工时，只要在
两侧水平中分面，按设计的椭圆度加垫片加工结束后取去垫片，即成椭圆
轴承，如图7-9所示。

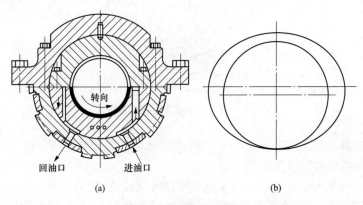

转向

回油口　　　　进油口

(a)　　　　　　　　　　　　　　　(b)

图7-9　椭圆形支持轴承

(a) 整体结构；(b) 合金表面形状示意

上述两种轴瓦的另一结构特点为润滑油进油是顺着转动方向供给的，润滑油进入轴瓦后，顺转动方向到达轴颈上部，冷却轴颈，再流到下部起润滑作用。同时，为了减少摩擦及使油易于循环，一般轴瓦上部车有油槽，其宽度约为轴瓦长度的 1/3，该油槽到接合面附近就向两端扩大，以保证润滑油在轴瓦全长分布均匀。

三、三油楔轴承

20 世纪 70 年代初，在国产 125、200、300MW 汽轮发电机组上应用了三油楔轴承。现在大功率机组已很少采用该型轴承。

三油楔轴承与圆筒形、椭圆形轴承比较，在结构上有下列特点。

（1）轴瓦上有三个进油口。每个进油口均开有平滑的楔形面，由此称为三油楔轴承。由于实际运行时转子发生偏移，造成对称的三油楔深度变成不对称，使轴承承载不同，抗振性不对称，致使运行不稳定。因此，油楔的形状各不相同，如图 7-10 所示。油楔的展开角 θ_1 为 105°～110°，是三个油楔中最长的一个，其余两个油楔的展开角 $\theta_2 = \theta_3$，为 55°～58°。当转子转动时，三个油楔中都建立起一层油膜，其压力如图 7-11 所示，油楔中的油被挤压的油膜压力反过来作用在轴的三个方向上，如图中的 F_1、F_2、F_3 所示，使轴较稳定地在油瓦中转动，所以油膜比较稳定。实践证明，三油楔轴承对高速轻载油膜比较稳定，而对中载、中速油膜稳定性欠佳。如 N300-16.18/550/550 型机组给水泵汽轮机上使用情况较多，而汽轮机上使用时稳定性较差，易产生油膜振荡。

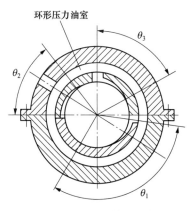

图 7-10　三油楔轴承示意图

（2）轴瓦与瓦枕之间有一个环形压力油室，如图 7-10 所示，以保证进入三个油楔中的润滑油的均匀性。

（3）为了不使轴瓦在中分面处将油楔切断，轴瓦中分面需与水平面成 35°的倾角，所以，轴瓦在安装时应按设计要求转过 35°，然后加防转销。从这点看，三油楔轴承在拆装方面比其他轴承复杂。

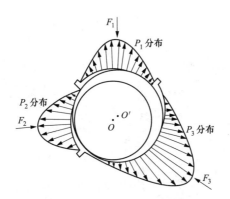

图 7-11　三油楔轴承油膜油压分布示意图
O—轴心；O'—轴承中心

（4）轴瓦表面不需要研刮，也不宜修。

四、可倾瓦轴承

可倾瓦也称米切尔式径向轴承或称自动调整中心式轴承。可倾瓦的瓦块具有 3 块、4 块……，甚至 12 块瓦块，瓦块在支持点上可以自由摆动。在油层的动压力作用下，每个瓦块可以单独自由地调整位置，以适应转速、轴承负载等动态条件的变化。可认为，这种轴承每一瓦块的油膜作用力均通过轴颈中心，因此，它没有可引起轴心滑动的分力。所以，这种轴承具有极高的制动性，它能有效地避免油膜自激振荡及间隙振荡，同时对于不平衡振动也有很好的限制作用。可倾瓦的摩擦损失较小，其缺点是制造复杂，价格较贵。目前在大功率机组中可倾瓦已较多使用。

N300-16.67/537/537 和 TCZF-33.5 型汽轮机高中压转子的轴承，均采用如图 7-12 所示的可倾瓦。该轴瓦是一种小瓦块式结构，轴瓦 2 在圆周上分成 4 块，每块瓦块均由在锻钢件上浇铸轴承合金构成。瓦块自由地放置在支持环 1 内，由球面支持点 7 支持，球面支持点与瓦块间有衬板 6，球面支持点与支持环间有衬板 8，衬板与球面支持点呈球面接触。因此，瓦块在球面支持点上，能使其在圆周方向上自由倾斜而形成油楔。4 个瓦块均有球面支点块，因此形成 4 个油楔。调整球面支点块的厚度，可保持轴承的规定间隙。为保证拆装后的装配正确，必须将轴承瓦块内垫片、球面支点块及外垫片，标示同一序号，并在支持环上打好对应的钢印号码。这样能在拆装时不弄错，并能保证装配在同样的相对位置上。

支持环分成两块，用六角螺栓 17 连接，由安装在支持环上的防转块 13 支撑在轴承洼窝内，而调整块中的 3 个，安装在支持环下半部的垂直中心线上及与水平面成 45°的中心线上，其他两个安装在支持环上半部与水平面成 45°的中心线上。为了保证轴承中心，在各调整块和轴承洼窝之间装有调整衬板 14 和 16，以便轴瓦在垂直及水平方向上能自由调整和移动。另外，

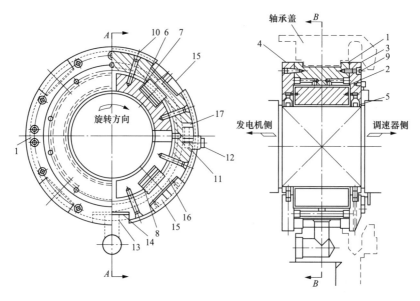

图 7-12 可倾瓦轴承示意图

1—支持环（分成两半）；2—轴瓦；3、4—浮动油挡支持板；5—浮动油挡；

6、8—衬板；7—支持点；9—埋头六角螺栓；10—临时固定用六角螺栓；11—半行销；

12—防转销；13、15—防转块；14、16—调整衬板；17—六角螺栓

在水平接合面处下面插入防转销，以防支持环转动，调整块同样要打上记号，以防拆装时弄错。

润滑油从轴承下面的孔进入，通过调整块中的孔，从支持环两端的环形槽流到轴瓦内部，油被分布到轴颈表面，然后由轴颈两侧流经油挡，从油挡板底部排油孔排出流回油箱。

轴承两端装有浮动式内油挡，浮动油挡 5 固定在油挡支持板 3、4 上，整个油挡分成上、下两半用螺栓直接固定在支持环上。

可倾瓦块的安装固定并不一定如图 7-12 所示，可以采用销钉或直接采用活动式（拆卸时在外部用吊紧螺栓吊住瓦块以防瓦块脱落），但其工作原理基本一致。

五、压力式轴承

压力式轴承是在圆筒形轴承上瓦中央开有油槽，此油槽可以使润滑油的动能变成压力能，把轴心向下压，降低了轴心位置。轴心位置的抬高是发生轴承油膜自激振荡的因素，这种轴承可防止油膜自激振荡的发生。但是，它对油中杂质特别敏感。如果杂质积聚在油槽处，不但会降低防止油膜自激振荡的效果，而且会加速轴瓦磨损。N300-16.67/553/537 和 TCZF-33.5 型汽轮机低压转子两端采用这种轴承，其结构示意图如图 7-13 所示。轴承本体分上、下两块组成，它由铸钢制成，在内层浇铸轴承合金，并在轴承合金上开有间断槽形的润滑油通路。这对避免产生轴油膜自激振荡带

来一定的好处。轴承本体由 3 个球面调整块固定，并由调整块来调整轴承中心位置。3 个球面调整块的布置，有两个在轴承的下半部，装在与水平面成 45°的中心线上，另一个在上半轴承的垂直中心线上，通过改变调整垫片 7 的厚度，可调整轴承水平和垂直方向的位置。在轴承上下接合面有定位销 5，使上、下合成整体。为了防止轴承本体的转动，在轴承水平接合面的下部，用防转销 12 嵌入轴承座的凹口。

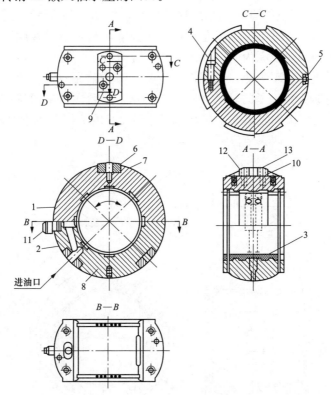

图 7-13 压力式轴承结构示意图

1—轴承本体（上半）；2—轴承本体（下半）；3—轴承合金；4、12—螺栓；5—定位销；
6—球面调整垫；7～10—调整垫片；11—防转销；13—调整块用销钉

润滑油通过轴承座的孔和调整块中心孔流至轴承，油进入轴承本体后，流向上半轴承中央的凹处，然后流向轴承两端的圆周槽，沿排油孔流回轴承室。

压力式轴承的间隙一般为 $(0.002\phi\pm0.10)$mm。

六、袋式轴承

袋式轴承是由圆筒形轴承在中分面两侧垫以垫片 a，将圆筒形轴承圆心上移 0.20mm 左右，作为袋式轴承的圆心，以轴颈直径 ϕ 加油袋深度 d 为直径，车削成另一个圆，并在轴承两端各留 40mm 宽的阻流边不车削，取去中分面垫块，即成袋式轴承。垫片 a 的厚度由油袋弧长确定，一般弧长夹角取 35°，油袋深度 d 一般取 0.7mm。圆心上移 0.20mm 左右，主要考虑油膜厚度，即运行时转子与轴承在垂直方向的中心保持一致。轴承两端的阻流边，能减慢润滑油排泄速度，保证轴承有足够的冷却和润滑油量。

袋式轴承在静态特性方面，具有摩擦耗功小、油流量小、承载能力大等优点；在动态特性方面，具有汽轮机所遇到的全部转速范围内没有不稳定区、阻尼大、油膜厚、轴承温度低等优点。由于袋式轴承具有上述优点，D4Y454 型汽轮机支持轴承均采用这种轴承，如图 7-14 所示。同时该轴承采用单套结构，通过上、下、左、右 4 块调整块与轴承座接触。底部有顶轴油孔，顶轴油池最深为 0.20mm，作为启动盘车装置时将转子顶起，减小盘车电动机的启动力矩。顶部设防转销，防止轴瓦与轴一起转动。润滑油从右侧进油孔随转子的转动方向进入轴承，然后在两端阻流边外的泄油槽底部泄油孔内流回轴承座。在泄油槽外侧装有内油挡，防止油外泄。上、下瓦由 4 只螺栓和两只定位销将其固定在一起。

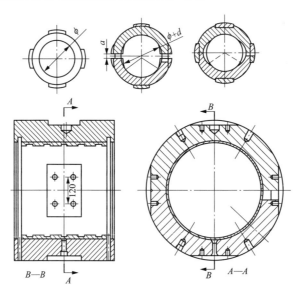

图 7-14　袋式轴承示意图

七、推力轴承

推力轴承主要承受转子的轴向推力，并确定转子的轴向位置。推力轴承的结构型式较多，目前大功率汽轮机的推力轴承多数采用单支瓦块式，即推力轴承与径向支持轴承是相互独立的，由可活动的瓦块组成。图 7-15 所示为 125MW 和 300MW 汽轮机采用的推力轴承。汽轮机转子上的轴向推力是经过固定在转子上的推力盘，传递给其前后的扇形推力瓦块上。经常承受转子轴向推力的一侧称为工作面；另一侧称为非工作面。推力瓦块的数量各不相同，一般为 6～12 块。瓦块通常用 2QSn13-0.5 或 ZQA19-2 铜合金制成。与推力盘接触处浇有锡基轴承合金。轴承合金的厚度应小于汽轮机叶轮轴向间隙的最小值，一般取 1.5mm。瓦块的背面都有一条由肋条或棱角等形成的摆动线，瓦块工作面按一定的比例分为两部分，如图 7-16 所示。其中，较长的一部分为进油侧，各瓦块靠在支持环上便能沿摆动线稍微摆动，形成油楔，在运行中产生油膜，使推力瓦块能承受较大的轴向推力，且最大可达 3.0MPa，设计时一般选用 1.5～2.5MPa。

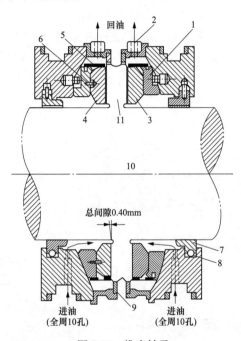

图 7-15 推力轴承

1—推力瓦块安装环；2—调节套筒；3—正向推力瓦；4—反向推力瓦；5—挡油环；
6—球面座；7—进油挡油圈；8—拉弹簧；9—出油挡油环；10—汽轮机轴；11—推力盘

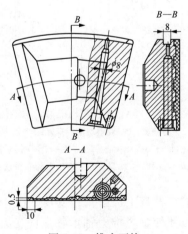

图 7-16 推力瓦块

将推力瓦块用背面的销孔挂在支持环的销钉上固定，可以防止瓦块随推力盘转动，如图 7-16 所示。销孔比销钉大 1.5～2mm，以保证瓦块能自由地摆动。支持环靠在轴承外壳上，改变支承环的厚度，可以调整推力瓦的推力间隙及转子的轴向位置。为了保证各瓦块承受推力均匀，瓦块支承环与外壳间采用球形配合。

350MW 汽轮机推力轴承结构如图 7-17 所示。推力轴承的工作面和非工作面各由 6 块瓦块组成，每块瓦块受力面积为 193.5cm²，瓦块由调整块支撑着。由于瓦块与调整块的局部接触而形成支点，使瓦块在圆周方向倾斜而与转子上的推力盘形成油楔，因而推力瓦与径向轴承一样，也是油膜润滑。其承载能力较大，在正常运行时允许压力为 3MPa，而瞬间最大允许压力为 4.2MPa。

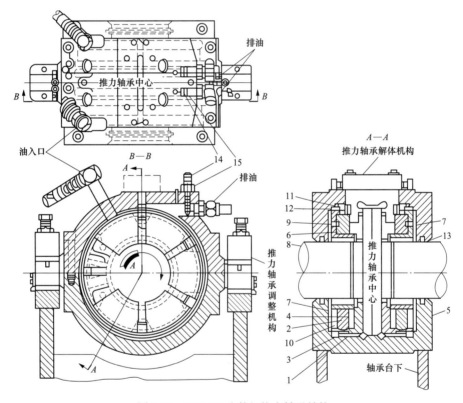

图 7-17　350MW 汽轮机推力轴承结构
1—推力瓦块；2—支持块；3—调整块固定螺栓；4—支持环；5—外壳；
6—调整块；7—外壳衬板；8、13—油封环；9—调整块销子；10—下部调整块；
11—防转键固定螺栓；12—防转键；14—节流孔螺栓；15—螺母

调整块装在对分的支持环上，由销钉支持，由于调整块的摆动，各瓦块保持合适的位置，以便使整个推力轴承各瓦块受力均匀，因此该型支持环也被称为均压环。所以，这种结构优于 300MW 机组推力瓦的结构，它能防止各瓦块因受力不均而使部分瓦块过载发热，甚至磨损或烧毁。

350MW 机组推力瓦的另一个特点是，它设有左右对称的调整机构，用以调整推力轴承外壳轴向位置，即调整转子的轴向位置。它主要靠调整螺母来调整可动楔，使可动楔上下移动，改变推力轴承的轴向位置，把汽轮机转子调整到准确位置。调整螺母旋转 1 圈，可改变轴向位置 0.125mm。在运行中，当出现转子轴向位置不适当时，可根据需要在机组连续运行中进行调整，防止机组动静碰擦事故。

八、径向推力联合轴承

径向推力联合轴承，除了承载转子的重力外，同时承载转子的轴向推力。其轴承壳如径向轴承与推力轴承的结合体，推力瓦壳悬吊于径向轴承的一端或两端（对应于单推力盘和双推力盘），径向轴承以球面或圆筒形垫块支承在轴承洼窝内，并由此确定推力轴承的轴向位置。如图 7-18 所示，一般来说，图 7-18（a）适用于小功率机组，图 7-18（b）适用于大功率机组（见彩插）。

一般来说，大功率机组的轴瓦下瓦接触面上会开有 1~2 个顶轴油孔，通过瓦壳内的油道与顶轴油管相连。在冲转前和停机后的盘车状态时通入高压顶轴油，以使轴颈与轴瓦间形成油膜，以防轴瓦乌金面磨损。如图 7-19 所示（见彩插），以顶轴油孔为中心修刮出略低于乌金接触面的圆形或椭圆形顶轴油池，确保同等压力的顶轴油有足够的作用面积。有些轴瓦下瓦两侧设计有阻油边，与工作面之间开有回油槽及回油孔，工作后的润滑油可通过回油槽从回油孔排出轴承流入轴承座。事实上阻油边起到了内油挡的作用。

第二节　滑动轴承（轴瓦）的润滑原理

汽轮发电机转子的全部重量，通过轴颈支承在表面浇铸的轴承合金的轴瓦上，并作高速旋转，而轴瓦未被磨损或毁坏，这主要依靠轴颈与轴瓦之间产生的油膜。倘若上、下两平面构成油楔，四周都充满着油，当上、下两平面做相对运动时，油楔中的油就被挤压向里，此时油楔中的油产生反作用力，将上面的运动物体微微抬高，于是在两平面之间便建立了油膜，上面的物体运动便在油膜上滑动，两物体相对运动时的摩擦只发生在油膜内的液体摩擦，从而不再产生固体摩擦，使摩擦因素减至最小，即油膜上的摩擦力很小，起了润滑作用。同时，摩擦产生的热量能及时被大量润滑油带走，起到冷却作用。轴承就是利用这个原理设计的。为更好理解此原理，可作如下试验：如图 7-20 所示，用手快速推动方形木块在一光滑平面上滑动，在木块前方浇水，感受其摩擦力。然后将木块前进方向做成圆角再次推动木块滑动，感受两次摩擦力的变化。

由上述原理可知，欲使轴承安全可靠地运行，建立油膜是关键。同时，建立油膜必须具备下列三个必要条件。

（1）必须具备楔形腔室；

（2）楔形腔室必须充满黏性液体，如润滑油等；

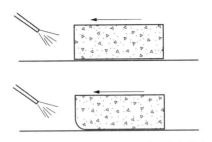

图 7-20　木块在光滑平面上的滑动试验

（3）构成楔形腔室的两个面必须光洁并做相对运动。

利用油膜润滑的原理，轴颈在轴瓦内形成了一个油楔。当向轴瓦内加润滑油后，轴颈转动时，具备了建立油膜的三个必要条件，因此在轴颈下面建立起一层油膜，使轴颈在油膜上转动，起到了润滑作用。

另外，根据油膜润滑理论，在油楔最小截面处产生最大油压，油压越高则产生的承载力越大，最高油膜压力达几十兆帕。同时，轴承的承载能力与轴颈的圆周速度、润滑油黏度、油膜的厚度等因素有关。轴颈圆周速度和润滑油黏度越大，则轴承的承载能力越大，反之越小。虽然油膜润滑时的摩擦力很小，但转子的质量大，加上高速旋转，液体摩擦产生的热量是不可忽视的，因此轴承内必须不断地加入一定温度的润滑油，以带走热量，冷却轴承，从而保证轴承的正常工作。

第三节　各型轴承的稳定性比较

调查和实践证明，椭圆轴承的稳定性比圆筒形轴承的稳定性要好得多。一般来说，其间隙比（最大间隙比最小间隙）越大，稳定性越好，而且即使发生振动，也不会比初始振动严重。

椭圆轴承之所以稳定，是因为各圆弧与轴颈的相对位置关系，使偏心率比圆筒轴承大的缘故，但在水平方向限制较小。

从实验中求得圆筒轴承、椭圆轴承、带有袋形沟的轴承（在圆筒轴承内表面，由于设计圆周沟使内部成为椭圆轴承）和三油楔轴承的弹性系数和衰减作用，从而计算各轴承的稳定性。

在轻载高速条件下，三油楔轴承的稳定性最好，其次是椭圆轴承和袋形轴承，最差为圆筒形轴承。

对于可倾瓦的稳定性，前文已有介绍，即使转子带有颇多的不平衡，也是明显最稳定的。也正因为如此，目前可倾瓦已经在大功率机组上得到广泛的应用。

综上所述，几种常用的轴承稳定性从最佳到最差，可按以下顺序排列：可倾瓦、椭圆瓦、袋式（形）瓦、三油楔、圆筒瓦。

第四节　轴　承　维　护

轴承检修工作是一项工艺要求高、技术性强的工作，从解体、检查、修理到组装，每个环节均应严格执行检修工艺规程，任何疏忽大意，都有可能造成轴瓦磨损、发热，甚至烧毁等事故。

一、轴承的解体

停机后先将轴承大盖上的测振仪、温度表等仪表及电缆线拆除，接着依次揭去大盖，拆卸瓦壳中分面定位销及紧固螺栓，将轴承体上半吊出。转子吊出拆卸下瓦顶轴油管后可直接将轴承体下半吊出。对于三油楔轴承应顺转动方向翻转 35°，使其中分面与轴承座水平中分面平齐，拆去接合面螺栓，即可吊出上轴瓦；对于可倾瓦，必须确认可倾瓦块固定方式，如是卡槽固定或销钉松固定则可将上瓦直接吊出。如是自由松装式，起吊时上瓦块会有脱离风险，需将瓦壳上的堵头拆掉，然后用长螺栓穿入瓦壳拧入瓦块背面的螺孔内，将上瓦吊紧，再将上瓦吊出。对于圆筒瓦和椭圆瓦解体时，只要从外层向内层逐层解体即可。

不论何种形式的轴承，每拆一个零件（包括定位销、防转销等小零件），均应认真检查记号和装配方向，没有记号的零件解体时必须补做记号，以免装配时搞错。在解体过程中还应做好相应的测量工作，主要有以下几个方面。

（1）拆卸轴承大盖前测量外油挡间隙，这是确认油挡齿是否磨损、是否要在检修时加工、更换油挡齿的依据。

（2）大盖与轴承壳体间有紧力或间隙要求，因此，大盖吊出后可及时清理大盖接合面，然后使用压铅法测量大盖紧力（或间隙）［具体方法见以下"轴承间隙紧力的测量"，即在接合面四角放置厚度一样的不锈钢垫片，在瓦壳上部放置铅丝，扣上大盖，紧螺栓；然后再拆掉螺栓，揭开大盖，测量被压后的铅丝厚度，其与垫片厚度的差值即为大盖紧力（或间隙）］。

（3）有些轴瓦由衬瓦与瓦枕组成，瓦枕与衬瓦之间也是有紧力要求的，因此瓦枕吊出后可立即用压铅法测量瓦枕与衬瓦之间的紧力。具体方法见"轴承间隙紧力的测量"。

（4）轴承与轴颈之间的间隙是最重要的数据，上瓦吊出后可即刻进行轴承顶隙、侧隙的测量。具体方法见"轴承间隙紧力的测量"。

（5）测量内油挡间隙、轴承侧隙（圆筒瓦及椭圆瓦）。

（6）用塞尺检查轴瓦垫块与轴承洼窝接触面间隙。一般情况下 0.03mm 塞尺应不能塞入，否则垫块接触不合格。

（7）如图 7-21 所示，外油挡拆卸后测量轴颈油挡洼窝 3 点定位值。之所以测量该值，是为了确认轴瓦检修后的位置变化量。在机组 A 级检修中这是轴系中心调整的依据之一。

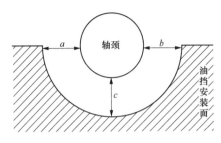

图 7-21　油挡洼窝定位尺寸测量

（8）转子吊出前应测量推力瓦推力间隙（具体方法见"轴承间隙紧力的测量"）。同时将推力盘向推力瓦工作瓦块推足，测量好轴向定位并做好记录，该值即转子的"外引值"。（测量点必须做好记号，确保以后测量时在同一位置测量）

（9）上海汽轮机有限公司 600MW 及 1000MW 超超临界机组的轴承与轴承座间均配装有用于轴向、径向定位的插板，解体轴承时应对各插板做好记号，并测量好插板间隙以作回装时的调整依据。

以上测量数据是轴承检修的重要依据，因此修前的测量至关重要。解体过程中同步进行上述数据的测量可以最真实地反映修前状况，而且可以节省工期。

如果是机组 A 级检修，可先吊出转子，然后拆除下瓦顶轴油管及温度元件连接线，再将下瓦吊出。如果是临时检修，转子不吊出的情况下则应进行翻瓦工序。具体做法是：首先拆卸下瓦顶轴油管及断开温度元件连接线。在轴颈上架设百分表，使用专用吊（支）架或在轴颈下方专用支顶位置用千斤顶将转子抬升 0.30mm 左右，注意监控转子在径向位置不要发生位移。用铜棒轻轻敲击轴瓦中分面，观察轴瓦有无松动，否则继续抬升转子直至轴瓦松动。原则上转子抬升不应超过汽缸内最小径向间隙（目前大功率机组多采用没有退让间隙的阻汽齿作为汽封，转子抬升超过汽封间隙值更易损伤设备）。将抬升轴颈的装置固定，以防转子下落。用吊带或细钢丝绳从轴颈下方穿过兜住轴瓦，用链条葫芦轻轻拉动使轴瓦绕轴颈转动直至倒扣在轴上，并做好防滑落措施，然后将其吊出（如机组配有翻瓦专用假瓦，应按要求正确使用，可减小翻瓦过程发生意外的可能），及时封堵好轴承洼窝下方的进油口，以防异物落入。上海汽轮机有限公司 1000MW 超超临界机组的径向轴承支承在轴承箱底部的球面座上，轴承两侧轴向及径向均配装了定位插板。上半轴承吊出后需将各插板做好位置记号——拆出。然后利用顶升装置（假瓦）将转子顶起少许至下瓦松动，在下瓦中分面安装好翻瓦专用工具，将下瓦绕轴颈旋转 180°，固定好轴颈上的下瓦，拆掉翻瓦专用工具，即可将下瓦吊出。

轴承解体后，必须将各零件上的油垢、铁锈清理干净，轴瓦合金应向下放平，并放在质软的物体上，如木板、橡胶垫等。

二、轴承的检查

轴承解体后，应对轴承进行全面检查，检查重点如下。

（1）轴承合金表面接触部分是否符合要求，研刮花纹是否被磨去。

（2）观察乌金面颜色是否正常（如发黑、焦黄等）。

（3）轴承合金表面是否有划伤、电腐蚀麻坑等现象。

（4）顶轴油池面积、深度是否合格。

（5）检查油楔部位是否光滑、面积是否足够，油楔深度是否为由深到浅的渐变过程。

（6）阻油边有无磨损、缺损。

（7）下瓦温度元件安装部位的乌金有无塌陷现象。

（8）温度元件有无断流或元件孔有无堵塞。

（9）用着色探伤检查轴瓦合金是否有裂纹、脱胎和龟裂等现象，并与上次检修比较是否有发展。也可用手锤木柄轻轻敲击轴承合金，听其声音是否沙哑和手摸有无振动感，如有，则证明该处轴瓦合金有脱胎现象。

（10）垫块或球面接触是否良好、是否有腐蚀凹坑，固定螺栓是否有松动，垫片是否有损坏等。

（11）浮动油挡、内油挡和外油挡是否有磨损，间隙是否正常。

（12）推力瓦块上的工作印痕应大致相等，工作印痕大小不等，说明各瓦块受载不均匀，应做好记录，以便检修时查找原因及消除。

（13）各推力瓦块厚度测量。厚度差应小于 0.02mm。

（14）推力瓦块油楔是否完整并一致。

（15）推力瓦支持环上的销钉及调整块上销钉孔是否磨损而变浅变小。活络铰接支承环是否有裂纹、变形等异常情况。

（16）顶轴油道是否畅通、接头是否完好，有些可倾瓦块采用可活动硬管供油，也有推力瓦块采用活动短管供油，因此还需检查油管是否有磨损、管接头 O 形密封圈是否老化。

（17）顶轴油池是否符合要求的面积、深度。

三、轴承的检修

中医通过"望、闻、问、切"进行疾病的诊断，该方法同样适用于轴瓦的检查。

"望"：观察轴瓦各部位的磨损情况；

"闻"：有没有"油烟味""焦糊味"（其实还是以看为主）；

"问"：问一下运行中该轴瓦的温度、振动等异常情况；

"切"：用手摸一下，看油楔部位是否平滑连续、乌金面有无毛刺等。

轴承的检修工作是一项技术性强、工艺要求高、质量标准要求严格的工作，从解体、检查、检查到组装，每个环节都应严格执行检修工艺规程，坚持三级验收制度。具体来说轴承的检修应做好以下工作。

（一）乌金颜色的分析

正常情况下的乌金颜色应为银白色，与转子接触部位呈黑色，出油侧微微变黄也属正常情况，这是因为轴颈下方的油膜因为液体摩擦而温度升高，从出油侧流出后高温油会在乌金面上留下黄色斑迹。如出油侧有明显的焦黄、焦黑色，说明进油不畅造成油膜厚度不足，在液体摩擦作用下油温过高以致出油侧乌金面呈现焦黄甚至焦黑色，如图 7-22 所示的轴瓦（见彩插）。这种情况下应考虑进油量是否足够、节流孔板是否开孔过小，还要检查油楔深度、长度是否合适，可通过修刮油楔以增加油膜厚度。

（二）轴瓦间隙、紧力的测量、调整

1. 圆筒形及椭圆形轴瓦间隙的测量

下瓦两侧间隙用塞尺在轴瓦水平接合面的前、后、左、右四角进行测量，塞尺插入深度为轴颈直径的 1/12 左右，这里需要说明，侧隙测量的目的并非全为测量轴瓦内孔直径与轴颈直径在水平面上的差值，更重要的是为验证轴瓦是否放正。因此可用不同厚度的塞尺检查四角插入深度是否一样。另外，还应用塞尺检查中部油楔部位，检查其间隙是否从上到下为由大到小的渐变过程、0.05mm 塞尺塞入的深度是否足够。轴瓦顶隙用压铅丝法测量，纯铅丝的直径应比顶隙大 1/3 左右，铅丝弯成多 W 形，纵向放置在轴颈上与轴线平行，铅丝长度应与轴瓦长度匹配。然后合上上瓦，上紧接合面螺栓，并用塞尺检查接合面应无间隙，再揭上瓦，小心地取下铅丝，平放在平板上，用外径千分尺测量其厚度，并按轴瓦的对应位置做好记录。对于圆筒形轴瓦，应取最大厚度作为顶部间隙；对于椭圆形轴瓦，应取最小厚度作为顶部间隙。如轴瓦顶隙标准较小而铅丝较粗，可在轴瓦中分面四角加垫同样厚度的不锈钢垫片，通过计算铅丝的厚度与垫片的厚度差得出顶隙数据。

2. 三油楔轴瓦间隙的测量

轴瓦在工作状态中分面不在水平面上，所以，左右侧间隙及顶部间隙均在轴瓦上下半组合一起时，用塞尺或千分卡进行测量。实际上测出的间隙为阻流边间隙，三油楔轴瓦本身油楔一般不予测量和研刮。只有在轴瓦合金磨损严重时，才用内径千分尺在轴承座外组合测量，并按图纸要求进行研刮。

3. 可倾瓦轴瓦间隙的测量

轴瓦由几块可自由摆动的瓦块组合而成，所以，其间隙的测量只能在组合状态进行。测量时在转子轴颈处和轴瓦支持环外圆上各架一只百分表，然后用抬轴架将轴略微提升。同时监视两只百分表，当支持环上百分表指针开始移动时，读出轴颈上的百分表读数，最后将读数减去原始读数，两者之差除以 2.8（对四瓦块式可倾瓦）即为轴瓦的油隙（图纸中轴瓦内径半径与转子半径之差）。

另一种测量方法：测量时先将上瓦块专用吊瓦螺栓松掉，使瓦块紧贴轴颈，用深度千分尺测量瓦块到支承环的深度；然后用专用吊瓦螺栓将瓦块吊起，使瓦块支点与支承环紧密接触，再用深度千分尺测量瓦块到支承环的深度。两次深度之差，即为可倾瓦油隙。两种方法测量的结果应基本相同，否则应查明原因或重新测量。一般情况下，可倾瓦油隙无需调整，轴瓦合金如无特殊情况也不需研刮。因为以上两种方式在现场操作时难度较大，所以同样可以通过压铅丝的方法进行测量，首先在转子相应位置周向放置 2 道铅丝，合上上瓦拧紧螺栓至中分面无间隙，然后测量左、右侧瓦块压出的 4 点均值（以瓦块支承点为中心，对称的/4 点厚度值），该值乘以 1.17 即为顶隙值。

4. 推力轴承间隙的测量

由于轴瓦瓦块能自由活动，单置式推力轴承球面座往往因推力轴承自重的影响落在下部位置，所以推力间隙测量工作必须在组合状态下进行，并常用千斤顶将转子向前和向后推足。为避免产生误差和差错，测量时在转子的靠近推力轴承轴向光滑平面上，左、右各架 1 只百分表，分别读出转子向前和向后支顶时的最大值和最小值，两者之差即为推力间隙。为了防止顶过头，使轴承外壳发生弹性变形而影响推力间隙的正确性，同时在轴承外壳上架设百分表监视，并将弹性变形值从测得的最大和最小两差值中减去，才能作为推力间隙。

推力间隙的标准一般为 0.30～0.50mm。间隙过大，往往在转子推力方向改变时，使通汽部分轴向间隙发生较大的变化，同时对推力轴承产生过大的冲击力，使转子发生轴向窜动。间隙过小，将增加轴瓦的摩擦损失和轴瓦的负载。

（三）轴瓦合金表面磨损的修刮

当检查发现轴承合金表面研刮花纹在运行中已被磨掉，合金表面有毛刺等现象时，必须用专用刮刀由熟练的检修人员进行修刮。修刮时必须仔细，花纹应有规律，研刮量应尽可能地少，并防止研刮出凹坑和研刮过头。运行中会有一些硬质颗粒随润滑油进入轴瓦，甚至镶嵌在乌金层内，对轴颈造成磨损。因此，修刮过程中应根据手感判断乌金层内是否镶嵌有硬质颗粒，如有应用刀尖将其挑出剔除。对于三油楔轴瓦、可倾瓦轴瓦的合金表面研刮更应小心，只要将毛刺和磨损硬印轻轻刮去即可。对于大型汽轮机，应特别注意下瓦的顶轴油池是否被磨浅或磨去，并按标准进行修刮，一般深度为 0.15～0.20mm。

（四）轴瓦紧力的测量和调整

由于运行时轴承大盖、轴承支架（瓦枕）与轴瓦温度并不一致，轴瓦因进油温度较低，尽管油膜因液体摩擦带来温升，但温度升高的润滑油很快排出代之以温度较低的进油，而瓦枕直接接触高温回油，轴承座内也流淌着高温回油，同时靠近高、中压缸的轴承座还要承受轴封部位的热辐射及轴封漏汽带来的热量，因此轴承座、瓦枕、轴瓦等温度并不一致，这种不一致就会造成各部件热膨胀的值各不相同。制造厂会根据各部件在运行工况下热膨胀的不同对各部件间的装配给出相应的预紧力（或间隙）要求。比如在受热膨胀后，外壳就不能压紧轴瓦，在转子剩余不平衡力作用下，轴瓦易发生振动。显然，轴瓦紧力的值与轴瓦大小、工作环境等有关。如300MW 汽轮机高、中、低压转子的轴瓦离各轴封的距离很近，轴承盖受轴封处的热辐射很严重，轴承盖的温度往往比轴瓦温度高 10～20℃，因此其紧力标准为 0.01～0.05mm。某 660MW 机组轴承为球面支承在瓦架（瓦枕）内，瓦架用大螺栓固定在轴承座内，因此轴承座大盖仅作罩壳作用，瓦架与轴承球面之间为 0.20～0.30mm 的间隙。

大盖紧力、瓦枕、衬瓦紧力的测量与间隙测量一样均采用压铅丝方法。测量时，在水平中分面前、后、左、右 4 角各垫厚度相等且平直的不锈钢垫片（厚度一般选用 0.5～1mm）。需要注意的是放在接合面上的垫片应尽可能靠近螺孔并放置在各螺孔连线上，即不要偏向内侧或外侧，如偏向内侧，紧螺栓时大盖会发生拱起，如偏向外侧，紧螺栓时大盖中部可能会造成下弯，两种情况都会造成测量数据失准。同理，压紧力（或间隙）时，螺栓紧力不可过大，否则会造成两垫片间的法兰面下凹，同样会影响测量的准确度，因为自然状态下的大盖重量足以将铅丝压扁，因此压铅丝时只要确认垫片被压实即可。测量被压扁的铅丝厚度，紧力值为垫片厚度与铅丝厚度之差。

紧力（或间隙）过大或过小，可通过调整轴瓦顶部垫块的垫片使紧力适当，同时应确保垫块 4 角紧力（或间隙）值一致，垫片不应超过 3 片，垫块必须与轴承固定牢固，防止因振动而发生移位，使紧力失去而引起轴承剧烈振动。上海汽轮机有限公司 600MW 及 1000MW 超超临界机组的径向轴承取消了顶部的球面垫块，以大盖与轴承两侧耳轴之间的间隙代之。检修中可直接以压铅法测量此间隙值。

（五）轴颈下沉的测量

轴颈下沉的测量是监视轴瓦在运行中的磨损量和轴承垫片及垫块变化的手段。测量时用各轴承在安装时配置的专用桥规进行，由于轴瓦及垫片的变化量极小，所以桥规应平稳地放在规定的记号上，用塞尺插入桥规凸肩与轴颈之间的间隙，塞尺片应不多于 3 片，以免测量误差过大。对于三油楔轴承，因上、下瓦组合后，需旋转 35°，所以无法用桥规监视轴瓦的磨损和垫块的变化。但下瓦顶轴油池的深度是监视轴瓦磨损的依据。另外，也可根据油挡洼窝与轴颈间的 3 点定位尺寸的变化值来确定轴颈的下沉值，但修前修后测量的位置应保持一致，以免造成误差。

（六）调整垫块接触面的检查和研刮

为了调整汽轮发电机组轴系中心，大功率汽轮机轴承均设有供调整用的球面或筒面垫块，如图 7-23 所示。因为垫块与轴承座接触的好坏，直接影响汽轮机的振动。所以，检修时应检查轴承垫块的接触情况，检查时一般先用塞尺检查，下半轴瓦的 3 块或两块垫铁在转子搁在轴承上时，用 0.02mm 塞尺片应塞不进。底部垫块在转子未搁在轴承上时，可以有不超过 0.05mm 的间隙，这样即使转子重量将轴承压变形，也可保证垫块受力均匀（对于大功率机组，特别是可倾瓦轴承，底部垫块在转子未搁在轴承上无需留有间隙，或用红丹检查时底部垫块的接触痕迹略淡于两侧垫块即可）。下瓦垫块若塞尺检查结果均无间隙，可取出轴承进一步用涂红丹粉的方法检查垫块与轴承洼窝的接触情况，接触面积应大于总面积的 75% 以上且分布均匀。垫块接触不符标准时，应进行研刮。当接触面存在 0.10mm 以上间隙时，可用锉刀或角向砂轮机进行粗刮。直到间隙小于 0.10mm 时，应复测油挡洼窝中心，并根据洼窝中心，改用刮刀精刮。具体步骤如下：

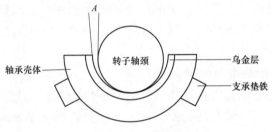

图 7-23　两垫块支承式轴瓦

（1）将轴承洼窝内清洗干净，用布团堵塞住进油口，布团不得外露。

（2）检查下瓦调整垫块（垫铁）应紧固好，将垫块清洗干净，在垫块表面涂抹用汽轮机油调好的红丹粉，再用白布轻擦表面，做到"留色不留粉"（也可采用蓝油）。

（3）将下瓦放入轴承洼窝内，两侧中分面旋入吊环，用撬棒在两侧轻撬轴瓦使其在洼窝内来回滑动（幅度以 2cm 为宜）10 次左右。然后将下瓦撬至水平，用行车吊出。

（4）观察垫块接触情况，对高点进行研刮。研刮后将垫块表面擦干净。重复（2）（3）步骤，直至垫块接触面积达标并确保接触点分布均匀。下瓦几块垫块应同时进行研刮，并防止研刮过量及研刮偏斜，使轴瓦位置歪斜和引起四角油楔不相等，使研刮工作走弯路，从而增加检修工作量和影响检修工期。当同时研刮下瓦 3 块调整垫块时，应计算出底部和两侧垫块的研刮量，同时结合联轴器中心、汽缸洼窝中心等情况，综合分析考虑。一般情况下，研刮工作与联轴器找中心工作同时进行。

垫块与轴承座接触质量全部合格后，可将底部垫片抽去 0.03～0.05mm 即可（可倾瓦无需此操作）。非 A 级检修期间，不宜进行垫块的研刮。因为转子未吊出，必须采用翻瓦的方式将下瓦取出，在翻瓦过程中垫块会与洼窝发生非同心碰磨，造成红丹印痕虚假。如必需则可用塞尺测量垫块间隙，并据此进行研刮，直至间隙合格。

（七）接触腐蚀的处理

轴承垫块与轴承座之间的接触，经过研刮，接触面之间虽然大部分面积已无间隙，但尚有小部分面积接触不会很密合，或轴承垫块与轴承座的装配过盈不够。当机组运行中发生振动时，垫块与轴承座出现时而接触时而脱开现象。此时轴电流就会对两接触表面产生电蚀，并出现金属熔化而形成表面光亮的凹坑，且表面硬度较高，这种现象通常称之为接触腐蚀。对于接触腐蚀的处理，一般分为两个方面，一方面是对轴承洼窝的处理，可对洼窝内的凹坑进行打磨，将表面硬化层磨去，然后进行冷焊焊补，对于铸铁轴承座可对凹陷处进行涂镀或喷涂，加工一表面光滑并与轴承洼窝吻合的磨坯，并将其在洼窝内完好部位进行研刮，使接触面积达 85％以上，再以其为基准研刮焊补或涂镀、喷涂部位直至接触面积合格。另一方面是对轴承垫块的处理，可将接触腐蚀部分的硬化层用砂轮机打磨掉，对照轴颈下沉值调整好垫块的垫片，将下瓦放入已处理好的洼窝内，对垫块进行研刮。

（八）乌金面接触面的研刮

轴颈直径小于轴瓦内孔直径，理论上轴颈搁在轴瓦上，其与轴瓦乌金面应是线接触，而轴颈与乌金面的接触面积是有明确要求的。一般来说其接触角度为 60°左右，一些大功率机组要求为 45°左右（以制造厂图纸要求为准）。在检修中应检查乌金接触角度是否符合要求，否则应进行修刮处理。特别是对于新换的轴瓦，其接触角度会明显小于设计值，因此乌金面的修刮是必须工序。乌金面修刮的方法如下：将轴瓦清洗干净后放入轴承洼窝内，在乌金面上涂擦调好的红丹粉，然后用白布轻擦，做到"留色不留粉"。放入转子，用检修盘车或钢丝绳盘动转子旋转 2～3 圈，吊出转子。检查乌金面与轴颈的接触印迹，用刮刀对高点进行修刮，反复多次，直至接触面积扩大至设计角度，并保证接触均匀。如果是新换轴瓦或旧轴瓦重新浇铸乌金，修刮量会比较大，可对新乌金面进行机加工车削处理后再进行研刮。乌金接触面修刮时应用胶带封住顶轴油孔，以免碎屑落入油道。修刮结束以后应按图纸要求（面积和深度）修刮好顶轴油池。修刮工作结束应用压缩空气吹扫轴瓦并吹净顶轴油道。

（九）轴瓦侧隙、油楔的修刮

从理论上讲，侧隙部位与轴颈并无接触，就算下部乌金磨损也不应有多大的变化，但是因为轴承自身刚度的原因及转子重量及振动的影响，轴承体在运行一段时间后会发生变形，如图 7-24 所示，从而造成侧隙 A 变小，当其小到超出设计要求后，就会造成轴承供油不畅、油膜不稳定等情况，这需要对侧隙部分进行修刮。另外，乌金面起皮、异物进入等原因会造成油楔部位挤压变形或堵塞。

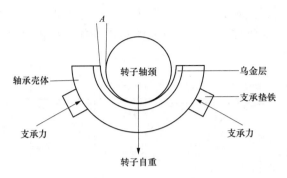

图 7-24　轴瓦受力分析

　　如前所述，当发现乌金面出油侧有高温印迹时，要考虑对轴瓦油楔部位进行修刮，修刮的目的有两个，一是增大油膜区域进油量，以加厚油膜，降低油膜温度；二是确保油楔部位的平滑，保证进油的稳定性。修刮时转子已经吊出而缺少测量基准，容易造成修刮量过大而侧隙增大不明显或修刮不足而造成侧隙过大甚至超出标准。因此，如何控制修刮量，同时保持侧隙部位的弧度及平整度需要重点关注。

　　根据多年检修轴瓦的经验，可以通过以下方法进行侧隙的修刮，如图7-25 所示。首先，以一侧瓦口（中分面处）位置处为基准，用内径尺测量至对边塞尺塞入点处的直线距离；然后，以刮刀从瓦口处起刀，横向逐层修刮，第一层宽度为 15～20mm，第二层宽度增加 15～20mm 并覆盖第一层，刮痕与第一层刮痕应交叉成网格状；最后，再以同样的方法修刮第三层，逐层向下直至乌金层与轴颈接触处，以此方法修刮不仅可以保证修刮后的平整度，同时也可保证弧度，以免造成局部地区塌陷，修刮好后以原先的测点为基准测量修刮量 ΔA 是否符合要求。一侧修刮好后再用同样的方法处理另一侧，从而保证 4 角侧隙均能符合设计要求。

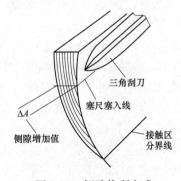

图 7-25　侧隙修刮方式

　　油楔部位的修刮与侧隙部位修刮方法类似，一般从中分面处向下修刮至 45°左右深度处，但油楔的形状为半椭圆形，如图 7-26 所示，呈两侧浅中间深、中分面处深，向下延展深度逐步过渡至零，以利于将润滑油聚拢并导向轴瓦下部以形成高压油膜。出油侧与进油侧一样修刮是为了加速高温润滑油快速排出。

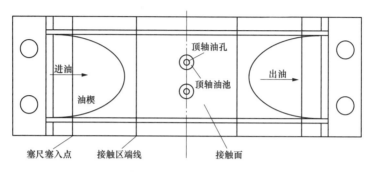

图 7-26　下瓦俯视示意图

（十）轴承合金的修补

轴承合金出现裂纹、碎裂、严重脱胎、密集气孔、夹渣或间隙超过标准时，可根据实际情况，采用局部补焊或整体堆焊的办法进行修复。修补时必须将裂纹、碎裂、脱胎、气孔、夹渣等缺陷，用小凿子轻轻剔干净，并用着色法探伤，查明确实不存在裂纹、脱胎、气孔、夹渣等缺陷的残留部分，然后用酒精或四氯化碳将修补区域擦洗干净。但必须注意，四氯化碳气体有毒，吸入过多，对人体肝脏有损伤，现场应尽量少用或采取防护措施。如乌金剔除区域已露出轴瓦本体，则须用电烙铁对露出部位进行挂锡，挂锡厚度应小于 0.5mm 左右，并与本体合金咬牢，挂锡前应用刮刀将挂锡部位表面刮光滑，并涂一点焊锡膏。

当修补面积较大时，为了使轴承合金与轴瓦本体互相结合得更好，可在补焊区的轴瓦本体上钻孔攻丝，加装一定数量的 M8～M12 材质为轴承合金的螺栓。补焊时，为了防止轴瓦温度升高，而影响其他部分轴承合金的质量，必须将轴瓦浸在凉水里，使补焊处露出水面，由熟练的气焊工用小火焰气焊枪进行施焊（以氢气为燃料较好）。

施焊应严格控制温度，并经常用手触摸，应没有很烫的感觉，即施焊处温度不超过 100℃；否则，应暂停片刻，用间断法进行施焊。配合钳工应及时配合用紫铜棒敲击凝固后的新补乌金，以防其冷却收缩造成脱焊及释放焊接应力。补焊时新旧乌金交界处易形成塌陷，必须考虑火焰方向并将熔液以高于旧乌金的方式引向并覆盖旧乌金。如乌金层缺陷较多，需重新浇铸或堆补乌金层，则应将上述"冷补法"改为"热补"，首先，将原乌金层全部剔除，将露出的本体部分清洗干净并将表面修刮光滑；其次，进行挂锡，挂锡完成后将轴瓦壳体加热至 80～100℃；然后，在焊锡层上分片、逐道堆补乌金，如壳体温度上升超过 100℃，则应暂停，并用紫铜小锤轻轻拍打已补好的乌金层一遍，待温度下降至手能放上后继续堆补，直至全部堆补结束；最后，用保温材料覆盖乌金层，待轴瓦缓慢冷却至常温后进行下一步的修刮或机加工处理。

轴承合金修刮或机加工处理后应放入轴承座并吊入转子，并盘动转子检查接触情况，直到符合标准为止。

当发现轴承合金有脱胎现象时应视脱胎情况进行相应的处理，如脱胎处面积不大且乌金层无开裂、变形拱起等情况，则无需处理，但应做好记录，加强监视。如脱胎面积较大并有明显拱起、脱胎处有裂纹或有碎裂现象，则应将脱胎处乌金剔除，重新进行挂锡、补焊，甚至是重铸、堆补乌金。

轴瓦是汽轮机组中最为精密和重要的部件，也是最容易过度检修和发生检修损坏的部件。在现场检修过程中损坏轴瓦的事例较多：如检修后轴瓦放偏造成瓦温超标、翻瓦时拉伤垫块造成振动增大、油楔部位落入异物造成温度超标并磨损了轴颈，甚至还有轴瓦放正造成瓦温超标（运行中温度正常，翻瓦检查发现轴瓦歪斜，组装时将其强制放正，结果开机后瓦温超标），很多火力发电厂检修中都遇到过类似情况，现场轴瓦检修损坏比运行损坏还多。如果轴瓦运行中的"温度"和"振动"两大指标均正常，就不要轻易开瓦检查甚至是翻瓦检查，以免破坏其磨合。

（十一）轴承油挡环检修

轴承油挡分为内油挡和外油挡。外油挡安装在轴承座端面上。内油挡安装在轴承外侧端面（也有两侧端面都安装内油挡），内油挡有两种形式，一种是固定式，另一种是浮动式。固定式内油挡一般采用单片式铝板或铜板制作，也有和外油挡一样，油挡体为钢板，内孔开槽镶嵌油挡齿。浮动式一般为采用中分面以螺栓紧固的两半式环状结构，安装在轴承两端的油挡槽内，以内孔挂在轴颈上，内孔以止动销防止其随轴转动，工作中内孔与轴颈之间形成油膜，从而起到阻止润滑油泄出的作用。目前大功率汽轮发电机组很多采用浮动油挡作内油挡，大大降低了外油挡环挡油的作用，从而减少了外油挡环的检修工作量。很多检修人员认为内油挡间隙大一点无所谓，反正油也是漏在轴承座内。其实这种观点是错误的，内油挡作为第一道"防线"，如果失守，外油挡漏油的概率将大大提高。

油挡环的检修在整个轴承检修工作量较大，特别是油挡间隙的调整要求较高，因为检修工艺稍有疏忽，很容易引起摩擦振动或漏油，威胁机组安全运行，因此，油挡环的检修工艺应严格执行。

轴承座上的油挡环多采用铸铝或生铁铸成，也有用钢板加工而成的。铸铝的油挡环上车成锯齿形齿，有些车成反螺旋齿，借助反螺旋作用将挡下的油向轴承室内流，以减少油的向外泄漏量。生铁或钢制的油挡环，一般均在槽内镶嵌铜齿，铜齿车得很尖，厚度一般为 0.10mm，齿与轴颈的间隙，各种类型的汽轮发电机所规定的标准差异很大。如 300MW 机组轴承油挡间隙标准：上部为 0.20～0.25mm；左右为 0.10～0.15mm；下部为 0.05～0.10mm。350MW 机组轴承油挡间隙标准：上部为 0.75～1.00mm；左右为 0.45～0.60mm；下部为 0.05～0.20mm。两种类型的机组外油挡间隙的差异如此大，主要取决于内油挡的密封性能和转子的结构，前者轴颈较短，内外油挡均靠近轴瓦，使轴瓦排油大量飞溅到内外油挡上，很易发生泄漏。后者轴颈较长，外油挡离轴瓦约有 200mm 左右的距离，且转子在轴颈和油挡处有较高的凸肩，加上排烟机的抽吸作用，使轴承室内形成负压，这些因素使外油挡不易泄漏。

油挡的泄漏，除了做准油挡间隙外，更重要的是要保证水平中分面接合良好、没有间隙，否则应研刮到该接合面无间隙。当油挡齿径向间隙小于标准时，可将齿尖轻轻刮去一些；反之，应更换油挡齿，重新车准间隙。当油挡齿无备品时，可自制油挡齿进行更换，其工艺和方法如下（见图 7-27）。一般油挡齿用厚度为 2～2.5mm 黄铜板弯制而成，先将黄铜板在剪板机上剪成宽度比油挡齿宽度放 2～3mm 余量的铜条，用氧-乙炔火焰将铜条加热到 500℃左右进行退火。然后将退火铜条一端嵌入弯齿盘的槽内，用螺钉上紧，将滚轮转到铜条端部，使铜条的另一部分嵌入滚轮的槽机扳动手柄，使滚轮沿圆盘转动。这样，铜条便被滚轧成弯的油挡环。在加工滚轧工具时，圆盘的外径应比油挡环内径小 10mm 左右，圆盘上槽的深度为铜条宽度的 3/4，滚轮上槽的深度为铜条宽度的 1/5，圆盘和滚轮上槽的宽度比铜条厚度大 0.10mm 左右。弯制成的油挡环直径比油挡体略大些，以便镶嵌在油挡体上。油挡环镶嵌时，先用木榧将铜条整平，外径弧边修光滑，然后用木榧轻轻打入油挡体槽内，最后用捻子在环的两侧捻打（工艺与镶汽封环类似）牢固。镶完后将水平接合面处的铜环端面研刮到与油挡体平齐。将两半油挡板组装到一起，把油挡环内孔在机床上加工到所需尺寸，同时将内孔部位车尖，其尖端厚度为 0.10mm 左右（中分面如无紧固螺栓可将其点焊在一起，加工完成后磨去焊缝即可）。装配油挡前应检查下油挡下部回油槽是否畅通。如果有堵塞则间隙再好都会发生漏油。油挡安装时应将接合面清理干净并涂抹密封胶，也可根据需要加装耐油纸垫。对于油挡螺栓与轴承室相通的螺孔，应将螺孔内侧用堵头密封。有些油挡对应的轴颈上会设置甩油环，油挡安装时一定要注意测量甩油环与油挡齿轴向的

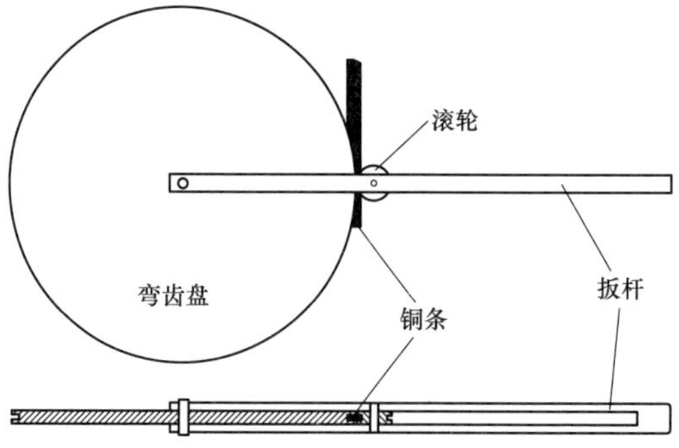

图 7-27　弯齿盘示意图

间隙，应符合转子轴向窜动要求，确保其运行中不会与油挡齿相碰。一般来说大功率机组的外油挡都比较重，安装下油挡调间隙时操作很困难，可制作安装于油挡中分面将油挡挂在轴承座平面上并可调高低的支吊工具，缓缓调整油挡板高低，直至下油挡间隙合格后紧固好螺栓再拆掉支吊工具。也可用千斤顶在下方顶住油挡板，并缓慢上抬，直至下部间隙合格，然后调整好左右间隙再紧上螺栓固定好。千万不要紧好螺栓后用锤敲击油挡板这种野蛮的工艺来调整间隙。

　　检修中应检查浮动油挡轴承合金无碎裂、脱胎等异常，表面光滑、无毛，装配后浮动环灵活、不卡。如果间隙略有超标可视情况不作处理，如超标过大可作更换。如果没有备品可采用与轴瓦类似的工艺对乌金层进行堆补、加工。浮动油挡环在槽内的间隙应符合标准，并需检查浮动油挡环有无瓢偏，如有瓢偏需作校平，以免其在槽内发生卡涩而失去随轴"浮动"的效果。

　　单片式铝板、铜板制作的内油挡板如果发生间隙超标，可利用金属的延展性通过手工捻打的方式来进行处理，如图 7-28 所示，用木榔从外缘向内圈拍打（图中黑圆点即为击打点），越向内侧榔击点越稀疏，板片会向图中箭头所示方向伸展，同时将其扣在轴颈上观察内孔与轴颈间隙是否合格，合格后将板片装在轴承上（如螺孔错位不能拧入螺栓可将螺孔锉成椭圆形）。将轴承扣在轴颈上，调整好内油挡板的间隙，也可将转子落入轴承，然后调整内油扫板间隙。调整好后将高出轴承中分面的地方与轴承中分面研平。上半内油挡板的处理同下半相似，不过调整间隙时转子应放入轴承，并应先于下半油挡板进行调整。将上半油挡板带上螺栓贴在轴承壳体上，测量并调整顶部间隙及两侧间隙，如两侧间隙超标，仍用上述方式捻打处理，如螺栓影响间隙的调整可用什锦锉修磨螺孔。间隙调整好后紧固好螺栓，将上瓦吊出，将高于轴承中分面的部分研平，然后再进行下半油挡的间隙调整。

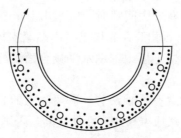

图 7-28　单片式油挡板捻打示意

四、常用轴承的检修特点

1. 三油楔轴承的检修特点

三油楔轴承的检修特点是轴瓦合金不可研刮。装配时有的三油楔轴承需翻转 35°，并放好防转销，该轴承严防装反装错，以免运行中因 3 个油楔位置改变而导致轴瓦烧毁。

2. 椭圆轴承的检修特点

椭圆轴承对装配位置的准确性要求甚高，尤其是轴瓦的水平位置，必须做到前、后、左、右 4 角间隙基本相等，不可有前后倾斜和左右歪斜现象。为了达到这一要求，除了用水平仪测量轴瓦中分面水平和用塞尺检查 4 角间隙外，还应在轴瓦全部装好后，开顶轴油泵做抬轴试验。试验方法：用一只百分表架在轴承座上，测量杆顶在转子上，开启顶轴油泵。当顶轴油压在 10MPa 左右时，轴应抬起 0.05～0.15mm，方算轴瓦装配无误。因为当轴瓦装配出现前后高低时，低的一端由于轴瓦底部与轴的间隙较大，顶轴油从该处泄掉，从而使轴顶不起。这样，在启动时由于轴瓦接触面积的减小，使高的一端轴瓦合金负载过大，将发生磨损或合金熔化事故。如某台 300MW 汽轮机由三油楔轴承改为椭圆轴承时，由于缺乏对椭圆轴承的装配经验，曾多次因轴瓦未放水平而发生轴承振动和合金熔化事故。

3. 可倾瓦检修特点

可倾瓦在支持环内可自由摆动，如图 7-29 所示（见彩插）。在揭去轴瓦大盖和松去支持环水平接合面螺栓后，应在上半支持环上的专用螺孔内，用 M12 长螺栓旋入可倾瓦块的螺孔，把上部的瓦块吊牢，并仔细检查瓦块是否吊牢固，防止吊起后瓦块落下而摔坏，确认无误后，方可用行车吊出上轴瓦。翻转后的下瓦应用同样方法吊出，轴瓦吊入后应及时用堵头将吊紧螺栓孔封堵好，以免运行中润滑油漏出。大功率机组的可倾瓦块一般由销钉或可活动压板挂在两侧挡板上，不会掉出，可不使用吊紧螺栓。

解体瓦块时应认清前、后、左、右的记号，并做好记录，以防装复时搞错。检查瓦块及支持环应光滑，无毛刺、裂纹等异常，接触良好。

组装时应将瓦块记号对准，将吊紧螺栓长度调整到基本相等，并尽量使瓦块靠近支持环。吊进轴承座前应在支持环球面等处加清洁汽轮机油。当发现上下轴承接合面有较大间隙时，应吊出上半轴瓦，检查图 7-30 中的 a、b、c、d 4 个间隙是否相等，瓦块是否已贴紧支持环等。待查明原因并已消除后，方可再吊，切不可用轴承水平接合面螺栓或其他方式强行压下去，以免损坏瓦块。

有些可倾瓦块上设置有顶轴油管，需要注意的是，可倾瓦块会随轴摆动，因此顶轴油管的连接应牢靠并有活动空间，否则一旦油管断裂或磨穿，则会发生烧瓦事故。

4. 发电机、励磁机（集电环）轴承的检修特点

对于发电机、励磁机轴承的检修，除了按轴承的一般检修工艺检修外，还必须测量轴承座与基础的绝缘电阻在 500V 电压下应大于 1MΩ。因此，轴承解体后，应将轴承座与基础之间的绝缘垫片及绝缘套管放在干燥通风的地方，必要时放在室温较高的管道层烘烤，使垫片内水分蒸发掉。装复

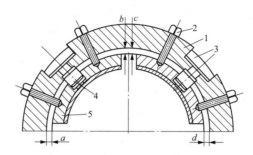

图 7-30 可倾瓦上瓦装配示意图

1—轴瓦支持环；2—临时固定螺栓；3—调整块；4—支点块；5—瓦块

时用干的清洁布擦干净，将绝缘垫装在垫块上面，垫片四周应比轴承座大15mm 左右，以防掉下的垃圾使轴承座接地，导致轴承含金产生电腐蚀。如果绝缘电阻值不合格，应将绝缘垫片取出重新烘烤和擦拭，并逐只检查地脚螺栓的绝缘套管是否完好、绝缘电阻是否合格，直到排除故障。

大功率汽轮发电机组的发电机轴承一般设置在发电机两端定子端盖内，因此也称端盖轴承。它除了与其他轴承相同的检修工艺外，其大盖水平接合面螺栓必须先用规定的力矩初紧，然后用加热棒加热后热紧 $110°±10°$。另外，应用 500V 绝缘电阻表测量轴承垫块的绝缘电阻，其值应大于 $1MΩ$。轴承顶部垫块与端盖的配合间隙为 $0.12～0.45mm$，不符合标准时，可增减调整垫块的垫片。顶部垫块与轴瓦底部垫块一般多采用双层绝缘结构。并在中部连接有外引线以检测轴瓦与端盖间的绝缘，如图 7-31 所示（见彩插）。该型轴承的外油挡也有绝缘要求，其接合面垫片为专用绝缘垫片，螺栓也采用绝缘套管和绝缘平垫圈。

励磁机轴承相对其他轴承直径较小，多采用圆筒形轴瓦（大功率机组多采用可倾瓦）。如上海汽轮机有限公司厂 300MW 双水内冷机组，内孔径约为150mm，励磁机转子与发电机采用半挠性（波纹管）联轴器连接。轴瓦顶隙要求为 $0.185～0.215mm$，检修实践中发现该间隙值公差过小，很难确保其符合标准，根据经验值控制在 $0.185～0.29mm$ 可保证其稳定运行。

现代大功率机组多采用单轴瓦支承的集电环，轴瓦多为可倾瓦。经调查集电环轴承振动大为共性问题，这主要是因为安装、检修中未充分考虑其结构特点，在很多方面考虑不周造成的。主要有以下几个方面：

（1）轴颈晃动度超标。根据设计要求，集电环与发电机转子联轴器螺栓（内六角螺栓）应先以规定的力矩进行初紧，然后以"只能紧不能松"的方式调整轴颈晃动度，调整好以后对螺栓进行防转保险。现实中很多检修单位并不能做到这一点，而是按"宁紧不松"的老思路将螺栓拼命上紧，造成晃动度超标。

（2）集电环底座与转子的平行度不合格。因为该型轴瓦垫片为圆筒形垫块，底座与转子平行度不良意味着轴瓦与转子平行度不良。

（3）上瓦油隙不一致。因为可倾瓦上瓦瓦块为松装式，用压铅法测量油隙时不同位置铅丝厚度不一样，需计算出平均值，因此在取点及计算时会发生错误。

（4）轴承负荷不正确。因集电环为单轴承支承，找中心时比较麻烦，张口的测量一般采用塞尺测量，因手感不同而会产生误差。如果采用假瓦，也会因联轴器端的晃动产生误差，如果联轴器连接后晃动度也未调整好，则造成的影响就会很大。实践操作中可在联轴器安装成功后通过测量轴颈下沉值来调整轴承标高，此方法可操作性更强、更可靠。

（5）转子与轴承座在水平方向的平行度不良。这是很多人最容易忽略的内容。可通过测量轴承座前后侧油挡洼窝的方式来进行调整。

（6）轴瓦单边受力。可通过在轴瓦前后侧轴颈上架表，通过翻瓦检查的方式来观察轴瓦放入后轴颈是否发生左右偏移。

综上所述，集电环轴瓦检修中应考虑的因素远远多于普通汽轮机轴瓦，有一个因素存在隐患都会造成轴瓦运行工况不良。

5. 推力轴承的检修特点

推力轴承是汽轮机在运行时承受全部轴向推力的部件，一旦发生烧毁事故，可能使通流部分、动静部件发生碰擦，造成严重损坏。由于对推力的计算方法还不够完善，很难精确地计算出汽轮机在运行中可能产生的最大推力和推力轴承所能承受的最大推力。因此，除了如上所述轴承常规检修外，还应根据推力轴承的特殊性进行检修。

（1）测量瓦块厚度。推力轴承的承力面是一个与汽轮机轴线相垂直的光滑平面，各瓦块在运行时承受的推力应基本一致。因此要求各瓦块厚度应相等，其误差应小于 0.02mm，这里所说的厚度并非是瓦块体的厚度，而是乌金面至背后支承点的厚度，瓦块背面的支承点有筋条式、球面式两种形式。检修中应将推力瓦块乌金面朝下平放在精密平板上，如是筋条式，则应测量筋条两端高度差；如是球面接触则测量各瓦球面高度，当同一瓦块或各瓦块厚度误差大于 0.02mm 时，应进行研刮。每块瓦块的乌金接触面积应大于总面积的 75%，否则也应研刮。推力轴瓦支承环应平整、无变形，其与瓦块接触部位应无凹坑。有些推力瓦支承环采用均压块结构，当某块瓦块受力较大时就会发生退让，并通过背部均压块将相邻瓦块顶向受力方向，从而使各瓦块承力一致。因此，采用这种结构的推力瓦对瓦块厚度差的要求可适当放宽。检修实践中可通过观察各瓦块乌金面接触情况来分析其受力是否一致，如一致则无需调整瓦块厚度。

当推力轴瓦磨损严重、接触不均匀或更换备品时，应进行瓦面研刮。研刮工作一般分以下三步进行。首先，将瓦块分别放在平板上检查和研刮，使接触面基本达到要求。其次，将瓦块按编号组装在瓦座或支承环上，使瓦面紧贴精密大平板，同时将另一块精密大平板压在瓦座（球面座侧外）或支承环上，在圆周四等分处测量两平板的距离，若四点距离相等或差值小于 0.03mm，则证明瓦块平行度良好。但测量时必须在上面的平板中心施加压力，使各瓦块紧密贴合，否则因瓦块贴合不良将导致上平板倾斜，测得距离误差太大，达不到检查研刮的目的。按照测得的数据，掌握各瓦块的研刮量，如此反复检查研刮，直至符合标准。最后，将研刮好的推力瓦及其部件清洗干净，装入轴承室内，将转子向被检查的推力瓦一侧靠足，使瓦块紧贴在推力盘平面上，盘动转子，然后取出瓦块，检查接触情况。若接触不良，应查出原因后再决定研刮与否。一般来说，推力瓦经过第一、二步检查研刮后，在转子推力盘上复核，接触情况是好的。但也有个别瓦块接触略差的情况，只要稍加修刮，即可达到要求。

（2）推力轴承座及推力瓦定位机构检修。推力轴承座有多种形式，有固定式轴承座、球面轴承座及活动式带定位机构的轴承座几种。固定式轴承座分上、下两半，通过推力瓦壳体外圆两侧凸肩插在轴承座的槽道内，凸肩外侧有调整环用以调整推力轴承的轴向位置，如图 7-32 所示（见彩插）。球面自位式推力轴承通过其外缘球面与轴承座球面洼窝配合，以实现运行中的自位能力。一般来说径向推力联合轴承也大多采用这种结构，如图 7-33 所示（见彩插）。上海汽轮机有限公司 TC4F 机型 2 号径向推力径向联合轴承就采用了如图 7-34 所示形式（见彩插），这种推力轴承结构简单、紧凑，但需注意的是推力瓦的轴向定位是由径向轴承的球面中心确定的，球面座安装好以后推力瓦的轴向位置就不好调整，如果汽缸轴向间隙不合格则需通过调整汽缸轴向位置来调整轴向间隙。日常检修时翻瓦操作需谨慎，因转子冷却收缩过程时间较长，检修时转子应该还处于缓慢收缩的过程中，发电机端转子重量远大于调节阀端转子，因此调节阀端推力瓦块受力较大，下瓦不易翻出，可启动顶轴油使转子浮起，直至两侧推力瓦块都处于不受力的松动状态，停掉顶轴油，用假瓦顶起轴颈，再进行翻瓦操作。下瓦翻出后应尽快进行检查、检修工作，结束后立即将其翻入，因为转子还处于收缩状态，一旦转子轴向位置发生改变下瓦球面就很难进入球窝，如强行用钢丝绳拉入有可能损伤球面接触。同理，下瓦翻入球窝后应检查两侧推力瓦块有无受力，只有在两侧瓦块都松动的情况下才能证明轴瓦已正常落入球窝，此位置也即推力轴承的轴向定位。此时，可测量两侧轴向插板间隙并配好插板，插板不可太松，否则会发生轴向窜动，也不可太紧，以免影响下部球面的自位功能，以能用手按入、拔出为宜。

球面座接触情况的好坏，影响瓦块受力的均匀性和各瓦块的温度。如某台 300MW 汽轮机在运行中出现上、下瓦块温度偏高，而在检修解体检查推力瓦块接触情况时，未发现异常，但当检查球面座接触情况时，发现紧固水平中分面螺栓后顶部与底部有脱空现象。当松开中分面螺栓后，球面座接触良好，但上、下中分面有张口现象，经过研刮后，张口消失。机组投运后，各瓦块温度正常。所以垫块球面与球面座的接触面应认真检查和研刮。

还有一种推力瓦其壳体通过两侧的凸肩挂在轴承座上，壳体在瓦座上可轴向自由移动，其轴向定位由安装在瓦座上的定位机构确定，如图 7-35 所示。

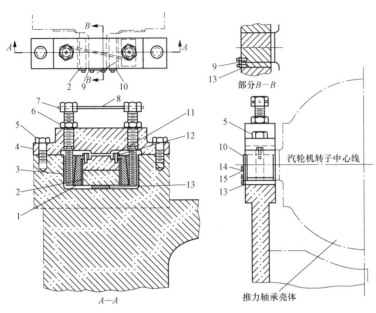

图 7-35　推力轴承定位机构

1—固定楔块；2—垫片（垂直）；3—可调楔块；4—座架盖；5—座架盖固定螺钉；
6—锁紧螺钉；7—调整螺钉；8—锁紧线；9—板；10—垫片（垂直）；11—楔块固定螺钉；
12—锁紧垫圈；13—垫片（水平）；14—垫片止动螺钉；15—垫圈

推力轴承由固定楔块 1 固定，可通过调整螺钉 7 的转动，而使可调楔块 3 上下移动，以带动轴承外壳沿垫片 13 滑动，从而调整轴承壳体的轴向位置，以保证转子在汽缸中的正确位置。调整螺钉每转动一圈，轴承壳体轴向位置改变 0.102mm。在推力轴承座的每一侧，均有一对调整螺钉和固定楔块，在进行调整时，轴承座两边的调整螺钉转动量应相同，同样，前、后楔块也必须改变相同的量，但方向相反。在壳体一端的一对楔块给定了转子正确的轴向位置后，另一端的一对楔块也必须嵌紧，以防止壳体在轴承座内轴向移动。这种可调定位机构的结构，在安装检修时易于拆装。在进行调整时，应向轴承供油并投入盘车装置。调整好后，应通过开在轴承座端盖上的孔，用轴端测微计来检查位移量。

（3）温度元件的检查和更换。推力轴承测温元件是监护推力轴承安全运行的重要手段。目前，大型汽轮机多数采用测量瓦块轴承合金温度的监护方法。该方法是在瓦块的外圆边缘上，向内圆方向钻孔装设热电阻测温元件，测量瓦块温度。测温元件通常是外购定型产品，可按各机组推力轴承的结构选购。测温元件直径一般为 5mm，长约 50mm，钻孔直径应比元件轴直径大 0.10mm 左右，孔的深度以元件能全部埋入孔内为准。钻孔必须与瓦块平面平行，孔的外径离瓦块轴承合金工作表面 2～3mm，切不可钻穿和距工作表面太薄。孔内铁屑必须清理干净，并用酒精或四氯化碳将孔清洗干净。测温元件装入孔内后应固定牢靠，元件引出线必须用塑料套管保护好，用专用夹子夹紧，以防扣轴承上盖时压坏。为保证质量，轴承扣盖后应立即测试，发现线路不通，应立即揭盖查明原因后再扣大盖。

五、轴承的组装

轴承组装工艺的好坏是关系到机组检修质量好坏的重要环节之一。实践证明，由于装配工艺不当，导致轴承合金熔化的事故常有发生，所以严格执行轴承的装配工艺是保证汽轮发电机组检修质量的关键。一般来说，轴承装配应按下列工艺和工序进行。

1. 轴承室和进出油孔的清理

汽轮机油用来冷却、润滑轴承和控制调节系统，因此对汽轮机油的纯净度要求很高。如 350MW 汽轮机滤油时，滤网上的杂质要求每小时不大于50mg，所以轴承室内不应残留任何工具、杂物和纱头、布屑。清理时应先用海绵将轴承室内的油吸干，然后用拌好的湿面粉团粘去轴承室内和进出油孔内的铁屑和垃圾。对于 300MW 汽轮机轴承座，应打开左、右两侧的手孔，将内部的杂物清理干净，最后用无毛边的白布检查，白布上应无黑色"锈斑"等脏物，经质检验收合格。

2. 轴瓦、球衬、球面座等部件检查

对于轴承的各部件，组装前应逐项逐件进行检查，各零件上应无毛边、棱角、翻边、凸起等现象。每吊装一零件均应用压缩空气吹清，然后用黏性好的湿面粉团粘去微粒垃圾，最后用白布检查应无脏污痕迹。并特别注意死角的清理，如调整垫块螺栓内六角孔等处，往往积满垃圾并被疏忽。

3. 核对各零件组装位置

轴承零件吊装应按顺序逐件进行，同时核对零件上的记号，前后、左右切不可装反、装错和漏装。吊入前应在每个零件接触面间加清洁汽轮机油，装入时灵活不卡，扣轴承大盖时，必须先上紧对角定位螺栓，然后再上紧其他螺栓。

4. 全面复查各零件的装配情况

轴承各零件组装完后，扣轴承大盖前，应对轴承室内全部零件逐一进行复核。如各螺栓的保险应完整、无缺，浮动油挡环应灵活、不卡，防转销装配位置应正确，定位销不应装错，轴瓦应无错位，各堵头及其他包扎物应不遗漏在轴承室内，胀差、轴向位移、测温元件等性能应良好，技术记录应齐全并确保正确、无误等。一切确认妥当后，方可正式扣轴承大盖。大盖扣下时，应能自由地落下（吊车缓慢放下），发现卡住或憋劲，应吊出并查找原因后再装，切不可用螺栓强行压下去，以防损坏设备或发生装配错误。

如某电厂 300MW 机组 A 级检修后扣第八、九轴承大盖，当上盖放到离水平中分面尚有 30mm 左右距离时，上盖卡住放不下，采用撬棒撬、紫铜棒击等措施均无效，工作人员便用接合面螺栓强行压下。机组启动后发现第八轴承振动，轴承温度升高。紧急停机，解体第八轴承，发现该轴承顶部防转销前后位置装反（防转销上、下错位），当轴承大盖强行压下时，防转销使轴瓦扭成前低后高的倾斜状态，使轴瓦受力不均，润滑油从低端流掉，承力部分得不到润滑和冷却，使轴承合金磨损和熔化。这次事故暴露了三个问题：①装配工艺差，发现大盖放不到底，不查原因，强行压下去；②制造、安装、检修工艺差，上下错位的销子孔未处理，只是用错位的销子去凑合；③检修人员对错位的销子，既不处理又不做好记号，装配时又不查一查如何装才算正确。

5. 核对胀差、轴向位移和各测温元件

轴承组装基本结束时，应由热工仪表人员对轴承室内的胀差、轴向位移等表计进行核对，核对的数据由汽轮机检修人员用内径千分尺测量联轴器平面到轴承端面的距离，经专职技术人员现场复测，两者测量误差应小于 0.02mm，并以此距离换算到热工表计应有的读数。然后，以书面方式提供给热工人员，凡不符合该读数时，由热工人员进行调整。另外，对于轴承室内其他测点，亦应一一查对校验，确认无误。如某电厂 N300-16.18/550/550 型汽轮机 A 级检修中，因检修人员提供的转子初始位置错误，使高压缸胀差定位值发生错误，机组投运后胀差保护动作，机组脱扣停机。经过 5 天盘车冷却，揭开轴承大盖，复测转子轴向位置尺寸，发现了 A 级检修中测量数据错误，使热工胀差"0"位定值错误。当按照重新测得的转子轴向位置尺寸定胀差"0"位后，机组重新启动，胀差值恢复了 A 级检修前水平，一切正常。

6. 装复轴承盖上的元件及抽油烟管

轴承大盖扣好后，应及时通知热工人员装复大盖上的测振、测温元件。组装时应核对记号，按编号装复，不得装错、装反和漏装。如某电厂 350MW 机组 A 级检修后，启动升速中发现第 2 轴承处振动值超限而脱扣停机，当拆开检查时发现测振头（接触式）磨损，原因为测振头装配位置不准确，纠正后再次启动，一切正常。又如，另一台 350MW 汽轮机 A 级检修后启动油泵进行油冲洗时，发电机前轴承上盖喷油，原因为测振装置未装。轴承盖上的抽油烟管可确保轴承座内产生一定程度的负压，以防止油挡处向外漏油，因此需及时装复，油管上的阀门开度应调整至与修前一样。有些轴承大盖上装有透气管，这是为防止轴承座内因温度上升产生正压，应保证透气管畅通无阻。

7. 清理检查各轴承座疏油槽、疏油管

轴承检修工作结束后，应及时将轴承座周围的疏油槽、疏油管清理干净，吸去槽内存油。用压缩空气将疏油管内垃圾及油垢吹清，保证疏油管畅通。当疏油管不通时，应查明原因疏通。由于疏油管不畅，因而漏油、跑油，并引起的火灾常有发生。

第五节 氢 密 封 瓦

目前大功率汽轮发电机多为水、氢、氢冷却系统。定子绕组为水内冷，其转子绕组和定子铁芯均为氢气冷却。氢气是一种良好的冷却介质，但有氢冷发电机漏氢将降低发电机的冷却效果，影响机组出力，增加发电成本。更为严重的是，如果氢气泄漏严重，很有可能造成火灾，甚至引起爆炸事故。所以，氢冷发电机必须安装轴端油密封装置，其作用是防止氢气沿轴端泄漏，阻止外部空气进入发电机，同时也防止因油压过高而导致发电机内大量进油。

轴端油密封装置本体为黄铜或钢制作的圆环，内孔表面浇铸轴承合金，它实际上与浮动油挡类似，是利用径向和轴向的油膜来封闭氢气的外泄的，因其与轴颈之间是通过油膜建立滑动摩擦，其原理和径向轴承基本一致，故也将其称为密封瓦。常用密封瓦分为环式密封瓦和盘式密封瓦两大类。目前，汽轮发电机组环式密封瓦多采用单流环式（见图7-36）或双流环式（见图7-37）密封瓦，这两种密封瓦的差别在于单流环的密封油不分氢侧和空侧都回主油箱；双流环密封油系统空侧与氢侧密封油是独立的，另外，在氢侧密封油和空侧密封油之间多了一个压力平衡阀。大功率机组采用的环式密封瓦多为双流环式密封瓦。

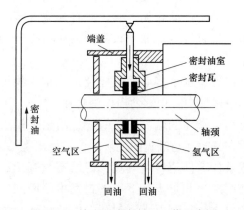

图 7-36 单流环式密封瓦工作示意图

由于氢气外泄易引起爆炸等重大事故，所以氢密封瓦的工艺要求非常高。另外，密封瓦本身并不能独立完成密封功能，其工作与密封油系统密不可分，并与支座配合以实现运行中的密封功能。下文重点介绍大型汽轮发电机配套的双流环式氢密封瓦检修一般工艺。

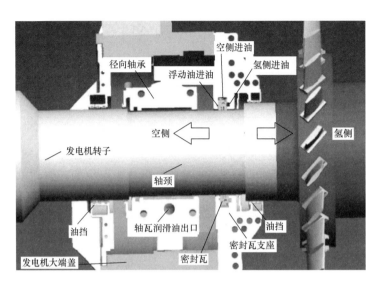

径向轴承　浮动油进油　空侧进油　氢侧进油

空侧　氢侧

发电机转子　轴颈

油挡　轴瓦润滑油出口　油挡　密封瓦支座

发电机大端盖　密封瓦

图 7-37　双流环式密封瓦工作示意图

一、氢密封瓦的解体

（1）发电机氢密封瓦检修前，必须将发电机氢气排尽，并将发电机上的人孔门打开，由专人用检测仪进行测量，确认无氢气残留，同时停运润滑油系统、密封油系统，停止盘车，方可开工。

（2）拆发电机端盖外侧油挡，将密封瓦支座与上端盖的连接螺栓拆除（如径向轴承顶部压块妨碍螺栓拆卸应将其先行拆出），开上端盖人孔，检查端盖内侧上、下半接合面有无连接，如有则应进行拆卸。如氢气冷却器妨碍人员操作则应将氢气冷却器先行吊出。然后松开端盖与定子接合面螺栓，吊去上端盖。

（3）拆卸密封瓦支座水平接合面螺栓及定位销，找正重心，缓慢吊出上半支座。注意起吊过程中防止憋劲损伤密封瓦。

（4）松去密封瓦与端盖的端面连接螺栓，吊出上端盖。拆去励磁机侧上端盖人孔门，拆去密封瓦与端盖的连接螺栓，吊出上端盖。

（5）检查并记录各零件记号，测量、记录密封瓦上、下、左、右径向间隙，在中分面处用塞尺测量上、下半密封瓦中分面间隙。拆卸中分面紧固螺栓及销钉，取出空、氢侧上半密封瓦。然后将下瓦翻出。取出的密封瓦应平放在垫有软性衬垫的专用检修平台上，同时要注意轻拿轻放，以防千万密封瓦变形。

（6）在下半支座中分面上安装好检修用假衬瓦，然后拆除下半支座与下半大端盖的连接螺栓，将下半支座翻转 180°，松开其与假衬瓦的连接螺栓，将其平稳吊至检修场所。

（7）有些密封瓦支座与端盖之间设置有环状过渡板（过渡板安装在端盖端面上，密封瓦支座安装在过渡板上）密封瓦支座拆卸后应将过渡板也拆下。

二、氢密封瓦的检查和修理

（1）氢密封拆下后应用酒精或洗涤剂清洗干净，用肉眼进行宏观检查，瓦面应无压伤、凹坑、磨损、毛刺和变形。然后，用着色法探伤检查瓦面轴承合金，应无裂纹、气孔、脱胎等现象。瓦面毛刺、棱角等应用细油石修光。

（2）将上、下密封瓦合在一起，用百分表测量水平中分面前、后、左、右错口，应小于 0.02mm，上、下接合面间隙应小于 0.03mm，且接触良好，接触面积应占总接合面 80％以上。

（3）检查水平中分面定位销应无弯曲、咬毛。用红粉检查接触面积应占总接触面积 80％以上。打入定位销后，密封瓦错口等无明显变化，且符合标准。

（4）清理检查密封瓦上各油孔，应清洁、无垃圾，各孔均畅通。

（5）密封环必须放在清洁橡皮垫或海绵垫上，绝不可与硬质物体相碰。

（6）检查密封瓦支座各接合面，应无拉毛、凹坑、磨损和变形，各油口 O 形密封圈是否有老化、变形、开裂等异常。密封瓦检修周期较长，原则上各密封圈均应更换。

（7）用压缩空气吹扫支座上各油孔、油道，确保其畅通、清洁。

（8）密封瓦中分面应无间隙，否则应进行研磨处理。

（9）密封瓦支座与端盖的接合面一般采用专用绝缘垫片，应清洁好接合面并备好垫片。如无专用垫片可采用经绝缘清漆处理的（华尔卡）耐油纸板，按样板分别制作机侧和励侧的密封瓦纸板垫片，并制成整圈无接缝的垫片，即将接口处应做成公母相配的"燕尾槽"式或"圆孔"式结构，以增强密封效果，如图 7-38 所示。

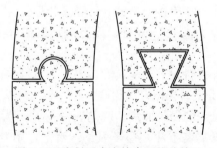

图 7-38　密封瓦支座接合面垫片接口

（10）检查清理端盖油挡，将油挡齿刮尖，疏通下油挡中部回油孔。

（11）清理、检查各紧固螺栓绝缘套管及垫片，损坏的应作更换处理。

三、密封瓦的间隙测量

（1）测量前12h应将密封环和内、外径千分尺等测量工具与转子放在同一地点，以便被测物和工具的温度保持一致，便于对测量间隙的修正。

（2）密封瓦和量具禁止放在日光下照射或在高温环境下受到热辐射。

（3）测量时密封瓦应清理、干净，放平放稳，保持环境清洁。测量工作应由熟练技工进行，测量时不要搬动密封瓦。

（4）测量前应对内外径千分尺校正"0"位，并用内、外径配合互校，确认两者读数一致。严禁用不符合精度要求的工具进行测量。

（5）由于密封瓦加工精度高，它与发电机转子的径向间隙要求在$0.23\sim0.28$mm（应按制造厂提供的标准），用外径千分尺测量轴颈直径后应用内径千分尺校验其读数。同理，用内径千分尺测量密封瓦内径后也应用外径千分尺校验其读数。测量内、外径都应在周向取4点以上测量，既可保证其准确性也可发现是否存在失圆现象。

（6）测量密封瓦轴向间隙时，应分别测出密封瓦厚度及密封瓦壳体槽的宽度，并分别将密封瓦与壳体在圆周方向上分18等分。测出每等分线上沿半径方向3点的值（共36个值），求出算术平均值，然后将密封瓦放入壳体槽内进行临时组装，用4把塞尺把密封瓦轴向塞紧，用塞尺在轴向每侧测量18点，求出算术平均值，与上述测量比较，误差应小于0.03mm。

四、氢密封瓦的组装

1. 组装准备

（1）检查密封瓦处转子轴颈，应无毛刺和高低不平现象，用细油石研磨光滑；或用长条精细砂纸浇上润滑油绕在轴颈上来回拉动进行研磨。轴颈的椭圆度和锥度应小于0.02mm，表面粗糙度应为$1.6\sim3.2$。

（2）检查密封瓦壳体应清理、干净，接触平面光滑、无毛刺。密封瓦应清洁，各油孔均畅通。

（3）将支座油孔与端盖接合处的0形圈安装到位。

（4）各油挡齿整修光滑、平直、无毛刺，齿尖厚度应小于0.15mm，齿顶应刮尖。

（5）组装前仔细查对记号，前、后、上、下不可装错、装反。

2. 下半密封瓦支座（壳体）的组装

（1）将垫片和端盖的密封面用清洗剂洗去油渍及垃圾。

（2）在垫片及下端盖上涂一层环氧绝缘清漆，用专用样板压紧24h以上，使垫片固定在端盖上。

（3）拆除样板。对密封油孔进行修正，防止阻塞油孔。

（4）将下半支座倒扣在轴颈上（轴颈上垫好环氧板或塑板，以防损伤轴颈），在轴颈下部向上将假衬瓦安装在支座中分面上，然后缓慢翻转下支座 180°，推动支座使接合面靠在一起，打入定位销，在螺孔内插入绝缘套管，装好绝缘垫片，拧入紧固螺栓并按合理的力矩紧固好。拆掉假衬瓦。

（5）放入密封瓦下半瓦，检查径向和轴向的接触情况，不符合要求者应进行研刮，直到接触面积占总接触面积的 80%以上，然后用塞尺测量径向和轴向间隙，并与组装前测得的间隙进行比较。不符合质量标准时，应查明原因，消除后才可继续组装。

（6）放入密封瓦上半，中分面插入定位销并紧固螺栓，用塞尺检查中分面应无间隙。

（7）测量密封瓦壳绝缘，并经电气专职人员验收合格。

（8）测量调整油挡间隙应符合如下标准。下部间隙为 0.05～0.20mm，左右间隙为 0.45～0.65mm，顶部间隙为 0.75～1.00mm（根据制造厂标准）。

（9）用力矩为 490～588N·m 的力矩扳手将密封面螺栓正式紧固。

（10）对于设置有过渡板的密封瓦，应在步骤（4）之前装复过渡板。过渡板的安装与支座端面类似。

3. 上部密封瓦的组装

（1）将上半密封瓦壳体清理干净，各油孔应畅通，密封端面光滑、无毛刺。

（2）上半密封瓦壳体端面及垫片应涂环氧绝缘清漆，并用样板压牢。

（3）吊入上半支座，中分面打入定位销并紧固好接合面螺栓，用塞尺检查中分面，确保无间隙。

（4）吊进上端盖（注意：吊入过程中应距垂直接合面一定距离，接近水平接合面约 5mm 将其向垂直面推拢，以免损坏支座密封垫），并检查垂直和水平接合面间隙应小于 0.03mm。

（5）用力矩为 617～755N·m 的力矩扳手，初紧外端面上 M72 水平接合面螺栓；用力矩为 1656～2029N·m 的力矩扳手，紧固内端面上 M36 的水平接合面螺栓；用力矩为 882～1078N·m 的力矩扳手，紧固 M36 的垂直接合面螺栓；各螺栓按要求上紧后，复测水平和垂直接合面间隙，0.03mm 塞尺片应塞不进。

（6）用力矩为 490～588N·m 的力矩扳手，紧固上密封瓦壳体与端盖的垂直接合面螺栓。

（7）用棒状工具通过专用的螺孔拨动密封瓦，检修其活动情况。然后用旋入堵头螺钉封死检查孔。

注意：应根据设备实际情况，采取适当的方法，做密封瓦的活动试验，以检验密封瓦的安装质量。

第六节　轴承损坏原因分析和改进措施

轴承的损坏主要有三个方面：制造质量不良、运行中损坏和检修中的损坏。本节内容根据检修实例对轴承损坏的原因及采取的措施进行分析。

一、制造质量不良

一般来说这种情况不多，主要表现为气孔、夹渣，对运行不会有明显的影响，检修实例中一般作让步接收处理。

二、运行中的损坏

1. 运行中断油

根据前文介绍可知，汽轮机的轴承是以油膜为承力运行的，运行中一旦发生断油事故，失去了油膜，轴瓦乌金层由于磨损产生的高温会瞬间熔化，此事故情况下会造成整台机组所有轴承受损。因此，对于此类事故造成的轴瓦损坏只能通过更换备品轴承或重新浇铸乌金层再进行机加工的方法处理。处理后轴承放入轴承座内应测量轴颈油挡洼窝三点径向尺寸，并与最近一次修后数据进行对照并调整，这样可在不开缸的情况下恢复轴系至前一次修后状态，不至造成轴系中心破坏（由此可见检修中测量油挡洼窝的重要性）。

2. 顶轴油管断裂

一般来说大功率机组的轴瓦都会通入顶轴油，启停过程中提供顶轴油，运行中检查油膜压力。一旦顶轴油管断裂，会造成油膜失压，甚至不能形成油膜，从而造成瓦温上升，直至报警跳机。这种事故一般只会造成单只轴瓦烧损。对于此类事故造成的损坏，如乌金层已大面积熔损，则应更换备品轴承或重新浇铸乌金层再进行机加工的方法处理。如乌金层仅仅起皮，可通过修刮乌金层的方法进行处理，处理后仍应对照最近一次修后油挡洼窝数据并进行调整。

3. 运行中受长期振动影响造成脱胎、碎裂

可根据实际情况更换轴承或对乌金层进行全部重浇或局部挖补。

4. 运行中因振动或轴电流影响而造成轴承垫块受损

该种情况除轴承垫块受损外，对轴承洼窝内对应位置也会造成损伤，特别是电腐蚀。对此只能通过重新研磨垫块接触面的方法进行修复。如洼窝也需修复，可先将轴承错开一定角度研刮垫块（使垫块不要与受损的洼窝接触），然后对受损洼窝处进行修补并作出处理，再以研刮好的垫块为基准对修补处进行研刮。

5. 运行中油质不良

这是轴承在运行中受损最为普遍的情况，当润滑油中的硬质异物进入时，

会在乌金面上留下周向拉损，如果硬物嵌入乌金层甚至会造成轴颈严重磨损（笔者就曾遇见块状钢块进入轴瓦并嵌入乌金，将轴颈磨成搓衣板状的情况）。由此可见润滑油清洁度的必要性。对于此种情况的轴瓦，如损伤不严重，可将拉毛处用刮刀稍作修刮即可，如损伤较为严重，应对拉出的槽道进行堆补乌金，然后再修刮平整。更严重的则应更换备品或重浇乌金。修刮乌金面时应将嵌入的硬质异物剔出，有些异物较细小，肉眼不易看出，修刮时可通过手感的不同进行甄别。

6. 检修中的损坏

前文中已介绍过，轴承的检修过程中要慎之又慎，因为很多轴承的损坏是在检修过程中造成的。一般来说有以下几种情况。

（1）因为多次检修，轴瓦下部垫块厚度大于两侧垫块厚度，造成翻瓦检修中下瓦难以翻出，于是采用钢丝绳硬拉，造成垫块、洼窝拉毛、拉损，如果不注意还会损坏顶轴油接头、温度元件信号线缆。如果采用铜棒敲震，也会造成接合面受损。而且这种情况下即便将受损处修复也不能保证翻入时不会再次造成损坏，一旦损坏，还会造成下瓦不能正常就位以及运行中自位能力不足。因此，针对该种情况，笔者建议如非必要，不宜作翻瓦检查。（仅针对"时间长了，翻出来看看"）如确需翻瓦检查，在过程中应注意力度，发现卡涩可适当抬高轴颈或在左、右方向用千斤顶支顶轴颈，但不可过量。另外也需注意：翻瓦时轴颈抬升并非"越高越好翻"，一般来说抬升 0.30～0.50mm 即可，抬升过程中可在中分面垫上塑板或胶皮，轻轻敲震，也可直接使用胶锤敲震，发现轴瓦已松动后再向上抬 0.10mm 左右即可。坚决反对使用铜棒甚至手锤敲震轴瓦中分面。

（2）检修过程中撞击或重物砸伤：这主要是起吊过程中因重心不稳（如低压缸轴瓦，因不能垂直起吊需用链条葫芦牵拉，容易造成撞击）以及检修过程中轴瓦翻身，如果操作不慎就会造成撞击。大型可倾瓦块拆出后放置不当也会造成角部撞损。检修过程中，拆装吊环、卸扣时不慎掉落砸伤乌金面也时有发生。因此，仍然要强调检修轴瓦应慎之又慎，不能野蛮作业，轴瓦放置时应尽可能乌金面朝下或在乌金面上铺垫胶皮以作保护。

（3）检修工艺不良。如修刮轴瓦时将修刮面刮出波浪纹、刀痕过深、油楔部位刮出台阶、顶轴油池修刮不合格等；调整垫片时垫入的不锈钢皮片数过多或有卷边、折叠；研磨垫块时使用角磨等电动工具造成接触面凹凸不平、接触点稀疏或操作不熟练造成研磨量过大。浮动油挡检修时摔掼变形造成失圆；单片式内油挡板整形时变形越整越大；找径向间隙、找中心工作时因下瓦无止动销而造成下瓦翻出……总之，作为汽轮机中最精密的部件之一，轴瓦在检修过程中损伤的风险无处不在，特别是乌金面的修刮、内油挡整形等工作，具有不可逆性，一旦损坏将不可挽回。而垫块研磨等工作质量的好坏直接决定轴系中心调整的进度。因此轴瓦检修的负责人应由有经验、有能力的技工担任，确保万无一失。

轴瓦在运行中损坏的可能性远小于在检修中的损坏，汽轮机组轴瓦部分应采用状态检修方式，如果运行状态良好应尽可能保证轴瓦保持现有状态，除 A 级检修外，B、C 级检修时尽可能不要拆开轴瓦检查。

第七节　油膜自激振荡的发生、防止和消除

我国大容量机组油膜自激振荡在 1972 年首次出现在 200MW 机组上，后来又在 300MW 机组上屡有发生。为了防止和清除这类事故，本节重点介绍油膜自激振荡的起因、防止和消除措施。

一、油膜自激振荡的发生

随着机组容量的增加，出现了多转子轴系汽轮发电机组，同时导致轴颈直径的增大和轴系临界转速的下降，这些因素影响了轴承的正常工作。轴颈增大使其表面线速度增加，当线速度增加到一定值时，轴承内润滑油的层流将进入紊流状态。如美国 GE 公司推荐的计算方法，对直径为 500mm 椭圆轴承进行计算，当转速为 1770r/min 时，便发生从层流到紊流的转变。紊流的出现，不仅耗功显著增加，而且致使旋转轴颈受到不均匀的高速油流的激励，往往导致强烈振动。

轴系临界转速的下降，直接影响到轴承工作的稳定性，以致发生油膜自激振荡。这种情况对于因容量增大而临界转速明显下降的发电机转子尤为突出。

和任何力学运动一样，转子的轴颈在轴承内的高速旋转也存在稳定性问题。稳定时，轴颈只是高速旋转。而失稳后，转轴不仅围绕轴颈中心高速旋转，而且轴颈中心本身还将绕着平衡点涡旋或涡动。因为流体力学的原因，轴颈中心的涡动频率总保持大约等于转轴转速的一半（$\theta = \omega/2$）。所以，往往把轴承失稳后的运动形态称为半速涡动，如图 7-39 所示。

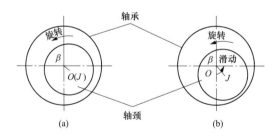

图 7-39　轴颈在轴承内运动形态示意

（a）稳定时，轴颈中心 J 在平衡位置 O 处，而轴颈只是围绕该点作高速旋转；

（b）失稳后，轴颈中心 J 偏离平衡位置 O，轴颈不仅绕 J 点旋转，而且 J 点还将围绕 O 点涡动

当轴承的形式和间隙、转轴的临界转速、轴颈在轴承内的位置（相对

偏心率）等因素都确定以后，轴颈的状态就决定于转速 ω。且总对应有一个特定转速 ω_{sw}（失稳转速），在此特定转速以下（$\omega < \omega_{sw}$），该轴颈的高速旋转是稳定的；当转速越过它（$\omega > \omega_{sw}$）后，轴颈开始失去稳定性，发生涡动；当 $\omega = \omega_{sw}$ 时，转子处于临界状态，此时转子将发生突来突去，振幅忽大忽小，出现频发性的瞬时抖动。

ω_{sw} 的高低决定于轴承的形式和间隙、转子的临界转速，以及轴颈在轴承内的相对偏心率等因素。运行正常的机组，其失稳转速 ω_{sw} 充分高，所以在整个升速范围内，转子都是稳定的。而大容量机组，随着转子临界转速的下降，必然导致 ω_{sw} 的相应下降，若 ω_{sw} 的下降正好落在工作转速以下，就会影响轴承的稳定运行。

当机组达到失稳转速以后，轴颈将进入不稳定区而发生半速涡动，且随着转子转速 ω 的升高，涡动速度 θ 也相应升高，并始终保持 $\theta = \omega/2$ 的线性关系。若转子的固有频率（临界转速）较高（如 300MW 机组高压转子），以致在整个升速范围内，涡动频率不会与之相遇，则半速涡动的振幅始终是小的，且不宜长期存在。若转子的固有频率较低，以致在转子升速过程中，半速涡动的频率可能与之相遇（如 300MW 机组发电机转子），此时半速涡动的振幅将被共振放大。这时，涡动频率便等于转子固有频率。这种因半速涡动与转子临界转速相遇而发生的急剧振动称为油膜自激振荡。值得注意的是，当发生油膜自激振荡后，若继续升速，涡动频率并不随之而改变，而是在一个很宽的转速范围内，始终等于转子的固有频率，振幅也保持这种共振状态下的最大值。这种现象，称为油膜自激振动的惯性效应。惯性效应的另一层含义是，升速时发生油膜自激振动的转速，总比降速时油膜自激振动消失的转速来得高。

油膜自激振动的发振条件，如图 7-40 所示，轴颈在作偏心旋转时，油膜作用在轴颈上的力可以分解为两个分力，即一个通过轴承中心的分力 F_1 和另一个与 F_1 垂直的分力 F_2，F_2 成为引起弓状回旋的原因，即油膜自激振动的起因。再从油膜中油的流速来看，靠近轴颈的油层流速近似地等于轴的圆周速度，用 DE 表示。靠近轴瓦的油层速度近似地等于零，由此形成油流速度三角形。通过间隙的任何断面平均油速为轴颈圆周速度的 $1/2$，若油量充分，油进入阴影部分油速快于在轴承最小间隙圆周方向 P 点所能排出的油量，结果在油膜中产生巨大的油楔压力，以支承转子的载荷。一旦转子受到扰动（油旋转），载荷与油楔支承反力平衡受到破坏，轴颈屈服于这种推动而被迫运动，尽所需快速为油让开空间。此时像一个楔一样，油膜驱动轴颈绕轴承中心转动，其速度等于油楔本身向前行进的速度，由于平均油速为轴颈圆周速度的 $1/2$，所以轴颈中心 O_1 绕 O 的角速度为轴颈本身转动角度的 $1/2$，即上述所称的半速涡动。在转轴角速度低于其第 1 临界转速两倍之前，此时振动是轻微的，当达到或超过两倍时，轴颈绕 O 转动的角速度恰恰等于转子第 1 临界转速，油膜作为强迫外力促使转子开始产生共振。一旦开始共振，转速继续升高，油楔速度将被压低到相应于临界转速频率的数值，在一个很大的转速范围内继续存在，其振动频率不随转速而变化，这就是油膜激振的起因。

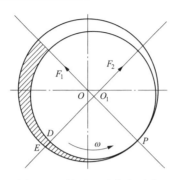

图 7-40　轴承运动状态示意

二、油膜自激振荡的现象

1. 频率特征

在发生油膜自激振荡时，弓状回转速度（振动频率）与轴的转速有很大关系。其频率大体上与临界转速一致，在油膜自激振荡发生前，首先出现振荡频率的改变。如某台 300MW 机组在启动升速时，在到达失稳转速前，从录波器上记下的波形就可见到偶尔出现的低频现象，且随着转速上升，这种低频成分相应增加。当升到 2613r/min 时，低频范围扩大，振幅上升。当升到 2719r/min 时，低频和倍频交界处出现转子抖动。当继续升速到 2730r/min 时，振幅直线上升。其振动频率为 15Hz，并等于发电机转子垂直方向的 I 阶临界转速。

2. 波形特征

发生油膜自激振动时，振动波形不再是 50Hz 的正弦波，而是在 50Hz 的基波上，叠加了半速涡动的低频谐波成分，且以低频波为主。如某台 300MW 机组油膜自激振荡时，其波形是以 15Hz 低频波为主，上面叠加着振幅较小的工作转速的波形。

3. 失稳转速特征

发生油膜自激振荡的失稳转速不是固定不变的，而且随着轴瓦的工作条件（如油温）和状况而变化。因此，即使消除了油膜自激振荡的机组，若启动升速不当或监视不严，油膜自激振荡将会再次出现。当发生自激振荡后，降速使其消失的转速要比升速时的失稳转速低。这就是前面所述的惯性效应的缘故。应当注意的是，一旦发生油膜自激振荡后，当降速使振动消失，再次升速时，失稳转速将比上一次低，若连续多次升降转速，其失稳转速一次比一次低。因此，对于曾经发生过油膜自激振荡的机组，虽经采取措施消除了振动，但稳定裕度不大的机组，启动升速过程中应精心操作，严格控制润滑油压、油温、轴承座温度等参数。一般情况下，油膜自激振荡发生在两倍临界转速以上的转速，一经出现，即使提高轴的转速，振动仍在广大范围内持续下去。

4. 振幅特征

发生油膜自激振荡的机组，其振幅一般均超过 0.15mm。如某台 300MW 机组，在油膜自激振荡时发电机转子的振幅达 0.50mm 以上，造成内油挡、发电机风扇等严重摩擦，甚至冒火花。同时伴随有节奏的空气压缩机声，其音量站在机器旁不用助听棒就能听到。有时忽大忽小，有时保持在 0.13～0.14mm 或更低振幅的水平上。

5. 其他特征

发生油膜自激振荡时，因为能量很大，所以往往整个轴系均发生同一低频的剧烈振动。如某台 300MW 机组发生油膜自激振荡时，从第一瓦就能感觉出来，测得振幅为 0.20mm。此刻，整个基础出现 5Hz 振幅达 0.30mm 的振动。同时，发电机转子两端顶轴油压表出现幅值为 0～10MPa 的摆动，这进一步证实发电机转子在忽上忽下地跳动。一般来说，发电机转子两端振动的相位是基本相同的。

上述特征与前述油膜自激振荡的理论分析是基本相符的，利用这些特征很易判断转子振动的性质。

三、油膜自激振荡的防止及消除

油膜自激振荡往往是由多种因素交织在一起而形成的，所以在消除过程中，不能采取某一种措施，而往往需要多种措施综合治理才能见效。下面简述 300MW 机组防止和消除油膜自激振荡的几种措施。

1. 增加相对偏心率

消除油膜自激振荡的基本出发点是增大稳定区域，使机组在较大的工况变动范围内不发生油膜自激振荡。一般在运行机组上，增大稳定区的主要手段是增大相对偏心率。

所谓轴颈在轴承内的相对偏心率，就是轴颈在轴承内的相对偏心距与轴承半径间隙之比。当 $x \geqslant 0.8$，轴颈从最底部垂直向上浮起的高度小于 $(R\text{-}r)$ 时，轴颈的高速旋转在任何情况下总是稳定的。增大相对偏心率的方法如下。

（1）增大轴瓦侧隙，缩小顶隙。300MW 机组在投运时，因采取了一系列措施，油膜自激振荡已基本消除。但是，运行1～2年后，油膜自激振荡又重新出现。经检查，第9瓦（发电机前端瓦）侧隙仅为 0.15～0.16mm，顶隙却增大到 0.73～0.75mm，形成了上下大、左右小的椭圆形，破坏了三油楔轴承的平衡力系，同时缩小了相对偏心率。因此，导致失稳转速下降而发生油膜自激振荡。产生上下大、左右小的根源，在于检修时工艺不佳，加上轴承座变形，呈上下大，左右小。球枕、瓦衬等在放进取出时，中分面被敲出凸边，致使轴瓦左右变小，上下变大。通过修刮与调整，使轴瓦侧隙增大到 0.30～0.35mm，顶隙缩小到 0.55～0.65mm，基本达到设计要求。为了防止轴瓦继续变形，检修中将其对紧螺栓由 M12 放大到 M16。机组检修完毕启动时未再发生油膜自激振荡。

（2）抬高发电机转子中心，增大比压。所谓比压，就是轴颈载荷与轴瓦垂直投影面积之比。比压越大，轴颈越不易浮起，相对偏心率也越大，失稳转速也越高。如 300MW 机组，调试阶段出现油膜自激振后，将发电机转子中心抬高了 0.15mm（因为波形联轴器自重产生约 0.09mm 挠度，所以实际抬高了 0.06mm），使第 9 轴承载荷增加，比压增大，相对偏心率增加，收到良好效果。最后，实际采用发电机转子中心比汽轮机转子中心高 0.15～0.20mm。此时，波形联轴器必须连在汽轮机转子上，否则，抬高值应相应改变。

（3）缩短轴瓦长度，减小长径比，增加比压。长径比（L/D）越小，失稳转速越高。因为较短的轴承端部泄油量大，轴颈浮得低，因而相对偏心率大，稳定性好。同时，轴瓦长度缩短使长径比减小，比压增大，轴颈在轴瓦内就不会抬得太高，因而能进一步增加稳定性。300MW 机组发电机轴瓦原设计长 420mm，发生油膜自激振荡后，在抬高发电机转子中心的同时，将发电机两端轴瓦车去 60mm，使长径比由原来的 0.934 减小到 0.8，比压由原来 1.56MPa 增加到 1.82MPa。启动升速到 2870r/min 时，第 9、10 轴瓦仍出现低频剧振。虽然机组油膜自激振荡未予根除，但发生振动的转速比改轴瓦前推迟了 370r/min。由此证实，缩短轴瓦是行之有效的措施之一。因此，决定停机将第 9、10 轴瓦再次缩短到 320mm，使长径比缩小到 0.71，比压增加到 2.04MPa，再次启动升速到 3300r/min 时，未出现油膜自激振荡现象。

2. 改变润滑油黏度

轴瓦油膜厚度与轴颈线速度、润滑油黏度、轴承间隙、轴承负载等有关。润滑油的黏度越大，油分子间凝聚力越大，轴颈在旋转时所带动的油分子就越多。这样，油层就较厚，轴颈就容易失稳。

为了减小轴颈上浮高度，增大相对偏心率，可以通过改变润滑油标号和提高轴瓦进口油温来降低黏度。

如 300MW 机组多次发生油膜自激振荡的实践证明，失稳转速对润滑油的黏度比较敏感。22 号汽轮机油在 38、40、42℃ 的动力黏度分别为 46×10^{-3}、42×10^{-3}、39×10^{-3} Pa·s。由此可见，从 40℃ 提高到 42℃，黏度下降了 15% 之多。因此，当机组消除了油膜自激振荡后，若不注意油温的调节，就有可能再次出现油膜自激振荡。如某台 300MW 机投运初期，因无经验，曾因冷油器切换不当，几次发生油温在 38℃ 左右而使机组在升速过程中出现振动。当将油温提高到 42℃ 左右时，振动即消失。

3. 严格执行检修工艺，提高检修质量

300MW 机组经采取上述措施后，消除了油膜自激振荡。但其轴承稳定裕度并不大，检修或启动中稍不注意，机组就会旧病复发。这样的教训曾发生多次。如前所述，某台 300MW 机组因球枕平面被检修时敲出凸边，使 9 瓦侧隙减小，顶隙增大，形成上下大、左右小的椭圆，不仅破坏了三油楔轴承的力系平衡，而且减小了相对偏心率，致使本来已解决的油膜自激振荡又重新出现。1981 年 2 月 A 级检修时，又因发电机转子中心偏向 B 侧 0.09mm，第 9 瓦球枕 A、B 侧未放平（A 侧高出中分平面 15mm），使瓦衬随之逆转向转了 15mm。加上低压 II 转子与发电机转子连接联轴器罩密封性不佳，引起第 8、9 瓦温差增大，使第 9 瓦比压减小。A 级检修后启动升速到 3220r/min（校验超速保安器）时，发电机转子出现低频抖动，多次升降转速无效。后来将第 9 瓦解体，消除了上述缺陷，启动机组时顺利达到额定转速，并做了超速试验。因此，检修中必须严格执行检修工艺，提高检修质量。

4. 精心操作，加强监视

除了上述因素外，启动升速过程中运行人员操作不当，往往也会导致油膜自激振荡。如轴承进油温度未控制在 40℃ 以上，曾发生多次油膜自激振荡。因此启动升速过程中，必须密切注意振动波形、振幅和各轴瓦顶轴油压（代替油膜压力）的监视，尤其是发电机两端轴瓦的油膜压力。机组一般不会发生油膜自激振荡，一旦出现轴瓦油膜压力剧烈晃动（突然发生）或轴瓦油膜压力下跌，轴瓦油膜压力上升，即为油膜自激振荡的先兆，应立即降速或脱扣。待找到原因并消除后，才宜再升速，切莫强行升速。因为一旦出现低频振动，就会在很宽的转速范围内继续存在，且振幅只会增大而不会变小，威胁机组安全。

上述措施是针对已安装投产的机组而言，也可称为防止和消除油膜自激振荡的临时措施，不能作为根除措施。对于新设计的大功率汽轮发电机组应考虑改变轴承结构，增加稳定裕度。例如高、中、低压转子设计采用可倾瓦轴承，安装投运后，从未发生油膜自激振荡。所以解决油膜自激振荡的根本措施是设计结构合理的轴承。

第八章 汽轮机轴系

第一节 轴系中心

汽轮机、发电机、励磁机等多根转子通过联轴器连接成一根平滑的曲线状组件，通常称为轴系，如图8-1所示。

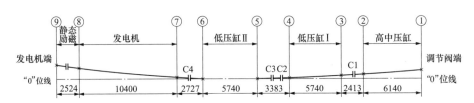

图8-1 某型机组轴系找中心示意图

大功率汽轮机经过长期运行后，由于汽轮机高、中、低压缸及发电机两大部分的质量相差悬殊、锅炉房与电气升压站质量的严重不对称，引起基础各部分的压强不相等，都会造成基础沉降不一致，从而造成轴系中心发生变化。就汽轮机发电机组本身来说，沿轴向长度自凝汽器至发电机部分其质量远大于汽轮机高、中压部分，这些因素就会使基础产生不均匀沉陷。另外，各轴承磨损量各不相同、轴承座变形量各不相同、纵销偏磨等原因也会造成轴系中心发生变化。如某电厂N300-16.18/550/550型机组在投运后半年内，基础不均匀沉降达22mm左右。某台300MW机组检修时发现低电（低压转子与发电机转子）联轴器高低差与设计值相差达1.00mm。一般来说，基础下沉最严重的地方是凝汽器处靠锅炉侧。因此A级检修时对汽轮发电机组轴系中心的找正，是必不可少的环节。本节重点介绍现场找中心的方法、步骤、计算和调整。

一、轴系找中心的目的

汽轮机轴系找中心的目的：其一，使汽轮发电机组的转动部分的中心与静止部分中心保持一致，即动、静两部分的中心线应重合（实际上只能保持允许范围内的基本重合），以免动、静部分发生碰擦；其二，使汽轮发电机组多根转轴中心连成连续平滑的曲线，以保证各联轴器将各转子连成一根同心连续的长轴，从而使转子转动时，不会因各转子中心不一致而导致轴系失去平衡而振动；其三，因为热膨胀的影响，机组运行时各部位的受热状况不一样而造成各部件膨胀值的不一致，会造成各轴承标高位置发生变化，为了合理分配各轴承载荷，制造厂在设计轴系中心时，各联轴器中心并非绝对的同心，而是会在高低、张口等数值上作出特殊的要求。

各联轴器中心都有各自的标准，制造厂对汽轮机联轴器中心均经过周密考虑和计算，并提出要求，以此作为安装检修时的依据。根据上述目的，在找中心时应考虑以下因素。

（1）汽轮机各部件在运行时发生位移变化对中心的影响。如轴承油膜使转子稍微抬高并向一侧移动；各部件因热膨胀而发生位置的变化；低压缸受真空或凝结水和循环水质量的作用而产生弹性变形等。

（2）各转子因自重而产生静挠曲。若将转子放在水平状态下，用精密水平仪测量转子两轴颈的扬度，就可发现两端轴颈扬起的方向相反，证明静挠曲确实存在。

（3）汽轮发电机组中，汽轮机作为发电机的驱动机，需要与发电机相连接才能实现机械能到电能的转换，因此，汽轮机转子与发电机转子找中心还需考虑发电机磁场中心、定子膛空气间隙等因素。

（4）机组运行状况也是轴系中心找正时应考虑的重要因素，如某台机组 A 级检修时发现轴系中各联轴器中心与设计值偏差较大，但修前运行状况很好，轴承温度、振动值都属优秀，A 级检修时将轴系中心调整至设计值，修后运行状况明显差于修前。所以中心调整前应结合修前运行状况进行分析，在此基础上不宜作大幅调整。

一般来说，制造厂在设计计算转子中心标准时，已考虑了汽缸、转子膨胀、油膜厚度、动静间隙等因素，因此在现场找中心时，原则上按标准进行调整中心，结合运行状况以控制中心偏差量。如发电机前轴瓦运行时温度高，则可考虑将低压缸后轴承适当调高。

二、转子联轴器找中心的方法

汽轮机用联轴器找中心的方法是假设两转子的联轴器外圆是光滑的绝对正圆，并与各自的转子同心，联轴器的端面是垂直于转子中心线的绝对平面。在此前提下，只要做到两转子联轴器外圆同心和两转子联轴器端面互相平行，就可肯定两转子的轴中心是同心的。

在轴系检修中，一般将两个联轴器中心偏差称之为错位值，假设两个联轴器是绝对的正圆，中心偏差量即可在外圆圆周面上测出。如图 8-2 所示，不难看出，两轴中心线的偏差 a 值与 a_1、a_2 值是一样的。

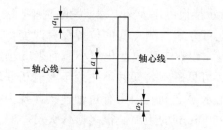

图 8-2　轴心线错位示意图

根据几何原理，可用塞尺（铺以平尺）、深度尺或百分表测量联轴器外圆周面的高低差值，即可知道轴心线的错位值。但联轴器并非绝对的正圆，因此可通过将水平或上下两处两联轴器对应点绕轴旋转180°的方式来测量，因为这两个对应的点绕各自轴线旋转时就以轴线为圆心转出两个绝对的圆，所以避免了因各自存在晃动度而造成的误差。

如图8-3所示，通过测量两联轴器端面间对应180°位置处的距离值（间隙值）的差值，即b_1与b_2的差值，即可得出联轴器的张口值。但两转子端面不可避免存在瓢偏值，为了避免瓢偏值的影响，也可通过旋转180°再次测量一遍，将两次的相加除以2，得到的就是真实的张口值，同时，转子转动时不可避免会产生一定的轴向窜动，使用此方法测量也可同时消除窜动量的影响。张口值同样可以使用塞尺、塞块、百分表甚至是内径量表进行测量。但考虑测量的便利性以及旋转180°后测量点位不能变化，还是以百分表测量为好。

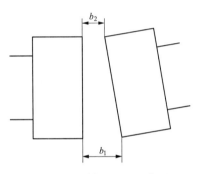

图8-3　联轴器张口示意图

联轴器找中心时，因为错位值和张口值是同时存在的，所以错位值与张口值的测量一般同时进行。图8-4所示为采用磁座表架用百分表测量联轴器中心的方法示意图。采用该方法测量架好百分表，将两转子同步转动4次90°，即可测量出对应180°水平及天地方向的错位值和张口值。但是，现在的大功率机组联轴器都比较厚实，而且检修时联轴器之间的间隙很小，根本不宜直接采用磁座表架进行测量，另外，如果磁座表架的强度也不足，当百分表与磁座之间距离较远时百分表自身的重量会使调节杆产生过大的挠度变形，从而影响测量的准确性。可以通过如图8-5所示的实验来验证：在转轴上如图8-5所示架设磁座表架，表a紧贴磁座，表b远离磁座，将转轴转动180°，理论上百分表与测点间的位置没有改变，百分表读数应该不变，但观察发现，表a读数未变或变化很小，而表b读数变化明显，甚至达到0.30mm左右。可见磁座表架并不适用于汽轮机联轴器找中心。特别是给水泵汽轮机与给水泵之间，因为有短轴连接，找中心时短轴拆除，两联轴器之间有200～300mm的距离，很多检修人员会图方便直接用磁座表架来找中心，这种方法是不可取的。所以联轴器找中心最好采用不易变形刚性较好的材料制作专用表架，以使天地方向百分表读数不致出现误差。图 8-6 所示为固定在联轴器销孔中的钢制胀紧式表架，该表架安装方便、测量值误差小。

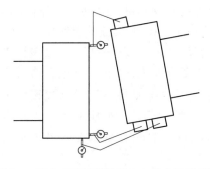

图 8-4　百分表测量联轴器中心的方法示意图

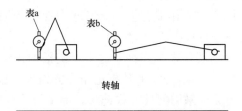

图 8-5　磁座表架挠度实验

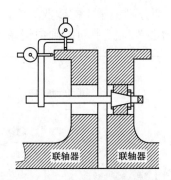

图 8-6　找中心专用表架

　　汽轮机检修过程中，盘动转子时转子会产生窜动，虽然上述方法可以消除一定量的窜动值，但是过大的窜动量会使百分表超出量程，因此，在实际操作时应做好防止窜动的措施，如加装防窜动压板。为了保证盘动转子后百分表指针指在同一位置，同步盘动两根转子时还应采用假销子插在联轴器销孔内，读表前应保证假销处于松动状态，以防假销憋劲影响读数的准确性。

　　找中心时盘动转子的方法有多种，对于小型机组，因转子较小，甚至可以手动盘转子，而大型机组转子重达数十吨，一般采用行车、钢丝绳加专用盘转销来盘转子，也有采用检修盘车来盘转子。钢丝绳盘转子虽然简单，但比较危险，笔者就多次遇到钢丝绳断裂、脱出，盘转销断裂等险情，而且该方式会造成转子因转动惯性而不能准确停在预想的位置。因此，建议采用可正反向转动的检修盘车进行盘转子工作，无论是用钢丝绳还是检修盘车，读表前都应卸力以免影响读数的准确性。

百分表架好转子盘动 180° 后表面朝下导致表读数困难，另外，轴承座内空间较小，百分表到了联轴器下方时也会造成看表困难，因此，位置不好时可采用镜子来读数，但容易造成读数错误的风险。找中心时读表一定要保证准确性，要求读表人员应至少两人，看表后两人核对读数是否一致，如不一致应再次核查。有条件的可采用对表盘进行拍照再作分辨的方法。

联轴器上任一点绕轴心线旋转，其旋转轨迹都构成一个没有晃动（排除轴颈晃动度影响）、没有瓢偏的绝对正圆，因此理论上两联轴器上任意一点对应起来都可进行找中心作业，但考虑转子弯曲度等因素的影响还是要求将两对应销孔对齐进行找中心。

找中心时数据的记录方式有多种，这主要是根据检修人员的习惯来决定的。有的画个方框，将 4 个 90° 的数据记录在方框内。也有画十字、画圆进行记录。笔者认为无论采用何种方式记录，都是为了存档记录以便查阅，应直观、清楚、准确，便于分析，因此建议记录方式尽可能进行统一。笔者认为采用画圆法记录较为合理。图 8-7 所示的中心记录表述就较为清晰、准确。图 8-7 中采用 4 个圆分别记录 4 次读数的位置，并记录了百分表安装位置、左右上下位置、读数单位。中间的圆内记录了综合分析（即实际中

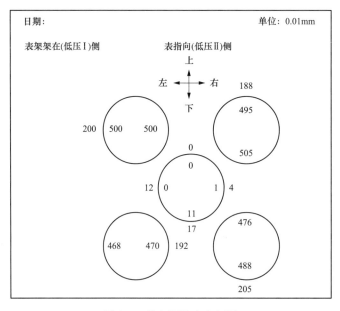

图 8-7　某电厂找中心记录

心状况）数据，通过这张记录表可以一眼看出这记录的是低压Ⅰ、Ⅱ转子联轴器找中心的记录，中心情况：右张口为 0.01mm，下张口为 0.11mm，低压Ⅱ转子低 0.085mm 并偏向左侧 0.04mm。

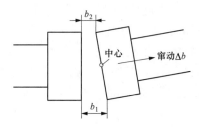

图 8-8 张口值计算示意

找中心时 4 个读数读出后紧接着就是对数据的换算。首先看张口值的计算，如图 8-8 所示，如两联轴器端面绝对水平没有张口，按图 8-6 的方式架表，将表面读数设为 5.00（行程为 0～10mm），以联轴器端面中心为支点抬高转子另一端，使 b_1 值增大 0.05mm，则 b_2 值减小 0.05mm（即下张口为 0.10mm），相应地 b_1 处的百分表读数会变为 5.05mm，b_2 处的百分表读数变为 4.95mm。然后将两根转子盘动 180°，b_1 处的百分表读数会逐渐变小至 4.95mm，而 b_2 处的百分表读数会逐渐增大至 5.05mm。如果在盘动转子时转子发生了 Δb 为 0.50mm 的窜动，则两读数均增加 0.50mm。即上方百分表读数为 5.45mm，下方百分表读数为 5.55mm。两次读数如下：上方为 4.95mm 和 5.45mm，下方为 5.05mm 和 5.55mm，则

$$[(5.05+5.55)-(4.95+5.45)]/2=0.10(\text{mm})$$
$$[(5.05-4.95)+(5.55-5.45)]/2=0.10(\text{mm})$$

以上两种方法均可算出实际的张口值，由此可见，测量张口时采用相距 180°架设两块百分表就是为了消除转子转动时轴向窜动量的影响。

外圆错位值的计算则更好理解，假设两联轴器同轴线（即没有高低），按图 8-6 所示方法在上、下侧各架一只外圆表，表面读数设置为 2.00mm。这时将右侧转子向上平移 0.05mm，即错位 0.05mm。这时上方的百分表读数会变为 1.95mm，而下方百分表读数会变为 2.05mm。将两表读数相减再除以 2 即为实际的错位值。在图 8-7 中间的圆上，以 4 个外圆表读数中最小的一个视为零进行记录是为了便于分析错位值，也可以直接记录实际读数，但要说明一下，根据几何原理左、右外圆表读数之和与上、下外圆表读数之和应该相等，如偏差较大则需查明原因，并再进行一次找中心。

目前，大功率机组转子采用单轴承支承与另一转子以联轴器相连接。如上海汽轮机有限公司 1000MW 超超临界机组，高压转子为两轴承支承，中压转子、低压 1 转子、低压 2 转子均采用单轴承支承。此种支承方式找中心工作则更为简单、便捷。如中低联轴器找中心，将低压转子联轴器端

面凸台插入止口并留一定间隙，相隔 180°穿入两颗联轴器螺栓，用手拧入螺母以防窜动造成脱出止口。然后用塞尺测量上、下、左、右 4 点间隙值，将转子转动 180°再次测量四 4 点间隙值，用上述方法计算出张口值即可。因为联轴器端面凸台与止口为过盈配合且同心，所以不存在外圆错位值。

在找中心时需要盘动转子，故进行这项工作前还应做好充分的事前检查，如动、静部位有无碰擦，有无人员在从事其他相关工作等。综上所述，联轴器找中心是一件格外细致的工作，检修人员从事该项工作时应做好充足的准备，过程中应有专人指挥，每个读数都应核实，数据的换算方式、结果要正确。

三、单联轴器中心调整方法

制造厂对联轴器中心都有严格要求（设计值），因此，在联轴器找中心后应按设计值进行调整以使联轴器中心符合设计标准。根据修前测得的中心数据与设计值进行对照，可以知道调整量，根据此调整量可以调整一根转子上两只轴承的标高及左右位移来使联轴器中心符合要求，也可同时调整两根转子的支承轴承。调整轴承时一般通过调整下轴承垫块内垫片的方法来进行，调整后还需对垫块进行研磨以使其与轴承洼窝完美贴合（红丹检查研磨面达到 75％以上的接触）。因此这是一项需要专业技术人员实施的工艺，一旦调整错误则需再次返工，研磨过量也会造成调整不准确。

如图 8-9 所示，根据几何学原理可知，以联轴器中心为支点，通过移动 1、2 号轴承会造成联轴器张口的改变，1 号轴承位移量 a_1 与张口值的变化量 b 的比率等于 1 号轴承至联轴器中心的距离 L_1 与联轴器直径 D 的比率。即 $a_1 : b = L_1 : D$，同理 $a_2 : b = L_2 : D$。通过几何关系可得轴承位移量计算式（8-1）和式（8-2），即

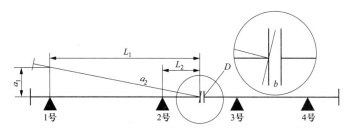

图 8-9　中心调整原理图

$$a_1 = \frac{L_1}{D} b \tag{8-1}$$

$$a_2 = \frac{L_2}{D} b \tag{8-2}$$

下面举例说明该工艺过程。

1. 中心调整量的计算

以图 8-7 所示为例，如该联轴器中心标准为下张口 0.18mm，低压Ⅱ侧高 0.26mm。实际测量值为右张口 0.01mm、下张口 0.11mm、低压Ⅱ转子低 0.085mm，并偏向左侧 0.04mm。通过计算可得：

下张口应增大 0.18−0.11＝0.07（mm）；低压Ⅱ侧需抬高或低压Ⅰ侧需降低 0.26＋0.085＝0.345（mm）；右张口需减小 0.01mm；低压Ⅱ侧需向右偏移或低压Ⅰ侧需向左偏移 0.04mm；以上就是该联轴器中心需调整的变量。

2. 调整方案的确定

要确定中心调整方案首先需要测量或查阅如图 8-10 中所示的相关数据。根据几何学原理可知，要想增大下张口，可以有多种方案。

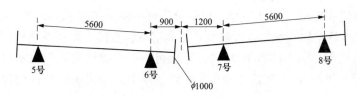

图 8-10　确定中心调整方案的关键性数据示例

（1）抬高 5 号轴承。

（2）抬高 8 号轴承。

（3）降低 6 号轴承。

（4）降低 7 号轴承。

（5）同时抬高 5、8 号轴承。

（6）同时降低 6、7 号轴承。

一般应该根据实际情况选择调整量较小的方案。示例中我们选择抬高 5 号轴承或降低 6 号轴承的方式进行调整。

第一步：以联轴器中心为支点调整张口。

抬高 5 号轴承，则

$$\frac{5600+900}{1000}\times 0.07=0.455（mm）$$

抬高 6 号轴承，则

$$\frac{900}{1000}\times 0.07=0.063（mm）$$

第二步：向下平移以调整错位。

5 号轴承为

$$0.455-0.345=0.11（mm）$$

6 号轴承为

$$0.063-0.345=-0.282（mm）$$

由此可知在上、下方向只需抬高 5 号轴承 0.11mm，降低 6 号轴承 0.282mm 即可。左、右方向的调整采用同样的原理。计算出 5 号轴承应向左偏移 0.025mm，6 号轴承应向左偏移 0.031mm。

根据上述计算结果可将其绘制成表 8-1。

表 8-1　轴承调整方案记录表

轴承号	天地方向（mm）	（左）左、右方向（右）（mm）
5 号	↑0.11	←0.025
6 号	↓0.282	←0.031

3. 下轴承垫片调整量的计算

一般情况下轴承上、下、左、右位置的调整是通过调整下瓦垫块内垫片厚度来实现的（除落地轴承可调整轴承座底部垫片、发电机端盖轴承调整定子底部垫片）。而下轴承支承垫块的形式有多种。有两垫块支承、三垫块支承，甚至有 5 垫块支承，也有轴承背弧为整球面直接支承在球面座内（如上海汽轮机有限公司 1000MW 超超临界机组，可直接通过调整支承座底部及左、右侧垫片调整）。在此主要以三垫块支承方式来说明垫块内垫片调整量的计算。

如图 8-11 所示，该轴承以 3 块垫块支承，垫块中心夹角为 45°，当轴承需上抬 1.0mm 时两侧垫块内的垫片应调整多少呢？在之前的相关检修书籍中是这样介绍的：两侧的垫片应增加 $1.0 \times \cos45° = 0.707$(mm)。

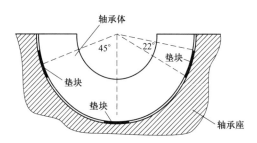

图 8-11　三垫块支承示意

其实这是不对的，根据测量结果可知下垫块接触面所占的弧度为 22°，由此可知其上边夹角为 56°，下边夹角为 34°，根据几何学原理，上边仅需加垫 $1.0 \times \cos56° = 0.559$(mm) 就会与洼窝相碰，而下边需加垫 $1.0 \times \cos34° = 0.829$(mm) 才能与洼窝相碰。如果按 45°调整，调整后轴承放入洼窝肯定是两侧垫块上边与洼窝接触，这时对垫块进行研磨，直至垫块与洼窝全接触，研磨接触后轴承实际抬高量为 $0.707 \div \cos34° = 0.85$(mm)，这与要求的抬升量 1.0mm 相差了 0.15mm。同理，如果轴承要下降 1.0mm，按 45°计算最终的下降量会达到 1.26mm。这也是中心调整时需要反复多次进行微调整的原因。

因此，在进行两侧垫块内垫片的调整量计算时，首先要确认垫块所占弧长，然后遵循"少抽多加"的原则，即增加垫片时，以下边角度计算，减少垫片时以上边角度计算（上抬 1.00mm，垫片增加 0.83mm；下降 1.00mm，垫片减薄 0.56mm），多出来的量正好是研磨时的研削量。同理，轴承左、右调整时也应遵循此原则。

仍以前述降低中心的调整为例，5 号轴承需上抬 0.11mm，则两侧垫块内垫片应增厚 $0.11 \times \cos 34° = 0.09$mm，5 号轴承需左移 0.025，则左侧减薄 0.01mm，右侧增厚 0.02mm。综合起来即左侧增厚 0.08mm，右侧增厚 0.11mm。6 号轴承需下降 0.282mm，则两侧垫片应增厚 0.23mm，左移 0.031mm，则左侧垫片需减薄 0.02mm，右侧需增厚 0.03mm，综合起来看，左侧垫片加厚 0.21mm，右侧垫片加厚 0.26mm。因文字描述不直观，可以用表 8-2 的形式进行表述。

表 8-2 轴承垫片调整量记录表　　　　　　　　mm

轴承	上下方向		左右方向		综合	
	左垫块	右垫块	左垫块	右垫块	左垫块	右垫块
5 号	+0.09	+0.09	−0.01	+0.02	+0.08	+0.11
6 号	+0.23	+0.23	−0.02	+0.03	+0.21	+0.26

对于底部垫块的调整，因与轴承垂直中心线夹角较小，上、下调整时可同步加减，如轴承上抬 1.0mm，则底部垫片增加 1.0mm。但左、右偏移时对底部垫块的影响还是较大的（破坏与洼窝的接触），如图 8-11 中的底部垫块，如果弧长夹角也为 22°即便左、右偏移 1mm，垫片也仅需增加 0.017mm，考虑需研磨垫块，无论向哪一侧偏移，垫片都应增加 0.01～0.02mm。

4. 轴承调整后垫块的研磨

轴承垫块调整结束后紧接着要进行垫块的研磨，这是为了保证垫块与洼窝接触良好的重要工序，如果研磨过量就会造成轴承调整失准，因此，该项工作应由有经验的技工负责实施。通过上述讲解可知，如果轴承调整时为向上抬升，则两侧垫块上边首先与洼窝接触，研磨后当下边与洼窝接触时则刚好符合调整要求。因此，研磨开始时可采用电动磨削工具粗磨，当接触面积逐渐向下扩大至总面积 2/3 时则应进行细磨，以免磨削过头。细磨开始时可采用锉刀修锉高点，接触面接近下边时采用刮刀修刮高点，每次修刮后用细砂纸轻轻打磨接触面，再涂红丹进行研磨，直至接触点符合要求。

四、轴系中心调整

前文介绍了单个联轴器找中心的方法，汽轮机的轴系是通过联轴器将高、中、低压转子及发电机、励磁机（集电环）连接起来的，各联轴器中心均有设计要求，经过长期运行的机组其轴系中各联轴器中心与设计值均会存在一定量的偏差，因此，需要将各联轴器中心按要求进行调整，使其全部符合设计要求。针对单个联轴器的中心调整可以采用多种方案，但在整个轴系中影响因素大大增加，每一对联轴器中心的调整都要结合其他联轴器中心的状况，另外还有检修前运行状况、转子扬度、汽封径向间隙、发电机空气间隙等因素的制约。因此，轴系中心的调整是汽轮机检修中的最重要工序，也是汽轮机检修的基础。

下面对汽轮机轴系找中心的各影响因素进行简单说明。

1. 运行状况

如某轴承运行中油温较高，分析其承载过重，轴系找中心时应尽可能减轻其负载，这就要求其与相邻轴承相对标高应下降。

2. 汽轮机内部的径向间隙

汽轮机经长期运行后因径向碰磨，径向间隙会有所放大，但转子与汽封的同心度并不会偏差太多。特别是反动式机组，因为静叶持环大量采用固定式阻汽齿，没有调整余量，如果轴承调整量过大会造成动静碰磨，而调整持环或汽缸，不光工作量巨大而且会造成诸如各压块间隙全部失准、管道扭应力加大、进汽插管中心偏离、低压缸内外缸对中装置偏离等一系列问题。因此，汽轮机部分调整量不宜过大。

3. 转子扬度

制造厂对轴系中各轴承标高会给出要求，如图 8-1 所示，整个轴系为一根中间低两端上扬的光滑曲线。轴系的"零"点位于标高最低的两只轴承之间或最低的一只轴承上。轴系调整时应符合此要求，零位不能偏离过多。

4. 发电机空气间隙

对于采用落地式轴承座的发电机来说，调整轴承座标高或左、右偏移轴承座都会造成转子与定子间的空气间隙发生改变。

综上所述，轴系找正时的调整方案应对各影响因素进行全面分析，找到平衡点，以使调整方案符合各方面要求。

进行轴系找正前应认真查阅制造厂轴系找中心图，其中轴系"0"位线、各联轴器中心标准、联轴器直径、轴承跨距等都是重要数据。以某型 660MW 机组轴系找中心图为例，如图 8-12 所示，上述数据在图中都有明确标注。

需要说明的是，汽轮机轴系找正是以冷态实缸为基础的，因此汽轮机解体前应先找实缸中心，解体后再找半实缸中心。检修中根据修前实缸中心确定调整方案，调整后根据各轴承油挡洼窝变化量分析调整是否符合方案要求，再结合修前半实缸中心进行中心验证（即考虑实缸与半实缸的变化量）。组装后在实缸状态下再次验证轴系中心是否符合调整方案要求，一般来说即便有变化其变化量也很小，仅需进行微量调整即可（调整量不应大于 0.10mm）。

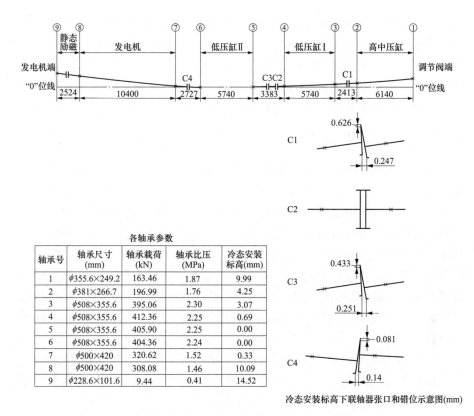

各轴承参数

轴承号	轴承尺寸 (mm)	轴承载荷 (kN)	轴承比压 (MPa)	冷态安装 标高(mm)
1	$\phi355.6\times249.2$	163.46	1.87	9.99
2	$\phi381\times266.7$	196.99	1.76	4.25
3	$\phi508\times355.6$	395.06	2.30	3.07
4	$\phi508\times355.6$	412.36	2.25	0.69
5	$\phi508\times355.6$	405.90	2.25	0.00
6	$\phi508\times355.6$	404.36	2.24	0.00
7	$\phi500\times420$	320.62	1.52	0.33
8	$\phi500\times420$	308.08	1.46	10.09
9	$\phi228.6\times101.6$	9.44	0.41	14.52

冷态安装标高下联轴器张口和错位示意图(mm)

图 8-12　660MW 机组轴系找中心图相关数据

五、汽轮机-发电机中心找正

目前大功率机组的发电机一般采用端盖轴承。轴系中心找正时一般来说汽轮机转子保持不动，通过调整发电机定子地脚垫片的方式来实现联轴器中心的找正。需要注意的是，如果定子两端调整量不一致，则整个底板与台板间的垫片应按几何原理进行阶梯状布置。如图 8-13 所示，发电机定子重量通过 15 道筋板支承在底板上，定子全长 10 500mm，如果汽端需加垫片 0.20mm，励端需加垫片 0.90mm，则各筋板下垫片分布调整如图 8-13

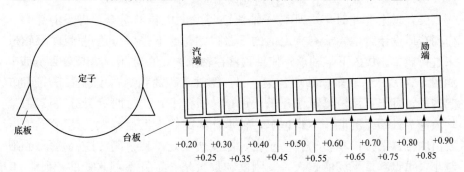

图 8-13　发电机垫片调整示例

191

所示。这样可避免底板各部负载不一致，造成发电机运行中振动。另外，因为发电机定子加转子总重达数百吨，定子底板加减垫片时需用千斤顶将定子顶起，顶定子前还需将底板的滑销螺栓松开，如果定子需左、右偏移，还需将两端端盖下方的纵销拆出，垫片调好以后需重新配装纵销及滑销螺栓，因此定子位置的调整是一项工作量非常大的工作。

六、集电环转子中心找正

现代大功率机组发电机后侧多采用集电环与发电机连接。其转子采用单轴瓦支承方式，轴瓦一般为可倾瓦。该中心的找正有别于其他联轴器中心找正。制造厂一般会随机组提供一付假瓦安装在集电环前侧以托起转子，然后通过调整集电环底板下的垫片的方式来调整轴承的标高，再通过水平移动大底板来调整水平方向的张口和错位，以实现中心的找正。因假瓦不可调整，张口值经计算得出。该方法工作量大，调整不便，联轴器连接后因螺栓紧力的影响还会造成张口值事实上的变化（晃动度变化），然后再通过紧螺栓的方式来调整轴颈晃动度。通过实践，可采用以下方式找正联轴器中心。

（1）吊入转子，将其端部凸台插入发电机端止口，安装好防剪切套筒（相当于定位销），穿入内六角紧固螺栓，按制造厂规定的预紧力矩拧紧联轴器螺栓。

（2）松开集电环转子，让其处于自由状态。将转子圆周分为八等分做好记号，在轴颈处架表。盘动发电机转子，每隔 $45°$ 停一次，发电机转子卸力后记录百分表读数，然后继续，直至测出八点晃动值。

（3）在晃动值最小处架表监视，然后缓慢加力紧固对应位置的螺栓，同时观察百分表的变化量。当变化量为该处晃动值与对应 $180°$ 处晃动值的差值的一半时停止。如第 2 点读数为 $-0.08mm$，其对应 $180°$ 的第 6 点读数为 $+0.04mm$，两者差值为 $0.12mm$，这时可在第 2 点处架表，紧固第 2 点对应的螺栓，百分表读数会随紧力的增加逐渐变大，当其达到 $0.06mm$ 时停止。

（4）重复步骤（2）（3），直到轴颈晃动度小于 $0.03mm$。

（5）理论上此时集电环转子轴线已与发电机转子重合，即没有张口。但制造厂设计时是要求有一定值的下张口的。此下张口可通过轴颈下沉值来进行调整。放入下半轴承，使轴颈落在轴承内，在轴颈上方架好百分表，如图 8-14 所示。在轴承前后各架一只，距轴承距离相等，用螺旋千斤顶顶起转子，翻出下瓦，缓慢松开千斤顶让转子落下，此时两只百分表读数的均值即为轴颈下沉值。不难理解，轴承标高越高下沉值越大。此下沉值主要由联轴器下张口和转子自身重量、刚度所决定。转子刚度越高，下沉值越小，重量越重下沉值越大，其刚度和重量是一定且不可改变的，而张口值是可改变的。因此，下沉值的大小与张口值的大小是对应的。即下沉值合格对应的张口值也符合标准。那么，左右的张口值如何保证呢？下沉值调整好后，可以在轴颈两侧同一水平面架表，如图 8-15 所示，然后翻出转子，观察两表读数是否存在偏差。如有偏差则说明轴瓦放入后将转子憋向一边，这时可根据差值将集电环大底板向一侧水平偏移，然后再次测量，直至轴瓦放入后轴颈不再发生左右偏移，这时可认为联轴器左右侧已不存在张口。

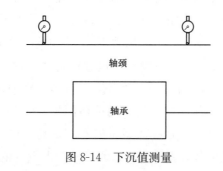

图 8-14　下沉值测量

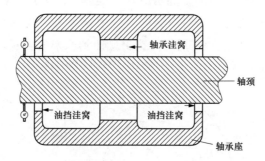

图 8-15　集电环转子左右偏移量测量示意

七、轴系找中心时存在偏差的原因分析

（1）读表错误。百分表上刻度标示较小，不易看清，当转子盘动 90° 后，有一侧表居于转子下方，因不能近距离读表及斜向读表，造成误差。转子盘动 180° 后，表盘面朝下，只能借助镜子等工具读表，往往会将表针相对于刻度线的方向读反，从而造成误差。对于此种误差可采用双人读表、相机拍摄等方法避免。同时，架表时左、右侧百分表初始读数应保持一致，大、小指针与刻度线对应，不能大指针指在"0"位，小指针却放在两刻度线之间，当大指针指向"50"位置时小指针会正对刻度线，这时谁都说不清正确的读数该是多少了。

（2）读数时联轴器假销憋劲。读数前应确保转子不受外力影响，假销子在销孔内应能自由活动，盘动转子的钢丝绳或检修盘车的驱动齿轮应卸力。否则会使读数产生误差。

（3）动静碰磨。特别是在中心调整量较大的情况下，因径向间隙调整工作还未进行，转子与汽封、轴封间径向间隙消失发生碰磨，从而造成中心数据不准确。因此找中心前应仔细检查径向间隙，盘动时还应听声检查，确保没有动静碰磨情况。

（4）轴颈偏置。这种情况主要对应于圆筒瓦、椭圆瓦轴承。我们知道轴颈直径是小于轴瓦孔径的，微观上看，轴颈最下方与轴瓦接触部位近乎为一个平面。当两转子通过假销连接盘动时，必有一个为主动轴，另一个为被动轴，假销子为一个作用力点，如图 8-16 所示。当假销子居于上部时，转动瞬间通过假销给被动轴一个作用力 F_1。被动轴以接触面为支点向左侧滚动。当假销居于下部时，转动瞬间通过假销给被动轴一个作用力 F_2，在此作用力下被动轴无法滚动，而是会被推向右侧，使轴颈圆心发生向右侧的偏移，直至轴瓦将轴颈包住使其不能平移而发生转动。也就是说盘转子时转子并非绕轴心旋转，而是存在微量的左右摆动。这就造成了圆周表左右方向读数不准。这也是读表后左右数值之和与上下数值之和不等的原因。就算是同时使用两根假销也不能解决这一问题，因为加工精度原因，两根假销必有一根首先受力，绝对不会同时受力或受力一致。因此解决的方法是采用一根假销，每盘动 90° 后卸力拔出，插到原来的位置，这样每次盘动只会有同样的 F_1 存在。

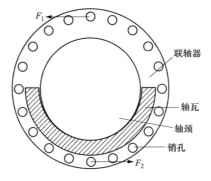

图 8-16　盘转子时转子受力示意

（5）记录错误。读数后需将数据记录，记录时如果不认真、不细致，则很有可能会将左、右方向记反，因此，除了读表需两人以上进行外，记录后还需另有一人进行核对。

（6）计算错误。这是许多人易犯的错误。因为数字较多，计算时发生错误是难免的，所以最好使用计算器连续两次计算，确保两次结果一致。另外，可掌握一定的快捷计算技巧。如图 8-17 所示的张口值数据，可以看出上面的圆显示下张口为 0.10mm，下面的圆显示下张口为 0.12mm，则实际张口为（0.10＋0.12）÷2＝0.11（mm）。这要比 ［（505＋488）－（495＋476）］÷2＝0.11(mm) 简单得多。如果遇到如图 8-18 所示的数据，则（0.10－

0.04)÷2＝0.03(mm)，张口在＋10mm 所示的方位。总结操作口诀如下："同向相加除以 2，异向相减除以 2，方向在数值大的一侧。"

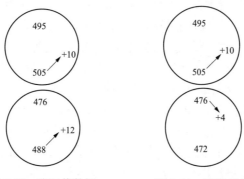

图 8-17　张口值数据　　　　图 8-18　读数示例

（7）半挠性联轴器变形影响。某些型号的机组汽发联轴器及电励联轴器采用半挠性波纹筒式联轴器，因其挠度较大、易变形的特点，转动时会产生较大的可变晃动度，从而造成读数不准。因此，在找此类联轴器中心时，应将波纹筒进行固定（可采用螺栓胀紧），使其不会在转动时产生晃动。

（8）调整垫片。垫片层数过多、毛刺未除净、平面未整平、垃圾未清理干净、位置未放准、宽度过大、垫块表面被锤击后产生微凹凸现象等，都将使垫片厚度引起误差。因此轴承垫块内的垫片厚度大于 2mm 时，应用钢板制作，并在平面磨床上两面磨平，使厚度各处相等。当垫片总厚度小于或等于 2mm 时，可用薄不锈钢皮制作，但总层数不应超过 5 层，垫片应光滑、平整，宽度应比垫铁小 1～2mm，旧垫片应按原位装复。

（9）环境条件。大功率汽轮机轴系长，结构复杂，体积庞大，各轴承座材料不同，地质条件不同，基础不同等。因此，由于某些季节日温差大而使各轴承座处膨胀和收缩有差异，这些差异往往超过联轴器中心允许偏差值，使找中心工作反复多次仍无结果。由此可见，在现场实际工作中，为了避免环境温度使找中心工作出现反复多次的情况，一般采取连续工作的办法，找正一个，验收一个。

八、大盖紧力调整

我们知道轴承分为上、下两半，轴系中心调整后，因下瓦垫块进行了调整，就必然会造成轴承大盖紧力（或间隙）的变化，产生过大的紧力或间隙。因此还需对轴承大盖的紧力（或间隙）作相应的调整。之所以上瓦垫块有紧力（或间隙）要求，是为了在运行状态（热态）下轴承既可具备自位功能，又不能过于松动造成失稳。上瓦垫块一般为单块安装在顶部，也有为两块、3 块。上瓦垫块与轴承洼窝的接触也是要求达到 75%，但是下瓦可以放在洼窝内研磨，上瓦却不具备这样的条件。下面就以两垫块式为例介绍一下调整的方法。

如图 8-19 所示如果上瓦仅有顶部一块垫块，可通过在大盖中分面加垫片对顶部垫块压铅丝的方法来测量大盖紧力（或间隙）。但上瓦有多块垫块该方法就不适用了，例如，当大盖中分面加 1.0mm 垫片后大盖从图 8-19 中 P 位置上抬至 P_1 位置，右侧垫块下部间隙 a 增加量并非 1.0mm，而是 $1.0 \times \sin33° = 0.545$（mm），上部间隙 a_1 增加量为 $1.0 \times \sin57° = 0.839$（mm）。也就是说铅丝每一点的变化量都不一致，这给调整带来了很大的麻烦，因此，大盖中分面加垫片的方式并不可取。我们可以将上瓦垫块先行拆出，分别将其放在油挡洼窝内研磨，使其接触面符合大于或等于 75% 的要求。然后将垫块下的垫片抽去 0.30mm，将其装复。在垫块上放好 0.50mm 的铅丝，扣上大盖进行压铅丝，如果上、下边间隙一致，则需根据压出的数据加装垫片即可，如上、下边数据不一致，可根据实际情况磨削垫块底面成斜面或上、下边垫入不一样厚度的垫片即可。如标准为 0.10mm 紧力，压出上边间隙为 0.40mm，下边间隙为 0.50mm，则上边加 0.50mm，下边加 0.60mm。如图 8-20 所示，因为上瓦垫块并不承重，运行中与大盖间为间隙配合或几丝紧力配合，所以采用该方法并无不妥。

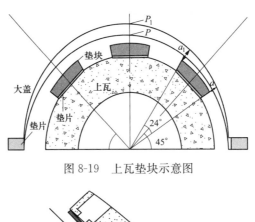

图 8-19　上瓦垫块示意图

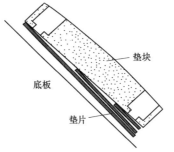

图 8-20　垫片斜加法

第二节　轴系中各转子轴向位置的确定

轴系中各转子的轴向位置在机组安装时就已确定，检修中是不作调整的。但机组解体，联轴器垫片取出、推力瓦取出后，各转子即处于自由状态，各轴向间隙的测量就会失去基准，因此检修中对轴向位置的测量是必不可少的工作，同时也不排除安装、改造时轴向定位存在错误、检修后推力瓦调整垫片装错等造成轴向碰磨的可能。笔者就数次遇到过主油泵轴向碰磨、油挡处甩油环轴向碰磨、测速盘与危急遮断器拉钩轴向碰磨、发电机励端凸台与油挡间轴向间隙小以致油挡无法拆出等。其实制造厂说明书已明确给出了各转子安装时的轴向基准以及前后最小窜动量，检修中只要对照图纸进行复核即可。检修中轴系轴向尺寸的测量、调整工作主要有以下几个方面。

一、解体时轴向尺寸的测量及记录

汽轮机轴系解体前轴系在轴向上处于什么位置并不能确定，因为受推力瓦的限制，所以在轴向上的偏差肯定小于推力间隙值。因此，解体前可以在静止部件上选择固定点，测量其与转动部件之间的轴向尺寸。一般来说多选择轴承座内壁与联轴器端面之间相对应的点。如图 8-21 所示，此点不仅能在解体时测量，检修过程中相对位置也不应变化。一般会将其称为外引值（L）。图 8-21 中所画轴瓦至联轴器的 L 值仅为示意，因为轴瓦放在洼窝内轴向有间隙，所以尽可能选择不会发生轴向位移的洼窝壁、支架、轴承座内壁等。解体后测量推力间隙后将高压转子向推力瓦工作面推足，再次测量高压转子电端 L 值，将其与修前所测值对照，算出差值，其他各转子 L 值作相应的加减，算出解体前整个轴系向推力瓦工作面推足后各转子汽轮机、发电机端 L 值，并合并做好记录标注清楚。

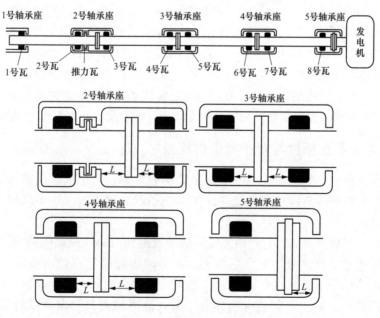

图 8-21　轴系连接示意图

　　理论上一根转子只需要一个 L 值就可以确定其轴向位置，但笔者认为只要有条件尽量汽、电端各测一个 L 值，从图 8-21 中可以看出，汽轮机、发电机端 L 值之和应该是一个定值，但从机组解体到组装完成，整个机组都处于散热的过程之中，检修人员应该都遇到过这样一种情况：转子放在轴承上没作任何动作，突然轴瓦响了一下，同时会感觉转子动了一下。其实这就是转子冷却收缩造成的。笔者曾经在检修中发现转子轴向位置发生不明变动，对照解体前汽轮机、发电机端 L 值之和，发现数值上少了近 1.0mm，原来是因为转子冷却总长缩短造成的。因此多测量几个尺寸对检修过程中的数据分析是有帮助的。

　　除了外引值以外，联轴器垫片厚度也是决定转子轴向位置的重要数据。

　　对于汽轮机本体检修来说，外引值最重要的作用是对应通流 K 值。当检修后连接联轴器的时候，汽缸扣缸工作早已结束，其内部轴向间隙是否和检修时的测量值一致，这是没法复核的，只能通过外引值来印证。之所以称其为外引值，其实就是对应于 K 值而言的，意即将 K 值引出的值。也正因为如此，测量通流间隙时其记录表上一定要标注好其所对应的外引值。

二、转子窜动极限位置的确定

　　汽轮机中动、静部件之间的尺寸非常多，测量记录的数据并不能涵盖所有尺寸，也就是说测出的最小间隙不一定就是动、静部件之间最小间隙。通常制造厂会给出每根转子向调节阀端、发电机端的窜动量要求，如果不能满足此要求在极限工况下就可能会发生轴向碰磨。有人认为很少发生轴向碰磨，因此轴向不存在问题，但是在极限工况下则有可能发生。如某电厂 630MW 机组高压转子测速盘端面与危急遮断器拉钩轴销端面相磨，解体后测量其向发电机端窜动量仅为 5.6mm，而图纸要求为 6.7mm，轴向窜动量却远大于标准，如果安装时能将轴向调整好，使其符合窜动量要求就不会发生轴向碰磨。因此，K 值符合设计值后一定要将转子向调端、电端推足，并记录下对应的外引值及窜动值。从安全角度考虑，极限窜动量比 K 值更为重要。

三、其他静止部件与转子间隙的检查

　　在运行中，整个轴系是一个高速转动的整体，除了汽缸内的动、静间隙以外，还有很多静止部件与其间隙都应引起高度重视。一般来说有以下几个方面。

　　(1) 联轴器罩壳。它是用来隔绝联轴器运转时的鼓风影响的钢制罩壳，其制作相对粗糙，分为上、下两半，下半用螺栓固定在轴承座中分面上，上半用螺栓与下半连接在一起。因为鼓风影响会使罩壳产生高温，所以其上部的轴承大盖内会安装有喷油管，引入润滑油对其喷淋，以对其降温。也正因为其粗糙、易受高温变形、没有验收数据记录等特点，极易导致检修人员掉以轻心。现实中有很多联轴器罩壳碰磨甚至打坏的事例。因此，安装时一定要仔细测量其是否有足够的径向、轴向间隙。

（2）顶轴油油管。大部分轴承的顶轴油油管采用不锈钢制作，但也有采用高压软管。有些软管未经绑扎或绑扎不牢靠，运行中软管与转子相碰造成软管损坏漏油。一旦顶轴油油管破损就极有可能造成烧瓦。因此，顶轴油管安装好以后一定要确认其与转子之间有足够的安全距离，对于软管更要做好保护。

（3）外挂挡油（风）板。有些机组高中压缸油挡漏油会渗进保温层引发火灾，为防止发生漏油会在保温层与油挡之间插入一块挡油板。也有为防轴封漏汽影响轴承座，会在轴封与轴承座之间插入一块挡风板。挡油（风）板如果尺寸不当或安装不当都会有与轴相碰的风险。

（4）甩油环。某些型号的机组轴颈上会设置甩油环，如图 8-22 所示，当润滑油顺轴颈泄出至甩油环时因离心力的作用甩出落入油挡积油槽中再经回油孔流入轴承座。这种设计对润滑油的密封效果非常好，但是在检修时却需格外注意：甩油环前后侧间隙 a、b 值需严格按照说明书上该处冷、热态时的极限位移进行调整。（通过调整挡油板垫片厚度实现）

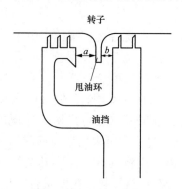

图 8-22 甩油环示意图

（5）热工元器件连接线。这些线缆都必须绑扎牢靠以防松动、脱落与转子发生碰磨。

四、组装后轴向尺寸的测量及记录

轴系连接好后，应再次复核各转子外引值，并据此对各汽缸最终的通流间隙进行修正并做好记录。对于 A 级检修来说，这是至关重要的一项工作，是今后检修时最重要的参考资料。

第三节 轴系的连接

一、联轴器

轴系中两根相邻转子通过联轴器进行连接。一般来说大功率机组均采用刚性联轴器，为调整转子轴向间隙，联轴器中间会加装垫片。联轴器上会设置顶丝孔，以便于解体时利用顶丝脱开转子，还会设置垫片吊紧螺孔，检修时可以用螺栓吊紧联轴器垫片以防止其脱落。安装时联轴器两端连接螺孔对中后进行铰孔，铰孔后按孔径配制联轴器螺栓，以确保其同心度。也正因为如此，解体时联轴器螺栓、螺母与螺孔应一一对应做好记号，以免装错。有些联轴器外圆周面上会开有平衡槽，以安装平衡块。两联轴器端面会对应制作凸台和止口，采用 0.03mm 左右的过盈配合以保证联轴器连接后的同心度。

汽轮机解体时用顶丝脱开联轴器，因转子重量与联轴器止口紧力影响，应同时拧紧多颗顶丝，并使各顶丝受力相当，不能采用气动扳手去打紧，以免损伤顶丝孔。联轴器垫片拆卸后应平放在胶皮上或绑扎牢靠站立放置，不可垫木条平放，以免受压变形。

检修中应对联轴器端面进行检查，对端面、凸台与止口的毛刺进行打磨，对螺孔孔壁拉损处进行打磨修复。

二、联轴器螺栓

刚性联轴器的连接螺栓主要有直销螺栓、竹节状销螺栓、超紧配膨胀螺栓三种形式。前两种螺栓类似于双头螺栓，只是中间部位为销体，与联轴器螺孔为小于 0.02mm 的间隙配合，两头为六角螺母或陷于联轴器沉孔内的圆螺母，以减小运行时的鼓风影响。安装时盘动转子使螺孔对正至穿入假销，用专用螺栓拉合联轴器（也可采用千斤顶顶转子，使联轴器端面合拢）。然后穿入销螺栓，过程中可采用紫铜棒敲击法，如遇螺栓紧力过大敲不进去，不可大力蛮敲，应将其拆出先穿其余螺栓，并查明原因（螺栓记号是否对应、销部是否有拉痕凸起、孔壁是否有损伤未处理等）。螺栓穿好后按要求的力矩或伸长量紧固螺母。有些螺栓端部安装有挡风板，因此紧螺母时应先按统一的长度固定一端再紧固另一端螺母，以免螺母紧固后端面高低不一造成挡风板无法安装。

目前大功率机组已广泛采用超紧配膨胀液压螺栓，如图 8-23 所示，该型螺栓具有同心度高、不易损坏螺孔等优点，但是安装、拆卸过程要求较高。以下对其结构、安装、拆卸过程作详细介绍。

超紧配联轴螺栓是一种通过液压方式胀紧、拉伸的螺栓，以在大型连接法兰之间产生稳定的刚性连接。与普通螺栓相比，超紧配螺栓通过锥套的膨胀使螺栓与螺孔之间形成过盈配合（过盈量由液压力控制），从而可使螺栓通过传递剪切力来传递扭矩、功率更直接，可靠性更好。通过液压拉伸器用核定的液压力拉长螺栓再旋紧螺母，可使螺栓保持一致的紧固力。

如图 8-24 所示，螺栓的两端带有内外螺纹，中间部分是带有锥度的螺杆，螺杆上配有一个内径带同样锥度的膨胀衬套，螺栓两端各有一个圆形螺母。螺杆中部有注油孔，通过油道能向螺杆与衬套接合面注油。螺栓的

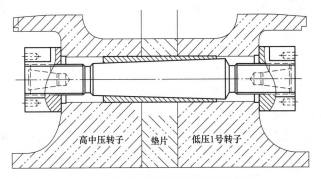

图 8-23 超紧配液压膨胀螺栓结构图

拆装须配合专用工具进行，主要包括带压力表的液压泵、延伸棒、拉伸支座、膨胀支座、拆卸支座、液压拉伸器、注油芯棒、转动手柄等。

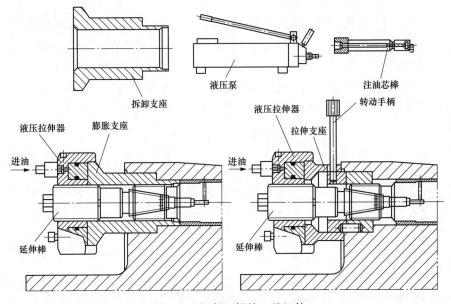

图 8-24 超紧配螺栓工具组件

安装时将联轴器对正合拢，在螺孔中插入专用膨胀假轴（与螺栓结构类似，衬套纵向切口，以提供更大的胀紧范围）胀紧螺孔，使螺孔保持同心。将带衬套的螺栓穿入螺孔，在衬套厚壁端插入膨胀支座，旋入延伸棒，安装好液压拉伸器，按规定的膨胀压力注油，这时衬套即被胀紧，拆掉延伸棒、膨胀套等组件，旋入螺母。然后在螺栓另一头旋入螺母，安装好转筒、拉伸支座、延伸棒、拉伸器，注油至规定的拉伸油压，这时螺栓被拉伸，用手柄将螺母旋紧，卸压后拆卸相关组件，螺栓安装过程即告结束。

拆卸时先按相逆的顺序松开衬套厚壁端螺母（螺母旋松 1 圈，不要取下）在螺栓中间的注油孔旋入注油芯棒，按规定的压力注油，高压油会进入螺杆与衬套之间并使其分离，螺杆滑出。另一种方法是将两端螺母都松开，取下衬套薄壁端螺母，安装拆卸套、延伸棒及拉伸器，然后注油，顶住衬套，拉出螺杆。

需要注意的是，无论安装还是拆卸，过程中都应注意，拉伸器活塞不能超出最大行程。卸劲后应旋转拉伸器使活塞压回原位。

汽轮机轴系由多根转子连接而成，在连接联轴器时应先连接与推力瓦相近的联轴器。因为推力瓦一般在高压转子上，而高压转子重量较轻，连接联轴器时拉动转子，推力瓦首先受力。如果将中压、低压部分联轴器先连好，推力瓦要承担巨大的拉应力，有可能造成推力瓦受损。

三、测量联轴器同心度（晃度或径向跳动）

对于端面没有止口的联轴器，螺栓全部穿进后，应先选择对角为 $180°$ 的两只螺栓对称均匀地上紧。然后，隔 $90°$ 选另两个螺栓上紧。测量联轴器同心度，如图 8-25 所示，同心度应小于或等于 0.02mm。参照同心度再上紧其余螺栓。当全部螺栓紧好后，应复测同心度，以鉴定联轴器的连接质量，因为联轴器同心度不良往往是由初始安装不良或 A 级检修时连接工艺不佳所引起的。如某台 N300-16.18/535/535 型汽轮机两低压转子联轴器不同心度达 0.27mm，检查发现安装时未将两联轴器螺孔铰同心，A 级检修中重铰了螺孔，使同心度达到了标准，改善了机组振动。

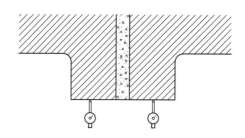

图 8-25　联轴器同心度测量

测量同心度时，在联轴器外圆同一水平面架表，将联轴器圆周分成 8～12 等分，做好起始点记号，盘动转子，依次读出百分表的值，做好记录。两表各点的差值，即为联轴器连接后的不同心度。当差值大于 0.03mm 时，证明联轴器连接质量不佳，应查找原因，并松去全部连接螺栓，进行重新连接。

测量联轴器同心度时，应注意连接前、后两次测量的百分表起始读数应相同，否则使计算复杂化。

对于大部分带止口的联轴器，其同心度仅作测量存档。因为止口为过盈配合，一旦插入两联轴器的同心度即已确定，再无调整的可能。

第四节　轴系振动及找平衡

大容量汽轮机组均由多根转子连接而成，因为多转子的相互影响，所以轴系的平衡比单轴汽轮机要复杂得多。轴系的平衡是建立在单转子平衡质量和联轴器连接质量的基础上的，不可能做到汽轮机轴系绝对平衡，加上其他因素，所以汽轮机在旋转时，必然会产生不平衡的扰动力，从而引起轴的振动。扰动力的大小，一般通过支持轴承的振动优劣形式表现出来，而支持轴承的刚度是象征它抑制振动的抗振强度。因此，机组振动振幅与扰动力成正比，与抗振强度成反比。

振动是评价汽轮机运行状况的重要标志之一，它是机组各部件在各方面运行情况的集中反应。振动过大，会使部件承受过高的动应力，使紧固件松弛，产生转动部分的磨损、支持轴承振碎、基础松动、叶片疲劳折断、危急保安器误动作、动静部件互相摩擦等危害，尤其是摩擦使转子表面发热而产生的热应力。当热应力大于转子材料的屈服极限时，将导致转子永久性热弯曲，从而加剧摩擦。在低于临界转速时，振动亦随之加剧，形成恶性循环，这是发生恶性事故的危险信号。

大型汽轮机，一般以轴的上下、左右、前后 3 个方向的振动幅值作为衡量机组运行状态下的振动优劣程度。因为任何原因引起的振动，转子是这些振动第一振源，所以必须经常监视转子的振动。

下面将简要地介绍大功率汽轮机振动原因和汽轮机轴系找平衡的措施方法。

一、汽轮机振动原因分析

汽轮发电机组是由许多部件组成的，其中一个或几个部件工作得不正常，都有可能引起机组较大的振动。这就大大地增加了查找振动原因的难度。尤其是大容量机组，多根转子互相影响，要找到引起振动的确实原因，难度就更大。下面就一般的振动原因进行分析和处理。

1. 转子本身的质量不平衡

汽轮发电机转子属大而复杂的部件，虽然经过动平衡校验，但仍然存在着残余不平衡质量。这种因动平衡质量不佳的残余不平衡质量，从单根转子上来看，问题不很复杂。但是，对于多根转子的大型机组来说，残余的不平衡质量在轴系旋转时的离心力，往往形成多个复杂的力偶，这就使寻找振动的原因显得更加复杂。

凡属质量不平衡引起的振动，其振幅随转速的升高而加大。在找动平衡时，试加质量对振幅有明显的反应。因此，这种由于质量不平衡引起的振动，通过找平衡，比较容易消除。

2. 转子弯曲和联轴器连接质量不佳

转子弯曲和联轴器连接不佳使转子产生质量不平衡等，运行时由于扰动力作用使机组发生振动，其现象与上述相同。但消除振动不应单纯地用加平衡质量的方法来解决，而应采取直轴、重新找中心或重新连接联轴器等措施。

3. 轴承垫块接触不良及紧力不适当

由于检修工艺马虎或转动中垫块与轴承座的接触腐蚀，垫块接触不良，降低了轴承的抗振能力而产生较大的振动，因此而引起的振动往往发生在检修后第一次启动时，或者发生在机组检修投运后 1～2 年内。其特征为：找动平衡时试加重量对振动的影响较小，用找平衡的方法不易消除振动。某台机组修后首次启动，当升速到 3000r/min 时，发电机后轴承发生强烈振动，其振幅达 0.15mm 左右。经检查发现，轴承座右侧前端地脚螺栓处振幅比其余 3 个螺栓处大得多。当时认为振动是该地脚螺栓松动所致。当复紧地脚螺栓时，振幅不仅没有下降，相反迅速上升，立即将该螺栓略松一些，振动有明显好转。当将该螺栓全松后，振动恢复修前水平（0.03mm 左右）。因此，轴承座与台板接触的好坏，对机组振动的影响比其他因素引起振动要敏感得多。一旦找到这些方面的原因，不停机即可暂时消除振动，但接触不良问题仍存在。

4. 地脚螺栓松动及机组台板脱壳

汽轮机轴承座地脚螺栓因紧力不均匀、轴承振动等原因，经过长期运行而发生螺栓松动是常见的故障，其振动往往是逐步发展的。只要用手触地脚螺栓与轴承座之间连接处，即能感觉出有明显的振动感，此时若将螺栓复紧一遍，振动立即减小。另外，由于基础台板第二次浇灌混凝土质量不佳或因汽轮机油漏到基础上起侵蚀作用，机组经一段时间运行后，第二次浇灌的混凝土脱壳与疏松，使机组振动逐步加大，此时只要测量基础台板的振动便能发现。但消除此振动必须将基础第二次浇灌的混凝土全部打掉，重新进行浇灌混凝土。

5. 动静发生摩擦

由于设计、制造或检修中的失误或运行中动挠度、转子的偏心过大等原因，汽轮机动、静部分发生摩擦，使转子表面局部温度升高而产生热弯曲，进而加剧动、静间摩擦，形成恶性循环。对于稳定转速裕度不大的机组，还会因此激发油膜振荡。如某台 300MW 汽轮发电机组因发电机后轴承采用与轴接触的羊毛毡外油挡，检修后启动发现，外油挡与轴摩擦而冒烟，同时发现油膜振荡，立即脱扣停机，拆除羊毛毡外油挡后，再次启动时便正常。所以对汽轮发电机组来说，动、静摩擦是不允许的。有时为安全起见，只能牺牲一点经济性，适当放大轴封、汽封等间隙。

6. 发电机、励磁机磁场中心不对称

发电机、励磁机磁场中心不对称有两种。其一，轴向磁场中心不对称；其二，圆周方向磁场中心不对称引起空气间隙不对称。前者在发电机励磁机磁场中心不对称，产生了转子与定子中心不一致，而转子欲恢复原来的位置，这样就形成了周期性的轴向振动。发电机圆周方向磁场中心不对称，有些会引起定子的振动。前者可用调整轴向磁场中心的办法予以解决，后者则用调整空气间隙予以解决。

另一种磁场不对称引起的振动，往往发生在发电机转子绕组或线匣局部短路时，这种短路是匣间绝缘损坏，相邻线圈之间偏移而短接或一组线圈的部分匣之间的绝缘破损。在穿过空气间隙的磁力线作用下，转子在整个圆周上，产生转子与定子铁芯之间的辐力。该力要把转子拉向定子，如果极的分布对称，则转子的极心上的合成力等于零。当有一个极的部分线匣短路，改变了空气间隙中的磁感应力的分布时，轴向力之间的均衡就被破坏，结果在极心上出现单侧的要把转子拉向定子的作用力，因此发生振动。这类振动当提高定子端电压时，会引起振动急剧增加。因此，用该方法可以判别振动的起因。

7. 转子上零件松动

大型汽轮发电机组转子上零件的松动，多数发生在发电机、励磁机转子上的护环、楔条等。如某台 300MW 汽轮发电机的励磁机，当转子冷却水（双水内冷）温度低于进风温度时，便发生剧烈振动。这是因转子轴芯内冷却收缩，转子轴芯外套装的零件受热膨胀，当收缩和膨胀之差值大于零件套装过盈时，便使零件松动而发生剧烈振动。对于这类振动，只有进行彻底翻修或更换转子才能解决。

8. 发电机转子、励磁机转子风道堵塞

发电机转子、励磁机转子风道堵塞后会造成局部散热不良，从而造成局部热弯曲而引发振动。如某厂励磁机转子每两、三个月轴瓦就会振碎，多次检修各项指标均合格，但振动情况依旧。将转子抽出后返厂检查，发现一侧风道被积灰堵塞（积灰达 500 多克）。清理后返厂装复，振动缺陷消除。

9. 基础结构不合理

由于基础自振频率与机组振动频率合拍，产生共振或基础沉降不均匀使机组中心变化，失去原来平衡而振动。这类振动比较复杂，一时难找到确切原因和有效的消除措施，一般可通过对基础进行振动频率测试和基础沉降测量等手段找出振动的起因。若为基础频率与机组共振频率相近可在基础梁与梁之间或柱与柱之间增加连接梁或斜撑，以改变振动节点，从而改变自振频率；若为基础沉降不均匀，可通过重新找正轴系中心来减轻振动。

10. 轴承座设计欠妥

实践证明，落地轴承座，当激振力大于 490N 时，振动显著增加，尤其是该轴承座的轴向振动更为敏感。解决这类振动的方法：其一，将轴承座四角与刚性较好的汽缸撑紧，增加其抗振性；其二，将该轴承座改型更新。

11. 测量错误或表计误差

一般来说，振动的测量均由熟练的运行人员进行，测量的位置均用记号标明（对于有自动检测装置的机组不存在）。但是，在机组启动时，往往因忙乱而不按规定位置测振。另一种情况，测振仪长期不校验，测得振幅

误差偏大，这种现象在 TC2F-33.5 型汽轮机组自动测振仪上同样存在，因此，测振仪应定期进行校验。

12. 启动暖机不当

启动时，各种类型的汽轮机组暖机时间均不一致。对于轴承稳定性较差的机组，除了按规定时间暖机外，还应测量低压转子后轴承和发电机转子前轴承两者外壳的温差。由于低压转子后轴承靠近汽轮机轴封，其轴承座加热快，加上盘车齿轮的鼓风，加速了温升，使该轴承座在高度方向膨胀值大于发电机轴承座高度方向的膨胀值。当温差达 30℃时，其膨胀差达 0.30mm 左右。这样使发电机前轴承比压下降，轴承失稳，发生油膜振荡。这种现象曾在 300MW 汽轮发电机上多次发生。因此，启动暖机应按机组的特性决定，不能机械地硬搬。

二、轴系找平衡

机组经过 A 级检修后启动过程中的振动情况为未知，为防发生振动异常后便于分析，大功率机组均会在启动时安排专业测振人员进行测振分析。影响振动的因素多种多样，动不平衡仅是众多因素之一。作为检修人员仅需配合在分析出的相位加装相应质量的平衡块即可。以前那种多次加重试验的方式已不适合当前的检修工艺要求，所以此处不作介绍。

第九章　盘　车　装　置

第一节　盘车装置概述

在汽轮机启动冲转前和停机后，使转子以一定的转速连续地转动，以保证转子均匀受热和冷却的装置称为盘车装置。

汽轮机启动时，为了迅速提高真空，常需在冲动转子以前向轴封供汽。这些蒸汽进入汽缸后大部分滞留在汽缸上部，造成汽缸与转子上下受热不均匀。如果转子静止不动，便会因自身上、下温差而产生向上弯曲变形。弯曲后转子重心与旋转中心不相重合，机组冲转后势必产生更大的离心力，引起振动，甚至引起、动静部分的摩擦。因此，在汽轮机冲转前要用盘车装置带动转子作低速转动，使转子受热均匀，以利于机组顺利启动。

对于中间再热机组，为减少启动时的汽水损失，在锅炉点火后，蒸汽经旁路系统排入凝汽器。这样低压缸将产生受热不均匀现象。为此，在投入旁路系统前也应投入盘车装置，以保证机组顺利启动。

启动前盘动转子，可以用来检查汽轮机是否具备运行条件，如动、静部分是否存在摩擦，主轴弯曲度是否正常等。

汽轮机停机后，汽缸和转子等部件由热态逐渐冷却，其下部冷却快，上部冷却慢，转子因上、下温差而产生弯曲，弯曲程度随着停机后的时间而增加。对于大型汽轮机，这种热弯曲可以达到很大的数值，并且需要经过几十个小时才能逐渐消失，在热弯曲减小到规定数值以前，是不允许重新启动汽轮机的。因此，停机后应投入盘车装置，盘车可搅和汽缸内的汽流，以利于消除汽缸上、下温差，防止转子变形，有助于消除温度较高的轴颈对轴瓦的损伤。

对盘车装置的要求是它既能盘动转子，又能在汽轮机转子转速高于盘车转速时自动脱扣，并使盘车装置停止转动。

汽轮机盘车装置的结构多种多样，盘车装置的驱动方式至少要备有自动和手动两种手段。不同的机组，自动盘车装置也有不同，有电动盘车、液动盘车、气动盘车等方式。盘车转速也有高低之分，盘车转速的高低各有利弊，高速盘车（转速为 40～70r/min）能在径向轴承中较易建立动压油膜，可以减小轴颈与轴瓦之间的干摩擦或半干摩擦，达到保护轴颈轴瓦表面的目的。另外，高速盘车可以加速汽缸内部冷热汽（气）流的热交换，减小上、下缸和转子内部的温差，保证机组能再次顺利启动。低速盘车（转速为 2～4r/min）启动力矩小，冲击载荷小，对延长零件使用寿命有利。

部分机型的盘车装置安装在轴承盖上，这种布置方式在吊轴承盖时比较麻烦。大功率机型汽轮机的盘车装置一般安置在低压缸发电机端的轴承箱侧面，主要传动机构在汽轮机中心线以下，这种侧装式设计在安装或检修轴承时，揭开轴承盖时不需吊走盘车装置，并且仍可连续盘车。最新型大功率机组采用安装在前箱端部的液压盘车，通过顶轴油进行驱动。

上海汽轮机有限公司超临界、超超临界机组采用了全新的盘车方式，盘车安装于前箱上，盘车小轴与高压转子通过齿套连接在一起，通过液压马达、离合器、小轴带动汽轮机转子旋转。

下面介绍几种在大功率机组上常用的盘车装置。

第二节　螺旋轴式盘车装置

螺旋轴式电动盘车装置如图 9-1 所示，电动机 1 通过小齿轮 3 和大齿轮 4、啮合齿轮 6 和盘车齿轮 12 两次减速后带动汽轮机主轴转动。啮合齿轮的内表面铣有螺旋齿与螺旋轴相啮合，并可沿螺旋轴左右移动。推动手柄可以改变啮合齿轮在螺旋轴上的位置，并同时控制盘车装置的润滑油门和电动机行程开关。

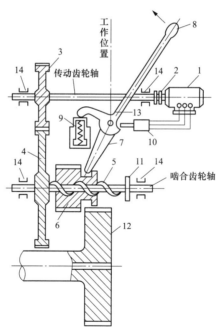

图 9-1　螺旋轴式电动盘车装置

1—电动机；2—联轴器；3—小齿轮；4—大齿轮；5—螺旋轴；
6—啮合齿轮；7—拨叉杆；8—手柄；9—润滑油门；10—行程开关；
11—凸肩；12—盘车齿轮；13—保险销；14—轴承

投入盘车装置时，首先拔出保险销，然后向左推动手柄，啮合齿轮便向右移动，靠向盘车齿轮，同时用手盘动联轴器，啮合齿轮即可与盘车齿轮全部啮合。此时，润滑油门自动打开向盘车装置供油，同时电动机行程开关闭合，盘车装置投入工作。依靠螺旋齿上的轴向分力，啮合齿轮被压紧在凸肩上，保持与盘车齿轮的完全啮合。

汽轮机冲转后，当转子转速高于盘车转速时，啮合齿轮由主动轮变为从动轮，螺旋齿上的轴向分力改变了方向，将啮合齿轮向左推，直至退出啮合位置。在润滑油门油压和弹簧的作用下，手柄向右摆动回到原位，润滑油门和行程开关复位。此时，保险销自动落入销孔将手柄锁住，润滑油路切断，电动机电源断开，盘车装置停止工作。

手动停机按钮切断电源，也可使盘车装置停止工作。当电动机电源被切断后，盘车装置的转速迅速下降，而转子因惯性仍以盘车转速旋转，啮合齿轮变成从动轮被推向左边，此后各部件的动作与盘车装置自动退出时一样。

该型盘车安装在轴承座大盖上，检修时需将轴承座大盖吊出（严禁直接在轴承座大盖上进行盘车装置的检修作业），然后拆卸联轴器，并依次拆除手柄、油管路、错油门、轴端轴承压盖，并锁死复位活塞，拆卸接合面螺栓，将盘车上盖、啮合齿轮轴依次吊出，最后拆卸传动轴及拨叉轴承。

因为运转周期长、稳定运行要求高，所以 A 级检修时必须对传动轴、啮合轴轴承进行更换。盘车运转时拨叉轴承始终卡在啮合齿轮拨叉槽内，随啮轮高速旋转，因此拨叉轴承是最易损坏的部件，因其安装位置居于汽轮机主轴盘车大齿轮上方，一旦损坏，极易造成滚珠落入轴承座或造成盘车齿轮夹伤，因此拨叉轴承的检修、更换应确保质量并采用全包式滚珠轴承。传动轴、啮合轴轴承更换后应测量、调整轴窜符合要求，并需注意轴的轴向位置要正确，以免啮合齿轮与盘车大齿轮不能脱离造成停机事故。

螺旋轴式盘车装置检修应满足以下质量标准。

（1）各齿轮接触面啮合均匀，无腐蚀、裂纹、砂眼、毛刺等缺陷。

（2）齿面接触大于 70%，齿隙为 0.30～0.40mm。

（3）滚珠轴承滚子与内外圈间隙小于 0.20mm，滚子窜动量小于 0.20mm，轴承外圈与大盖紧力为 0～0.04mm，内圈与轴配合无松动。

（4）外油挡铜齿与轴间隙为 0.03～0.05mm。

（5）拨叉轴窜动量为 0.30～0.40mm。

（6）两拨叉必须水平，拨叉轴承轴同心度小于 0.05mm。

（7）单列圆锥滚柱轴承与大盖紧力为 0～0.04mm，滚子窜动小于 0.20mm。

（8）滚动轴承的滚子与槽道无麻点、腐蚀、磨损，用手柄转动轴承时应轻快、灵活，无卡涩、异响。

（9）润滑油门弹簧应无裂纹，弹性良好；活塞及外壳清理干净，无锈蚀、油垢。

（10）各油管、喷嘴保持畅通，接头无脱焊、开裂、渗油。

（11）组装后各转动部套、拨叉应转动灵活，啮合齿轮滑动自如、无卡涩现象。

（12）组装后要求拔出销子，逆时针转动手柄盘动电动机轴应松动、灵活，松开手柄后手柄应自动回到原始位置，而且手柄销也能自动复位。

（13）联轴器中心平面及圆周偏差均应小于 0.05mm。

第三节　摆动啮合式盘车装置

如图 9-2 所示（见彩插），侧置式盘车装置是目前大功率机组使用最多的一类盘车。它由电动机、链条、传动轮系、操作杆及联锁装置等组成。电动机通过链轮、链条、蜗杆、涡轮及几级齿轮的减速后带动转子旋转。摆动齿轮支承在两块侧板上，侧板可绕主齿轮轴摆动，并通过连杆机构与操纵杆连接。当将操纵杆移到投入位置时，摆动齿轮向前摆动与盘车齿轮啮合，则可由电动机带动转子旋转。若将操纵杆移到退出位置，摆动齿轮则与盘车齿轮退出啮合状态。在汽轮机的启动过程中，冲转后当转子的转速超过盘车转速时，摆动齿轮变为从动轮，被盘车齿轮推开而退出了啮合状态，并带动操纵杆向"退出"位置转动并使触点开关断开，电动机停止转动，盘车工作结束。

东方电气集团、哈尔滨电气集团 1000MW 级汽轮机组所采用的摆动啮合式盘车的摆动齿轮位于盘车大齿轮下方，如图 9-3 所示，投用时将手柄推向"投入"位置，摆动轮上抬与盘车齿轮啮合，冲转后当转子的转速超过盘车转速时，摆动齿轮变为从动轮，在重力作用下自然下落退出啮合，电动机停止转动，盘车工作结束。

这两种类型的盘车装置扭矩大、安全性高、性能可靠，但是实际运行中也会发生诸如铜套包死、链条断裂等故障，一旦盘车损坏就会造成机组启动时不能盘车，如果停机后不能及时启动盘车还会造成机组主轴弯曲事故，因此盘车的健康状况尤为重要。

一、盘车装置检查内容

A 级检修中需将盘车装置从盘车座内吊出进行彻底的检查、检修，具体内容包括以下几个方面。

（1）揭开链条座大盖，转动链条至接口位置处于上方，拆出连接销、取出链条。

（2）拆除底部滤网罩，对滤网进行检查、清洗，滤布损坏的应进行更换。

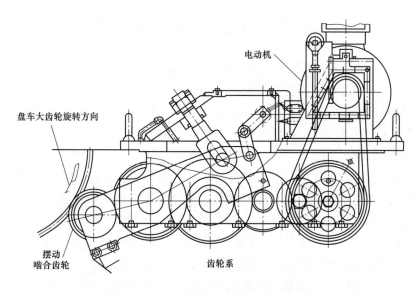

图 9-3 东方电气 1000MW 机组采用的带摆动齿轮盘车装置

（3）检查各齿轮副（齿面接触情况、齿隙）符合要求。

（4）检查操纵连接杆，特别是球头部位应无松旷、磨损或变形。

（5）检查蜗杆、涡轮齿面接触、齿隙应符合要求。

（6）拆卸蜗杆、涡轮轴，对铜套进行检查，铜套间隙应符合要求，无异常磨损、无裂纹，油孔应畅通无堵塞。

（7）依次拆卸惰轮轴、减速轮轴、摆动轴及啮合轮轴，对铜套配合间隙进行检查，铜套应无异常磨损、无裂纹，油孔应畅通无堵塞。

（8）对各齿面磨损处进行研磨，确保光洁、平滑，无毛刺。

（9）如铜套有损坏应予更换。

（10）清洗传动链条，清洗润滑油管路，确保清洁、畅通。

（11）按相逆的顺序组装各齿轮副、油管路及操纵机构。

（12）电动机就位，确保电动机轴上的传动齿轮与蜗杆轴上的传动齿轮平行且中心处于同一垂直线上。

（13）连接好传动链条，注意确保连接销安全、可靠。

二、使用该型盘车装置注意事项

（1）不可在电动机启动后再将操纵手柄推向"投入"位置，这样极易造成啮合齿轮损伤，也易造成链条突然受力拉断。

（2）不要长时间采用点动操作进行找中等工作，原因为点动操作容易造成铜套磨损，甚至发生包轴事故。

第四节 液压马达式盘车装置

图 9-4 所示为上海汽轮机有限公司 600MW 以上机组采用的液压盘车装置结构图，该盘车装置主要由液压马达、离合器、中间轴和必要的轴承及紧固件组成。液压马达直接由顶轴油驱动，即当顶轴系统投入运行时，盘车即投入。在液力马达的给油管上装有可调节流阀，用以改变速度。做抬轴试验时，通过关闭节流阀，可以将盘车系统从顶轴系统中隔离出来。液压马达通过有齿轴、齿套和法兰连接，驱动超速离合器的外座圈。外座圈由护环和两个滚珠轴承支承在壳体内；超速离合器的内座圈直接紧固在中间轴的端部上。在液压马达的驱动下离合器啮合，带动中间轴转动，此时中间轴为驱动轴，通过齿轮、齿套驱动汽轮机转子转动。当汽轮机转子的转速超过中间轴的转速时，汽轮机转子就成了驱动轴，中间轴就变成了被驱动轴，离合器脱开，中间轴随汽轮机转子一起转动。为了防止轴承在汽轮机正常运行期间发生静止腐蚀，向液压马达输送少量润滑油，使马达缓慢转动。

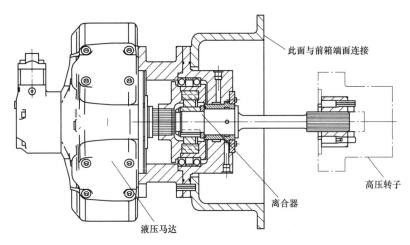

此面与前箱端面连接

高压转子

离合器

液压马达

图 9-4 液压盘车装置结构图

液压马达如图 9-5 所示，由 5 个伸缩油缸及 1 根偏心轴组成，工作原理：需要盘车时，顶轴油的电磁阀打开，借助于在伸缩油缸中的压力油柱，把压力传递给马达的输出偏心轴，使马达伸出轴通过中间传动轴带动转子转动，其安全可靠性及自动化程度均非常高。盘车工作油源来自顶轴油，压力约为 14.5MPa。

盘车装置是自动啮合型的，能使汽轮发电机组转子从静止状态转动起来，盘车转速约为 60r/min。

盘车装置配有超速离合器，如图 9-6 所示（见彩插），超速离合器能够

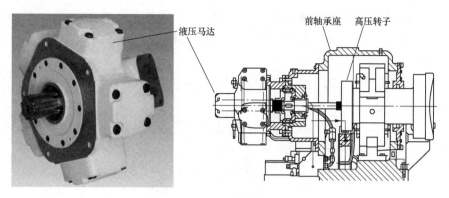

图 9-5　液压马达

在汽轮机冲转达到一定转速后自动退出，并能在停机时自动投入。盘车装置与顶轴油系统、发电机密封油系统间设联锁。

转子端部装有齿套，中间轴端部为传动齿，插入齿套实现与转子的连接。

运行中盘车最容易发生的故障为中间轴折断、离合器损坏。因此，检修中要重点检查中间轴与转子的中心（中间轴标高应比转子高 0.10mm），解体后更换轴承及检查离合器状况。组装时离合器方向千万不可装反。

一、盘车与转子找中心方法

（1）拆卸轴端齿套固定螺栓，用顶丝将轴套顶出，退到盘车中间轴根部用扎带固定好。

（2）关闭液压马达进油门，在 1 号轴颈上架表，开启顶轴油，记录轴颈抬升值。

（3）在高压转子端部架表，表针指在盘车中间轴上，如图 9-7 所示。

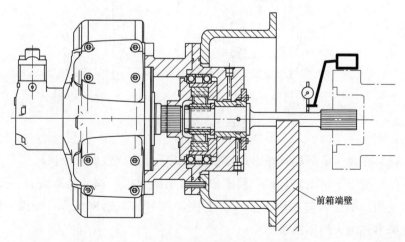

图 9-7　前置式液压盘车找中方法

（4）用手上抬中间轴，记录百分表读数，确认中间轴下沉值。一般来说中间轴会下垂0.40～0.50mm。测量此数值是为了确认中间轴居于中间位置时与测量位置的高差。

（5）通过手动盘车盘动转子，百分表测量出中间轴上、下、左、右4点数值。

（6）结合高压转子抬升量、中间轴下沉量及上一步骤的4点数值就可以算出盘车与转子的对中状态。

（7）根据上述数据对盘车位置进行调整以使对中状态符合要求。

二、盘车位置调整步骤

盘车装置与液压马达整装在一起，通过法兰装在前箱端部，通过定位销定位、螺栓紧固。所以当盘车位置需调整时可按下述步骤进行操作。

（1）扣前箱大盖，将盘车装置安装在正确的位置，打好定位销，拧紧下半螺栓。

（2）拔出上部定位销，吊出前箱大盖。

（3）如图9-8所示，安装好调整垫块。如需上抬，调整垫块应紧贴承座中分面；如需下降，可以在调整垫块下加上与下降量相等的不锈钢垫片。盘车左右侧架车，监视左右偏移量。

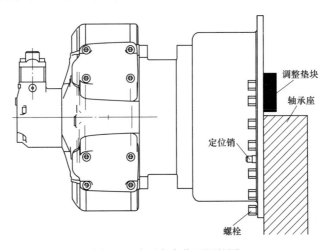

图9-8　液压盘车位置调整图

（4）在盘车下部加装好抬升装置（螺旋千斤顶或液压千斤顶）。

（5）拔出下半的定位销，将紧固螺栓稍微拧松，顶动盘车装置。如盘车需上抬，则在调整垫块下加入与上抬量相等的不锈钢垫片；如需下降，则抽掉事先加入的不锈钢垫片。

（6）松开支顶装置，让盘车挂在调整块上。观察左、右侧百分表读数变化，如需左、右偏移可用铜棒轻轻左、右敲震盘车装置至预期的位置。

（7）紧固下半接合面螺栓，装盘车装置与轴承座固定在一起。

（8）扣上半轴承座大盖，紧固中分面螺栓。

（9）紧固盘车装置与轴承座上半接合面螺栓。

（10）用合适的铰刀铰制定位销孔，然后配制合适的定位销。

第十章　汽轮机调节保安及供油系统

第一节　汽轮机调节保安系统概述

一、汽轮机调节保安系统

因为电能不能储存，供需随时平衡才能保证电网频率稳定，同时保证汽轮发电机在允许工作转速范围内。发电厂供电的质量参数主要有两个：一是频率；二是电压。电网的频率与用户负荷有关。电网抽象等效成一台发电机，由原动机推动旋转；发电机负荷表现为转子阻力矩，当原动力矩与阻力矩平衡时，转速稳定，频率稳定。负载增加、阻力矩增大时，转速会下降，表现为频率下降；反之，频率增加。对短周期、小幅度的负荷变化由电网负荷频率特性产生频率偏差信号，电网中的各台机组根据调节系统的特性分担这部分负荷变化，这一调节过程称为一次调频。对幅度变化较大而速度变化较慢的负荷，则由电网的自动频率控制（AFC）装置来分配调频机组的负荷，这一调节过程称为二次调频。

汽轮机调节系统的作用是当外界负荷变化时，改变调节汽门的开度，调节汽轮机进汽量，进而调节汽轮机功率以满足用户用电量变化的需求。汽轮机调节系统是以机组转速与功率为调节对象，习惯上也称为调速系统，如图 10-1 所示。

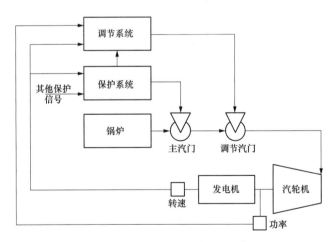

图 10-1　汽轮机调节系统原理性框图

汽轮机保安系统的主要作用是当汽轮机组运行超过安全允许范围时及时动作，迅速关闭进汽主汽门及调节汽门；以保证机组的安全，避免事故的进一步扩大。汽轮机主保护有超速保护、轴位移保护、振动保护、低油压保护、低真空保护等。

二、调节系统的基本概念

1. 速度变动率

汽轮机在空负荷时所对应的转速设为 $n_{\max}$，额定功率时所对应的转速设为 $n_{\min}$，则 $n_{\max}$ 与 $n_{\min}$ 之差与汽轮机额定转速 n_0 之比称为调节系统的速度不等率 δ 或称速度变动率、不均度，即

$$\delta = \frac{n_{\max} - n_{\min}}{n_0} \times 100\% \tag{10-1}$$

速度不等率可以取 $3\% \sim 6\%$，通常采用 $4\% \sim 5\%$。在机组并网运行时，各机组感受电网频率的变化是相同的，但调节系统速度变动率的不同，使各机组功率的改变量不同。如果电网频率与偏离额定频率的偏离量为 Δn，那么由调节系统静态特性曲线和速度变动率的定义可求得机组功率改变的相对量 ΔP 为

$$\Delta P = P_0 \left(\frac{\Delta n}{n_0} \right) / \delta \tag{10-2}$$

式中　P_0——机组的额定功率。

式（10-2）表明，速度变动率越大，单位转速变化所引起的功率变化就越小。因此，速度变动率的大小，对机组安全、稳定运行和参与电网一次调频有着重要影响。

速度变动率越小，即静态特性曲线越平坦，则转速变化很小就会引起汽轮机较大的功率变化，使汽轮机的进汽量和蒸汽参数变化较大，机组内各部件的受力、温度应力等都变化很大，将造成寿命损耗，甚至造成部件损坏。调节系统的速度变动率一般不得小于 3.0%。但是过大的速度变动率，一方面会使机组参与电网一次调频能力下降；另一方面甩负荷后容易超速，不利于机组安全。因此，调节系统的速度变动率一般不要超过 6.0%。

事实上，调节系统静态特性线不一定为直线，如图 10-2 所示。在机组空负荷附近，为便于机组并网操作，要求速度变动率大些，容易控制机组并网前的转速。另外，在机组带初负荷后应有一定的暖机时间，以免刚带负荷后机组加热太快产生过大的热应力和胀差。为防止电网频率变化对机组带初负荷暖机的影响，通常在机组 $0\% \sim 10\%$ 负荷范围内，对其最大局部速度变动率不作限制；反之，在机组满负荷附近，过小的速度变动率在电网频率降低时容易使机组过载，危及机组的运行安全。因此，在机组满负荷处的速度变动率也应取得大些。一般在 $90\% \sim 100\%$ 负荷范围内，最大局部速度变动率不大于整体速度变动率的 3 倍。

因此，调节系统速度变动率在满足整体设计要求条件下，其分布应当

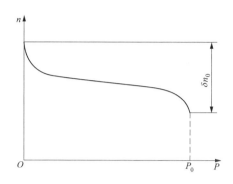

图 10-2　汽轮机调节系统速度变化率分布

是两端大、中间小且无拐点平滑变化，如图 10-2 所示，但中间段的最小局部速度变动率不得小于整体速度变化率的 40%。

2. 迟缓率

在调节系统增、减负荷特性曲线上，相同功率处转速偏差 $\Delta n = n_1 - n_2$ 与额定转速 n_0 的比为调节系统的迟缓率，通常用 ε 表示。

$$\varepsilon = \frac{|n_1 - n_2|}{n_0} \times 100\% = \frac{\Delta n}{n_0} \times 100\% \tag{10-3}$$

在汽轮机调节系统中，相对运动部件间不可避免地存在动、静摩擦，机械传动机构中存在着传动间隙等非线性因素的存在，使转速感受特性和传递特性发生畸变，最终表现在静态特性曲线上，使之偏离理想工况。由于机械液压调节系统的机械传动和液压放大环节较多，故迟缓率相对较大，但通常要求机械液压调节系统的迟缓率小于 0.6%。电液调节系统，特别是采用高压抗燃油的数字电液调节系统，液压控制回路较为简单；减少了产生迟缓的中间环节，故迟缓率较小，一般要求电液调节系统的迟缓率小于 0.2%，大型机组迟缓率应小于 0.06%。

3. 动态超调量

对于汽轮机调节系统，甩负荷过程中被调量转速的动态超调量 σ 可表示为

$$\sigma = \frac{\varphi_{max} - \delta}{\delta} \times 100\% \tag{10-4}$$

式中　φ_{max}——最大飞升转速的相对量，即 $\varphi_{max} = (n_{max} - n_0)/n_0$。

为在机组甩负荷工况下，最高飞升转速应低于超速保安器整定的动作转速。

第二节　汽轮机数字电液调节系统

一、概述

汽轮机调节系统按结构特点可分为机械液压式（MHC）、电气液压

式（EHC）、模拟电液式（AHE）和数字电液式（DEH）。随着计算机技术和集散控制系统广泛应用，电液调节系统具有可靠性高、系统相对简单、调节品质好等优点，目前大型汽轮机组均采用数字电液调节系统，下面主要介绍 DEH 系统。

　　DEH 控制系统，即数字电液调节系统是目前大型的发电机组中不可缺少的控制系统，它在汽轮机的启动、停止、正常运行及处理事故状况的过程中起到了重要的作用。DEH 控制系统的原理类似于传统意义的调节系统，但最明显的一个优势就是 DEH 系统用电子元件取代了传统的机械元件，实现了更加精确的控制。DEH 系统将计算机技术与自动控制技术相结合，使计算机作为系统的控制器使系统的控制能力更加智能化，执行机构还是保留了液压执行机构的部分，液压执行机构不仅占用的空间小，而且反应迅速且动作平稳。

二、DEH 控制系统的基本功能

　　DEH 系统的种类繁多，各个厂商会根据现场实际的机组类型以及所要实现的目的不同进行设计，但是 DEH 系统发展至今，它的基本控制思路与所具有的保护功能大体是相同的。基本的功能有汽轮机组的自动控制、自动启停、自动保护与运行监控等。随着目前发电技术的突飞猛进，DEH 系统各方面功能将会不断完善。

　　1. 汽轮机自启停（ATC）功能

　　汽轮机自启停（ATC）功能实现了汽轮机组冷、热态启动两种不同的启动方式。ATC 功能的目的是在最短的时间内并且以最大的速率去实现汽轮机组的自动启动任务。

　　2. 汽轮机负荷自动控制功能

　　汽轮机组冷、热态启动两种不同的启动方式也决定了机组有多种负荷控制方式。当机组是从冷态条件进行启机时，机组参与并网且带初负荷后，汽轮机组的负荷控制任务是由高压调阀完成的；当机组是从热态条件进行启机时，机组参与并网且带初负荷后，汽轮机组的负荷控制任务是由中压调阀完成的。当负荷值达到额定负荷的 35% 时，此时的负荷控制任务仅仅只由高压调阀完成。

　　3. 汽轮机自动保护功能

　　DEH 系统一方面对机组实现了精确有效的控制，另一方面也在实时监控机组的安全，系统所具有的超速保护系统（OPC）、危机遮断系统（ETS）及机械超速保护等都可以有效避免机组因超速或其他原因遭到损坏。

　　4. 机组和 DEH 系统的监视功能

　　监视系统对 DEH 系统及汽轮机在机组启动到停止过程中运行状况进行状态监测。

三、典型 DEH 控制系统

图 10-3 所示为典型 DEH 控制系统组成，主要由电子控制器、测量系统、操作系统、油系统和执行机构等部分组成。

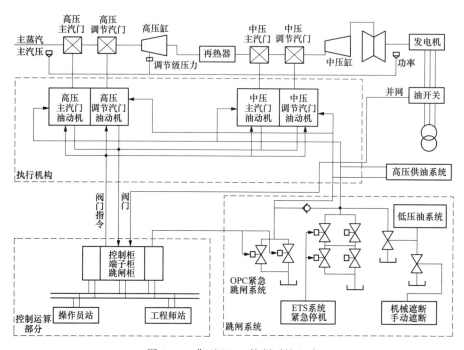

图 10-3　典型 DEH 控制系统组成

DEH 控制系统在汽轮机工作过程中是通过控制各个高中压主汽门及调节汽门实现对系统的控制，油动机结构所用的介质为高压抗燃油。图 10-3 的左下方是 DEH 控制器。DEH 控制器通过 I/O 通道接收被控对象运行的状态信息，对运行状况作出判断并且又通过 I/O 通道输出各个主汽门以及调节阀门的阀位指令，电液转换机构接收到来自控制器的信号后，将控制信号转换为执行机构可以接收的液压信号，从而可以控制执行机构去调整阀门的开度。供油系统与危机遮断系统位于图 10-3 的右下方，它们的作用是为阀门油动机提供高压驱动油与安全保护。

EH 油系统是 DEH 系统中一个重要组成部分，它由供油系统、执行机构、危急遮断系统三大部分组成。EH 油系统的功能是接受 DEH 输出指令，控制进气调节阀开度，改变进入汽轮机做功蒸汽流量，满足汽轮机转速及负荷的变化要求，同时也维护机组的安全稳定。

（一）EH 供油系统

EH 供油系统是以高压抗燃油作为工质，为各执行机构及安全部套提供动力油源并保证油的品质。如图 10-4 所示，EH 供油系统主要由油箱、主油

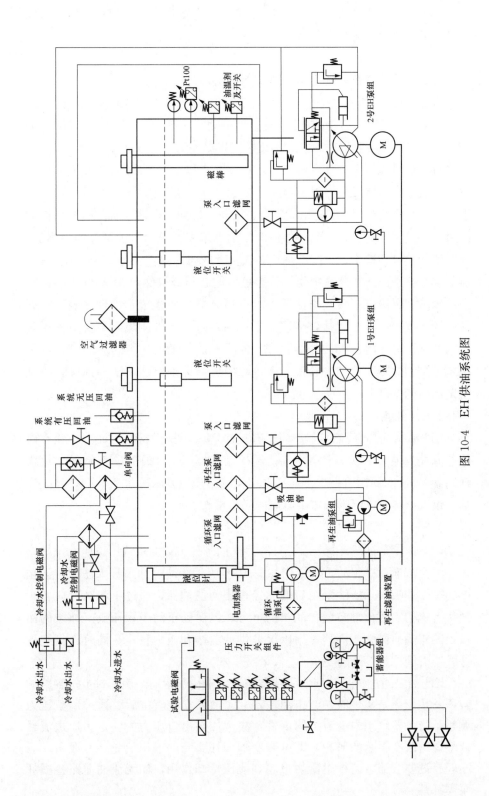

图 10-4　EH 供油系统图

泵、蓄能器、再生滤油装置、冷却装置、加热装置、油位指示、仪控联锁保护装置、管路及附件等组成。

1. 抗燃油

抗燃油，化学名称为三异丙苯基磷酸酯，又称三芳基磷酸酯，是一种人工合成油。随着汽轮机蒸汽参数的提高，传统的矿物质油的自燃点（350℃）已经无法满足机组运行安全性的要求，研制出了燃点在 560℃ 的 EH 油，满足高参数用户需求。其正常工作温度为 35～55℃。

抗燃油重点关注指标：颗粒度（NAS 6 以下）、水分（1000mg/L 以下）、酸值 [0.15mg/g（以 KOH 计）以下]、电阻率（$6×10^9 \Omega \cdot cm$ 以上）和氯离子含量（50mg/kg 以下）。水与磷酸酯抗燃油水解产生酸，而酸同时又促进了水解过程。另外酸值会影响电阻率及氯离子含量等油质指标。在监测的关键指标中，电阻率降低，氯离子含量过高又会造成电化学腐蚀，对伺服阀会造成无法修复损伤（只能更换阀芯阀套组件），影响伺服阀控制的精确度和灵敏度。酸会与油质中的金属杂质反应生成不溶性的胶质金属盐以及一些可溶性金属盐，金属盐的存在会进一步加剧电阻率及氯离子含量的变化。另不溶性胶质盐的存在，使得伺服阀的滤芯、阀芯阀套很容易堵塞。控制好 EH 油的颗粒度、水分、酸值指标是保证 EH 油系统长周期稳定运行的基础。

2. EH 油箱

EH 油系统管道、油箱等多选用 0Cr18Ni9 不锈钢材料；油箱中装有磁性过滤器、液位开关、油温控制器、电加热器等，如图 10-5 所示（见彩插）。空气过滤器作用是防止空气中颗粒状杂质以及水分进入油箱，且兼作加油口；磁棒用于吸附油箱中游离的磁性微粒。

3. EH 油泵

EH 油系统动力油由一用一备的 EH 油泵提供，油泵选用恒压变量柱塞泵，由交流电动机驱动，其结构如图 10-6 所示。通过油泵吸入滤网将油箱中的抗燃油吸入，从油泵出口的油经过压力滤油器，通过单向阀流向各阀门执行机构。两台泵布置在油箱的下方，以保证正的吸入压头。油泵的出口处装有滤油器和蓄能器，用以保证供油清洁和压力稳定，同时还设有先导式溢流阀作为系统的安全阀。

EH 油泵通过斜盘结构依靠柱塞在缸体中往复运动，使密封工作容腔的容积发生变化来实现吸油、压油。新 EH 油泵安装就位后要通过调整压力调整螺钉，整定泵内溢流结构部件，实现油泵出口压力的整定。通过流量调整螺钉改变斜盘的倾角，即可改变轴向柱塞泵的输出流量，一般出厂后不轻易调整。油泵运行中泄油口起到泄压冷却作用，如无泄油通路会损坏泵体部件。

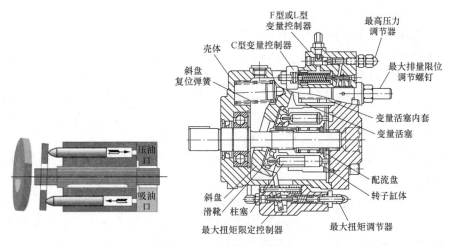

图 10-6　EH 油泵结构图

4. 蓄能器

蓄能器的作用是吸收压力脉动，稳定油压，向系统补充供油，如图 10-7 所示。主要由皮囊，充气阀、壳体等组成。蓄能压力一般设置在 10MPa 左右。一般通过充气阀可在线进行检查和充、放蓄能器压力。

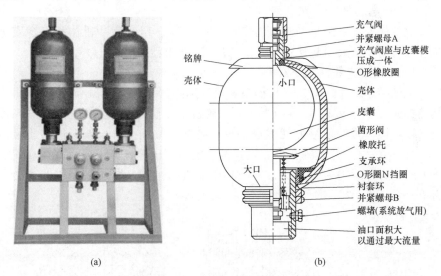

（a）　　　　　　　　　　　　　　　（b）

图 10-7　蓄能器外形及结构图

（a）外形；（b）结构图

5. 再生系统

再生系统是保证抗燃油长期工作后油质仍保持合格的不可缺少的部分，当抗燃油的清洁度，水分和酸值不符合要求时，启用再生系统可以改善油质，延长使用寿命。再生系统主要由再生油泵，硅藻土过滤器和精密滤油器（即波纹纤维过滤器）组成，定期维护半年左右需更换滤芯。

6. 滤油冷却系统

滤油冷却系统主要由 2 个滤油器、2 个冷油器、2 只电磁阀组成，安装在油箱的一侧。它们可以分别组成伺服执行机构有压回油的滤油冷却系统和自循环滤油冷却系统。冷油器的作用是保持油箱的油温在正常的工作范围之内，当油温超过 55℃ 时，温度开关动作使电磁水阀带电打开，向冷油器通冷却水，当油温低于 35℃ 时，温度开关动作使电磁阀失电关闭。滤油器做成筒式，内装有 3 个相串联的精密滤芯，当滤油器进出口间压差大于 0.3MPa 时，接在滤油器进出口间的过载单向阀动作，将滤油器短路以避免损坏，同时差压开关发出报警信号，提醒电厂人员更换滤芯。

当油温过高或抗燃油清洁度不符合要求时，可以启动循环油泵，对抗燃油进行冷却和过滤，该系统在停机时也可单独工作。此外，在该系统中还设置了补油口，新油可以通过补油口经过滤后加入油箱。

7. 监视仪表

供油系统中配有必备的监视仪表，如泵出口压力表、供油系统压力表、压力传感器、压力开关、滤油器的差压开关、油箱油位指示器、液位开关、油温控制器、温度开关等。这些仪表与 DEH 控制系统和安全系统连接起来，便可以对供油系统和液压伺服系统的运行进行监视和控制。

（二）危急保安系统

危急保安系统由危急遮断控制块、隔膜阀、超速遮断机构和综合安全装置等组为系统提供超速保护及危急停机等功能。

1. 机械超速危急保安器

机械超速危急保安器是保护系统的转速感受器，有飞锤和飞环式两种，其结构如图 10-8 及图 10-9 所示。在汽轮机轴端径向安装的偏心体——飞锤或飞环，被弹簧的预紧力就位在塞头或套筒的端面上。设偏心体的质量为 m、偏心距为 e，弹簧刚度为 K，弹簧预紧力的压缩长度为 l_0，作用在偏心体上的弹簧预紧力为 $F_s = Kl_0$，偏心体随机组主轴一同旋转产生的离心力为 $F_e = me\omega^2$。

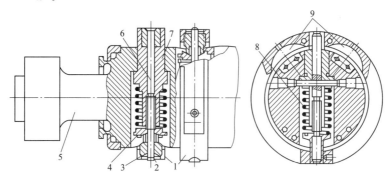

图 10-8　飞环式危急保安器

1—撞击部分；2—调整弹簧紧力螺钉；3—指头；4—弹簧的支架盘；
5—转子；6—固定指头的轴线；7—套筒；8—弹簧；9—进油室

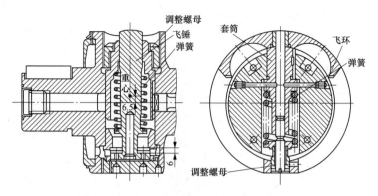

图 10-9　飞锤和飞环式机械超速危急保安器

偏心体的离心力随转速平方增加，在达到某个转速 ω_t 时，偏心体的离心力与弹簧的预紧力相等，即 $\omega_t^2 = Kl_0/(me)$，只要 $e < l_0$，随后转速稍有增加，偏心体就会在离心力的作用下快速飞出 Δx，撞击在危急遮断错油门的门杆上，使危急遮断错油门动作。称 ω_t 为超速危急保安器的动作转速或遮断转速。《防止电力生产事故的二十五项重点要求（2023版）》（国能发安全〔2023〕22 号）规定：超速试验要求遮断转速为额定转速的 110%±1%。

一般要求复位转速高于机组的额定转速，这样在降速到额定转速前系统就能复位，以便机组排除故障后尽快带负荷运行。

一般机械超速系统增加了一套危急遮断器撞击子远方喷油试验装置，机组正常运行时，通过该装置喷油将低压汽轮机油注入危急遮断器进油腔室，依靠油的离心力将飞环（或飞锤）压出的试验，验证危急保安器工作正常与否，防止飞环（或飞锤）卡涩。

系统在汽轮机机头前轴承箱上设有保安操纵箱，在保安操纵箱上设有手动按钮；保安操纵箱是危急遮断系统中的控制和试验装置。试验或危急情况下可手动打闸停机。

2. 隔膜阀

隔膜阀是连接机组机械遮断系统与 EH 危急遮断系统的装置，它安装于前箱左侧的调节座架上，如图 10-10 所示，主要由阀壳、阀芯、薄膜室、薄膜、弹簧、连杆等组成。

薄膜上腔接自机械超速系统的安全油压，当安全油压建立时（0.7MPa），薄膜上腔油压克服弹簧力将薄膜压下，通过连杆使隔膜阀关闭，EH 系统危急遮断母管与泄油管被隔断。当机械超速遮断机构或手动超速试验杠杆动作，泄掉安全油时，隔膜阀被打开，使 EH 系统的 AST 油与回油接通，机组所有的主汽门、调节汽门与抽汽止回门将迅速关闭。

调节调整螺钉可以改变弹簧的预紧力，从而改变关闭隔膜阀所需的油压值。

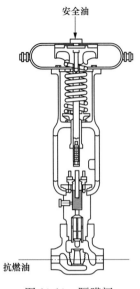

图 10-10　隔膜阀

3. 低压保安系统

低压保安系统由危急遮断器、危急遮断装置、危急遮断装置连杆、手动停机机构、复位试验阀组、机械停机电磁铁（3YV）和导油环等组成，如图 10-11 所示。润滑油分两路进入复位电磁阀，一路经复位电磁阀（1YV）进入危急遮断装置活塞腔室，接受复电磁阀组 1YV 的控制；另一路经喷油电磁阀（2YV），从导油环进入危急遮断器腔室，接受喷油电磁阀阀组 2YV 的控制。手动停机机构、机械停机电磁铁、高压遮断组件中的紧

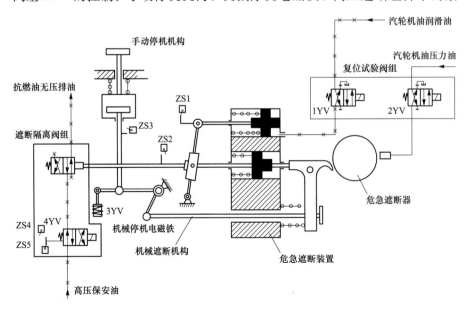

图 10-11　低压保安系统示意图

急遮断阀通过危急遮断装置连杆与危急遮断器装置相连，高压保安油通过高压遮断组件与油源上高压抗燃油压力油出油管及无压排油管相连。

挂闸程序如下：按下挂闸按钮（设在 DEH 操作盘上），复位试验阀组中的复位电磁阀（1YV）带电动作，将润滑油引入危急遮断装置活塞侧腔室，活塞上行到上止点，使危急遮断装置的撑钩复位，通过危急遮断装置连杆的杠杆将遮断隔离阀组的紧急遮断阀复位，将高压保安油的排油口封住，建立高压保安油。当高压压力开关组件中的三取二压力开关检测到高压保安油已建立后，向 DEH 发出信号，使复位电磁阀（1YV）失电，危急遮断器装置活塞回到下止点，DEH 检测行程开关 ZS1 的常开触点由断开转换为闭合，再由闭合转为断开，ZS2 的常开触点由闭合转换为断开，DEH 判断挂闸程序完成。

低压保安系统设置有电气、机械及手动三种冗余的遮断手段。一电气停机信号，ETS 使机械停机电磁铁（3YV）带电，同时使高压遮断模块电磁阀失电。机械停机电磁铁（3YV）通过危急遮断装置连杆的杠杆使危急遮断装置的撑钩脱扣，危急遮断装置连杆使紧急遮断阀动作，将高压保安油的排油口打开，泄掉高压保安油，快速关闭各主蒸汽、调节阀门，遮断机组进汽。

转速达到危急遮断器设定值时，危急遮断器的飞环击出，打击危急遮断装置的撑钩，使撑钩脱扣，通过危急遮断装置使遮断隔离阀组的紧急遮断阀动作，切断高压保安油的进油并泄掉高压保安油，快速关闭各进汽阀，遮断机组进汽。

（三）危机遮断控制 ETS

ETS（电子部分）是汽轮机的紧急停机装置，它根据汽轮机安全运行要求，接收就地一次仪表、TSI 二次仪表及其他系统要求汽轮机停机的信号，控制停机电磁阀组或危急遮断模块，使机组紧急停机，保护汽轮机安全。

汽轮机的保护跳闸信号即汽轮机正常运行时需要监视的一些重要参数，一般包括：振动大、轴向位移大、超速、胀差大、凝汽器真空低、控制油压低、润滑油压低、润滑油位低、MFT（即锅炉跳闸信号）、油开关跳闸（即发电机解列）、发电机-变压器组故障、发电机逆功率动作、发电机失去定子冷却水、高压缸排汽压力高、高压缸出口金属温度高、第一级排汽温度高、低压缸排汽温度高、DEH 失电、轴承瓦温高、高压缸或中压缸上下缸温差大以及手动打闸，等等。

当这些参数越限时，则可能威胁汽轮机的安全稳定运行和损坏汽轮机的寿命，因此必须通过跳闸系统紧急关闭所有蒸汽进汽汽门（包括所有主汽门和调节汽门），使汽轮机处于跳闸状态，避免事故的发生或扩大。

目前主流机组危急遮断布置一般采用两种形式。

（1）分散式布置。每个执行机构均冗余配置两个跳闸电磁阀，任意一个电磁阀断电均可以使跳闸油压快速降低到一个低值，从而执行机构的卸荷阀打开，油缸工作腔油压降低，阀门在弹簧作用下快速关闭。

（2）集中式布置。即 AST＋OPC 电磁阀，如图 10-12 所示。

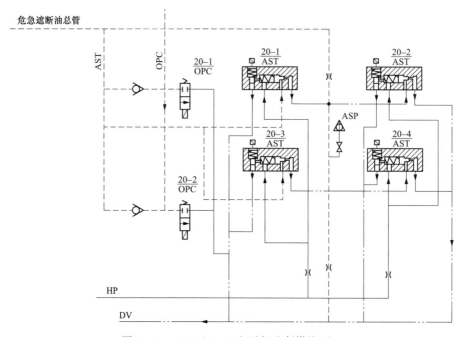

图 10-12　AST＋OPC 电磁阀遮断模块原理

1）AST 电磁阀。AST 电磁阀共有 4 只，它们受汽轮机停机信号的控制。正常运行时，电磁阀带电关闭，即堵住危急遮断母管上的 AST 油泄油通道，从而建立起危急遮断油压（AST）。当电磁阀失电打开，危急遮断母管泄油，危急遮断油失压，导致所有蒸汽阀门关闭而使汽轮机停机。4 只 AST 电磁阀（AST）是按串并联布置，只有当 1、3 和 2、4 两组中至少各有一只电磁阀动作，AST 油压才会泄掉而停机。

2）OPC 电磁阀。OPC 电磁阀有 2 只，它们是受 DEH 控制器的 OPC 部分所控制，按并联布置。正常运行时，该 2 只电磁阀是常闭的，即堵住了 OPC 总管 OPC 油液的卸放通道，从而建立起 OPC 油压。当转速达 103％额定转速时，OPC 动作信号输出，2 只 OPC 电磁阀带电打开，使 OPC 母管 OPC 油压卸放，从而使调节汽阀迅速关闭。

该装置中有两个单向阀，安装在危急遮断油路（AST）和超速保护控制油路（OPC）之间，成为 AST 油和 OPC 油之间的转换接口。当 OPC 电磁阀动作，单向阀维持 AST 的油压不变，只泄掉 OPC 油。当 AST 电磁阀动作，AST 油路油压下跌，单向阀打开，OPC 油压也下跌。

3）AST 电磁阀在线试验。在 ASP 管路上装有两组压力开关，用来监视 ASP 压力，满足 AST 电磁阀在线试验功能。系统正常运行时 ASP 油压约为 7.0MPa，其在线试验时，ASP 油压必须正常，且只能单个对 AST 电磁阀断电，切不可同时进行。

当电磁阀 1 或电磁阀 3 断电时，ASP 压力应升高至 9.5MPa 以上，第一组压力开关 ASP1 发讯；当电磁阀 2 或电磁阀 4 断电时，ASP 压力应下降至 4.2MPa 以下，第二组压力开关 ASP2 发讯。

四、调节保安系统定期维保工作

调节保安系统定期维保工作具体项目及内容见表 10-1。

表 10-1　调节保安系统定期维保工作具体项目及内容

设备名称	定期维保工作
油泵出口高压过滤器	（1）该泵累计工作 3 个月或每年更换一次滤芯。 （2）油箱温度 45℃时压差开关报警或泵出口压力大于系统压力 1.5MPa 以上
伺服执行机构进油过滤器	每年更换 1 次滤芯，建议伺服阀、电磁阀每年清洗检测一次
再生装置	（1）再生装置油温 45℃时，若筒内油压超过 0.3MPa 则应更换。 （2）再生装置投运 48h 后，抗燃油酸值（大于 0.20）不下降则应更换。 （3）一般 1 年更换 1 次
供油装置回油过滤器	当油温为 45℃泵正常承卸载工况下，压差开关报警时需更换，或每年更换 1 次
高压蓄能器	开始 3 个月内每月检查 1 次氮气压力，以后每 3 个月 1 次，必要时给予充氮气；建议每 4 年或 1 个 A 级检修周期更换蓄能器皮囊 1 次
伺服执行机构进油过滤器	每年更换 1 次滤芯，建议伺服阀、电磁阀每年清洗检测 1 次
冷油器	有故障或冷却效果差时更换
油泵进口过滤器	每年清洗或更换 1 次
O 形圈、卸荷阀及单向阀	2 年更换 1 次或 4 年或 1 个 A 级检修周期，按具体情况而定
油动机执行机构	每隔 2 年检查 1 次调节阀执行机构，必要时检查其他阀；2 年高压调节汽门/中压调节汽门油动机检修 1 次，每 4 年或 1 个 A 级检修周期所有油动机执行机构检修 1 次
油箱	每隔 1 年清洗 1 次磁性插杆与更换其他组件密封件，每 4 年或 1 个 A 级检修周期清洗 1 次油箱
油泵	按承卸载时间之比（约 1∶4）以及按泵泄漏量而定是否需要检修，建议 2 年检修 1 次
抗燃油取样：启动第 1 个月，第 1 年、第 2 年、第 3 年及以后	取样间隔：每周 1 次、每月 1 次 、每 2 个月 1 次、每 4 个月 1 次

五、调节保安系统常见设备检修要点

（一）蓄能器检修

1. 蓄能器测压

（1）关闭压力油至蓄能器进口手动门，打开蓄能器放油门，将蓄能器内部油压释放到 0。

（2）拆除蓄能器充气嘴罩壳，装上蓄能器充氮装置，关闭放气阀，缓慢旋紧顶针，检查充氮装置压力表读数。

（3）蓄能器正常工作压力：9.3MPa。

2. 蓄能器充氮

（1）如果蓄能器压力低于最低工作压力，须对蓄能器进行充氮。

（2）将充氮装置软管与氮气瓶相连，关闭充氮工具的放气口的针阀，慢慢地打开氮气瓶上的阀门，向蓄能器充氮，同时监视充气工具上的压力表读数，当压力指示为 9.3MPa 时，关闭氮气瓶上的阀门，1min 后再测一下压力，不够再充。

（3）充氮完毕后，旋松充氮装置上顶针，打开充氮工具上的放气针阀，拆去充氮工具的软管，并检查蓄能器的充气嘴有无漏气，若无泄漏，装上蓄能器充气嘴上的罩壳。

（4）关闭蓄能器放油门，缓慢打开蓄能器进油门。

3. 蓄能器更换皮囊

（1）将蓄能器与系统隔绝、泄压，存油泄尽。

（2）拆除蓄能器与座架固定的夹具，用行车吊住蓄能器。

（3）少量松开底部进油接头，抬起蓄能器，检查确认已与系统可靠隔绝后，拆除油接头，将蓄能器吊运至检修场地，放入洁净油盘内，并将各油口妥善包扎。

（4）卸下下端进油管座，取出密封件、支承环、橡胶托、菌形阀等。

（5）卸下上端充气座、密封件等。

（6）从下端抽出皮囊。

（7）检查皮囊是否破损，必要时可适量冲氮气查看。检查油缸内壁是否光洁、有毛刺。其他各部件是否完好。

（8）更换密封件及皮囊，各部件清洗洁净后按解体步骤逆序装复。装皮囊时可用专用长丝杆（长度比蓄能器略长）从壳体上端穿过壳体并旋入皮囊充气口，将皮囊拖进壳体内。组装时应注意确保各密封件安装正确。

（9）就位后皮囊充氮检查，油缸充油检查，应无泄漏。

蓄能器充氮如图 10-13 所示（见彩插），蓄能器菌形阀如图 10-14 所示（见彩插）。

（二）危急保安器检修

飞锤式危急保安器如图 10-15 所示，环式危急保安器如图 10-16 所示。

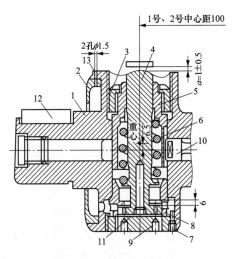

图 10-15　飞锤式危急保安器

1—飞锤外壳（短轴）；2—两半环；3—调整螺母；4—偏心飞锤；5—导向衬套；6—弹簧；

7—螺钉；8—限位衬套；9—塞头；10—特制链；11—特制螺塞；12—键；13—泄油孔口

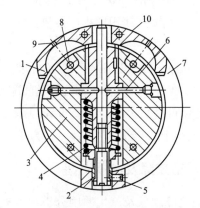

图 10-16　环式危急保安器

1—飞环；2—调整螺母；3—主轴；4—弹簧；5、7—螺钉；

6—圆柱销；8—油孔；9—泄油孔；10—套筒

下面以飞锤式为例介绍危机保安器检修，环式危机保安器检修式与之相似，不再赘述。

1. 检修工艺

（1）修前数据测量。测量危急保安器轴头晃度及搭扣间隙。晃度应小于 0.05mm，搭扣间隙为 1mm＋0.2mm。测量飞锤端部高出轴径尺寸，应为 1mm＋0.1mm。

（2）解体检查。

1）解体检修。用螺丝刀拆去飞锤尾端塞头的熔断器螺钉，用专用扳手旋出塞头，取出限位衬套、飞锤、弹簧、导向衬套，保持调整螺母不动。将拆出的零件放到油盘里。

2）清理检查弹簧应无锈蚀、剥落、裂纹，端部无严重磨损等现象。弹簧自由长度的变化量应小于 5%。弹簧特性试验测得刚度应符合设计要求，偏差值应小于 5%。

3）检查飞锤应光洁无毛刺，不符合要求时可用细油石磨光，飞锤与弹簧接触处应无严重接触腐蚀。当腐蚀深度超过 0.3mm 时，应将飞锤换新备品。检查危急保安器壳体上的两个 $\phi1.5$ 泄油孔和塞头上的两个 $\phi1$ 泄油孔畅通，这四个小孔的作用是使危急保安器喷油试验后泄去喷入的油，让飞锤能恢复原来的位置。因此保证这四个小孔畅通就显得非常重要，绝对不能忽视。

4）注意各零件位置不得装错，尺寸误差不能大于 0.05mm。组装后应掀动飞锤，使其灵活不卡，塞头装到位后上好熔断器螺钉。

检查测量飞锤总行程的方法：先将导向套筒按原位装好，弹簧先不要安装，再装飞锤和行程定位套筒；然后将塞头旋到位，这时推拉飞锤在飞锤端部用深度游标卡尺或百分表即可测量飞锤的最大行程。如果行程不符合标准，可通过调整定位套筒端面来进行。

清理回装：组装时先用煤油将零件清洗干净，用压缩空气吹净，并涂抹适量清洁汽轮机油，然后按拆卸相反程序装复。

2. 检修质量标准

测量各零件的配合间隙，应符合制造厂规定标准，制造厂无特殊规定要求时，可参照以下间隙标准：导向衬套与限位衬套间隙为 0.02～0.04mm；飞锤与导向衬套与限位衬套间隙为 0.05～0.10mm；飞锤复装或顶部应高出小轴 0.2～1.0mm；小轴晃度小于 0.05mm；飞锤行程为 6mm±0.2mm。

六、调节保安系统常见故障及分析处理

调节保安系统常见故障现象及产生原因分析和处理措施见表 10-2。

表 10-2 调节保安系统常见故障现象及产生原因分析和处理措施

故障现象	产生原因分析	处理措施
抗燃油系统油压不正常	（1）油管破裂造成大量油外泄，引起油压降低。 （2）高压蓄能器皮囊漏气或破裂。 （3）在没挂闸复位情况下，操作。 （4）DEH 给阀位指令，油压降低。 （5）卸荷阀、溢流阀未调整好或卡死。 （6）油泵泄漏过多或故障。 （7）油温过低。 （8）高压油泵至回油的截止阀未关	（1）迅速关闭油泵，焊接破裂的油管。 （2）更换蓄能器或皮囊，重新充氮。 （3）把阀位指令设为零后，再挂闸复位。 （4）重新调整其整定值或更换此阀。 （5）更换油泵。 （6）加热。 （7）关闭该阀门

续表

故障现象	产生原因分析	处理措施
油箱油位下降	(1) 高低压蓄能器皮囊漏气或破裂。 (2) 油系统外泄漏	(1) 更换蓄能器或皮囊, 重新充氮。 (2) 检漏及补漏, 检查各阀
EH 油酸值上升	(1) 再生装置失效。 (2) 油温过高; 局部过热, 油质老化分解。 (3) 管道材料或密封材料不合格。 (4) 油中水分偏高, 水解后酸值升高	(1) 更换降酸滤芯。 (2) 降低油温; 消除高温过热现象。 (3) 更换合格材料。 (4) 脱水、降酸、滤油
阀门开关动作异常	(1) 伺服阀故障。 (2) 插装阀卡涩。 (3) 跳闸电磁阀故障。 (4) LVDT 故障	(1) 更换伺服阀。 (2) 检查清洗插装阀。 (3) 检查更换电磁阀。 (4) 更换 LVDT
油动机摆动	(1) 热工信号问题。当两支位移传感器发生干涉时、当 VCC 卡输出信号含有交流分量时、当伺服阀信号电缆有某点接地时均会发生油动机摆动现象。 (2) 伺服阀故障。当伺服阀接收到指令信号后, 因其内部故障产生振荡, 使输出流量发生变化, 造成油动机摆动。 (3) 阀门突跳引起的输出指令变化。当某一阀门工作在一个特定的工作点时, 由于蒸汽力的作用, 使主阀由门杆的下死点突然跳到门杆的上死点, 造成流量增大, 根据功率反馈, DEH 发出指令关小该阀门。在阀门关小的过程中, 同样在蒸汽力的作用下, 主阀又由门杆的上死点突然跳到门杆的下死点, 造成流量减小, DEH 又发出开大该阀门指令。如此反复, 造成油动机摆动	(1) 联系热控排除故障。 (2) 更换伺服阀。 (3) DEH 对由于阀门突跳引起的油动机摆动无能为力, 只有通过修改阀门特性曲线使常用工作点远离该位置
挂闸后, 油动机不能按指令开调节汽门	(1) OPC 安全油压未建立。 (2) 伺服阀卡涩或堵死。 (3) 门杆或油动机活塞卡死。 (4) DEH 控制系统故障。 (5) 进油阀未开。 (6) AST 系统漏油或带电不正常	(1) 检查电磁阀有无卡涩关不死现象, 同时检查隔膜阀是否正常、汽轮机安全油压是否正常, 检查油动机卸荷阀是否故障。 (2) 更换伺服阀。 (3) 对阀门或油动机进行检修。 (4) 联系热控人员排除。 (5) 打开进油阀。 (6) 消除漏点或联系热控处理

续表

故障现象	产生原因分析	处理措施
ASP 油压报警	（1）ASP 油压报警多数是由于节流孔堵塞造成的。	（1）当前置节流孔（AST 到 ASP 的节流孔）堵塞时，ASP 油压降低，ASP2 压力开关动作，发出 ASP 油压报警；当后置节流孔（ASP 到回油的节流孔）堵塞时，ASP 油压升高，ASP1 压力开关动作，发出 ASP 油压报警。可以通过检查清洗节流孔来清除故障。
	（2）AST 电磁阀故障也会发出 ASP 油压报警	（2）报警后首先要确定是哪一只电磁阀故障，可以通过更换电磁阀的位置来判定。例如 ASP 高报警，说明 AST 电磁阀 1 或 3 故障。可以将电磁阀 1 与电磁阀 2 互换位置，如果此时仍为高报警，则说明电磁阀 3 故障，如果此时变为低报警，说明电磁阀 1 故障。找到了故障电磁阀，就可以通过检修或更换来处理

第三节　EH 油执行机构

一、概述

　　EH 执行机构响应从 DEH 送来的电指令信号，用来控制各汽阀的开度。EH 执行机构共包含、伺服阀、插装阀、电磁阀、位移传感器（Linear Variable Differential Transformer，LVDT）、油动机等。下面对各设备进行详细介绍。

　　1. 伺服阀

　　伺服阀由一个力矩电动机两级放大及机械反馈系统组成。第一级放大是双喷嘴和挡板系统；第二级放大是滑阀系统，其原理与结构如图 10-17 所示（见彩插）。当有电气信号由伺服放大器输入时，力矩电动机中的衔铁上的线圈中就有电流通过，并产生一磁场，在两旁的磁铁作用下，产生一旋转力矩，使衔铁旋转，同时带动与之相连的挡板转动，此挡板伸到两个喷嘴中间。在正常稳定工况时，挡板两侧与喷嘴的距离相等，使两侧喷嘴的泄油面积相等，则喷嘴两侧油压相等。当有电气信号输入，衔铁带动挡板转动时，则挡板靠近一只喷嘴，使这只喷嘴的泄油面积变小，流量变小，喷嘴前的油压变高，而对侧的喷嘴与挡板间的距离增大，泄油量增大，流量变大，使喷嘴前的压力变低，并且将原来的电气信号转换成力矩而产生机械位移信号，再转变为油压信号，并通过喷嘴挡板系统将信号放大。挡板两侧的喷嘴前油压与下部滑阀的两个腔室相通，因此，当两个喷嘴前的油压不等时，则滑阀两端的油压也不相等，滑阀在压差的作用下产生移动，滑阀上的凸肩所控制的油口开启或关闭，便可以控制高压油由此通向油动机活塞杆腔，以开大汽阀的开度，或者将活塞杆腔通向回油，使活塞杆腔的油泄去，由弹簧力关小或关闭汽阀。为了增加调节系统的稳定性，在伺服阀中设置了反馈弹簧，另外在伺服阀调整时有一定的机械零偏，以便在运行中突然发生断电或失去电信号时，借机械力量最后使滑阀偏移一侧，使汽阀关闭。

2. 插装阀

插装阀结构原理图如图 10-18 所示，正常工作时，控制油压与弹簧力一起作用于阀芯上腔，将锥阀推至完全关闭，阻断了工作油液与油压回油，使系统油压得以保持；当阀门快关等情况发生时，系统卸荷，阀芯上腔的控制油压为 0，下腔的高压油将阀芯顶至完全打开，此时工作油液与回油口相连，快速回油。

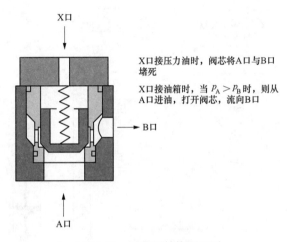

图 10-18　插装阀结构原理图

3. 位移传感器

线性位移传感器由芯杆，线圈，外壳等组成，如图 10-19 所示。因其具有体积小、性能稳定、可靠性强的特点，目前电厂位移传感器多采用差动变压器。

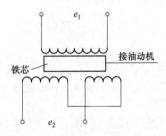

图 10-19　位移传感器结构原理图

当铁芯与线圈之间有相对移动时，例如铁芯上移，二次侧线圈感应出电动势经过整流滤波后，便变为表示铁芯与线圈相对位移的电信号输出，作为负反馈。在具体设备中，外壳是固定不动的，铁芯通过杠杆与执行机构活塞杆相连，输出的电气信号便可模拟油动机的位移，也就是汽阀的开度，为了提高控制系统的可靠性，在每个连续型伺服执行机构可安装了两个或三个位移传感器。

4. 开关型油动机

高中压主汽阀油动机的油缸为开关两位控制方式，其控制油路系统常见的有两种。

（1）一种控制油路由试验电磁阀、跳闸电磁阀、插装阀等组成。如图10-20所示，其动作过程如下。

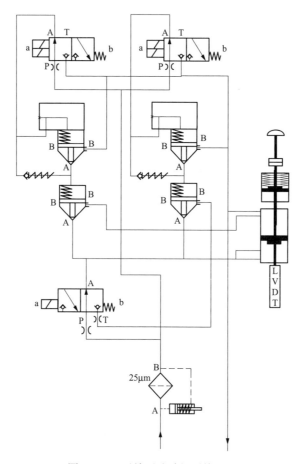

图10-20　开关型油动机系统图 I

1）挂闸（开阀）。当系统建压挂闸后，跳闸电磁阀得电；一路高压油通过集成块上的过滤器、跳闸电磁阀和节流孔进入插装阀上下腔，在弹簧作用下上腔建立起安全油压，使插装阀关闭。另一路高压油通过节流孔、试验电磁阀进入油动机油缸下腔（工作腔）。油动机在压力油作用下克服碟

簧力和蒸汽力作用 使阀门全开。

2）打闸（关阀）。当跳闸电磁阀失电，安全油压泄掉时，插装阀（卸荷阀）打开，将油动机活塞下腔接通油动机活塞上腔室及排油管，在碟簧力及蒸汽力的作用下快速关闭油动机。

试验电磁阀带电，油动机进回油路连通，由于设有节流孔，阀门缓慢关闭。试验电磁阀失电，阀门缓慢开启。

（2）另一种控制油路由试验电磁阀、隔绝阀、快速卸荷阀等组成。如图 10-21 所示，其动作过程如下。

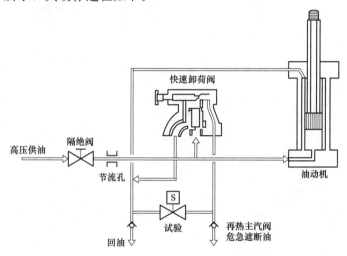

图 10-21　开关型油动机系统图Ⅱ

1）挂闸（开阀）。当系统挂闸复位后，危急遮断油建立油压，快速卸荷阀关闭。高压抗燃油自隔绝阀引入，经过一个固定节流孔板后，直接进入油动机的下腔室，克服碟簧力和蒸汽力作用使阀门全开。

2）打闸（关阀）。当危急遮断装置动作，危急遮断油压降低，快速卸荷阀打开，油动机泄油，在弹簧力的作用下主汽阀迅速关闭。

增设一个二位二通电磁试验阀，用以定期进行阀门活动试验，保证汽阀处于良好的状态。当电磁阀通电打开时，快速卸荷阀上油室与回油管相通，时快速卸荷阀打开，关闭中压主汽阀；当电磁阀断电关闭，主汽阀再逐渐打开，活动试验结束。

5. 伺服型油动机

高中压调节汽阀油动机的油缸为连续型控制方式。其控制油路系统常见的有三种。

（1）一种控制油路由伺服阀、跳闸电磁阀、插装阀等组成。如图 10-22 所示，其动作过程如下。

1）挂闸。当系统建压挂闸后，跳闸电磁阀得电；一路高压油通过集成块上的过滤器、跳闸电磁阀和节流孔进入插装阀上下腔，在弹簧作用下上

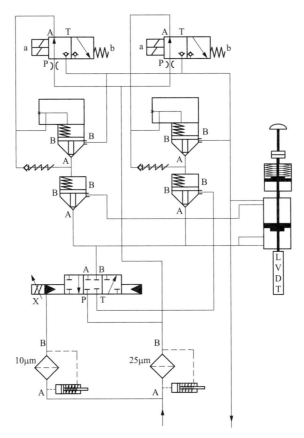

图 10-22　伺服型油动机系统图 I

腔建立起安全油压，使插装阀关闭。另一路高压油接通伺服阀，油动机工作准备就绪。

2）开（关）阀。当需要开大阀门时，伺服阀将压力油引入油缸工作腔，则油压力克服碟簧力和蒸汽力作用使阀门开大；LVDT 将其行程信号反馈至 DEH。当阀位开大到需要的位置时，DEH 将其指令和 LVDT 反馈信号综合计算后使伺服阀回到零位，遮断其进油口或排油口，使阀门停留在指定位置。同理，当需要关小阀门开度时，伺服阀将油缸工作腔接通排油，在碟簧力及蒸汽力的作用下，阀门关小。伺服阀具有机械零位偏置，当伺服阀失去控制电源时，能保证油动机自动关闭。

3）打闸。当跳闸电磁阀失电，安全油压泄掉时，插装阀（卸荷阀）打开，将油动机活塞下腔接通油动机活塞上腔室及排油管，在碟簧力及蒸汽力的作用下快速关闭油动机。

（2）另一种控制油路由伺服阀、快速卸荷阀、隔绝阀等组成。主要应用于高调阀，如图 10-23 所示，其动作过程如下。

1）挂闸。当系统建压挂闸后，危急遮断油建立油压，快速卸荷阀关闭。另一路高压油接通伺服阀，油动机工作准备就绪。

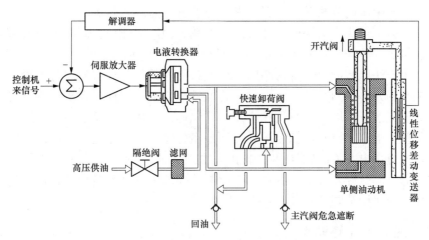

图 10-23　伺服型油动机系统图Ⅱ

2）开（关）阀。阀门管理器输出的阀位信号，使电液伺服阀主阀芯移动，控制油动机的高压抗燃油通道。当伺服阀使高压抗燃油进入油动机活塞下腔室时，使油动机活塞向上移动，通过杠杆或连杆带动进汽阀使之开大；当伺服阀使压力油自油动机活塞下腔室泄出时，借助弹簧力使活塞下移，从而关小进汽阀门。

3）打闸。危急遮断装置动作，危急遮断母管油压降低，使快速卸荷阀快速打开，迅速泄去油动机活塞下腔的压力油，同时工作油还可以排入油动机的上腔室，从而避免回油旁路的过载；在弹簧力及蒸汽力的作用下阀门迅速关闭。

（3）第三种控制油路由伺服阀、快速卸荷阀、隔绝阀、试验电磁阀等组成，主要应用于中压调节阀，如图 10-24 所示，其动作过程与高压调节阀类似。

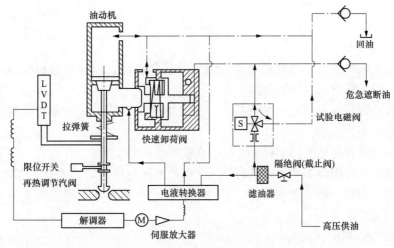

图 10-24　伺服型油动机系统图Ⅲ

由于中压调节阀在30%的负荷下已全开，且再热器的容积很大，在危急状态时，需要以更快的速度关闭，以减小动态超速值。因此中压调节阀油动机的快速卸荷阀为蝶阀型（DUMP阀），使泄油口增大。

由于快速卸荷阀的结构不同，在控制块内需单独设置试验电磁阀，由控制室的开关控制其通、断电。试验电磁阀是个三通阀，在机组运行时处在断电状态，高压油经节流孔直接通往快速卸荷阀的上部腔室，快速卸荷阀关闭，电液转换器可控制油动机下腔室建立油压；在进行阀门活动实验时，通过供电开关使试验电磁阀通电，快速卸荷阀的上部腔室与回油相通，快速卸荷阀打开，油动机泄油，中压调节阀关闭；试验电磁阀再次断电时复位，中压调节阀又开启，活动试验结束。

二、油动机检修要点

（一）检修工艺

1. 油动机的拆卸

油动机结构图如图10-25所示。

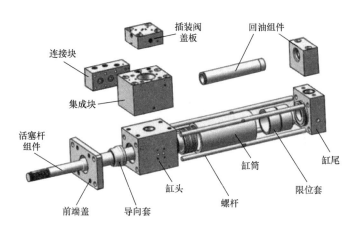

图10-25　油动机结构图

（1）联系热工将油动机上有关热工的接线拆除，用白绸布粘丙酮（或无水乙醇）将控制块外面擦洗干净。

（2）拆开压力油、回油管接头。用专用堵头封堵。注意不要让垃圾进入油管道中。

（3）松开油动机活塞杆与阀门的联轴器并做好记号。

（4）除对称留4个油动机与阀门支架的连接螺栓外，其他全部拆除。

（5）用行车将油动机吊住，松除最后4个连接螺栓，将油动机缓慢吊至专门检修场地。

2. 油动机解体检修

（1）拆除各电磁阀、伺服阀送专门试验检验机构清洗检测试验，如检测结果不合格则必须更换。

（2）拆除油动机活塞杆连接螺母并做其与阀杆相对位置的记录。

（3）取出操纵座内碟簧，各碟簧应完好，无歪曲、扭斜、裂纹、变形及断裂等现象，测量并记录碟簧的自由长度。

（4）拆除油动机与操纵座连接螺栓，解体油动机，缓慢抽出活塞杆、活塞、油封。

（5）检查油缸筒内壁是否有划痕，检查活塞环是否有磨损。

（6）检查油动机活塞杆弯曲度、表面粗糙度、活塞杆与导向器及油封室的间隙。检查螺纹是否完好。

（7）检查控制块内流道畅通无杂质。

（8）清理检查各节流缩孔有无堵塞、冲蚀。

（9）更换全部密封圈、油封环、滤芯。

（10）清理各有关部件后组装油动机。

（11）将油动机送检验台进行修后测试。

3. 油动机装复

（1）将测试后的油动机与操纵座进行组装，弹簧在弹簧室内不得有歪斜、磨偏等现象。

（2）利用行车将油动机吊至阀门支架就位，穿好连接螺栓并紧固。

（3）按解体时的记号连接好与阀门的联轴器。

（4）装好 O 形圈，连接好压力油、回油法兰。

（二）油动机检修质量标准

（1）油动机磨合试验：油缸满行程磨合 100 次，活塞杆上允许有油膜，但不能成滴。

（2）行程测量：按各油缸图要求。

（3）耐压试验：压力 24MPa、3min，不得有外泄漏和零件破坏。

（4）启动压力 p_A 测定：启动压力 $p_A \leqslant 1\% \times$ 供油压力。

（5）内泄试验：在压力 16MPa、油温 30℃ 以上条件下，内部泄漏不超过有关标准。

（6）油缸内壁光洁无磨损，油缸无变形。

（7）活塞杆光洁无磨损、拉毛，弯曲度不大于 0.015mm。

（8）活塞光洁无磨损、拉毛，锐角无毛刺，活塞环接触面光洁无磨损、拉痕、毛刺、变形。

第四节 汽轮机配汽机构

一、设备概述

以上海汽轮机有限公司 1000MW 超超临界压力汽轮机为例，其通常设置两个高压主汽门和两个高压调节汽门、两个中压主汽门及两个中压调节汽门，均通过碟簧力来关闭主蒸汽阀和调节阀，要求它们的快关时间均小于300ms。机组还设置有一只补汽阀组，以满足机组一次调频需要。蒸汽从左右侧高压调节汽门前的阀体分别引出经补汽阀分两路进入高压缸第5叶片级后，补汽阀在汽轮机处于零功率和THA功率之间时，通常处于关闭状态，但随时可根据电网频率变化起到调频作用。机组在不补汽状态下可连续、稳定地实现THA工况。当功率从THA工况（并有一定功率裕度）增大时，补汽阀才开启，以满足流量增加的要求。在夏季工况、TMCR和VWO工况时补汽阀处于开启状态。

上述汽门均配置独立的执行机构，采用电液调节的油动机进行控制。液压力开启，碟簧力关闭，各阀门具有显示阀位反馈装置。

二、高压主汽门、调节汽门

汽轮机高压缸进汽的两组主汽门与调节汽门组件，分别布置在高压缸两侧。每个组件包括一个高压主汽门和一个高压调节汽门，共用一个阀壳，如图10-26所示。

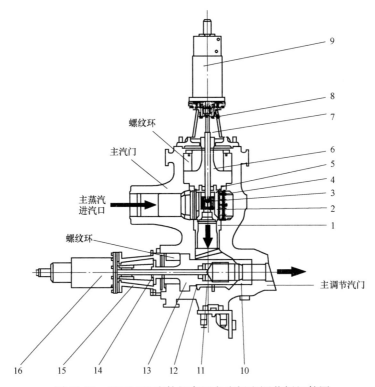

图 10-26　1000MW 汽轮机高压主汽门和调节阀组件图

1—主汽门阀座；2—阀碟；3、11—阀杆（含小阀碟）；4—滤网；5、12—阀杆衬套；
6、13—内阀盖；7、14—压板；8、15—外阀盖；9—油动机；10—调节汽门阀座；16—油动机

主蒸汽依次通过主汽门和主调节汽门，经进汽插管进入高压缸。由于进汽插管很短，高压调节汽门和高压缸之间的封闭空间很小，运行中蓄积的蒸汽能量少，对主汽门关闭后的机组安全非常有利。每个主汽门和主调节汽门都有各自对应的油动机，油动机安装在运转层高度上，方便检查和维修。

（一）高压主汽门

高压主汽门是一个内部带有预启阀的单阀座式提升阀，如图 10-27 所示。蒸汽经由主蒸汽进口进入装有永久滤网的阀壳内，当主汽门关闭时，蒸汽充满在阀体内，并停留在阀碟外。主汽门打开时，阀杆带动预启阀先行开启，从而减少打开主汽门阀碟所需要的提升力，以使主汽门阀碟可以顺利打开，在阀碟背面与阀杆套筒相接触的区域有一堆焊层，当阀门全开时可顶住阀杆套筒，并在此点提供额外汽封，阀杆与阀盘不能转动。阀杆由一组石墨垫圈密封，与大气隔绝，另外，在主汽门上也开有阀杆漏汽接口。主汽门由油动机开启，由弹簧力关闭。

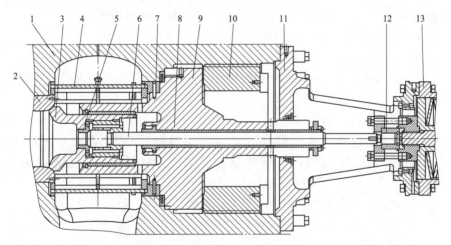

图 10-27　1000MW 汽轮机高压主汽门结构示意图

1—阀体；2—阀座；3—阀碟；4—蒸汽滤网；5—预启阀座；6—阀杆；7—U 形密封环；
8—汽封环；9—内阀盖；10—螺纹环；11—外阀盖；12—阀杆螺母；13—执行机构

整体蒸汽滤网布置在主蒸汽阀的阀体内，防止杂质粒子进入汽轮机进汽段和叶片，还可以使阀门进汽更加均匀，从而减小阀门的压力损失。阀门采取小网眼、大面积的不锈钢永久性滤网，其特点是过滤网直径小，滤网刚性好，不易损坏。

在机组启动/试运行期间，在永久滤网外需再增加一层临时滤网。临时滤网由波纹状的钢带在滤网框架的外侧组装而成。这种滤网的设计方式提高了滤网的过滤效果，特别是对那些以高速运行碰撞到滤网面上的颗粒起到很好的作用。滤网的最大目径由波纹状突起的高度所决定，为 1.6mm，有效通流面积至少为蒸汽管道通流截面积的 3 倍。

1. 检修工艺

（1）解体。

1）通知仪控人员拆除油动机接线及仪控部件，拆除保温，清理干净。

2）拆开油动机与油管连接法兰，用绸布、透明胶布包扎严密、牢固。

3）在阀杆与油动机杆联轴器上做好记号，测量联轴器法兰至油动机活塞杆螺母表面距离，拆下联轴器。

4）吊住油动机，拆下油动机底座固定螺栓，吊下执行器放好，吊时要平稳，不要碰伤其他部件。

5）拆下阀杆上的联轴器法兰，记录阀杆螺母的轴向定位尺寸。

6）松开阀门盘根压盖，取下盘根压盖。

7）测量阀门行程。拆下短节，做记号。

8）使用专用工具拆下内阀座大螺纹环（可用干冰冷却配合），用铜棒向内轻敲内阀座，使密封面离缝。

9）用行车吊起阀门拆装专用工具并找平，将专用工具与内阀座用专用螺栓固定在一起，起吊找平，连同内阀座和阀杆一起缓缓抽出。

10）封好所有孔洞，阀门用盖板盖好。

（2）清理、检查、整修。

1）将阀碟总成从内阀座中缓慢抽出，注意不能碰伤阀杆螺纹及阀碟密封面。

2）测量阀碟与衬套间隙。

3）清理、检查阀碟、阀座应完好无损，阀座无开焊、卷边、裂纹、损伤。阀头、阀座的阀线应良好连续，无贯穿、麻点现象，密封接触面为100%。

4）清理、检查阀体内部有无裂纹、汽蚀、冲刷痕迹。

5）清理、检查预启阀螺纹环与阀杆衬套的副密封面接触良好，密封面无贯穿、麻点等缺陷。

6）测量预启阀行程。拆除止转块，旋出预启阀螺纹环，清理、检查预启阀座、阀头完好无损，阀线应良好连续，无贯穿、麻点现象，密封接触面为100%。如预启阀座损坏，则须更换预启阀座。

7）测量阀头与螺纹环径向间隙。

8）测量阀杆与螺纹环径向间隙。

9）测量预启阀座与阀碟配合紧力。

10）清理、检查阀杆无磨损、裂纹，阀杆螺纹无坏牙，测量阀杆弯曲度，如弯曲度超标，则需更换阀杆。

11）测量阀杆与汽封圈、阀杆衬套等间隙。

12）检查、清理阀套、汽封圈、阀杆衬套，无磨损、裂纹、卡涩等现象，如有损坏进行更换。

13）清理、检查内阀座无裂纹；密封面光滑，无毛刺、凹坑等缺陷。

清理、检查滤网无破损，测量内阀座与阀门支架径向间隙，测量内阀座与盘根压盖间隙，测量内阀座与阀体径向间隙。

14）清理、检查螺栓、螺母螺纹良好，螺纹无坏牙、乱牙。检查球面垫片应接触良好，其接触面应在80％以上。

15）测量螺栓长度，测量螺栓、螺母硬度，如硬度超标则需更换。

（3）组装。

1）检查阀体内部无异物。

2）将各部件清理干净，螺纹涂上专用防咬涂料，活动部件涂抹黑铅粉。

3）将U形密封环装入阀体密封槽道内，检查密封环与阀体配合间隙。

4）组装好阀碟，将阀杆穿过内阀座，注意保护阀杆螺纹。

5）加好阀杆密封填料，紧固好压盖螺栓。

6）使用专用工具，找平内阀座及阀杆，利用行车缓慢送入阀体内部。

7）使用专用工具紧固螺纹环，测量U形密封环压缩量应合格。

8）测量阀门支架与阀体配合间隙，装复阀门支架，紧固连接螺栓，装复好内阀座填料。

9）复测阀门行程应在合格范围内。

10）油动机回装，用两个临时螺栓卸载油动机碟簧的压载，装好阀杆螺母，使阀杆螺母与阀杆端面平行，紧固阀杆螺母内六角锁紧螺栓。

11）逐步交叉拧紧联轴器连接螺栓，待完全装复好后松开油动机碟簧承载临时螺栓。

12）复测联轴器法兰至油动机活塞杆螺母表面距离应在合格范围内。

2. 检修质量标准

（1）联轴器法兰至油动机活塞杆螺母表面距离：78mm＋4mm。

（2）阀门行程：110mm＋2mm。

（3）阀碟与衬套间隙：0.650～0.732mm。

（4）预启阀行程：12mm＋0.5mm。

（5）阀头与螺纹环径向间隙：1.60～1.90mm。

（6）阀杆与螺纹环径向间隙：1.20～1.42mm。

（7）预启阀座与阀碟配合紧力：0.019～0.076mm。

（8）阀头与螺纹环径向间隙：1.600～1.900mm。

（9）阀杆与螺纹环径向间隙：1.200～1.420mm。

（10）预启阀座与阀碟配合紧力：0.019～0.076mm。

（11）阀杆弯曲度小于或等于0.05mm。

（12）阀杆与阀杆衬套间隙：0.260～0.299mm。

（13）阀杆与汽封圈间隙：0.350～0.416mm。

（14）阀杆与盘根压盖间隙：0.800～0.920mm。

（15）阀杆上衬套与内阀座间隙：0.036～0.106mm。

（16）汽封圈与内阀座间隙：0.036～0.106mm。

（17）阀杆下衬套与内阀座间隙：0.072～0.129mm。

（18）汽封圈与阀杆衬套轴向间隙：5.5mm ＋0.2mm。

（19）阀杆上衬套压盖螺栓拧紧力矩：550N·m。

（20）内阀座与阀门支架径向间隙：0.300～0.500mm。

（21）内阀座与盘根压盖间隙：1.000～1.390mm。

（22）内阀座与阀体径向间隙：0.20～0.39mm。

（23）U形密封环与阀体配合间隙：0.08～0.24mm。

（24）U形环压缩量：0.32～0.43mm。

（25）阀门支架与阀体配合间隙：0.200～0.530mm。

（26）拧紧力矩：2100N·m。

（27）阀杆螺母与阀杆端面平行公差：±2.5mm。

（28）联轴器法兰至油动机活塞杆螺母表面距离整圈偏差范围：±0.1mm。

（29）联轴器连接螺栓拧紧力矩：1650N·m。

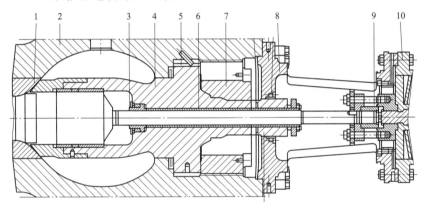

图 10-28　1000MW 汽轮机高压调节汽门结构示意图

1—阀座；2—阀体；3—阀杆阀碟；4—内阀盖；5—U形密封环；6—汽封环；

7—螺纹环；8—外阀盖；9—阀杆螺母；10—执行机构

（二）高压调节阀

高压调节汽门结构示意图如图 10-28 所示。带有中空阀碟的阀杆在位于内阀盖的阀杆衬套内滑动。在阀碟上设有平衡孔以减小机组运行时打开调节汽门所需的提升力。阀碟背部同样有堆焊层，在阀门全开时形成密封面。在内阀盖里有一组垫圈将阀杆密封与大气隔绝。同样，调节汽门也由油动机开启，由弹簧力关闭，这样在系统或汽轮机发生故障时，主汽门和调节汽门能立即关闭，确保安全。

高压调节汽门与高压缸采用大型罩螺母连接。螺母采用加热的方式紧固，调节汽门与进汽导管、调节汽门与高压外缸之间采用 U 形环密封、进汽导管与高压内缸之间采用 L 形密封圈定位及密封。U 形密封环材料为

NiCr20TiA1，其压缩量为 0.6～0.7mm。考虑膨胀因素，L 形密封圈在与进汽导管及高压内缸的配合上采用间隙配合，L 形密封环材料为X12CrMoWVNbN10-1-1。

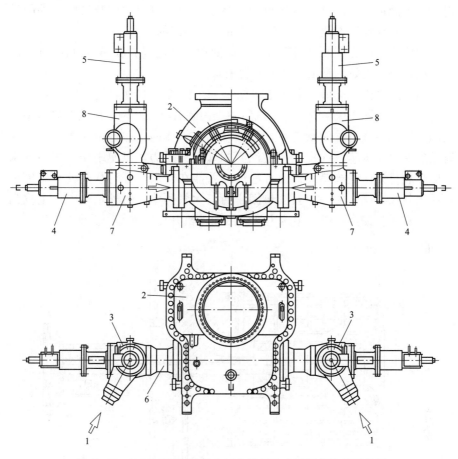

图 10-29　1000MW 汽轮机中压主汽门和中压调节汽门组件图

1—再热蒸汽进口；2—中压缸；3—中压主汽门和调节汽门组件；4—中压调节汽门油动机；
5—中压主汽门油动机；6—中压进汽插管；7—中压调节汽门；8—中压主汽门

三、中压主汽门、调节汽门

（一）中压主汽门

中压主汽门和调节汽门分左右两组，布置在中压缸两侧，一个中压主汽门和一个中压调节汽门为一组，共用一个阀壳，如图 10-29 所示，中压主汽门和调节汽门组件的阀盖和阀壳由螺栓连接。

再热蒸汽通过中压主汽门和中压调节汽门，再通过进汽插管进入中压内缸。每个调节汽门由法兰连接至中压缸上。无导汽管，损失小，阀门支撑于基础上，以使汽缸的附加力小。另外，进汽插管路径很短，在再热主调节汽门和中压缸之间的封闭空间也很小，对主汽门关闭时的机组安全性非常有利。

中压主汽门可以迅速关断并截止来自再热蒸汽管道的蒸汽，中压主汽门设计为有极短的关闭时间和稳定的可靠性。中压调节汽门根据要求的机组负荷控制进入中压缸的蒸汽流量。整个中压主汽门和调节汽门组件的设计理念是要求检修方便，并且要求尽量减小阀门的压损。

中压主汽门和调节汽门都有各自的油动机，用以克服弹簧力提升阀杆，一旦执行机构失效，弹簧力会迅速关闭阀门。

与高压主汽门类似，中压主汽门是一个内部带有预启阀小阀的单阀座式提升阀，如图 10-30 所示。主汽门阀壳内装有永久滤网，结构与高压主汽门的相同，主汽门关闭状态下，蒸汽充满在阀体内，并停留在阀碟外。带有预启阀以减少蒸汽加在中压主汽门阀碟上的压力，以使中压主汽门阀碟可以顺利打开。在阀碟的背面有堆焊层并能在阀门全开时与阀杆套筒端面形成密封面，阀杆由一组石墨垫圈密封与大气隔绝，另外，在中压主汽门上也开有阀杆漏汽接口。中压主汽门由油动机开启，弹簧力关闭。

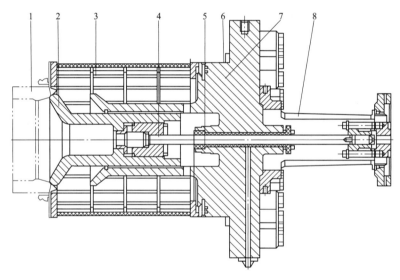

图 10-30　1000MW 汽轮机中压主汽门结构示意图

1—阀座；2—阀碟；3—蒸汽滤网；4—带导向盘的阀杆；
5—汽封圈；6—密封环；7—阀盖；8—阀门支架

为防止杂质粒子进入汽轮机进汽段和叶片，中压主汽门也设置了滤网，结构和高压主汽门类似，不再赘述。

1. 检修工艺

（1）解体。

1）通知仪控人员拆除油动机接线及仪控部件，拆除保温，清理干净。

2）拆开油动机与油管连接法兰，用绸布、透明胶布包扎牢固。

3）在阀杆与油动机杆联轴器上做好记号，测量联轴器法兰至油动机活塞杆螺母表面距离，拆下联轴器。

4）吊住油动机，拆下油动机底座固定螺栓，吊下执行器放好，吊时要平稳，不要碰伤其他部件。

5）拆下阀杆上的联轴器法兰，记录阀杆螺母的轴向定位尺寸。

6）松开阀杆盘根压盖，取下盘根压盖。

7）测量阀门行程。

8）拆下短接，做记号。拆除门杆漏汽法兰连接螺栓。

9）使用电加热棒加热阀盖大螺栓，松除所有阀盖螺母。

10）用行车吊起阀盖及阀芯阀杆总成，缓慢吊出阀盖及阀芯阀杆总成。

11）封好所有孔洞，阀门用盖板盖好。

（2）清理、检查、整修。

1）将阀碟总成从阀盖中缓慢抽出，注意不能碰伤阀杆螺纹及阀碟密封面。

2）测量阀碟与衬套间隙。

3）清理、检查阀碟、阀座应完好无损，阀座无开焊、卷边、裂纹、损伤。阀头、阀座的阀线应良好连续，无贯穿、麻点现象，密封接触面为100%。

4）清理、检查阀体内部有无裂纹、汽蚀、冲刷痕迹。

5）清理、检查预启阀螺纹环与阀杆衬套的副密封面接触良好，密封面无贯穿、麻点等缺陷。

6）测量预启阀行程。拆除止转块，旋出预启阀螺纹环，清理、检查预启阀座、阀头完好无损，阀线应良好连续，无贯穿、麻点现象，密封接触面为100%。如预启阀座损坏，则须更换预启阀座。

7）清理、检查阀杆无磨损、裂纹，阀杆螺纹无坏牙，测量阀杆弯曲度，如弯曲度超标，则需更换阀杆。

8）测量阀杆与汽封圈、阀杆衬套等间隙。

9）检查、清理阀套、汽封圈、阀杆衬套，无磨损、裂纹、卡涩等现象，如有损坏进行更换。

10）清理、检查阀盖无裂纹；密封面光滑，无毛刺、凹坑等缺陷。清理检查滤网无破损，测量阀盖与阀门支架径向间隙，测量阀盖与阀体径向间隙。

11）清理、检查螺栓、螺母螺纹良好，螺纹无坏牙、乱牙。检查球面垫片应接触良好，其接触面应在80%以上。

12）测量螺栓长度，测量螺栓、螺母硬度，如硬度超标则需更换。

（3）回装。

1）检查阀体内部无异物。

2）将各部件清理干净，螺纹涂上专用防咬涂料，活动部件涂抹黑铅粉。

3）将 U 形密封环装入阀体密封槽道内，检查密封环与阀体配合间隙。

4）组装阀碟，将阀杆穿过阀盖，注意保护阀杆螺纹。

5）加好阀杆密封填料，紧固好压盖螺栓。

6）利用行车整体起吊阀盖及阀芯阀杆总成，缓慢吊入阀体内部。

7）先冷紧大阀盖螺栓，然后再热紧。

8）装复阀门支架，紧固连接螺栓。

9）复侧阀门行程应在合格范围内。

10）油动机回装，用两个临时螺栓卸载油动机弹簧的压载，装好阀杆螺母，使阀杆螺母与阀杆端面平行，紧固阀杆螺母内六角锁紧螺栓。

11）逐步交叉拧紧联轴器连接螺栓，待完全装复好后松开油动机碟簧承载临时螺栓。复测联轴器。

12）装复门杆漏汽连接法兰。

13）法兰至油动机活塞杆螺母表面距离应在合格范围内。

2. 检修质量标准

（1）阀碟与衬套间隙：0.700～0.787mm。

（2）预启阀行程：18mm ＋0.5mm。

（3）阀头与螺纹环径向间隙：1.81～2.10mm。

（4）阀杆与螺纹环径向间隙：1.810～1.030mm。

（5）预启阀座与阀碟配合紧力：0.019～0.076mm。

（6）阀杆弯曲度小于或等于 0.05mm。

（7）阀杆与阀杆衬套间隙：0.270～0.309mm。

（8）阀杆与汽封圈间隙：0.360～0.426mm。

（9）阀杆与盘根压盖间隙：0.71～0.83mm。

（10）阀杆上衬套与阀盖间隙：0.036～0.106mm。

（11）汽封圈与阀盖间隙：0.036～0.106mm。

（12）阀杆下衬套与阀盖间隙：0.036～0.106mm。

（13）汽封圈与阀杆衬套轴向间隙：4mm＋1mm。

（14）阀杆上衬套压盖螺栓拧紧力矩：150N·m。

（15）阀盖与阀门支架径向间隙：0.100～0.335mm。

（16）阀盖与阀体径向间隙：0.200～0.405mm。

（17）U 形密封环与阀体配合间隙：0.098～0.308mm。

（18）U 形环压缩量：0.32～0.43mm。

（19）螺栓伸长量：0.40mm。

（20）螺母转角：36°。

（21）拧紧力矩：2100N·m。

（22）阀杆螺母与阀杆端面平行公差：＋2.5mm。

（23）联轴器法兰至油动机活塞杆螺母表面距离整圈偏差范围：＋0.1mm。

（24）联轴器连接螺栓拧紧力矩：1650N·m。

（二）中压调节汽门

带有中空阀碟的阀杆在位于内阀盖的阀杆衬套内滑动。在阀碟上设有平衡孔以减小给水泵汽轮机组运行时打开调节汽门所需的提升力。阀碟后部依然是堆焊层，在阀门全开时形成密封面。在内阀盖里有一组垫圈将阀杆密封与大气隔绝。同样，调节汽门也由油动机开启，弹簧力关闭，这样在系统或汽轮机发生故障时，中压主汽门和调节汽门能够立即关闭，确保安全。

中压调节汽门与中压缸的连接采用法兰螺栓连接，如图 10-31 所示。调节汽门与中压外缸之间采用 U 形密封环，进汽导管与中压内缸之间采用 L 形密封环密封。L 形密封环的短边插入螺纹环后部，同时另一边装入中压内缸的环形凹槽内。螺纹环的安装要求是要能够让 L 形密封环的短边在螺纹环和进汽插管之间自由地膨胀、移动。L 形密封环内部的蒸汽压力压迫密封环抵住进汽插管的那一面，而起到自密封作用。中压内缸环形凹槽和 L 形密封环长边的配合公差尺寸经过仔细计算并加工，使得 L 形密封环长边也可自由滑动。

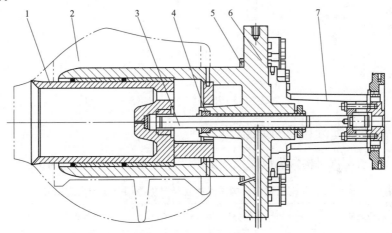

图 10-31　1000MW 汽轮机中压调节汽门结构示意图

1—阀碟；2—阀体；3—阀杆；4—汽封圈；5—密封环；6—阀盖；7—阀门支架

四、补汽阀

补汽阀相当于一个单独的调节阀，位于高压缸下部。蒸汽从阀门引出后进入高压第 5 级后，它在主汽门完全开启时（额定功率下）运行，控制额外的蒸汽进入高压缸以使汽轮机在额定功率外再增加一部分输出功率。采用补汽阀有两个目的：第一是使滑压运行机组在额定流量下，进汽压力达到额定值，避免了全周进汽滑压运行模式没有用足蒸汽压力的能力；第二是使机组实际运行时，不必通过主调节汽门的节流就具备调频功能，可避免节流损失，而且调频反应速度快，可减少锅炉的压力波动。从主汽门来的蒸汽通过补汽阀进口进入补汽阀，再从补汽阀出口流至汽缸。

补汽阀的结构与高压调节汽门相同，如图 10-32 所示。阀杆与中空阀碟固定连接，调节过程中阀碟在位于内阀盖的阀杆衬套内滑动。在阀碟上设有平衡孔以减小给水泵汽轮机组运行时打开调节汽门所需的力。阀碟背部有堆焊，在阀门全开时形成密封面。在内阀盖里有一组垫圈将阀杆密封，隔离大气。同样的，补汽阀也由油动机开启，由弹簧力关闭。在系统或汽轮机发生故障时，补汽阀阀碟能够立即关闭，确保安全。

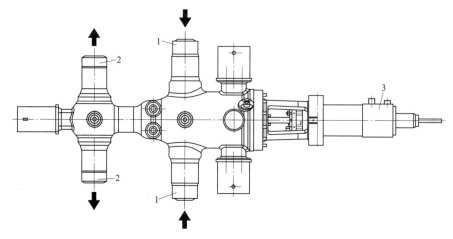

图 10-32　1000MW 汽轮机补汽阀
1—补汽阀进口；2—补汽阀出口；3—补汽阀油动机

五、常见故障分析及处理措施

汽轮机配汽机构常见故障及产生原因分析和处理措施见表 10-3。

表 10-3　汽轮机配汽机构常见故障及产生原因分析和处理措施

序号	故障现象	产生原因分析	处理措施
1	阀门外漏	密封填料或密封垫片损坏	更换密封填料或密封垫片
		汽门大端盖螺栓断裂	更换新型螺栓
2	阀门内漏	阀芯、阀座密封面损坏	研磨密封面或更换阀芯、阀座
		阀芯、阀座密封面裂纹	改进工艺挖补处理（镍基＋司太立）
		扩散器疏水口裂纹	换型处理
3	阀门卡涩	阀杆弯曲，阀杆与轴套、汽封圈配合间隙小或有异物，阀芯与导套配合间隙小或有异物	更换阀杆，调整各配合间隙至合格范围，清理异物

六、典型故障分析及防范措施

超超临界汽轮机扩散器及汽门密封面裂纹故障分析及措施如下。

1. 事件经过

某厂超超临界汽轮机先后出现中压调节汽门后扩散器裂纹和汽门阀座及阀芯密封面裂纹等严重缺陷。中压调节汽门后扩散器位于中压调节汽门和中压内缸之间，其作用主要是连接中压调节汽门和中压内缸，对进入中压缸的蒸汽进行导流。当扩散器出现严重裂纹甚至贯穿扩散器时，高温高压蒸汽会沿裂纹进入中压外缸与内缸的夹层，造成中压缸排汽温度升高，将对中压转子末级叶片造成损伤，甚至导致断裂；高温也会对中压外缸甚至中排管路造成不同程度损伤。

超超临界机组已投运多年，近年来，汽轮机汽门阀座及阀芯密封面出现裂纹的情况呈逐年增多趋势。随着阀座及阀芯密封面裂纹扩大和加深、可能会造成其金属部件脱落并进入汽轮机的汽缸通流部分，从而损坏汽轮机通流部分，造成叶片变形或断裂，转子受损，威胁机组的安全运行。

2. 扩散器裂纹原因分析

该超超临界汽轮机中压调节汽门后扩散器出现裂纹发生的位置基本都在扩散器内壁的疏水孔附近，裂纹以疏水孔为起点的纵向发展，裂纹长宽不等，严重的裂纹贯穿外壁。扩散器裂纹主要出现在疏水孔附近，靠近扩散器加工过程中的定位槽，应力比较集中，且附近工作温度高、环境恶劣，容易产生疲劳损伤，形成裂纹。从扩散器断面的检查结果看，裂纹表面有氧化皮，表明裂纹出现了一段时间；疏水孔内侧断口表面不平整的疲劳条带，是多源区疲劳扩展造成的，而疏水孔外侧断口表面是相对平整的疲劳条带。因此，扩散器的断裂口应该是先从内表面发起，然后逐步向外表面扩展。

扩散器出现裂纹的原因有以下几方面。

（1）扩散器材质成分与运行工况要求值有偏差，部分力学性能有所降低，长期在高温环境下运行，易造成扩散器疲劳损伤。

（2）扩散器加工工艺不合理，定位槽附近应力比较集中，运行中会因热应力的原因，造成疏水口附近所受的实际应力超出其使用极限。

（3）机组冷、热态启停，快速加减负荷，特别是汽轮机快冷装置投运时冷却速率控制不佳都可能造成热应力增加，加快扩散器疲劳损伤。

3. 汽门阀座及阀芯密封面裂纹原因分析

该汽轮机汽门阀座及阀芯 12Cr 钢母材上直接堆焊司太立硬质合金密封面，两种材质物理性质差异较大，高温下长期运行以后，在母材与硬质合金的界面上形成了脆性相，受高温恶劣环境，多次冷、热态启停，以及快冷装置投用等多种综合因素影响，在应力作用下容易产生开裂。

4. 处理方法

（1）扩散器裂纹处理方法。若现场条件不允许可安排临时修补后使用，彻底处理需对中压调节汽门后扩散器进行整体更换，取消扩散器疏水孔设计，避免在疏水孔附近的应力集中薄弱部位产生疲劳裂纹。

（2）汽门阀座及阀芯密封面裂纹处理方法。目前，面对汽门阀座及阀芯密封面裂纹问题，主要的处理方案有两种：一种是将原司太立合金密封面切除后，采用镍基合金过渡层加司太立合金堆焊密封面；另一种是将原司太立合金密封面切除后，全部采用镍基合金堆焊密封面。

1）加强对汽轮机进行日常监视和巡查工作。加强对汽轮机轴承振动、瓦温、轴向位移的监测，尤其应加强对中压排汽温度及中压调节汽门后扩散器温度的监视，做好相关数据记录和分析工作，尽可能早地发现问题，并做好相应的防范措施，减少损失。

2）加强维修检查工作。尽量利用机组的每次停机机会，对扩散器、汽门阀座及阀芯密封面进行检查，对不能明确判断或无法检查的部位，可以采用 PT（渗透检测）、UT（超声检测）的方式进行监测。如利用 UT 对扩散器、汽门阀座及阀芯密封面进行探测时，发现有散波现象，表明受检部位有损伤或已出现断裂，应立即更换或处理。

3）尽量减少机组冷态启动次数，合理控制快冷速度。

第五节　汽轮机供油系统

一、供油系统组成

汽轮机供油系统起到润滑、密封的作用，是保证机组安全稳定运行的重要系统。主要包括润滑油系统、密封油系统。

润滑油系统的主要任务是向汽轮发电机组的各轴承（包括支承轴承和推力轴承）、盘车装置提供合格的润滑、冷却油。在汽轮机组静止状态，投入顶轴油，在各个轴颈底部建立油膜，托起轴颈，使盘车顺利盘动转子；机组正常运行时，润滑油在轴承中要形成稳定的油膜，以维持转子的良好旋转；同时由于转子的热传导、表面摩擦以及油涡流会产生相当大的热量，需要一部分润滑油来进行换热。另外，润滑油还为低压调节保安油系统、顶轴油系统、发电机密封油系统提供稳定可靠的油源。

如图 10-33 所示，润滑油系统主要包括油箱、供油装置、事故油泵、顶轴油泵、冷油器、排烟风机等组成。常见的润滑油系统供油装置主要可以分为以下三种：①主油泵-射油器供油系统；②主油泵-油涡轮增压泵供油系统；③电动供油泵供油系统。

密封油系统专用于向发电机密封瓦提供润滑油以防止密封瓦磨损，且使油压高于发电机内氢压 0.03～0.08MPa，以防发电机内氢气沿转轴与密封瓦间隙向外泄漏，同时尽可能地减少发电机内部的空气和水汽。如图 10-34 所示，密封油系统主要由密封瓦、交流主密封油泵、直流事故密封油泵、滤油器、差压调节阀、氢侧回油扩大槽、浮子油箱、空气抽出槽、真空净化装置和相应连接管道、阀门及仪表组成。

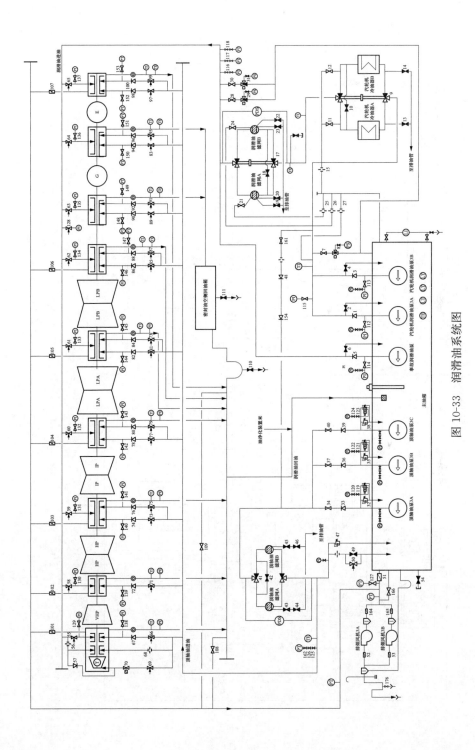

图 10-33　润滑油系统图

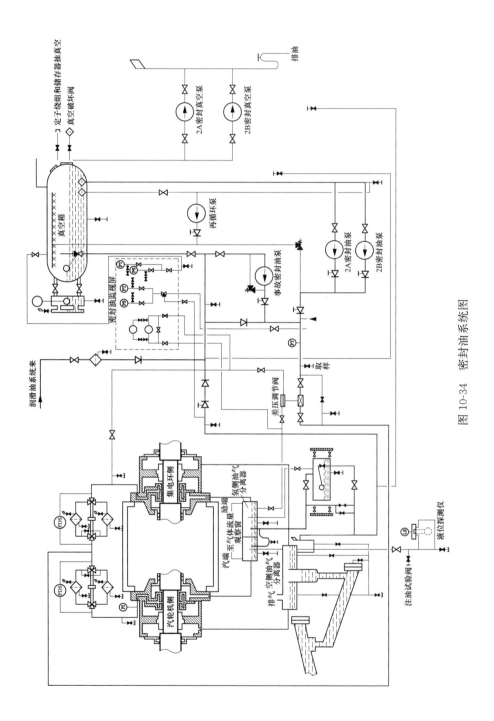

图 10-34　密封油系统图

二、汽轮机供油系统主要设备概述

（一）主油泵

目前汽轮机供油系统主油泵主要有两种形式，一种是采用汽轮机主轴带动方式，另一种是电动机带动离心油泵。主油泵为单级双吸式离心泵，安装于前轴承箱内，直接与汽轮机主轴连接，由汽轮机转子直接驱动，以保证运行期间供油的可靠性，如图 10-35 所示（见彩插）。双吸离心主油泵自吸能力较差，必须不断地向其入口供给充足的低压油：在启动升速和停机期间，由交流润滑油泵向其供油；在额定转速或接近额定转速时由注油器（或油涡轮增压泵）向其供油。主油泵出口油作为动力油驱动射油器（或油涡轮增压泵）向主油泵供油，动力油做功压力降低后向轴承等设备提供润滑油。

（二）射油器

射油器安装在油箱内油面以下主油泵进口前，采用射流泵结构，如图 10-36 所示（见彩插），它由喷嘴、混合室、喉部和扩压管等主要部分组成。工作时，主油泵来的压力油以很高的速度从喷嘴射出，在混合室中形成一个负压区，油箱中的油被吸入混合室。同时由于油黏性，高速油流带动吸入混合室的油进入射油器喉部，从油箱中吸入的油量基本等于主油泵供给喷嘴进口的动力油量。油流通过喉部进入扩散管以后速度降低，速度能又部分变为压力能，使压力升高，最后将有一定压力的油供给系统使用，提高主油泵的工作可靠性。

（三）油涡轮增压泵

1. 组成

油涡轮增压泵主要由油涡轮、增压泵、油轮泵架、泵壳和调节阀等部件组成，如图 10-37 所示，其上部为由主油泵出口压力油冲动的油涡轮，下部为由油涡轮驱动的单级离心泵（油涡轮泵）。来自主油泵出口高压油为动

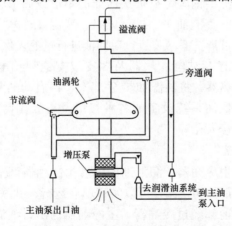

图 10-37　油涡轮增压泵示意图

257

力油经节流阀供到油涡轮的喷嘴，喷嘴后的高速油流在动叶通道中转向、降速，动能转变成叶轮的机械能，驱动升压泵旋转，主油箱的油经过滤网由升压泵升压供至主油泵入口；动力油做功压力降低后和来自旁路阀的补充油混合，向轴承等设备提供润滑油。通过调节油涡轮升压泵的节流阀、旁通阀和溢油阀，可以使主油泵抽吸油压力在 0.098~0.147MPa 之间，保证轴承进油管的压力在 0.137~0.176MPa 之间。其三个调节阀的功能为油涡轮进口喷嘴节流阀，控制进入油涡轮工作的油量，从而控制油涡轮的出力。

（1）旁通阀（可以认为是油涡轮的旁路）。可以直接增大或减小润滑油母管油压，并在较小的程度上减小或增大主油泵入口压力。如果旁通阀打开使润滑油管道油压上升，代表油涡轮背压上升，从而使油涡轮做功下降，使主油泵入口油压微降，同样能改变轴承供油压力。

（2）溢油阀。在油涡轮出口，保证润滑油恒流量；虽然也可以调节润滑油压，一般在主油泵额定转速下整定后，不作为油压调整用。

2. 调试

（1）静态时调整：一般节流阀全开，溢油阀全关。

（2）正常调整：主油泵达到额定出力时，一般在汽轮机 3000r/min 时调整，主要通过节流阀和旁通阀的调整使主油泵入口和润滑油母管油压达到要求值。机组在首次达到 3000r/min 后，须对上述三只阀门进行配合调整。既要有足够的压力油进入油涡轮，使泵组能输出主油泵进口所需的油压，又须保证足够的油量来提供给润滑油系统。这种供油方式比起传统的注油器供油方式具有噪声小、效率高的优点。

（四）主油箱

随着机组容量的增大，油系统中用油量随之增加，油箱的容积也越来越大，为了使油系统设备布置紧凑和安装、运行、维护方便，主油箱采用了集装形式，增加了机组供油系统运行的安全可靠性。如图 10-38 所示，集装油箱是由钢板、工字钢等型材焊接而成的矩形或筒形容器，油箱盖板上一般装有辅助油泵、直流油泵、排烟风机、液位计、电加热器、套装油管路等。油箱内设置可清洗滤网装置，对回油进行过滤，保证油品质。

在油箱上还装有 6 支电加热器及 3 支双支铠装铂电阻，当油温低于20℃时，启动电加热器，将油温加热至 20℃，再启动油泵。在油箱侧部及端部开设了连接其他油系统设备的各种接口及事故排污口、油箱溢油口、冲洗装置接口及检修人孔等。

（五）主冷油器

机组设有两台主冷油器。润滑油的温度由冷油器调节，两台冷油器通过安装在主油箱顶部的切换阀，可以实现串联运行、并联运行、单独运行，润滑油在进入轴承前都经过冷油器。主冷油器的出口油温通过改变冷却水量来实现，正常情况下调整到在进油为 60~65℃时，出口温度在 43~

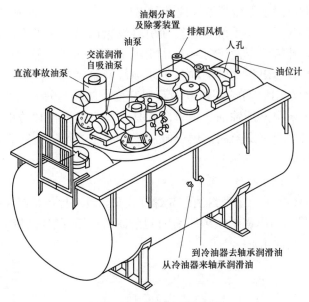

图 10-38 润滑油箱布置图

49℃。冷油器按照结构方式可以分为板式冷油器和管式冷油器。板式冷油器换热效果好，但造价较高，占地面积大，主要用于大型发电机组，如图10-39 所示（见彩插）。管式冷油器换热效果差，但造价低，占地面积小，用于小型发电机组，如图 10-40 所示（见彩插）。

（六）排烟装置

油箱顶部设置一套排烟装置，由油烟分离器、排烟风机、风门、管路及排气口等组成。该装置使汽轮机的回油系统及各轴承箱回油腔室内形成微负压，以保证回油通畅，并对系统中产生的油烟混合物进行分离，将烟气排出，将油滴送回油箱，减少对环境的污染，保证油系统安全、可靠；风机为蜗壳式离心风机，具有良好的 P-Q（功率-流量）曲线，能够满足润滑油系统运行中需排除大量烟气而又不使真空大幅降低的需要。油烟分离器的滤芯采用玻璃纤维和不锈钢丝材料，具有烟阻小而油阻大的特点，保证了分离油和烟的效果，而且清洗和更换方便。同时为了防止各轴承箱腔室内负压过高、汽轮机轴封漏汽窜入轴承箱内造成油中进水，在油烟分离器上设计了一套风门，用以控制排烟量，使轴承箱内维持在微负压，一般维持在−600～−200Pa。

（七）顶轴油系统

机组在启动盘车前，先打开顶轴油泵，利用 5.5～15MPa（取决于转子的大小）的高压油把轴颈顶起 0.05～0.08mm，以消除两者之间的干摩擦，同时可以减少盘车的启动力矩，使盘车电动机的功率减小。汽轮机的两个低压转子（有的机组高中压转子也设置）的轴承和发电机的两只轴承底部均设有顶轴油孔，与顶轴装置相通。顶轴油系统为母管制，配有柱塞泵。

油泵的进油取自滤油器后管道。顶轴泵出口有滤网、安全阀和压力开关等。顶轴油系统为开式供油系统，补给油引自汽轮机润滑油母管，顶起压力油排入轴承箱，补给油压力与润滑压力相同。高压顶起油自轴向柱塞泵出口引入集管，由集管引出各支管通向各轴承顶起管路接头。各支管上均装有节流阀和单向阀，用以调整各轴承的顶起高度，防止各轴承之间相互影响。其中节流阀用来调整顶轴油压，单向阀是为使机组运行时防止轴承中压力油泄走。集管上装有安全阀，用以限制集管油压，并防止供油系统中油压超过最大允许值。

（八）主密封油泵

如图 10-41 所示，主密封油泵为螺旋式泵，具有提供密封系统所需油量 5～6 倍的容量，超出密封系统所需的剩余油从再循环喷嘴排出，通过减压阀并返回到真空油箱。

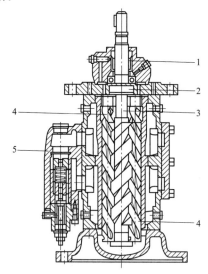

图 10-41　三螺杆密封油泵
1—机械密封；2—平衡活塞；3—传动转子；4—从动螺杆；5—安全阀

（九）再循环密封油泵

再循环密封油泵的用途是通过真空处理使真空箱内的油纯净，该泵由用来驱动主密封油泵的电动机驱动，结构上与主密封油泵完全相同。真空箱内的油通过位于真空箱内的再循环喷射器靠再循环密封油泵来循环。

（十）密封油压差阀

密封油压差阀是一种自力式阀门，不需要外接任何动力可实现密封油压力跟踪发电机内氢气压力的变化，并将油氢压差始终控制在允许的设定值。如图 10-42 所示，在压差阀执行机构中装有一个双膜片，膜片与阀杆相连，当膜片移动时带动阀杆运动，从而控制压差阀的开和闭。膜片将压差阀的执行机构分为上、下两个腔室，上腔室和发电机的氢气压力信号相连，下腔室和发电机密封油的压力信号相连。在正常工作时，一旦压差阀通过压差设定调节螺母将压差控制值设定后，压差的控制就由作用于膜片上的油压和氢压的相互作用来自动控制了。上海电气配套主压差阀设定为 100kPa，备用压差阀设定为 80kPa。哈尔滨电气配套压差阀设定为 70kPa。

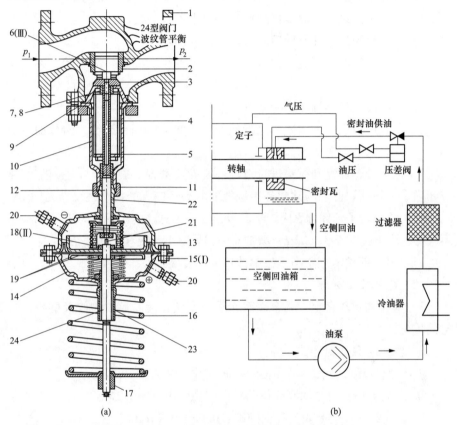

图 10-42　压差阀结构图及调节原理图

（a）压差阀结构图；（b）调节原理图

1—阀体；2—阀座；3—阀芯 KVS80；4—阀杆；5—波纹管组件；6—平衡螺钉；

7—导向衬套；8—垫圈；9—密封垫；10—波纹管室；11—连接螺母；12—膜片杆；

13、14—膜片；15—六角螺栓、螺母；16—调节弹簧；17—轴向推力针形轴承；

18—螺母；19—膜片托板（上）；20—膜片托板（下）；21—信号接口接头；

22—过载保护；23—滑动轴承；24—短接

三、主要设备检修要点

1. 主油泵

（1）检修工艺。

1）拆卸前箱上盖：热工拆卸测量保护装置支架，拆卸前箱接合面定位销及螺栓，将行车调至前箱盖正上方，四角拴牢固钢丝绳，用倒链找平后平稳吊下。

2）将转子延伸轴从高压转子上拆下，先用百分表测量转子延伸轴与高压转子连接处法兰的晃动度，作为复装时参考；拆卸转子延伸轴与高压转子连接螺栓，各螺栓应做好记号。

3）拆卸主油泵上盖、危急遮断器处的所有油管，做好记号。

4）拆卸主油泵中分面连接螺栓，吊出主油泵上盖。

5）用塞尺测量主油泵前后 4 只油封环的间隙。

6）旋出 4 只油封环进行检查：乌金表面光滑、完整，无脱胎、裂纹及磨损。

7）吊出转子延伸轴放在专用支架上。

8）用专用扳手拆下调速体进行检查：表面无磨损、裂纹，内部油路应畅通、无堵塞。

9）拆下叶轮、键和衬垫进行检查：表面无磨损、裂纹，叶轮内部油路应畅通、无堵塞，叶轮与油封环接触处的耐磨环应无磨损、裂纹，无松动。

10）检查转子延伸轴表面，测量转子延伸轴晃动度小于或等于 0.03mm，不同心度小于或等于 0.02mm；联轴器外圆晃度小于或等于 0.02mm。

11）将各部件清理干净后按解体反顺序复装。

（2）检修质量标准。

1）检查油封环乌金：乌金表面光滑、完整，无脱胎、裂纹及磨损，接触面均匀。

2）测量 4 只油封环的间隙。

a. 后油封环 1 与转子延伸轴的径向间隙：0.05～0.15mm。

b. 后油封环 1 与主油泵壳体的轴向间隙：0.05～0.13mm。

c. 后油封环 2 与叶轮的径向间隙：0.05～0.15mm。

d. 后油封环 2 与主油泵壳体的轴向间隙：0.05～0.13mm。

e. 前油封环 1 与叶轮的径向间隙：0.05～0.15mm。

f. 前油封环 1 与主油泵壳体的轴向间隙：0.05～0.13mm。

g. 前油封环 2 与调速体的径向间隙：0.05～0.15mm。

h. 前油封环 2 与主油泵壳体的轴向间隙：0.05～0.13mm。

3）检查调速体：表面无磨损、裂纹，内部油路应畅通、无堵塞。

4）检查叶轮、键和衬垫、耐磨环：表面无磨损、裂纹，耐磨环应无磨损、裂纹，无松动。叶轮与轴及销子应紧密配合、无松动，更换新叶轮时要找静平衡。

5）泵壳水平接合面必须严密，清理干净后紧上 2/3 螺栓，用 0.02mm 塞尺检查，不得塞入，接合面平整，不用垫片。

6）泵轴弯曲小于或等于 0.02mm，叶轮瓢偏小于或等于 0.04mm。

2. 交流润滑油泵、直流润滑油泵

(1) 检修工艺。

1) 通知电气，拆除电动机的接线。

2) 拆除电动机与泵壳的连接螺栓和联轴器螺栓，妥善保管。

3) 进入主油箱，拆除油泵的连接油管道及出口法兰螺栓，并把拆卸螺栓清点、包好，拿出油箱。

4) 用行车吊出电动机及泵体，放在指定的检修场所。

5) 测量轴的串轴量，做好记录，拆除泵轴承的润滑油管，并封好管口。

6) 拆除联轴器、轴承盖、轴锁紧螺母及进油口处滤网、短节和叶轮锁紧螺母，拿下短节及叶轮。

7) 用铜棒轻轻由电动机侧向泵侧锤击泵轴，抽出泵轴。

8) 全面检查、清洗各部件，测量各部间隙，按拆卸相反的顺序组装。

(2) 检修质量标准。

1) 叶轮与密封环的间隙：0.12～0.20mm。

2) 泵轴窜量：3～5mm。

3) 泵轴应光滑，无弯曲、毛刺现象，叶轮完好，无裂纹、磨损现象。

4) 各轴承应灵活，无卡涩、松旷现象，否则更换新件。泵组装后，手动应灵活，无卡涩，串轴量应与修前相同。

5) 泵轴弯曲小于或等于 0.02mm，叶轮瓢偏小于或等于 0.04mm。

6) 找中心：平面小于或等于 0.05mm，圆周小于或等于 0.05mm。

3. 射油器

(1) 检修工艺。

1) 拆卸注油器进、出口法兰螺栓，吊出注油器；或只拆卸注油器进口法兰螺栓，在油箱内检查。

2) 拆卸注油器进口滤网固定螺栓，取下滤网检查。

3) 拆卸特制螺母和拉杆螺栓，将扩散管与其他部件分离。

4) 检查安装盘和控制盘。

5) 检查注油器喷嘴无堵塞。

6) 检查扩散器。

7) 按解体相反顺序复装。

(2) 检修质量标准。

1) 滤网应完好，无破损、堵塞、锈垢。

2) 安装盘和控制盘应无磨损、锈垢，控制盘在最大倾斜角时不能卡涩，控制盘和安装盘的接触面积不少于 75%。

3) 注油器喷嘴是否堵塞。

4. 油涡轮增压泵

（1）检修工艺。

1）对油涡轮升压泵相关管道进行放油，拆卸油涡轮升压泵的管道、法兰。

2）用行车将油涡轮升压泵吊至专用检修座架上。

3）拆卸油涡轮上盖，测量叶轮与壳体径向间隙。

4）测量旁路阀、喷嘴阀、轴承油安全阀锁紧螺母高度，并做好修前记录，做好记号后，拆下三个阀门，检查各阀阀芯，应无磨损、毛刺、腐蚀，弹簧无变形、锈蚀，垫片完好、无破损，并测量挡油环间隙。

5）取出油涡轮叶轮，并检查是否有过热点、磨损点，油涡轮上、下轴承乌金面完好。

6）将油涡轮升压泵倒置。

7）拆去滤网、升压泵上盖，用塞尺测量叶轮油封径向间隙，取出泵叶轮及油涡轮升压泵泵轴。

8）用煤油将各部件清洗干净，检查油涡轮叶轮、升压泵叶轮，叶轮无裂纹、表面光滑、无毛刺、无气蚀、无摩擦过热点。

9）测量油涡轮升压泵轴跳动，并打磨轴上锈垢。

10）测量油涡轮叶轮与轴径向间隙，升压泵叶轮与轴径向间隙，油涡轮轴承与轴径向间隙，升压泵轴承与轴径向间隙、轴窜动量，升压泵叶轮油封间隙。

（2）检修质量标准。

1）叶轮油封径向间隙为 0.10～0.18mm；挡油环间隙为 0.08～－0.20mm。

2）油涡轮叶轮与轴径向间隙为 0.020～0.028mm，升压泵叶轮与轴径向间隙为 0.025～0.035mm，油涡轮轴承与轴径向间隙为 0.076～0.125mm，升压泵轴承与轴径向间隙为 0.076～0.125mm，轴窜动量为 0.13～0.75mm，升压泵叶轮油封间隙为 0.10～0.18mm。

3）测量油涡轮升压泵轴跳动，不大于 0.03mm。

5. 主油箱检修

（1）检修工艺。

1）打开油箱放油门，将主油箱内剩油放尽。

2）周围设置围栏，以免外人误入。

3）在将油箱顶部清扫干净后，揭开滤网上部盖板及人孔盖，将滤网吊出清理检查，若有破损应补焊或更换。

4）经化学人员查看油箱内部情况后，从人孔门进入油箱内部清理。首先用堵板将油箱底部放油门堵住；分别用白布、煤油清理及和好的面粉粘净，经化学人员验收后，准备复装。锈蚀部分需做防腐处理。

5）检查油位指示器。

6）将放油门堵板拿出，检查油箱内无遗物，放进滤网扣上盖板及人孔门盖板。

7）检查排烟风机。

8）关闭油箱放油门及事故放油门，将油注入油箱至规定值。

（2）检修质量标准。

1）油箱内壁要求干净，无锈蚀、油污，经化学监督验收合格。

2）油箱滤网干净、无杂质，无破损。

3）油箱焊口无裂纹，无砂眼。

4）油箱管道、螺栓无磨损，无松动。

6. 板式冷却器

（1）检修工艺。

1）办理工作票，做好检修措施，将板式换热器切除。

2）解开水侧、油侧的出入口法兰。

3）测量好两个压盖端面的距离，并记录。

4）松开换热器压盖端面的压紧螺栓，拆卸各个换热片及胶圈。在拆卸过程中，取下换热片前，对各个换热片的位置及反正面做好记号。

5）检查板式换热器的换热片情况，对锈垢及杂物用水和磷酸三钠进行清洗，锈垢严重的进行更换处理。

a. Mobisol 77B 或 Castrol Solvex Ice 1130：可除去板片附着的油脂。

b. 氢氧化钠（NaOH）：可除去板片上的有机物和脂类污垢。氢氧化钠使用最高浓度为 1.5%，最高温度为 85℃。

c. 硝酸（HNO_3）：可除去板片上的积垢，还有利于形成不锈钢表面钝化膜。硝酸使用最高为浓度为 1.5%，最高温度为 65℃。

6）检查各连接螺栓螺母，对损坏严重的进行更换。

7）将各法兰密封面清扫干净，并检查法兰工作状况，配制各法兰密封垫。

8）板式冷油器检修完毕并经验收合格后，按拆时相反顺序进行组装。端盖装完后，要对称均匀紧好各螺栓，并参照拆时的记录，使各螺栓受力均匀。乙丙橡胶新密封垫片初次压紧分阶段进行：每隔 2h（或更长一些时间）压紧最小尺寸的 +15%；每隔 12h（或更长一些时间）压紧最小尺寸的 +7.5%；逐步压紧至最小尺寸。

9）组装与板式换热器连接的所有油管及水管法兰，法兰垫更换新垫。

10）对装复后的冷油器做水侧、油侧压力试验。

（2）检修质量标准。

1）换热器片无锈垢、无杂物、无变形及损伤，否则进行更换。

2）各螺栓、螺母无损伤，螺纹咬合良好。

3）水侧、油侧试验压力为 1.25 倍工作压力，试验时间为 60min，应无明显压降、泄漏现象。

7. 管式冷却器

（1）检修工艺。

1）水室的检查和清理。

2）水室解体，拆开冷却器大盖（拆大盖由专人指挥，将大盖吊放在指定位置）。

3）检查人孔门平面平整，无贯穿槽痕或腐蚀，橡皮垫圈完好不老化，管板水室、钢管内壁应清洁、无泥垢，收球装置应清洁、完好。

4）清理：冷却器钢管有污垢时，可采用高压水冲洗的方法进行清理。

5）水室的清理用尼龙刷将水室及管板的泥垢、铁锈清理干净，但不得损伤管板表面的防锈漆和钢管。

（2）检修质量标准。

1）外观检查：每根钢管表面无裂纹、砂眼、腐蚀、凹陷和毛刺，管内无杂物和堵塞，弯管应校直。

2）耐压试验：钢管作最大工作压力 1.25 倍的耐压试验，应无泄漏。

3）取长度为 150～200mm 的钢管，顺钢管纵向锯开，内壁应清洁、光滑，无拉延痕迹，无砂眼、膨凸等缺陷。

（3）压水查漏。冷却器检修或更换钢管后，为保证两端介质的严密性，应进行水压试验。

1）拆除工作水侧管道接口法兰，用压缩空气吹净钢管内水渍，连接专用水压实验设备后进行注水加压工作。

2）要求试验压力为工作压力的 1.25 倍，时间为 15min。

3）打压后应检查管板上的钢管是否有漏水情况，如有应做好记录，等泄压后进行更换或堵管处理。

4）钢管泄漏较少时可采用堵管措施，当堵管总数超过钢管总数的 15％时，应采用部分更换的措施。腐蚀严重或使用年久应更换全部钢管。

8. 排烟风机

（1）检修工艺。

1）联系电气拆电动机线，拆下排烟机端盖，将电动机及端盖连同叶轮一同取出。

2）用专用工具将叶轮拔出。

3）拆卸出入口油烟分离器，取出滤网，用汽油将滤网洗净。

4）测量叶轮轴头晃度。

5）测量叶轮与轴径向间隙。

6）检查风叶与轮毂铆接情况。

7）检查叶轮与壳体。

8）检查油烟分离器及滤网。

9）检查叶轮背帽螺纹。

10）经各级验收合格后可进行回装，将分离器滤网装回，将叶轮装入轴上，锁紧螺母。将电动机与端盖一同装入壳体内。

11）整体组装后盘动转子应灵活，无摩擦声。

（2）检修质量标准。

1）叶轮轴头晃度小于 0.10mm。

2）叶轮与轴径向间隙小于 0.05mm。

3）风机叶轮与外壳完好无损，叶轮无变形、扭曲等现象，组装后，手动盘车灵活，无卡涩、摩擦等现象，运行后无振动。

4）除油雾装置滤网应完好、无破损，否则更换新件，壳体内壁无油泥、锈垢。

9. 密封油泵

（1）检修工艺。

1）关闭吸入侧和排放侧的阀门，把管道与泵断开，从共用底座下取下泵或电动机。

2）拆下联轴器，卸下端盖，取出油封。

3）取出机械密封，卸下端盖，取出滚珠轴承。

4）用加长螺栓均匀地旋进前盖，取下前盖。

5）取出主动螺杆、从动螺杆。

6）检查、清理各部件。

7）回装顺序与拆卸顺序相反。重新安装泵后，应手动试盘转子部件，轻松。

8）把泵和电动机装在共用底座上并使之校准。

（2）检修质量标准。

1）主动杆与轴套径向间隙：0.03～0.08mm。

2）从动杆 1 与轴套径向间隙：0.03～0.08mm。

3）从动杆 2 与轴套径向间隙：0.03～0.08mm。

4）主动螺杆与平衡套径向间隙：0.03～0.08mm。

5）从动杆与端盖轴向间隙：2～2.5mm。

6）联轴器中心：外圆偏差小于或等于 0.05mm；端面偏差小于或等于 0.05mm。

10. 压差阀膜片

检修工艺如下。

（1）关闭膜片有问题的压差阀前后隔离阀门，将问题压差阀从系统中隔离出来，并对相关管段进行减压和排净。

（2）拆下导压管，旋下阀体和执行机构的连接螺母，将执行机构从阀体上分离开。

（3）旋下调节螺母，拆下设定调节弹簧。

（4）拆下执行机构上、下腔室的连接螺栓，拿下上盖及执行机构推杆和弹簧组件。

（5）松开工作膜片上、下托板的压紧螺母，同时使用适当的工具确保底部膜片固定杆不转动。

（6）揭开膜片托板，拉开膜片。

（7）装上一个新的膜片。

（8）按相反顺序重装执行机构。

四、常见故障分析及处理措施

汽轮机供油系统常见故障及产生原因分析和处理措施见表 10-4。

表 10-4　汽轮机供油系统常见故障及产生原因分析和处理措施

序号	常见故障	产生原因分析	处理措施
1	润滑油压下降，主油箱油位不变	（1）汽轮机主油泵或油涡轮泵工作失常。	（1）确认主油泵或油涡轮泵工作失常，应启动 TOP（直流润滑油泵）、MSP（辅助油泵），主油泵或油涡轮泵工作严重失常，应故障停机。
		（2）润滑油供油管路漏泄或油箱内、轴承室内的压力油管漏油（如供油管焊孔漏油，顶轴油管有焊孔或砂眼）。	（2）应设法堵漏并联系检修处理，严密监视主油箱油位，必要时应进行补油。若漏油不严重，油压可维持在 80kPa 以上，则维持运行，停机后处理；若油压迅速下降至 70kPa，则汽轮机保护动作，紧急停机。
		（3）TOP（交流润滑油泵）、EOP 出口止回门不严。	（3）确认 TOP、EOP 出口止回门不严，立即汇报有关部门，联系检修处理。
		（4）润滑油滤网堵塞。	（4）若润滑油滤网差压大报警，则及时切换滤网，联系检修清理。
		（5）润滑油冷却器脏污。	（5）切换润滑油冷却器运行，联系检修清理。
		（6）安全阀误动或者溢流阀整定值不对	（6）应将其调整至正常值

续表

序号	常见故障	产生原因分析	处理措施
2	润滑油压不变，主油箱油位下降	（1）油位计显示不准。 （2）油箱事故放油门、放水门或滤油门误开。 （3）冷油器铜管轻微泄漏。 （4）密封油系统泄漏，密封油箱油位过高使油漫入发电机	根据油箱实际油位情况及时补油，油位无法维持时，应破坏真空紧急停机，必须确保在汽轮机转速在油箱油漏完之前到0，防止断油烧瓦，并做好防火措施。 （1）整定油位计。 （2）事故放油门、放水门或滤油门及时关闭。 （3）冷油器铜管泄漏时，切换备用冷油器运行。 （4）调整密封油油位正常；密封油系统泄漏时迅速查明漏油处，联系维护及时消缺
3	润滑油压、主油箱油位同时下降	（1）压力油管路漏油至油箱外。 （2）冷油器管束漏油	启动备用油泵维持油压。 （1）如属于压力油管路外漏，油箱油位下降时，应设法补油，油压、油位无法维持时，应破坏真空紧急停机，必须确保汽轮机转速在油箱油漏完之前到0，防止断油烧瓦，并做好防火措施。 （2）冷油器管束破裂时，切换备用冷油器运行，通知点检员处理
4	差压超出已调整的设定点	（1）到达执行机构膜片的压力不够。 （2）阀座和阀芯磨损或结垢。 （3）取压点位置不对。 （4）工作膜片有问题。 （5）阀门选得太大	（1）清洗导压管，以及带阻尼的螺纹接头。 （2）拆下自力式控制阀并更换已损坏的部件。 （3）重新选取压点，不能在管道弯头处取压。 （4）注意到自力式控制阀的最小距离。 （5）联系厂家，对 K_{vs}（流量系数）进行重新计算
5	差压低于已调整的设定点	（1）阀门或 K_{vs} 太小。 （2）安全设备，例如压力限制器已触发	（1）检查阀门计算选型，若需要，选择大的阀门。 （2）检查装置，解锁安全设备
6	控制扰动	（1）阀门太大。 （2）脉动没有阻尼，去执行机构的阻尼 接头较大或未装	（1）检查阀门计算选型，若需要，选择小一点的 K_{vs}。 （2）在执行机构进口的导压管上加装针阀，关小针阀直至控制稳定，但不能将针阀全部关闭

第十一章 水 泵 技 术

水泵是输送液体或使液体增压的机械。在火力发电厂中有许多不同类型的水泵配合主机工作，才使整个机组能正常运转，水泵对电厂安全和经济运行起着重要的作用。水泵性能的技术参数有流量、吸程、扬程、轴功率、效率等。根据泵所在系统不同，主要有锅炉给水泵、循环水泵、凝结水泵、真空泵、开式水泵、闭式水泵、低压加热器疏水泵等。

第一节 水 泵 概 述

一、水泵的定义

通常把提升液体、输送液体或使液体增加压力，即把原动机的机械能变为液体能量的机器统称为泵；将输送介质为水的泵简称水泵。

二、泵的分类

水泵按工作原理和结构特征可分为三大类：叶片式泵、容积式泵、其他类型泵。

（一）叶片式泵

依靠工作叶轮的旋转将能量传递给液体的泵称为叶片式泵。叶片式泵具有效率高、启动方便、工作稳定、性能可靠、容易调节等优点，用途最为广泛。叶片式泵可分为离心泵、轴流泵、混流泵、旋涡泵。

1. 离心泵

离心泵是利用液体随叶轮旋转时产生的离心力来工作的。离心泵具有转速高、体积小、质量轻、效率高、流量大、结构简单、性能平稳、容易操作和维修的特点，是火力发电厂运用较为广泛的一种泵；但启动前一般需注满液体。

2. 轴流泵

轴流泵工作时，靠旋转叶片对液体产生推力，使液体沿泵轴方向流动。当原动机驱动浸在液体中的叶轮旋转时，液体叶轮上的扭曲叶片，会使液体受到推力。这个叶片推力对液体做功，使液体的能量增加，并沿轴向流出叶轮，经过导叶等进入压出管路。与此同时，叶轮进口处的液体被吸入。

轴流泵适用于大流量、低压头的情况。具有结构紧凑、外形尺寸小、质量轻等特点。轴流泵可分为固定叶片泵和可调叶片泵。

3. 混流泵

混流泵工作时，液体进入叶轮后的流动方式介于轴流式和离心式之间，近似于锥面流动。混流泵可分蜗壳式和导叶式。

4. 旋涡泵

旋涡泵是指叶轮为外缘部分带有许多小叶片的整体轮盘，液体在叶片和泵体流道中反复做旋涡运动的泵。它是靠叶轮旋转时使液体产生旋涡运动的作用而吸入和排出液体的。旋涡泵主要组成部件有叶轮、泵体、泵盖以及它们所组成的环形流道，旋涡泵叶轮不同于离心泵叶轮，它是一种外轮上带有径向叶片的圆盘。液体由吸入管进入流道，并经过旋转的叶轮获得能量，被输送到排出管，完成泵的工作过程。旋涡泵可分为闭式旋涡泵、开式旋涡泵、离心旋涡泵。

（二）容积式泵

利用工作容积周期性变化来输送液体的泵称为容积式泵，例如活塞泵、柱塞泵、隔膜泵、齿轮泵、滑板泵、螺杆泵等。

容积式泵是利用泵内工作室的容积作周期性变化而提高液体压力，达到输送液体的目的；容积式泵根据增压元件的运动特点，基本上可分为往复式和转子式（又称回转式）两类。

容积式泵是依靠工作元件在泵缸内作往复或回转运动，使工作容积交替地增大和缩小，以实现液体的吸入和排出。工作元件作往复运动的容积式泵称为往复泵，作回转运动的称为回转泵。往复泵的吸入和排出过程在同一泵缸内交替进行，并由吸入阀和排出阀加以控制；回转泵则是通过齿轮、螺杆、叶形转子或滑片等工作元件的旋转作用，迫使液体从吸入侧转移到排出侧。

容积式泵在一定转速或往复次数下的流量是一定的，几乎不随压力而改变；往复泵的流量和压力有较大脉动，需要采取相应的消减脉动措施；回转泵一般无脉动或只有小的脉动；具有自吸能力，泵启动后即能抽除管路中的空气吸入液体；启动泵时必须将排出管路阀门完全打开；往复泵适用于高压力和小流量；回转泵适用于中小流量和较高压力；往复泵适宜输送清洁的液体或气液混合物。

（三）其他类型泵

其他类型泵是指上述两种类型泵以外的其他泵，以另外的方式传递能量的一类泵。如利用螺旋推进原理工作的螺旋泵、利用高速流体工作的射流泵和气升泵、利用有压管道水击原理工作的水锤泵等。

泵除按工作原理分类外，还可按驱动方式分为电动泵、汽轮机泵、柴油机泵和水轮机泵等；按结构分为单级泵和多级泵；按用途分为锅炉给水泵和计量泵等；按输送液体的性质分为水泵、油泵和泥浆泵等。

三、离心泵介绍

（一）离心泵工作原理

离心泵的主要过流部件有吸水室、叶轮和压水室。叶轮快速转动，驱使液体转动做功，液体动能与压能均增大，向叶轮外缘流去，同时叶轮吸入室形成负压不断吸进液体，旋转着的叶轮就连续不断地吸入和排出液体。

（二）离心泵分类及特点

离心泵可按吸入方式、级数、泵轴方位、壳体形式等多种分类方式进行划分，具体特点见表 11-1。

表 11-1　离心泵分类及特点

分类方式	类型	特　点
按吸入方式	单吸泵	液体从一侧流入叶轮，存在轴向力
	双吸泵	液体从两侧流入叶轮，不存在轴向力，泵的流量几乎比单吸泵增加 1 倍
按级数	单级泵	泵轴上只有一个叶轮
	多级泵	同一根泵轴上装两个或多个叶轮，液体依次流过每级叶轮，级数越多，扬程越高
按泵轴方位	卧式泵	轴水平放置
	立式泵	轴垂直于水平面
按壳体形式	分段式泵	壳体按与垂直的平面剖分，节段与节段之间用长螺栓连接
	中开式泵	壳体在通过轴心线的平面上剖分
	蜗壳泵	装有螺旋形压水室的离心泵，如常用的端吸式悬臂离心泵
	透平式泵	装有导叶式压水室的离心泵
特殊结构	潜水泵	泵和电动机制成一体浸入水中
	液下泵	泵体浸入液体中
	管道泵	泵作为管路一部分，安装时无需改变管路
	屏蔽泵	叶轮与电动机转子连为一体，并在同一个密封壳体内，不需采用密封结构，属于无泄漏泵
	磁力泵	除进、出口外，泵体全封闭，泵与电动机的连接采用磁钢互吸驱动
	自吸式泵	泵启动时无需灌液
	高速泵	由增速箱使泵轴转速增加，一般转速可达到 $1000r/min$ 以上，也称部分流泵或切线增压泵
	立式筒形泵	进出口接管在同一高度上，有内、外两层壳体，内壳体由转子、导叶等组成，外壳体为进口导流通道，液体从下部吸入

常见小型离心泵外观如图 11-1 所示（见彩插）。

（三）离心泵主要性能参数

1. 流量

流量俗称出水量。它是指单位时间内所输送液体的数量。可以用体积流量和质量流量表示，体积流量的常用单位为 m^3/s 或 m^3/h；质量流量的常用单位是 kg/s 或 t/h。

2. 扬程

单位质量液体通过泵后所获得的能量称为扬程，用字母 H 表示。泵的扬程单位一般用液柱的高度（m）表示。

3. 功率

（1）轴功率。指泵的输入功率，即泵轴从电动机获得的功率。

（2）有效功率。指泵的输出功率，即单位时间内泵对输出液体所做的功。

由于泵在运转时可能出现超负荷的情况，因此配用电动机的功率应为轴功率的 1.1～1.2 倍。

4. 效率

效率是指泵的有效功率与轴功率的比值。

5. 转速

转速是指泵轴每分钟的转数。

6. 汽蚀余量

汽蚀余量是指泵入口处液体所具有的总水头与液体汽化时的压力头之差，用（NPSH）r 表示。泵的汽蚀余量，又叫必需汽蚀余量或泵进口动压降，由泵的水力模型和制造质量确定，减小必需汽蚀余量提高抗汽蚀性能。水泵的吸程是指水泵本身的自吸高度；或者是指水泵允许安装的高度。水泵的吸程可以用大气压力减去泵的汽蚀余量，再减去吸入管的沿程损失和水温的汽化压力，以此来确定抽水口到抽水面的垂直距离。每台水泵都有吸程，吸程多少和泵的类型有关。

7. 额定流量、额定转速和额定扬程

额定流量是指在额定工况下的流量。根据设定泵的工作性能参数进行水泵设计，而达到的最佳性能，定为泵的额定性能参数，通常指产品目录或样本上所指定的参数值。

额定转速是指在额定功率下电动机的转速。也即满载时的电动机转速，故又叫作满载转速。

额定扬程是指在额定工况下的扬程，其大小由两部分组成。比如叶轮式水泵，其额定扬程可以表示为一部分是以叶轮中心线为基准，从水泵叶轮中心线至水源水面的垂直高度，即水泵能把水吸上来的高度；另一部分是从水泵叶轮中心线至出水池水面的垂直高度，即水泵能把水压上去的高度，两者之和即为水泵的额定扬程。

扬程、流量和功率是评价水泵性能的重要参数。如型号为 DG85-67×9 的水泵，"DG"表示中压锅炉给水泵，"85"表示额定流量为 85m³/h，"67"表示单级扬程为 67m，"9"表示级数为 9 级。

8. 泵的特性曲线

通常把表示主要性能参数之间关系的曲线称为离心泵的性能曲线或特性曲线，实质上，离心泵性能曲线是液体在泵内运动规律的外部表现形式，通过实测求得。特性曲线包括流量-扬程曲线（Q-H）、流量-效率曲线（Q-η）、流量-功率曲线（Q-N）、流量-汽蚀余量曲线 [Q-(NPSH)r]，性能曲线作用是泵的任意的流量点，都可以在曲线上找出一组与其相对的扬程、功率、效率和汽蚀余量值，这一组参数称为工作状态，简称工况或工况点，离心泵最高效率点的工况称为最佳工况点，最佳工况点一般为设计工况点。

（四）离心泵运转中常见故障及处理

离心泵运转中常见故障现象及产生原因分析和处理措施见表 11-2。

表 11-2　离心泵运转中常见故障现象及产生原因分析和处理措施

故障现象	产生原因分析	处理措施
无液体排出	（1）叶轮或进口阀被异物堵塞。 （2）吸液高度过大。 （3）吸入管路漏入空气。 （4）泵没有灌满液体。 （5）被输送液体温度过高。 （6）出口阀或进口阀因损坏而打不开	（1）清除异物。 （2）降低吸液高度。 （3）拧紧松动的螺栓或更换密封垫。 （4）停泵灌液。 （5）降低液体温度或降低安装高度。 （6）更换或修理阀门
流量不足	（1）叶轮反转。 （2）叶轮或进口阀被堵塞。 （3）叶轮腐蚀，磨损严重。 （4）入口密封环磨损过大。 （5）吸液高度过大。 （6）泵体或吸入管路漏入空气	（1）改变转向。 （2）清除堵塞物。 （3）更换或修理叶轮。 （4）更换入口密封环。 （5）降低吸液高度。 （6）紧固，改善密封
运转声音异常	（1）异物进入泵壳。 （2）叶轮锁紧螺母脱落。 （3）叶轮与泵壳摩擦。 （4）滚动轴承损坏。 （5）填料压盖与泵轴或轴套摩擦	（1）清除异物。 （2）重新拧紧或更换叶轮锁紧螺母。 （3）调整泵盖密封垫厚度或调整轴承压盖垫片厚度。 （4）更换滚动轴承。 （5）对称均匀地拧紧填料压盖
泵体振动	（1）联轴器找正不良。 （2）吸液部分有空气漏入。 （3）轴承间隙过大。 （4）泵轴弯曲。 （5）叶轮腐蚀、磨损后转子不平衡。 （6）液体温度过高。 （7）叶轮歪斜。 （8）地脚螺栓松动。 （9）电动机的振动传递到泵体上	（1）找正联轴器。 （2）紧固螺栓或更换密封垫。 （3）更换或调整轴承。 （4）校直泵轴。 （5）更换叶轮。 （6）降低液体温度。 （7）重新安装、调整。 （8）紧固螺栓。 （9）消除电动机振动
轴承过热	（1）中心线偏移。 （2）缺油或油中杂质过多。 （3）轴承损坏。 （4）泵体轴承孔磨损，轴承外环转动。 （5）轴承压盖压得过紧	（1）校正轴心线。 （2）清洗轴承，加油或换油。 （3）更换轴承。 （4）更换泵体或修复轴承孔。 （5）增加压盖垫片厚度
泵壳过热	（1）出口阀未打开。 （2）泵设计流量大，实用量太小。 （3）叶轮被异物堵塞	（1）打开出口阀。 （2）更换流量小的泵或增大用量。 （3）清除堵塞物

续表

故障现象	产生原因分析	处理措施
填料密封泄漏过大	(1) 填料没有装够应有的圈数。 (2) 填料的装填方法不正确。 (3) 使用填料的品种或规格不当。 (4) 填料压盖没有压紧。 (5) 存在"吃填料"现象	(1) 加装填料。 (2) 重新装填料。 (3) 更换填料，重新安装。 (4) 适当拧紧压盖螺母。 (5) 减小径向间隙
机械密封泄漏量过大	(1) 冷却水不足或堵塞。 (2) 弹簧压力不足。 (3) 密封面被划伤。 (4) 密封元件材质选用不当	(1) 清洗冷却水管，加大冷却水量。 (2) 调整或更换。 (3) 研磨密封面。 (4) 更换耐蚀性能较好的材质
密封垫泄漏	(1) 紧固螺栓没有拧紧。 (2) 密封垫断裂。 (3) 密封面有径向划痕	(1) 适当拧紧紧固螺栓。 (2) 更换密封垫。 (3) 修复密封面或予以更换
消耗功率过大	(1) 填料压盖太紧，填料函发热。 (2) 泵轴窜量过大，叶轮与入口密封环发生摩擦。 (3) 中心线偏移。 (4) 零件卡住	(1) 调节填料压盖的松紧度。 (2) 调整轴向窜量。 (3) 找正轴心线。 (4) 检查、处理

遇有下列情况之一者，应紧急停泵处理。

(1) 泵内发出异常的声响。

(2) 泵发生剧烈振动。

(3) 电流超过额定值持续不降。

(4) 泵突然不排液。

第二节 给 水 泵

一、给水泵概述

热力发电厂的锅炉给水泵有热力循环"心脏"之称，可见其作用非常重要。它是把除氧器水箱中的饱和热水抽出并升压到一定压力后不间断地送往锅炉。现代热力发电厂锅炉给水泵的工作特点是流量大、扬程高、工作温度高、工作压力高、转速高，抽吸的是饱和热水。其作用和工作特点要求其运行可靠性高、负荷适应能力强、经济性高、检修和维护方便、运行自动化水平高。给水泵是热力发电厂技术要求最高、轴功率最大、价格最高的泵。在结构形式上给水泵采用离心式。

以前的给水泵汽轮机组多为母管制，给水泵流量小，多台给水泵并联运行，主要靠增减给水泵投用台数或调节给水节流阀门的开度来改变给水量，系统复杂、投资高、检修维护工作量大、运行调节复杂、自动化水平低、运行经济性差。随着机组广泛采用单元制，以及单元机组的容量不断增大，配置的锅炉给水泵的流量在不断增大。目前我国大型机组较多配置半容量给水泵，为了减少单位功率的电厂投资，现已趋向于单泵配置（一机一炉一泵），给水泵流量的增大就更为迅速。同时，随着机组容量的增大，主蒸汽压力也在逐步提高，这就要求给水泵的扬程不断提高。

过去增加给水泵扬程的主要方法是增大叶轮尺寸，增加泵的级数。增大叶轮尺寸会导致叶轮圆盘摩擦损失剧增，泵效率较低。另外，大尺寸叶轮的制造加工较为困难，增大泵的级数，会导致泵轴过长，泵轴挠度较大，振动特性较差。为了防止动静部件碰磨，不得不增大动静部件间的间隙，从而导致容积效率较低。总之，用增大叶轮尺寸、增加级数来提高给水泵的扬程有很多弊端。

既要提高给水泵的扬程，又要增大给水泵的流量，最好的方法是提高给水泵的转速，所以，目前大型机组的给水泵多采用高速给水泵，另外，考虑调节的经济性多采用变速调节方法。然而，高转速会导致给水泵的抗汽蚀性能较差，为了防止给水泵汽蚀，目前给水泵大多在主给水泵前串联一台必需汽蚀余量较小的低速（一般为 1450r/min）前置泵。前置泵的流量应为给水泵的出口流量及给水泵中间抽头流量之和；前置泵的扬程主要保证给水泵入口的压头，避免发生汽化，一般选为 1.5～8.0 倍的主给水泵的必需汽蚀余量。给水前置泵为主给水泵提供合适的扬程以满足主给水泵在各种工况下必需汽蚀余量的要求，并留有足够的裕量。前置泵的设计还考虑在最小流量工况下及机组甩负荷工况共同作用下，前置泵自身不发生汽蚀，其主要部件均采用抗汽蚀材料制成，在结构上还考虑热膨胀等的因素。多采用卧式、单级、双吸、径向剖分式离心泵。

二、给水泵的结构

1. 多级离心式给水泵

离心式给水泵根据泵体结构形式的不同可分为圆环分段式、水平中开式和双层壳体圆筒式（通常说芯包结构）三种，大容量机组普遍采用后一种给水泵。主要部件有叶轮、导叶、轴、平衡推力机构、吸入室、压水室、壳体、轴端密封等。

双壳体圆筒式与分段式结构比较有现场拆装快捷、检修方便等诸多优点，一般大型机组多采用双壳体圆筒式结构给水泵。下面主要介绍的是双壳体圆筒结构给水泵。

图 11-2 所示为德国 KSB 厂 CHTD 型号锅炉给水泵（见彩插）。该泵为卧式、单吸、多级节段式离心泵，泵的进、出口均垂直向上，拉紧螺栓可将泵的吸入段、中段、排出段连接成一体。泵转子由装在轴上的叶轮、平衡盘等零件组成，整个转子由泵轴两端的滑动轴承支承，轴承用润滑油润滑、用循环冷水冷却。转子的轴向推力由平衡盘平衡，轴封采用填料密封或机械密封，在轴的两端设有密封函，内装软填料或机械密封，在轴封处

装有可更换的轴套以保护泵轴。

2. 前置泵

前置泵多为单级双吸离心式。它可由单独的电动机，或由驱动主给水泵电动机的另一端，或由驱动主给水泵的汽轮机齿轮降速后驱动。汽动给水泵组的给水前置泵与主泵不同轴，布置在底层 0m，汽动给水泵布置在运转层 15.5m。图 11-3 所示为苏尔寿公司制造的 HZB303-720 型前置泵，该泵为卧式、径向剖分、单级、双吸、双蜗壳泵，吸入端和吐出端安排在泵的顶部。前置泵由电动机驱动，通过柔性联轴器进行功率传递，蜗壳和进、出口管连接成一体。泵内部的轴、叶轮和壳体端盖可以从自由端取出，内部部件被液体包围，受热均匀。

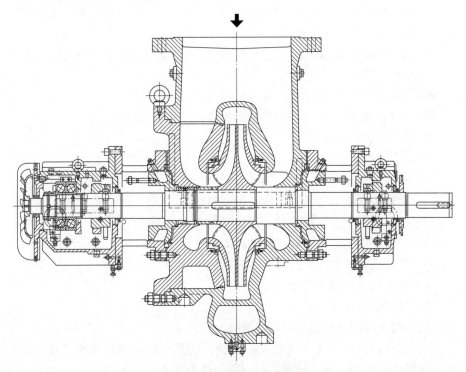

图 11-3　HZB303-720 型前置泵

叶轮采用闭式双吸叶轮设计，通过键传递功率，并通过螺纹轴套或开口环辅助定位。轴承座用螺栓连接到端盖上，在轴承座及旋转组件组装到泵壳后，轴承座通过端盖内孔中的轴找中心来校准，并且轴承座由定位销定位。自由端单列角接触球轴承的外环可靠地位于轴承座中，内座圈由轴套定位，轴套制成正确的宽度来使叶轮在所提供的端隙中处于中心位置。传动端单列圆柱滚子轴承为了允许热膨胀，允许在轴承座中有轴向位移。每只轴承用甩油环提供油润滑，每只轴承座装有游标和恒油位器及呼吸器，润滑油由装在底部的冷却器冷却。

三、检修工艺

（一）给水泵检修工艺

1. 联轴器的拆卸

（1）联轴器的拆卸步骤。

1）拆卸联轴器上、下护罩；拆卸联轴器短接，并测量记录联轴器中心情况。

2）用专用的拆卸工具和高压油泵拆卸泵侧联轴器安装盘。拆卸油压低于 192MPa。

（2）联轴器的拆卸质量标准。

1）联轴器完整、无损，弹性膜片无变形、裂缝，铆钉完整，无断裂、松脱现象。联轴器的内孔光滑、无拉毛，键槽完好，无变形、凹痕。

2）联轴器飘偏度小于或等于 0.03mm，联轴器晃动度小于或等于 0.05mm。

3）联轴器中心距满足图纸要求。

4）注意联轴器安装盘与膜片紧固螺栓，禁止现场拆卸。

2. 传动端轴承的拆卸

（1）传动端轴承的拆卸步骤。

1）拆除轴承座上的供油、回油管。

2）拆卸轴承座上的所有温度、振动测点。

3）拆卸轴承端盖紧固螺栓，用顶丝取出轴承端盖。

4）松油挡圈紧固螺钉，拆除油挡圈。

5）拆轴瓦紧固螺栓，拆卸支承圆筒瓦。

6）拆外侧油挡圈，拆卸外油挡。

7）拆卸轴承支承座。

（2）传动端轴承的拆卸质量标准。

1）滑动轴承轴瓦乌金无龟裂、脱胎、气孔、裂纹及过热变色等缺陷，轴瓦接触面应均匀分布。轴承的径向总间隙为 0.13～0.175mm。

2）轴承座内部清洁、干净，无杂物；轴承盖及端盖无裂纹及变形现象，接合面光滑、平整，无凹槽、麻点现象。各油孔畅通、无堵塞。

3. 非传动端轴承拆卸

（1）非传动端轴承拆卸步骤。

1）拆除轴承座上的供油、回油管。

2）拆卸轴承座上的所有温度、振动测点。

3）拆卸轴端油封，拆卸轴承端盖与轴承座的连接螺栓，将端盖卸下。

4）测量推力间隙并记录。

5）拆卸非工作面推力瓦，并测量定位尺寸值，拆下推力盘锁紧并帽，用顶丝取下推力盘，取出工作面推力瓦块，拆除定位块。

6）拆轴瓦紧固螺栓，拆卸支承圆筒瓦。松外侧油挡圈，拆外油挡。

7）拆轴承支承座。

（2）非传动端轴承拆卸质量标准。

1）推力瓦块乌金表面光滑、平整，无裂纹、剥落脱胎及磨损过热溶化等缺陷。推力瓦块无明显磨损。推力瓦块在组合状推力盘的接触面积不少于75%。各瓦块大致相等并接触均匀。

2）推力轴承的推力间隙为0.40～0.60mm。

3）推力盘表面光洁、平整，无麻点、划痕等缺陷，与推力瓦块接触良好。推力盘的瓢偏度小于或等于0.02mm，晃动度小于或等于0.03mm。

4. 机械密封的拆卸

如图11-4所示（见彩插），机械密封的拆卸步骤如下。

（1）安装好4片机械密封定位片。

（2）松机械密封轴套锁紧环，后将其拆除。

（3）松机械密封端盖紧固螺栓，将机械密封连同轴套一并取出。

（4）解体机械密封，检查动静环密封面和O形圈。

5. 浮动密封的拆除

浮动密封的拆除步骤如下。

（1）拆卸间隔环。

（2）安装拆卸用轴套锁紧圈，用顶丝拉出轴护套和密封件。

（3）用专用工具固定在浮动密封装置上，辅助顶丝移出浮动密封装置。

6. 平衡装置的拆卸

平衡装置的拆卸步骤如下。

（1）测量转子的半窜并记录，轴窜测量如图11-5所示（见彩插）。

（2）拧开内六角螺钉并抽出松紧环。将分半环和间隙环分别从轴槽和轴上取下。

（3）用专用工具从轴上卸下平衡鼓，包括翼形密封和键，如图11-6所示（见彩插）。

（4）旋开内六角螺钉以及防松装置，用专用工具从泵盖上卸下节流套。

（5）再用专用工具将平衡盘座从泵盖上拆下来。

（6）检查平衡鼓、平衡盘座和节流套，并测量径向间隙。

（7）测量转子的总窜。

7. 抽芯包

如图11-7所示（见彩插），抽芯包的步骤如下。

（1）用抽芯包专用工具将泵芯包两端固定并夹紧。

（2）在驱动端架起支撑导向工具并将泵轴轻轻抬起一点。

（3）用专用液压扳手将泵的出口端盖螺母相对拧松并取下。

（4）用吊环将出口端盖固定在行车上，慢慢地将端盖包括芯包从筒体中抽出。

（5）芯包抽出后放置在专用箱内，运到水泵厂检修。

8. 芯包回装

芯包回装的步骤如下。

（1）用吊环将端盖包括芯包固定在行车上，慢慢将芯包传动轴支撑在导向工具上将芯包移入泵筒体内。

（2）用专用液压扳手将泵的出口端盖螺母依次对称拧紧，如图 11-8 所示（见彩插），端盖螺母要求成对对称拧紧，螺栓压力为 125MPa，伸长量为 1mm。

（3）拆除用来固定芯包两端的夹紧工具。

9. 平衡装置的回装

（1）平衡装置的回装步骤。

1）测量转子的总窜并记录。

2）将检查合格的平衡盘座安装到泵盖内；将检查合格的节流套安装到泵盖上，拧紧内六角螺钉以及防松装置。

3）将平衡鼓包括翼型密封及键安装到轴上，并分别将分半环和间隙环安装到轴上，装上内六角螺钉并拧紧。

4）测量转子的半窜并调整，使半窜约为总窜的一半＋平衡鼓间隙。

（2）平衡装置的回装质量标准。

1）平衡鼓和节流套径向间隙：0.7～0.756mm。

2）平衡鼓和平衡盘座径向间隙：0.62～0.669mm。

3）平衡鼓和平衡盘座轴向间隙：0.25～0.3mm。

4）总窜：9～10mm。

5）半窜：约为总窜/2＋平衡鼓间隙。

10. 轴封室回装

轴封室的回装步骤如下。

（1）驱动端轴封室的回装。用行车把装有翼型密封的轴封室装入筒体并拧紧垫圈和螺母。

（2）自由端轴封室的回装。用行车把装有翼型密封的轴封室装入筒体并拧紧垫圈和螺母，拧紧螺母时用深度尺测量，防止紧偏，翼型密封翻边。

11. 机械密封的回装

机械密封的回装步骤如下。

（1）将整套的合格的机械密封装入轴封室，并用内六角螺栓紧固。机械密封轴套禁止抹凡士林润滑，内轴颈可涂少量凡士林润滑。

（2）均匀锁紧机械密封轴套锁紧环；锁紧环开口测量均匀，偏差小于 0.30mm。

（3）松开 4 片机械密封定位片后，移位并固定。

12. 浮动密封的回装

浮动密封的回装步骤如下。

（1）用专用工具固定在浮动密封装置上，辅助顶丝安装浮动密封装置。

（2）安装拆卸轴套锁紧圈，安装轴护套和密封件。

（3）安装间隔环。

13. 非传动端轴承的回装

（1）非传动端轴承的回装步骤。

1）安装轴承座初就位，定位销初恢复。外油挡、外侧油挡圈初就位。

2）轴上架表，如图11-9所示（见彩插），测量轴全抬量；安装轴瓦测量轴的半抬量，用假盘或内径千分尺测量左右洼窝；调整轴承座调整顶丝，使左右洼窝测量值相等，半抬轴量为全抬轴量的一半。紧固轴承座螺栓。紧固外油挡及油挡圈。

3）安装定位块及推力瓦工作瓦块，安装假推力盘，复紧锁紧并帽，通过调整垫片保证转子窜动量为平衡鼓间隙。

4）热烘推力盘至80℃，安装推力盘，就位。就位后检查推力瓦测点安装后推力瓦块可自由摆动。

5）安装轴承室端盖及非工作端推力瓦。通过调整端盖垫片保证推力间隙合格。

6）恢复轴端油封，回装供、回油管路。

7）恢复轴承座上的所有温度、振动等测点。

（2）非传动端轴承的回装质量标准。

1）半抬轴量＝全抬轴量/2。

2）左、右洼窝测量值相等。

3）平衡鼓间隙：0.3～0.4mm。

4）推力间隙：0.40～0.60mm。

5）推力盘就位检查：推力瓦温度测点安装后，推力瓦块可自由摆动。

6）安装轴瓦时涂少许润滑油，防止干磨。

14. 传动端轴承的回装

（1）传动端轴承的回装步骤。

1）安装轴承座初就位，定位销初恢复。外油挡、外侧油挡圈初就位。

2）轴上架表，测量轴全抬量；安装轴瓦，测轴的半抬量，用假盘或内径千分尺测量左右洼窝；调整轴承座调整顶丝，使左右洼窝测量值相等，半抬轴量为全抬轴量的一半。紧固轴承座螺栓。紧固外油挡及油挡圈。

3）安装挡油圈，安装轴承室端盖。

4）恢复供油、回油管。

5）恢复所有温度、振动测点。

（2）传动端轴承的回装质量标准。

1）半抬轴量＝全抬轴量/2。

2）油挡洼窝左、右测量值相等。

15. 联轴器的安装

联轴器的安装步骤如下。

（1）将清理干净的联轴器锥套均匀加热到最高80℃，套装到轴头。

（2）用液压专用工具安装联轴器安装盘及其膜片组件，如图11-10所示（见彩插），安装油压为 160MPa。

（3）联轴器中心距复测，泵与给水泵汽轮机找中心，如图 11-11 所示（见彩插）。

（4）联轴器短接回装。

（5）联轴器护罩回装。

（二）前置泵检修工艺

1. 联轴器拆卸

联轴器拆卸的步骤如下。

（1）拆下联轴器防护罩，在联轴器上做标记，拆下联轴器螺栓和联轴器短接，如图 11-12 所示（见彩插）。

（2）测量并记录泵与电动机的原始中心数据和轴端距离。轴端距离：200mm＋0.50mm；圆周偏差：小于或等于 0.05mm；平面偏差：小于或等于 0.03mm。

（3）拆下联轴器短接及叠片组件，并做好标记。

（4）检查叠片组件。

（5）把泵轴的联轴器卸下，把键卸下并做上标记。

2. 驱动端轴承、机封拆卸检查

驱动端轴承、机封拆卸检查步骤如下。

（1）拆下驱动端轴承座与轴承盖的螺栓及定位销，吊开轴承盖，如图 11-13 所示（见彩插）。

（2）卸下轴承的抛油环和调整圈。

（3）把泵轴上的螺母保险垫打开，并拆下螺母、保险垫和轴套（注意：螺母松开方向与泵轴转向相同）。

（4）拆卸驱动端机械密封，如图 11-14 所示（见彩插）。

（5）用检修吊车挂上链条葫芦，再用钢丝绳把轴承座挂上，拆下轴承座与泵端盖的连接螺栓，把轴承座平稳卸下。

（6）把挡水环卸下，再把抛油轴套卸下。

（7）把机械密封装置与机械密封冷却套的连接螺母及垫圈卸下。

（8）把机械密封从轴上卸下。

（9）卸下机械密封冷却水套的螺钉与垫圈，并卸下水套。

（10）拆下驱动端径向轴承，测量并记录驱动端径向轴承的径向总间隙。测量泵轴轴颈，测量轴瓦最小内径（四点楔形瓦），差值即为轴瓦径向总间隙。

3. 自由端轴承、机封拆卸检查

自由端轴承、机封拆卸检查步骤如下。

（1）拆下自由端轴承座与轴承盖的螺栓及定位销，吊开轴承盖，如图 11-15 所示（见彩插）。

（2）将三个机械密封装置装配间隔装到槽中。拧紧螺钉，紧固装配间隔件。

（3）均匀地拧松机械密封装置与机械密封冷却套的连接螺母，直到螺母与双头螺栓端齐平。抽出机械密封，直到它靠住螺母。

（4）把泵轴上的螺母保险垫打开，并拆下螺母、保险垫和轴套（注意：螺母松开方向与泵轴转向相同）。

（5）用检修吊车挂上链条葫芦，再用钢丝绳与轴承座起吊挂耳或吊环连接，拆下轴承座与泵端盖的连接螺栓，把轴承座平稳卸下。

（6）用拉马把滚动（推力）轴承卸下，并用布包好。

（7）把挡水环卸下，再把抛油轴套卸下。

（8）把机械密封装置与机械密封冷却套的连接螺母及垫圈卸下。

（9）把机械密封从轴上卸下。

（10）卸下机械密封冷却水套的螺钉与垫圈，并卸下水套。

（11）拆下自由端径向轴承，测量并记录驱动端径向轴承的径向总间隙。

4. 拆卸泵轴及叶轮

拆卸泵轴及叶轮的步骤如下。

（1）测量泵轴的总串量。泵轴总串量：$8mm \pm 0.50mm$，如图 11-16 所示（见彩插）。

（2）将 M23 吊环旋入泵端盖顶上的吊装螺孔，并用吊车挂上。

（3）卸下泵自由端端盖与泵体的连接螺栓，并把端盖卸下。

（4）用软的吊索，从泵壳中拉出转子。尽可能靠近叶轮放置吊索，尽量减小轴上的应力，如图 11-17 所示（见彩插）。

（5）用相同的方法卸下驱动端泵体的端盖。

（6）将泵轴水平放置在支架上，并确保牢固和平稳（拆卸前测量并记录轴的传动端到叶轮锁紧螺母外侧面的精密尺寸，这个尺寸在叶轮复装时必须一致）。

（7）松开紧定螺钉，拧下并移开传动端及自由端的锁紧螺母（将每个螺母打上记号，以确保能复装就位）。

（8）从轴上拆下轴套（将每个轴套打上记号，以确保能复装就位）。

（9）拆下叶轮及叶轮键。

5. 零部件清洗、检查

零部件清洗、检查的步骤如下。

（1）所有拆卸的零部件必须彻底清洗，并检查有无磨损和损坏。

（2）检查机械密封动静环有否损坏或磨损，如磨损情况严重需更换备件。

（3）检查密封环与叶轮的间隙及是否有不均匀的磨损，如图 11-18 所示（见彩插）。如有必要进行修复或更换备件。密封环总间隙：$0.70 \sim 0.88mm$，大于 $1.76mm$ 必须更换。

（4）检查轴套的间隙及是否有不均匀的磨损。如有必要进行修复或更换备件。轴套总间隙：$1.0 \sim 1.3mm$，大于 $2.6mm$ 必须更换。

（5）把泵轴水平牢固地搁置在 V 形铁上，检查泵轴的弯曲度及叶轮、轴套的晃动度，如图 11-19 所示（见彩插）。弯曲度小于 0.03mm，晃动度在 0.05mm 之内。

（6）检查叶轮。

（7）检查轴承是否有磨损或损坏，必要时更换备件。

（8）检查所有的螺栓、螺母有无损坏，按需要更换备品。

6. 泵的回装

泵的回装步骤如下。

（1）检查键与叶轮或轴的键槽配合是否合适。

（2）在轴上装上叶轮，安装时注意叶轮的方向，并确保叶轮的键槽准确地和键对齐。

（3）确保从轴的传动端到锁紧螺母外侧面的尺寸与解体前测定数值相同，保证叶轮对中。

（4）安装泵轴和传动端端盖及自由端端盖，如图 11-20 所示（见彩插）。

（5）检查接合面是否良好。泵轴能否自由旋转，窜动量是否符合要求。检查叶轮与传动端端盖密封环的间隙，使泵轴定位在中心位置上。双侧密封环与叶轮的轴向间隙为 4mm，窜动量为 8mm±1mm。

7. 机械密封及轴承的回装

机械密封及轴承的回装步骤如下。

（1）装上自由端端盖定位销，均匀地拧上螺母，使端盖就位。

（2）换上新垫片，把传动端与自由端的机械密封冷却套装上。

（3）把经检查合格的传动端与自由端机械密封装上，将 4 个螺母及垫圈装到机械密封压盖的双头螺栓上，并使其端部齐平，不拧紧。

（4）把传动端抛油轴套和挡水圈装上。

（5）将传动端轴套与轴向调整圈装上，并装上抛油环。

（6）把传动端的轴承座吊起至安装位置。插入定位销，装上螺钉以固定轴承座，定位销定位后上紧轴承座的固定螺钉。

（7）回装传动端径向轴承。将轴承盖装复。

（8）把自由端的推力轴承装配到轴上。（轴承背靠背为一组件）

（9）把自由端的轴承座吊起，轴承座内部槽道对准推力轴承的外滚道，插入定位销，装上螺钉以固定轴承座，定位销定位后上紧轴承座的固定螺钉。

（10）回装自由端径向轴承。将轴承盖装复。

（11）测量泵的推力间隙，如图 11-21 所示（见彩插），调整自由端轴承端盖的垫片厚度。

（12）均匀地拧紧传动端与自由端机械密封端盖的 4 个螺母。

（13）从传动端与自由端机械密封轴套的槽中，脱开机械密封的 3 只间隔件，并把间隔件转到外侧后拧紧螺钉。

8. 附属管道及联轴器的回装

附属管道及联轴器的回装步骤如下。

（1）回装轴承的热工测温探头。

（2）将轴承座的润滑油加至油位观察镜中位，并把油杯的油加满。

（3）安装轴承冷油器的冷却水管、机械密封的密封水管等附属管道。

（4）联轴器找中心，如图 11-22 所示（见彩插）。

1）轴端距离：200mm＋0.50mm。

2）圆周偏差：小于或等于 0.05mm。

3）平面偏差：小于或等于 0.03mm。

（5）回装联轴器短接、碟片式联轴器，回装联轴器护罩。

四、常见故障分析及处理措施

（一）给水泵常见故障分析及处理措施

给水泵常见故障及产生原因分析和处理措施见表 11-3。

表 11-3　给水泵常见故障及产生原因分析和处理措施

序号	常见故障	产生原因分析	处理措施
1	振动大	转动部件不平衡	排查不平衡部件并做动平衡处理
		联轴器中心异常	检查联轴器，调整中心至标准范围
		轴承磨损严重	检查处理更换轴承
		地脚螺栓松弛	检查复紧地脚螺栓
		测点异常	更换测振元件
		轴颈划损	轴颈修复处理
2	机械密封水温度高	密封水滤网堵塞	清理密封水滤网
		密封水冷却器工作异常	检查冷却器冷却水投运情况
		轴封室冷却水异常	检查轴封室冷却水投运情况
		机械密封水排气阀内漏	检查更换排气阀
		机械密封泄漏	更换机械密封
3	油中进水	浮动密封水压控制偏高	调整浮动密封水压力
		浮动密封损坏	更换浮动密封
4	水中进油	浮动密封溢流口堵塞，腔室形成负压	浮动密封溢流口通大气，破坏负压
5	盘车无法投运	盘车电气故障	电动机异常、变频器异常等电气故障分析处理
		盘车啮合部件故障	反向盘车后正向投运、盘车啮合部件检查处理
		泵体内部机械卡涩	小开度冲转、泵体芯包解体检修

（二）前置泵常见故障分析及处理措施

前置泵常见故障及产生原因分析和处理措施见表 11-4。

表 11-4　前置泵常见故障及产生原因分析和处理措施

序号	常见故障	产生原因分析	处理措施
1	泵不工作、出口无压力	错误的旋转方向	检查旋转方向（参见泵转向箭头），检查电动机接线
		泵未预先准备好	排空泵
		吸入阀/管堵住	检查并清理
		底阀堵住或损坏	检查底阀
		叶轮流道堵住	检查泵内部
2	泵振动或引起过大的噪声	联轴器对中故障	复核联轴器中心及连接
		联轴器磨损	检查联轴器状况并更换
		入口阀门没有完全开启	检查并纠正（完全开启）
		入口滤网堵塞	拆解并清理滤网
		运行中有气蚀	检查运行数据，增加泵入口处的压力
		管道张紧，管道管子的力与力矩过高	管道应使用合适的支撑以防止张力对泵的影响
		地基过弱，底部没有或没有正确灌浆	检查底角螺栓已拧紧和底盘的灌浆，并进行相应的处理
		叶轮损坏或堵塞	检查泵内部
		轴承损坏	拆解并更换轴承
		转子不平衡——引起振动	检查联轴器、驱动设备和泵转动部件的平衡
		轴弯曲	拆解并检查轴的晃动度和弯曲度
3	轴封温度高、机械密封泄漏、轴封寿命缩短	密封冲刷不充分（流量）或没有	检查流量要求
		节流孔板尺寸错误或磨损	检查尺寸、流量要求
		固体物质堵塞密封圈/弹簧	拆解并清除堵塞物质
		密封圈区域汽化	检查流量循环或所需冷却水
		密封液体不合适（研磨剂）	审查应用，安装过滤器或分离器
		密封圈、辅助垫圈（O 形圈）或弹簧损坏	拆解并更换损坏的密封部件
		密封干运行。密封系统不正确灌注或排出	灌注并排出轴封腔室/系统
4	轴承温度高	联轴器对中错误	检查联轴器对中
		润滑油量错误	校验推荐的润滑油量，改变润滑油量
		错误的润滑油压力或流量	检查并更正
		润滑油温度错误	检查并更正

序号	常见故障	产生原因分析	处理措施
4	轴承温度高	轴承冷却不充分（空气冷/水冷）	检查进气管（隔声罩下的环境温度），检查要求的冷却水
		轴承损坏	拆解并更换轴承
		额外的泵推力	检查水力平衡设备，平衡管道。拆解并检查泵内部间隙
		轴弯曲	拆解并检查轴跳动
5	润滑油泄漏	油回流管路堵塞	检查并更正
		油量过高	检查并更正
		没有正确安装迷宫密封或轴密封圈	检查装配（迷宫泄漏孔向下）
		轴承盖垫圈或密封损坏	拆解并更换垫圈/密封
		排气孔堵塞	检查并清理排气连接
		油回流管路堵塞	检查并更正

五、典型故障分析及防范措施

（一）给水泵典型故障分析及防范措施

1. 机械密封损坏故障

（1）事件经过。某厂2号机组正常运行，2号机2B汽动给水泵传动端密封水温从57℃快速上升，4min后上升至106℃，现场2B汽动给水泵传动端机械密封大量漏水，2B汽动给水泵停运。

解体检查发现2B汽动给水泵传动端机械密封静环和压盖之间的O形圈破损严重，静环限位卡脱落，动环座及与其配合的轴套处电腐蚀严重，动静环密封面有轻微磨损痕迹，如图11-23所示（见彩插）。

（2）原因分析。电化学腐蚀造成的动环座腐蚀，从而导致静环与其接触不均，从而使静环与静环压盖间相对运动，导致O形圈破损，静环限位卡脱落，机械密封泄漏。电化学腐蚀产生的原因是泵高速旋转，产生电荷，给水导电率较低，电荷集聚后放电。经比较非传动端机械密封损坏频率比传动端损坏频率低很多，主要是非传动端泵轴设置接地电刷，消除了电腐蚀。

（3）处理及防范措施。

1）定期更换新型机械密封，减弱电腐蚀程度。

2）传动端增加接地装置。

3）密封水改造，增设提高导电率装置。

2. 推力瓦烧损故障

（1）事件经过。某厂1000MW 2号机组带负荷750MW运行，2B汽动给水泵推力轴承温度快速上涨（最高至97℃），减负荷至650MW，推力轴承温度逐渐下降至 50℃ 左右，随后给水泵汽轮机润滑油滤网差压高报警、油样有乌金碎屑，2B 汽动给水泵停运。

解体检查发现 2B 汽动给水泵推力盘、工作面推力瓦磨损严重，如图 11-24 所示（见彩插）；非工作面推力瓦瓦座两处固定螺栓缺损，其中一处缺损严重，如图 11-25 所示（见彩插），副瓦瓦面磨损轻微。工作面推力瓦块测温元件有卡碰现象，元件安装于瓦顶，有弯曲现象。检查平衡盘磨损严重，磨损深度约为 2mm。

汽动给水泵停运后，拆出推力瓦测温元件，从测量出的插入深度（只有 0.5cm）及略有弯曲情况判断，温度元件可能抵在瓦块外沿，存在瓦块不能自由活动的情况，抵在外沿的原因是瓦块安装孔与元件卡套安装孔没有对齐导致元件没有插入瓦块安装孔。

（2）原因分析。主推力瓦两处温度测点，测温元件并未插入测点孔内，而是抵在瓦块外沿，致使两块主推力瓦不能自由活动。运行一段时间后，元件、瓦块均发生磨损。此时，温度元件不能准确探测推力瓦温度，检测到的温度应为进入推力瓦的油温，致使推力瓦继续磨损，磨损的乌金碎屑卡死了其他主推力瓦块，致使整个主推力瓦、推力盘、推力瓦副瓦的固定螺栓逐渐磨损，推力间隙发生较大变化致使平衡鼓磨损。直到主推力瓦瓦面乌金全部脱胎，油温迅速上升时，温度元件才探测到。

（3）处理及防范措施。

1）更换推力瓦及推力盘、平衡盘，重新调整平衡鼓间隙，推力间隙至合格范围内。

2）安装推力盘后先试装推力瓦温度测点，确保测点安装深度正确，瓦块能活动自如。

3. 芯包故障

（1）事件经过。某厂 2 号机组给水系统配置两台 50% 容量汽动给水泵，一台 25% 容量电动给水泵，某日上午 2C 电动给水泵启动初转速表显示 400r/min 时，转速急降至 0，耦合器工作油温升高，停泵后办理工作票。先检查耦合器易熔塞正常；然后检查耦合器主油泵工作压力正常；最后拆开耦合器与电动给水泵的联轴器短接，用手动盘动电动给水泵转子无法盘动，确定电动给水泵动静部分抱死；紧接着空转耦合器，工作正常。抽芯包后，返厂解体发现第一级叶轮及其衬套有卡涩拉毛痕迹，平衡鼓定位键损坏，如图 11-26 所示（见彩插）。

（2）原因分析。系统内有杂质，卡死在首级叶轮及其衬套间，造成汽动给水泵芯包动静部分抱死，启动时把平衡鼓定位键损坏。

（3）处理及防范措施。

1）磨损部件处理，各部套通流间隙达设计值，更换定位键。

2）定期清理检查泵入口滤网，防止泵入口滤网破损后有异物进入泵体。

3）芯包运行参数异常或到大修周期，计划性返厂解体检修。

（二）前置泵典型故障分析及防范措施

前置泵轴承温度高故障分析及防范措施如下。

1. 事件经过

某台汽动给水泵前置泵启动试运，自由端轴承温度快速上升。运行30min后，轴承温度升高至80℃，随即停泵。再次启动试运该泵，发现轴承温度上升更快，20min即达到75℃的报警值，随即停泵进行检查处理。

2. 原因分析

通常情况下，水泵轴承温度不正常升高可能由以下原因引起。

（1）轴承润滑油冷却水管路不畅，冷却能力不够。

（2）热工测点安装不当或损坏等，引起虚假指示报警。

（3）润滑油中含有杂质，轴承磨损导致温度升高。

（4）轴承游隙偏小。

（5）转子轴向窜动过小。

（6）泵与电动机联轴器间距预留不当，泵体内部结构不均衡造成推力过大。

首先对上述前4项原因进行了逐项排查。

1）对润滑油管路进行了检查确认，保证冷却水管路畅通、冷却水流量充足。

2）检查热工温度测点，保证测点完好、显示正确。

3）对油室内的润滑油进行了更换。经化验，润滑油各项指标均在合格范围内。

4）检查轴承滑道、滚珠、保持架等，没有发现明显缺陷，故未更换轴承，只对轴承间的游隙做了增大调整。之后进行了试运，但现象仍与前几次一样，没有任何改观。

通过以上排查，排除了前4项原因，说明给水泵前置泵轴承温度高很可能是由后2项原因引起的。

3. 处理及防范措施

（1）该类型水泵转子的轴向窜动设计值一般为0.18～0.28mm，该值充分考虑了转子部件冷态、热态、膨胀和受力等情况。当转动部件轴向窜动很小，甚至没有时，圆锥滚子轴承外圈和滚珠接触力很大、摩擦剧烈，造成轴承温度快速升高。

此次解体发现转子轴向窜动值只有0.12mm，远低于设计要求，很容易造成轴承温度升高情况。转子轴向窜动值是通过调整轴承间隔环的间隙来整定的。处理时先更换了轴承，后根据要求重新对轴承间隔环进行了精细加工，使转子轴向窜动值调整到0.24mm，满足了设计要求。

（2）前置泵与电动机采用挠性叠片式联轴器相连，泵与电动机联轴器的间距有明确要求。如果泵与电动机联轴器间距超出规定要求，就会在泵体转子部件上产生额外的轴向力。当额外的轴向力很大时，也会造成整个转动部件轴向窜动变小，甚至没有窜动。此次检查中发现泵与电动机联轴器的实际间距为 177.3mm，比标准要求（175mm±1mm）超出了 1～2mm，这也会加剧轴承温度的升高。处理时重新调整了泵与电动机的联轴器间距，使其达到了标准的要求。

处理了以上两方面的问题后，给水泵前置泵再次启动试运，经过 4h 的连续运转检验，驱动端轴承温度稳定在 46℃左右，自由端轴承温度稳定在 50℃左右，其他各项运行参数、指标也都符合规程要求。

第三节　凝　结　水　泵

一、凝结水泵概述

凝结水泵的作用是把凝汽器热井中的凝结水抽出并升压到一定压力后，流经一些低压加热器，不间断地送往除氧器。凝结水泵的工作特点是吸入环境是高度真空、抽吸的是饱和或接近饱和的温水、流量较大。凝结水泵通常选用立式、筒袋型、多级离心水泵；一般安装在汽轮机房 0m 基础以下，按 2×100％容量设置，也有按 3×50％容量设置。凝结水泵通常采用抽芯式结构，拆装及检修方便。

凝结水泵由于吸入环境是高度真空，为防止泵入口汽蚀，一般选用双吸不锈钢叶轮，在结构上也设置了一些水封机构，轴端密封有机械密封和盘根密封两种形式，以防止运行或停用时外界空气漏入泵内，进入凝结水中，外界空气漏入会影响泵的运行，加剧凝结水泵、低压加热器和凝结水管道的氧腐蚀。泵的轴向推力主要由每级叶轮上的平衡孔、平衡腔平衡，剩余轴向推力则由泵本身的推力轴承部件承受。

二、凝结水泵的结构

大容量机组凝结水泵多为立式筒袋型多级离心水泵，主要由筒体、泵芯两部分组成。凝结水泵的各级叶轮垂直地悬挂在地面标高以下的沉箱内部，并能取出进行大修。凝结水经过吸入喇叭口进入泵的第一级。吸入喇叭口（进口分叉管）与沉箱做成一体。每台泵都能按系统的特性曲线连续运行。在设计工况下运行时，计算得到的凝结水泵转子的第一临界转速为 3270r/min。在长期工作以后，当密封间隙为正常值的 3 倍时，临界转速会降到 1830r/min。因此，建议在密封间隙为 3 倍设计间隙时应更换密封件。凝结水泵在任何时间在转子临界转速以下运行。凝结水泵主要由吸入喇叭口，第一级叶轮，泵的第二、三级，支撑管及排水弯头，机械密封，轴承和电动机等部分组成。图 11-27 所示为三级立式沉箱型凝结水泵的结构示意图。

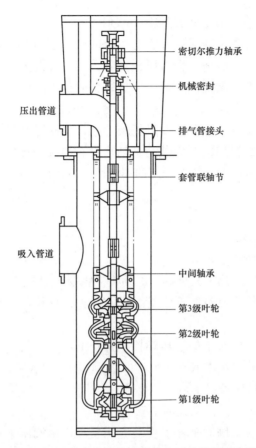

图 11-27　三级立式沉箱型凝结水泵的结构示意图

（1）凝结水泵吸入口和泵的第一级叶轮。凝结水泵第一级采用双侧吸入设计，以满足吸入比转速的规定要求，而不需要过多地增加泵的长度。由一个喇叭口引导水流以稳定和最佳的流速分布进入各叶轮孔。从第一级叶轮周缘排出的水，由双蜗壳引入第二级。在双蜗壳的接合面处，在下部喇叭口内，由凝结水润滑的面处，在下部喇叭口内，由凝结水润滑的轴承，为泵轴提供支撑。为了便于维修，轴颈和叶轮颈部的运行间隙设有可更换的套筒和内衬。

（2）泵的第二、三级。泵的第二、三级均为单侧进水，故每一级都有一个在扩散型壳中运转的单侧进水叶轮。叶轮的吸入口朝下对着前一级，还装有一个逆向颈环和平衡室以尽量减少水力载荷。导叶通道将水流从每个叶轮的周缘引向下一级叶轮的吸入口。每级泵壳都设有一套凝结水润滑的轴承，用于支撑泵轴。叶轮用键固定在轴上，并由端部和轴肩紧贴的套筒进行轴向定位。

（3）支撑管及排水弯头从水泵最后一级排出的凝结水，通过一根垂直管流出水泵，这根管子也叫支撑管，同时支撑着水泵的重量。一个钢制的排水弯头和电动机支座联合机构，既起排水口的作用，又挂着整个泵体，

291

并在其顶部法兰上支托着驱动水泵的电动机。

（4）机械密封在泵轴穿过排水弯头处的一个填料盒里，设置了机械密封，以防止沿泵轴的泄漏。密封压板上开孔，用于接上密封水管。从凝结水泵出口母管引来的凝结水，通过减压装置后供运转时冷却密封，并在水泵停运时组织空气进入。

（5）轴承装在凝结水泵电动机托架上的推力轴承和径向轴承，承受转动部件的重量和所施加的水力载荷。轴承设有整装一体的润滑油系统。轴承的设计负载能力很大，能在一定的超载情况下运行。

三、检修工艺

（一）吊出电动机

吊出电动机的步骤如下。

（1）通知电气及热工人员拆除电动机接线及热工测点。

（2）拆除泵外部所有冷却水管，拆除联轴器螺栓，拆卸前进行修前中心的测量。

（3）拆除电动机与泵的连接螺栓，检查电动机具备起吊条件，将电动机从泵上吊走，放在垫木或支架上，如图 11-28 所示（见彩插）。

（二）检修前数据测量，吊出水泵

修前数据测量，吊出水泵的步骤如下。

（1）在凝结水泵侧联轴器上安装专用夹具，用液压千斤顶将联轴器拆下，旋出转子提升量调整螺母，如图 11-29 所示（见彩插）。

（2）用链条葫芦将转子吊起，测量凝结水泵转子的轴向窜动量，如图 11-30 所示（见彩插），转子总窜动量为 10mm±1mm。测量电动机支架支承面的水平度，如图 11-31 所示（见彩插）。电动机支架支承面的水平度，每 1000mm 以内不大于 0.05mm。

（3）依次拆下推力轴承盖、推力盘。

（4）整体吊出推力轴承座，如图 11-32 所示（见彩插），连同冷却盘管、护油轴套、推力瓦块等另外进行单独解体。

（5）拆除填料压盖螺栓，取下压盖，用专用工具取出填料，吊出填料箱，用木块防止摆动偏转。

（6）拆除出水法兰螺栓及泵与外筒体连接螺栓，拆除影响吊泵的任何辅助管道。

（7）使用 4 只吊环垂直吊起泵体，将其移至专用检修场地，横着放下，一端以泵的出口法兰向下置于木板或橡胶垫上，另一端用木块垫平，如图 11-33 所示（见彩插）。

（三）水泵解体

水泵解体步骤如下。

（1）对泵体各配合部分做好配合记号。

（2）用 3 只 M10 的长螺栓拉出节流套。

（3）余下部分水平放置，一端以泵的出口法兰向下置于木板或橡胶垫上，另一端用木块垫平，传动端轴头垫平。

（4）依次拆下叶轮螺母、调整垫套、进水喇叭、首级叶轮及键。

（5）拆掉密封水管路，然后依次拆下导叶壳体、叶轮定位轴套、锥套、次级叶轮及键等，按此逐级拆下各级。

（6）拆下异径壳体、导轴承部件、直管、调整垫。把轴小心吊出、垫好，松开套筒联轴器。

（四）部件的检查、测量、修复

部件的检查、测量、修复步骤如下。

（1）对拆下的零部件进行全面清理检查，做好记录，填入检修报告。

（2）检查并更换所有的外壳密封圈及密封垫片。

（3）检查泵的上轴、下轴弯曲，如图 11-34 所示（见彩插）。弯曲度不大于 0.025mm。

（4）检查所有的导轴承、轴套和填料轴套。

（5）测量各部件尺寸及配合间隙，做好记录，填入检修报告。

（五）水泵组装

水泵组装步骤如下。

（1）装上导叶壳体、叶轮定位轴套、锥套、末级叶轮及键等，如图 11-35 所示（见彩插），按此逐级回装各级叶轮。

（2）装上异径壳体、导轴承部件、调整垫。

（3）依次回装首级叶轮及键、诱导轮室、进水喇叭、调整垫套、诱导轮叶轮，锁紧诱导轮叶轮螺母。

（4）回装节流套。

（5）检查转子总窜动量，标准为 10mm±1mm。

（6）回装密封部件、轴套、回水管及密封压盖。

（7）将泵体垂直起吊，吊入筒体内。

（8）泵体就位后，吊入电动机支架。

（9）回装推力轴承座、冷却盘管、护油轴套、推力瓦块等。

（10）依次回装推力盘、轴承盖、转子提升量调整螺母。

（11）装复转子提升量调整螺母，再用行车和链条葫芦把泵轴吊起，用调整螺母将转子调整到厂家规定值（5mm±1mm），并拧上锁定螺栓。

（12）紧固进出口法兰连接螺栓、筒体连接螺栓，回装各仪表接管、密封水和冷却水接管。

（13）从注油孔向轴承室中加入适量润滑油。

（14）吊入电动机，电动机与泵进行中心找正，如图 11-36 所示（见彩插）。泵与电动机中心标准：平面偏差小于或等于 0.03mm；圆周偏差小于或等于 0.03mm。

四、常见故障分析及处理措施

凝结水泵常见故障及产生原因分析和处理措施见表 11-5。

表 11-5　凝结水泵常见故障及产生原因分析和处理措施

序号	故障现象	产生原因分析	处理措施
1	泵的振动及噪声异常	（1）泵体内或进口管道内未充满流体。 （2）汽蚀。 （3）流量过低。 （4）出口阀开度不够。 （5）中心不好。 （6）轴弯曲。 （7）密封环摩擦。 （8）轴承损坏。 （9）叶轮卡涩。 （10）转子不平衡。 （11）电动机轴承损坏	（1）将泵体及进口管道内充满流体。 （2）检查实际的净压头。 （3）将流量调整至大于泵的最小流量值。 （4）检查出口阀。 （5）检查联轴器中心。 （6）检查轴的晃动度。 （7）检查密封环情况。 （8）检查轴承的滚珠和持环。 （9）检查叶轮情况。 （10）检查转子的晃动度。 （11）检查电动机轴承
2	出口压力低	（1）气体混入流体内。 （2）转速过低。 （3）电动机转向不正确。 （4）系统的总压头低于设计压头。 （5）流体黏度与设计值不同	（1）排除气体。 （2）检查转速。 （3）检查电动机转向。 （4）关小出口隔离阀，起节流作用。 （5）检查液体情况
3	密封函泄漏量大	（1）水封环安装位置错误。 （2）中心不好。 （3）轴弯曲。 （4）盘根安装错误。 （5）转子振动大。 （6）填料压盖过紧。 （7）密封水脏	（1）检查水封环。 （2）检查联轴器中心。 （3）检查轴的晃动度。 （4）更换盘根。 （5）检查转子。 （6）松压盖。 （7）检查密封水情况
4	电动机过载	（1）转速过高。 （2）转动方向错误。 （3）系统的总压头低于设计压头。 （4）转动部件卡涩。 （5）流体密度、黏度等与设计值不同。 （6）中心不好。 （7）轴弯曲	（1）用测速仪检查。 （2）检查电动机的转动方向。 （3）关小出口隔离阀，起节流作用。 （4）检查转动部件。 （5）检查液体情况。 （6）检查联轴器中心。 （7）检查轴的晃动度

序号	故障现象	产生原因分析	处理措施
5	泵出力低	(1) 泵的进口管道未充满流体。 (2) 气体混入流体内。 (3) 进口管道积有气穴。 (4) 转速过低。 (5) 电动机转向不正确。 (6) 系统的总压头低于设计压头。 (7) 填料轴套磨损。 (8) 叶轮卡涩。 (9) 叶轮受损	(1) 放尽管道内空气。 (2) 排除气体。 (3) 从气穴位置排出空气和气体。 (4) 检查转速。 (5) 检查电动机转向。 (6) 关小出口隔离阀，起节流作用。 (7) 检查更换填料轴套。 (8) 检查泵体内部。 (9) 检查叶轮情况
6	轴承寿命短	(1) 中心不好。 (2) 轴弯曲。 (3) 转子振动大。 (4) 润滑情况不正常。 (5) 外物进入轴承室	(1) 检查联轴器中心。 (2) 检查轴的晃动度。 (3) 检查转子。 (4) 检查润滑情况。 (5) 检查轴承室
7	盘根寿命短	(1) 密封水堵塞。 (2) 中心不好。 (3) 轴弯曲。 (4) 盘根安装错误。 (5) 转子振动大。 (6) 填料压盖过紧。 (7) 密封水脏	(1) 检查密封水管路。 (2) 检查联轴器中心。 (3) 检查轴的晃动度。 (4) 更换盘根。 (5) 检查转子。 (6) 松压盖。 (7) 检查密封水情况

五、典型故障分析及防范措施

凝结水泵振动故障分析及防范措施如下。

1. 事件经过

某厂600MW机组凝结水泵运行中发生振动，振动随着运行时间的增长逐渐增大，凝结水泵的振动还导致电动机振动随之逐渐增大，已无法带病继续投入备用及运行，给机组安全稳定运行带来了巨大隐患。

2. 原因分析

从凝结水泵运行中振动情况来看，泵与电动机均存在径向振动很大、轴向振动却属正常的特点，根据经验判断，怀疑振动属转子存在动不平衡过大所致。电动机单独运行时运行状态优良，显然振动是由于凝结水泵的泵转子存在不平衡过大所致。

3. 处理及防范措施

解体检查凝结水泵，发现泵转子各部位晃动度合格，泵轴弯曲值符合质量标准，但首级叶轮叶片上有多处严重冲刷穿孔，经检查其静不平衡重量已高达150g左右，第二级叶轮完好无损。

经测量发现下部的导轴承也磨损严重，轴承内孔与上轴套直径间隙已高达 200mm；此外各级叶轮各级密封环间隙、中间轴套与级间密封套直径间隙均因磨损而严重偏大，很显然，泵转子动不平衡过大属首级叶轮受冲刷严重引起的静不平衡重量过大造成的，需更换首级叶轮和导轴承。

更换导轴承和首级叶轮后，凝结水泵投入试运，凝结水泵各部振动数值均在标准范围内。

第四节　循　环　水　泵

一、循环水泵概述

循环水泵的主要作用是向凝汽器不间断地提供大量的循环水，以冷却汽轮机的排汽，使之凝结成凝结水。汽轮机排汽的高度真空主要是由于排汽凝结所形成的，因此，循环水泵的运转状况、提供的循环水是否充足，严重地影响着机组的安全、经济运行。另外，循环水泵提供的循环水还可用作电厂内其他机械的冷却水或补充水等。循环水泵是电厂热力循环中流量最大、功率最高的水泵，是火力发电厂中耗电较多的设备，一般按 $2\times$ 100％或 3×66％容量设置。

循环水泵的工作特点是流量很大、扬程低，多从自然界吸水，循环水水质较差。根据机组容量、取水条件、当地气候条件和循环水系统形式（开式系统、闭式系统）的不同，循环水泵在结构形式上可采用离心式、混流式和轴流式（混流式的结构和性能介于离心式与轴流式之间）。随着机组容量不断增大，所需的循环水量在不断增大，而对扬程的要求没有明显提高，因此，大型机组的循环水泵多采用轴流式或混流式。

二、循环水泵的结构

循环水泵通常选用立式、单级、长轴混流泵。混流泵内液体的流动介于离心泵和轴流泵之间，液体斜向流出叶轮，即液体的流动方向相对叶轮而言既有径向速度，也有轴向速度。其特性介于离心泵和轴流泵之间。立式循环水泵的轴承只起到导向作用，材质为橡胶、赛龙或苯酚材质，可有效防止轴颈的磨损，其冷却水为工业水。轴端密封一般为盘根密封形式。图 11-37 所示为某电厂立式循环水泵结构图。

泵轴两端各设一组螺母，分别与叶轮轮毂体和联轴器固定。泵运转时，全部轴向力由传动装置内的推力轴承承受。泵转子的轴向位移由传动装置内的圆螺母来调整。轴流泵的轴向力、传动装置与电动机的重量、转子重量均由支承传动装置的楼面基础承受。泵的外壳重量由基础承受。立式电动机与水泵之间设中间传动轴，传动轴的电动机端为弹性联轴器，水泵端为刚性联轴器。传动轴长度一般在安装外形图所规定的尺寸范围内使用，如超过规定的尺寸，则需要设中间轴承。

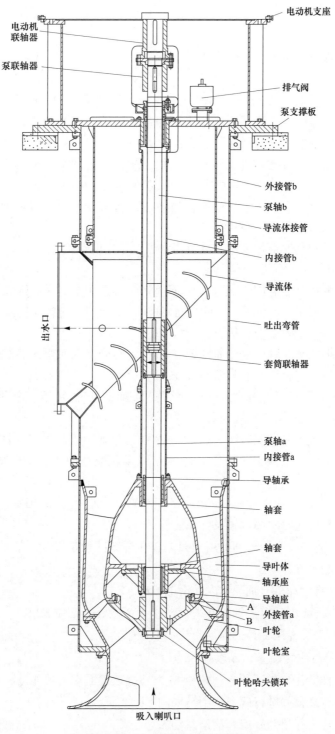

电动机支座

电动机联轴器

泵联轴器

排气阀

泵支撑板

外接管b

泵轴b

导流体接管

内接管b

导流体

出水口

吐出弯管

套筒联轴器

泵轴a

内接管a

导轴承

轴套

轴套

导叶体

轴承座

导轴座

A

外接管a

B

叶轮

叶轮室

叶轮哈夫锁环

吸入喇叭口

图 11-37 立式循环水泵结构图

三、检修工艺

（一）循环水泵解体

（1）测量修前叶轮间隙。进入叶轮吸入口内，用长塞尺测量叶轮间隙，记录测量结果。

（2）在联轴器与轴端调整螺母上做标记，如图 11-38 所示（见彩插）。拆掉联轴器螺栓，确认转子已落下，测量联轴器之间的距离，记录转子提升高度。吊走电动机，测量转子最大窜动量。

（3）测量修前电动机支座上法兰面水平度，清理泵与电动机连接法兰端面。用长平尺架在法兰端面上（平尺应穿过法兰中心），放置位置做好标记，便于修后复测，在平尺中间位置放置一合相水平仪，分南北、东西方向测量泵壳水平，记录测量结果。

（4）拆卸泵轴密封水管、盘根回水管。吊走电动机座。

（5）拆卸填料压盖、填料函体。

（6）拆卸泵端盖固定螺栓，用顶丝将泵端盖顶起，吊走泵端盖放到专用支架上，如图 11-39 所示（见彩插）（注：泵端盖下连有导流体）。

（7）拆卸上内接管，吊出上内接管。

（8）拆卸套筒联轴器止推卡环的螺栓，在套筒联轴器上两侧把吊环装好，借助行车将套筒联轴器提到下泵轴完全露出为止（在行车的钩上挂一个链条葫芦吊套筒联轴器）；拆卸套筒联轴器止推卡环，如图 11-40 所示（见彩插），吊出上泵轴和套筒联轴器。

（9）吊出下泵轴及转子部件放到检修指定地点，起吊时应注意在下内接管的吊装凸台上应垫上可以防止钢丝绳接触棱角的物品，如图 11-41 所示（见彩插）。

（10）拆卸下内接管后并吊出，拆卸叶轮室与导叶体的固定螺栓，吊出导叶体，从叶轮室中吊出轴及叶轮。

（11）将轴及叶轮吊到专用支架上，在拆卸叶轮哈夫锁环后，使用专用工具将叶轮拆除。

（12）将电动机上轴承室内润滑油排净。

（13）拆除电动机上轴承室端盖，将导瓦做好标记并取出。

（14）安装专用工具拆除推力头，取出推力瓦。

（二）部件的检查、测量、修复

（1）推力瓦与导瓦检查。宏观检查乌金表面是否存在脱胎、有无碎裂磨损及烧熔现象并进行研磨修刮，如图 11-42 所示（见彩插）。

（2）推力瓦研刮好后，测量厚度。

（3）检查清理推力瓦碟形弹簧，测量记录弹簧高度。

（4）推力头清理，检查推力头、锁块轴向端面是否完好，如图 11-43 所示（见彩插），测量推力头内孔与轴头配合间隙。

（5）清理检查泵轴，检查轴的弯曲度。轴颈表面光滑、无毛刺，轴与其他零件配合处光滑、无裂纹，探伤要求不得有裂纹、气孔和夹渣等缺陷。泵轴最大弯曲度不大于 0.03mm。

（6）清理检查联轴器。联轴器销孔及边缘应平整、无毛刺。联轴器与轴为过渡配合，间隙为 0～0.07mm；键槽两侧配合间隙为 0.025～0.10mm。

（7）清理检查叶轮。叶轮应无砂眼、裂纹及严重汽蚀现象，流道内应光洁、平整，不得有铸砂或毛刺。叶轮内孔与轴配合间隙为 0～0.075mm。

（8）检查赛龙导轴承和轴套，并在轴套的上、中、下各部测量赛龙导轴承和轴套的间隙。轴套无严重磨损，表面光滑，无毛刺、砂眼、裂纹。检查填料轴套，填料轴套应均匀无磨损，轻微磨损要修补光滑，严重磨损应更换新套。

赛龙导轴承与轴套间隙为 0.35～0.45mm。轴套表面对泵轴两端的轴颈跳动允差小于或等于 0.05mm。轴套外圆应光洁、无毛刺，外圆磨损大于 2mm 时应更换；轴套与轴配合间隙为 0～0.12mm。

（9）泵壳检查，清理检查导流体。外观检查泵壳无裂纹、破损，如有局部汽蚀，应将汽蚀层磨掉，补焊后用砂轮打磨修整。检查导向叶进口端有无汽蚀剥落，严重者应更换新导流体。

（三）组装

（1）将下泵轴置于 V 形枕木上（以防滚动），然后在下泵轴上装进 2 个轴套，并滑过短键槽处，在短键槽处装上 2 根短键，将轴套退回至键位顶住，在轴套上 3 个螺孔处各拧上 3 个紧定螺钉，钉头不得高出轴套外表面。

（2）将叶轮室、叶轮放置在一人高左右的梁架上或安装座上，在下泵轴下端装上叶轮键，在下泵轴的另一端拧上吊环螺钉，将轴吊至已装好密封环的叶轮上方，放下泵轴使泵轴穿过叶轮的主轴孔，装上叶轮哈夫锁环、螺栓、垫圈等（注意叶轮哈夫锁环止口不得装反）然后吊起组装好的部件放入叶轮室中。

（3）将已装好赛龙导轴承和密封环的导叶体吊至组装好的下泵轴上方，慢慢放下，使导叶体穿过轴与叶轮室配合面接触，将导叶体与叶轮室连接好，接合面涂密封胶。

（4）将内接管垂直吊起，穿轴与导叶体连接好，下泵轴上方装上吊环螺钉将下泵轴部件放入泵壳内，并用内接管上的吊耳支撑在工字钢或槽钢上（卸吊环螺钉）。

（5）将上泵轴置于 V 形枕木上以防滚动，然后在上泵轴轴套部位处装上短键，装上轴套，并在安装填料轴套部位装上短键，依次装上填料轴套，并装上填料轴套、O 形密封圈、轴套螺母，在轴套螺母的 3 个螺孔处拧上 3 个紧定螺钉，螺钉头不得高出轴套外表面。并在上主轴下端装上传递扭矩的键。

（6）套筒联轴器直立于一平台上，使带有 4 个螺孔的一端朝下；在上泵轴上方装上吊环螺钉，将轴吊起至套筒联轴器上方，慢慢放下，使轴从套筒联轴器内孔穿过，将套筒联轴器顺轴上推，直至露出键为止，并在联轴器外圆上拧上两个 M24 固定螺钉将其固定于轴上。

（7）用行车的主副钩分别将上泵轴和内接管（内接管套在上泵轴外）吊至下泵轴上方，将上泵轴下放，两轴对中，将连接卡环装于轴上，松开联轴器上的固定螺钉并用钢丝绳吊住固定螺钉使其缓缓下落，同时在上泵轴连接处键槽处放上键，然后滑过连接卡环至止推卡环位置，用螺栓和垫圈与止推卡环连接起来。

（8）吊起组装好的转子部件，移开枕木，放入泵壳体内，直至不能再下落为止，再稍微吊起转子部件，顺时针旋转至不能转动为止（此时叶轮室凸耳与防转块挡板贴合），然后顺势下落，使叶轮室下端精加工锥面与吸入喇叭口精加工锥面完全贴合。叶轮室外圆周上的凸耳应卡入外接管 a 的凹槽中。凸耳位置的标记延伸到便于观察的地方，如导叶体上方。

（9）用行车将泵端盖及导流体吊至泵轴上方，将泵端盖就位。（注意：泵端盖定位销孔方位）

（10）将上赛龙导轴承装入填料函体的轴承腔中，在填料函与导流片接管上法兰连接处装上纸垫，用行车将填料函体部件吊起至转子部件轴上方，穿过轴放下就位，将填料函体紧固在泵端盖上。

（11）在上泵轴上端安装吊环螺钉，吊起转子，使导叶体端面 A 与叶轮上端面 B 贴合，此时再在轴上端测量转子最大窜动量，窜动量必须大于转子提升高度。然后再将转子落至极下位置，再提升转子 5.5mm，盘车检查转子是否灵活。然后再放下转子到极下位置。

（12）在上泵轴的上部装上传递扭矩的键，将泵联轴器和轴端调整螺母装上。

（13）向下旋转轴端调整螺母调整转子提升高度。泵转子正确的提升高度为 5.5mm，叶片与叶轮室的单边间隙为 1.5mm，需进入叶轮吸入口内，用长塞尺测量叶轮间隙。如果叶片与叶轮室间隙达不到要求，则需要再调整转子提升高度。

（14）将电动机支座就位，测量电动机支座支承面的水平度，水平度应保证在 0.05mm/m。如果达不到要求，则在电动机支座下法兰面与泵端盖之间加钢垫片。

（15）将填料装进填料函内。

（16）检查电动机的气隙和油隙是否符合安装要求。

（17）回装上轴承室、推力头、推力瓦、导瓦。

（18）电动机与泵轴中心找正。标准：圆周偏差小于或等于 0.05mm，张口偏差小于或等于 0.05mm。

四、常见故障分析及处理措施

循环水泵常见故障及产生原因分析和处理措施见表 11-6。

表 11-6 循环水泵常见故障及产生原因分析和处理措施

序号	故障现象	产生原因分析	处理措施
1	水泵过载	（1）轴承已损坏。 （2）中心不好。 （3）轧兰盘根太紧。 （4）吸入口处泥浆沉积太多	（1）更换轴承。 （2）重新找中心。 （3）松掉轧兰盘根。 （4）水泵再启动一次或者清理泵吸入口
2	轴承过热	（1）轴承已损坏。 （2）主轴倾斜。 （3）中心不好。 （4）轴承故障，如振动等。 （5）轴承冷却水量不够	（1）修理或更换轴承。 （2）解体修理。 （3）重新找中心。 （4）更换轴承。 （5）增加冷却水
3	盘根温度上升	（1）盘根太紧或者单侧太紧。 （2）密封水量不足。 （3）密封水压力太大	（1）重新安装盘根，均匀紧固。 （2）增加密封水量。 （3）降低密封水压力

五、典型故障分析及防范措施

循环水泵转子动不平衡过大导致振动分析及防范。

1. 事件经过

某厂循环水泵型号为 80LKXA-20.1。运行中循环水泵与电动机均存在径向振动很大（径向最大振幅为 $140\mu m$），轴向振动却属正常，且振动随着转速升高而增大（此泵电动机为变频）。

2. 原因分析

电动机单独运行时运行状态优良，根据经验判断，怀疑振动属转子存在动不平衡过大所致。

循环水泵解体发现下轴套磨损严重，且轴套表面磨偏，只有半周接触到，下导赛龙导轴承磨损严重，如图 11-44 所示（见彩插）。

叶轮腔室背部焊缝着色检查发现焊缝裂纹一道，如图 11-45 所示（见彩插），裂纹对称位置焊缝处有两处砂眼。

循环水泵泵轴长 14 840mm，因泵转子重量完全作用在电动机推力盘上，若叶轮处存在动不平衡，泵体振动加剧，导致推力盘间隙变化，循环水泵运行情况进一步恶化。轴套偏磨角度为同一角度。分析循环水泵叶轮存在质量不平衡，由于叶轮存在动不平衡，运行过程中产生离心力，随着运行时间的推移，轴套与导轴承之间的配合间隙因磨损而不断加大，使泵运行的稳定性不断恶化，在磨损加剧的同时，摩擦阻力也在不断增加，就会造成导轴承等连接螺栓在长期运行过程中被振松而脱落或直接被剪切断裂，造成比较严重的后果。根据解体检查结果，泵转子动平衡过大是叶轮出现焊缝裂纹及砂眼所致，进一步导致循环水泵振动增大。

3. 处理及防范措施

（1）严格按检修工艺标准组装循环水泵。更换下轴套与下导赛龙导轴承，轴承与轴套间隙小于 0.50mm。

（2）对叶轮裂纹及砂眼处进行补焊，并对泵转子进行动平衡校验，确保转子动平衡在标准范围内。经过处理后试转循环水泵，设备运行平稳，振动数值在标准范围内。

第五节　真　空　泵

一、真空泵概述

真空泵是指利用机械、物理、化学或物理化学的方法对被抽容器进行抽气而获得真空的器件或设备。通俗来讲，真空泵是用各种方法在某一封闭空间改善、产生和维持真空的装置。常用的真空泵包括干式螺杆真空泵、水环真空泵、往复泵、滑阀泵、旋片泵、罗茨泵和扩散泵等。

火力发电厂利用真空泵从凝汽器抽走不凝结气体，降低凝汽器内气体压力，维持凝汽器真空度。过去，在国产机组中几乎全部采用射汽抽气器，随着机组的大型化，特别是单元机组滑参数启动的要求，射水抽气器得到了广泛的运用。采用机械式真空泵，则启停灵活、效率高、占地少，但造价高。水环真空泵和其他类型的机械真空泵相比结构简单，制造精度要求不高，容易加工，泵的转数较高，一般可与电动机直连，无须减速装置。另外，水环真空泵结构紧凑，故可以用小的结构尺寸获得大的排气量，占地面积也小。转动件和固定件之间的密封可直接由水封来完成。工作平稳可靠，操作简单，维修方便。水环真空泵在排气时，工作水会排出一小部分，经过气水分离器后，这一小部分水又送回泵内，因此工作水的损失较小。为保证稳定的水环厚度，在运行中需要向泵内补充凝结水，但量很少。

水环真空泵具有比射流式抽气器更高的经济性，而且容易实现自动化，它形成的真空与汽轮机组工况无关，目前，国内大容量、高参数机组大多采用水环真空泵。

二、水环真空泵的结构

水环真空泵结构如图 11-46 所示，在泵体中装有适量的水作为工作液，当叶轮按顺时针方向旋转时，水被叶轮抛向四周，受离心力的作用，水形成了一个决定于泵腔形状的近似于等厚度的封闭圆环。水环的上部分内表面恰好与叶轮轮毂相切，水环的下部内表面刚好与叶片顶端接触（实际上

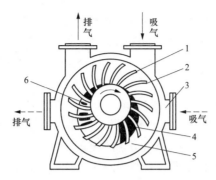

图 11-46　水环真空泵结构图
1—叶轮；2—轮毂；3—泵体；4—吸气口；5—液环；6—柔性排气口

叶片在水环内有一定的插入深度）。此时，叶轮轮毂与水环之间形成一个月牙形空间，而这一空间又被叶轮分成和叶片数目相等的若干个小腔。如果以叶轮的上部 0°为起点，那么叶轮在旋转前 180°时小腔的容积由小变大，且与端面上的吸气口相通，此时气体被吸入，当吸气终了时小腔则与吸气口隔绝；当叶轮继续旋转时，小腔由大变小，使气体被压缩；当小腔与排气口相通时，气体便被排出泵外。在泵的连续运转过程中，不断地进行着吸气、压缩、排气的过程，从而达到连续抽气的目的。真空泵的吸入口与真空皮带脱水机真空箱连接，以实现真空皮带机真空箱具有一定负压。

综上所述，水环式真空泵是靠泵腔容积的变化来实现吸气、压缩和排气的，因此它属于变容式真空泵。

三、检修工艺

（一）真空水泵解体

（1）拆除所有与真空泵相连的管线。同时，把管子的洞口封住，以免杂质进入。

（2）将联轴器罩旋松并卸下。

（3）拆下真空泵的压紧螺栓，从底座上取走真空泵。

（4）拆下真空泵联轴器。做好记号，松开真空泵联轴器对开外罩上的固定螺钉，并取走联轴器；使用拉码拉下联轴器。在此过程中，在联轴器和拉码之间插入一根软管，以防止轴的中心孔损坏。取下联轴器的键。

（5）在轴承两端进行拆卸工作——拆下联轴器侧的轴承盖；竖起锁紧垫圈的止动垫圈，松开并拆下固定螺母。

（6）从两侧侧罩上拆下轴承座。拆开轴承座的固定螺栓，此时用定位螺栓取出轴承座，并拆下轴承座。与此同时，滚柱轴承随轴承座一并拆下。

（7）拆下末端盖板和带有调整螺母的调整法兰。用调整螺母能取出调整法兰。将止动垫圈耳竖起，然后松开并取出圆螺母。

（8）用止推轴承与轴瓦拆除滚珠轴承座。

（9）将滚珠轴承侧端的止动锁紧垫圈耳竖起，然后松开并取出圆螺母。

（10）从侧罩的侧端拆下轴承机壳。将轴承机壳的固定螺母拆下，此时用定位螺栓取出轴承机壳。与此同时，滚柱轴承（外圈和滚轴）随轴承机壳一并拆下。

（11）从轴承机壳上拆下滚柱轴承（外圈和滚轴）。

（12）从两侧将防水板和滚柱轴承（内圈）拆除，然后在防水板上装上轴承拉码。在此过程中，在轴端和轴承拉码之间插入一根软管，以防止轴的中心孔受损。轴承拆除器设在防水板的后面，通过旋启中心螺栓来拉出防水板和内圈。

（13）拆下两侧的压盖。真空泵壳体的拆卸：旋松系紧螺栓上的螺母8～10mm，用橡胶锤轻轻敲打轴面两侧，将机壳与孔板分开。

（14）旋松并取出系紧螺栓上的螺母。卸下带有孔板的联轴器侧罩、压盖填料以及其中的液封环。

（15）卸下第一级机壳，取出带有叶轮和孔板的轴。在联轴器的轴侧表面装上吊环螺栓，再抬起它。

（16）卸下第二级机壳。从侧罩上拆下孔板。只在拆卸必要时如此进行，用M16的六角头有帽螺钉将孔板固定在侧罩的压盖侧。从侧罩上取下压盖填料和液封环。当仅限于更换油封时，才从轴承壳和轴承盖上拆下油封。

（17）第二级叶轮与叶轮间孔板的拆卸，拆除侧套筒螺母和锁紧垫片。竖起锁紧垫圈，旋松并取出套筒螺母。

（18）用O形圈拆除侧轴套，在轴套上装上拉码。此过程中，在轴端和轴套拉码之间插入一根软管，以防止轴的中心孔受损。拆下轴套侧端的固定键。

（19）从轴上拆下第二级叶轮，用叶轮上的螺栓孔从轴上拆下第二级叶轮。拆下第二级叶轮的固定键。

（20）取出孔板装配组件，再分开从孔板排出端的压盖填料。

（21）拆下带有O形圈的定距套管。

（22）拆下联轴器侧套筒螺母和锁紧垫片，竖起锁紧垫片，旋松并取出套筒螺母。拆下带有O形圈的联轴器侧轴套。

（二）部件的检查、测量、修复

（1）检查轴承游隙、内外套及滚动体磨损情况，确认能够继续使用时抹好甘油放至清洁处准备回装；否则换新。

（2）检查各部轴套磨损情况，严重磨损的更换新轴套。

（3）检查轴封环、挡环、油环、离心盘、填料套、平垫板及水封环的磨损情况，若有磨损、裂纹和断裂现象，及时修补或更换备件。

（4）检查侧盖、锥形管有无裂纹、砂眼、汽蚀等缺陷，如有问题及时修复、更换。

（5）检查叶轮有无磨损情况和汽蚀现象，如有问题及时修复。

（6）测量泵轴晃度，并做好记录。

（7）检查其他有关设备如汽水分离器、热交换器等。

（8）全部设备及零配件清扫干净，露出金属色泽。

（9）按原垫片厚度做好各部垫片，以备组装。

（三）叶轮与孔板的安装（吸入口侧与排出口侧）

（1）为轴上联轴器端的轴套安装键。

（2）将新的O形圈安装到联轴器端的轴套上，再把该轴套安装到带有第一级叶轮的在联轴器端的轴上。

（3）将锁紧垫片安装到联轴器端，将套筒螺母装到轴上，旋紧；将锁紧垫片的一端弯曲，放入套筒螺母的凹槽中，以防旋转。

（4）排出口端与吸入口端孔板的安装，将压盖填料安装到排出口端的孔板中去。给排出口端与吸入口端的孔板表面加一层膜，用密封衬垫将孔板连接起来（只用于排出口端的孔板上）。加膜后的3～5min后装配孔板。

（5）检查完尺寸后，将定距衬垫安装到轴上；然后安装新的O形圈到定距衬垫上。安装连接在轴上的孔板。

（6）为轴上第二级叶轮安装键。将第二级叶轮插到轴上。此时注意叶轮的方向。

（7）为轴上轴套的末端安装键。将新的O形圈安装到轴套的末端，再把该轴套安装到轴的末端。

（8）将锁紧垫片安装到末端，将套筒螺母装到轴上，旋紧；将锁紧垫片的一端弯曲，放入套筒螺母的凹槽中，以防旋转。

（四）间隙的测量与调整

（1）用测隙规检查叶轮与分配器间隙的尺寸，标准为 $C_1 + C_3 = 0.5\text{mm} \pm 0.1\text{mm}$，如图 11-47 所示。

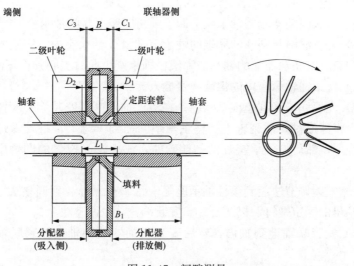

图 11-47　间隙测量

（2）侧罩（联轴器端及末端）和孔板的安装，将球架安装在排出端孔板上。将球放在孔板的排放孔上，把定距块放在螺栓孔上，罩上球架。穿过球架和垫片的孔，用固定螺栓将球架和孔板紧固。

（3）为侧罩表面加一层膜，用密封衬垫将其与孔板和壳体相连（只用于侧罩）。加膜后的 3～5min 后装配孔板，然后用 M16 的内六角头有帽螺钉将孔板固定在压盖端的侧罩上。

（五）泵体安装

（1）为第一、二级壳体的表面加一层膜，用密封衬垫将其与孔板相连（只用于壳体）。加膜后的 3～5min 后装配这些部件，安装末端侧罩上的第二级壳体，按标注线对齐。

（2）插入带有叶轮和孔板的轴，将 M30 的吊环螺栓安装到联轴器端的轴表面，然后提起并将其插入。

（3）按安装第二级壳体的方法安装第一级壳体。

（4）安装（带有孔板的）联轴器端侧罩。将连接螺栓穿过侧罩上安装孔，然后在两边分别轻轻地将螺母、垫片和螺钉安装上。把侧罩支脚放置在平板上。接着，用木棰轻轻敲打进气端与排气端法兰的上部，以调整支脚的水平。

（5）支脚调整完毕后旋紧连接螺栓上的螺母。

（6）先插入压盖填料，然后是液封环、压盖填料，最后安装压盖。

（7）将 O 形圈插到轴上，再插到挡水板上。将轴承内圈安装到轴上。当从轴承盖上卸下油封时装上新的油封。

（8）将轴承盖安装到侧板上（当心别损坏安装在轴承盖内的油封口）。将涂有润滑脂的轴承外圈安装到轴承盖里去。

（9）将轴承垫片插到侧罩上，将轴承螺母装到轴上，旋紧；然后将轴承垫片的一端弯曲，放入套筒螺母的凹槽中，以防旋转。

（10）当从联轴器端的轴承盖上卸下油封时装上新的油封。

（11）充填润滑脂到联轴器端的轴承盖和滚柱轴承座内。安装轴承盖上的涂有润滑脂的联轴器端的轴承盖和滚柱轴承座。此时当心别损坏油封口。

（12）将滚柱轴承座内的螺旋弹簧插入。

（13）充填润滑脂到止推轴承内。在滚柱轴承座上安装涂有润滑脂的止推轴承。将球形衬套插到轴上。将轴承垫圈插到末端上，将轴承螺母装到轴上，旋紧；然后将轴承垫片的一端弯曲，放入套筒螺母的凹槽中，以防旋转。

（14）安装调节法兰到滚柱轴承座上。将调整螺母装到调整法兰上。安装调整螺母的固定螺钉，以防旋转。安装端盖，以调整法兰。

（15）安装联轴键到轴内，然后安装联轴器端的轴。拧紧联轴器固定螺钉。

（16）将真空泵安装到地基基板上。

（17）安装管线，如吸入管线、排出管线、密封液管线和压盖填料的排水管线。

（18）对中结束后，在电动机端安装连接螺栓。安装联轴器防护装置。

（六）检修质量标准

（1）联轴器内孔光滑，与轴配合紧力为 0.00～0.03mm。

（2）联轴器螺栓无翻牙。

（3）轴的外圆晃动要求：轴联轴器处小于或等于 0.02mm，轴套处小于或等于 0.03mm，轴颈处小于或等于 0.02mm。

（4）键工作面光滑、无损伤，键与键槽配合良好、不松动。

（5）轴端螺纹无翻牙，与螺母配合良好。

（6）轴颈无拉毛及变形。

（7）轴套无严重磨损，直径磨损超过 1.5mm 应更换。

（8）轴套表面应光滑，无毛刺、砂眼和裂纹。

（9）轴套和轴配合不松动，间隙不超过 0.03～0.05mm。

（10）轴表面光洁、无吹损。

（11）叶轮应无严重汽蚀、冲刷及裂纹。

（12）滚珠轴承弹夹完整、无碎裂，轴承转动灵活、无杂声。

（13）轴承内孔与轴的配合紧力为 0.00～0.02mm，外径与轴承室配合紧力为 0.00～0.02mm。

（14）油脂加注适量。

（15）轴承室内部无油污，油眼畅通。

（16）轴承压盖、轴承盖无裂纹及变形现象，接触面光滑、平整。

（17）各固定螺栓不松动，螺纹无翻牙现象，配合良好。

四、常见故障分析及处理措施

真空泵常见故障及产生原因分析和处理措施见表 11-7。

表 11-7 真空泵常见故障及产生原因分析和处理措施

序号	故障现象	产生原因分析	处理措施
1	真空泵没有启动	（1）电动机出故障。 （2）联轴器没有连接。 （3）导线断开。 （4）转动部件与静态部件摩擦或生锈。 （5）异物进入转动部件卡住	（1）检查和修理。 （2）连接联轴器。 （3）修理或更换。 （4）解体检查。 （5）解体检查
2	真空没有上升	（1）转向错误。 （2）转子与壳体间隙太大。 （3）真空表计损坏。 （4）吸入口侧有空气泄漏	（1）检查接线。 （2）检查修理。 （3）更换真空表计。 （4）检查修理

序号	故障现象	产生原因分析	处理措施
3	轴承过热	(1) 联轴器中心不好。 (2) 轴承故障。 (3) 润滑油脂不足。 (4) 润滑油脂过多	(1) 重新找准，连接。 (2) 更换轴承。 (3) 补足油脂。 (4) 清理过多的油脂
4	不正常的振动及噪声	(1) 异物进入转动部件。 (2) 轴弯曲。 (3) 轴承损坏	(1) 解体检查。 (2) 送工厂修理。 (3) 更换轴承

五、典型故障分析及防范措施

叶轮及拉筋焊接处产生裂纹分析及防范措施如下。

1. 事件经过

某厂 600MW 超临界机组水环真空泵，型号为 2BE1403，在运行过程中噪声和振动突然增大，解体检查发现真空泵叶轮叶片及拉筋焊接处有不同程度的裂纹产生，如图 11-48 所示（见彩插）。

2. 原因分析

(1) 在检修时真空泵叶轮与自由端和驱动端分配板之间的间隙调整不当，导致叶轮动静部分摩擦，强大的摩擦力导致叶轮产生应力裂纹。

(2) 水环真空泵在运行时，容易产生汽蚀，长期汽蚀导致裂纹形成。

3. 处理及防范措施

(1) 对裂纹处进行挖补焊接。

(2) 降低泵内工作液的温度。

(3) 选用抗汽蚀性强的材料。

(4) 配装大气喷射器。

第六节 开、闭式水泵

一、开、闭式水泵概述

闭式冷却水系统的作用是向汽轮机、锅炉、发电机的辅助设备提供冷却水，该系统为闭式回路，由循环冷却水进行冷却。闭式冷却水系统采用化学除盐水作为系统工质，用除盐水向闭式水膨胀水箱及其系统的管道充水，然后通过闭式冷却水泵升压后至各设备冷却器在闭式回路中作循环。

系统正常运行时，由闭式冷却水膨胀箱内液位控制开关来控制液位控制阀的开关以维持水箱的正常运行水位。除盐水母管经过电动调节阀向闭式水膨胀水箱补充正常运行时消耗的除盐水。在膨胀水箱上部设置一安全阀，即排空手动门及放水门。

闭式循环冷却水由膨胀水箱先经闭式冷却水泵升压后，至闭式水热交换器，被开式循环冷却水冷却之后，流经各冷却设备，然后从冷却设备排出，汇集到闭式循环冷却水回水母管后回至膨胀水箱至闭式冷却水泵入口。

闭式冷却水系统由两台100％容量的闭式冷却水泵、两台100％容量的闭式水热交换器、一台闭式水膨胀水箱、滤网及向各冷却设备提供冷却水的供水管道、关断阀、控制阀等组成。

二、开、闭式水泵的结构

开、闭式水泵一般选用单级、双吸、泵壳中开、蜗壳式卧式离心泵，具有结构紧凑、稳定性好、便于维修的特点。

图11-49所示为上海阿波罗公司制造的400CS-50型闭式泵结构图。

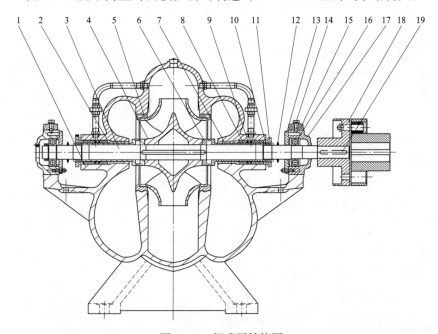

图 11-49　闭式泵结构图

1—泵体；2—泵盖；3—轴；4—叶轮；5—双吸密封环；6—轴套；7—填料套；8—填料；
9—填料环；10—轴套螺母；11—填料压盖；12—挡水圈；13—轴承圈；14—固定螺钉；
15—轴承体压盖；16—单列向心球轴承；17—轴承体；18—联轴器；19—键

三、检修工艺

（一）联轴器的拆卸

（1）拆除联轴器护罩。

（2）检查联轴器的匹配记号，如果没有则做好标记。

（3）卸下联轴器螺栓、螺母、橡胶垫圈，并妥善保存。

（二）泵体拆卸

（1）拆下任何可能妨碍泵体拆卸的辅助管道。

（2）拆下两侧轴承压盖螺栓。

（3）拆下泵两端机械密封压盖与泵壳体的紧固螺栓。

（4）拆下泵盖和泵体接合面上的紧固螺栓。

（5）用顶丝将泵盖顶起 1～2mm。

（6）将泵盖吊出至检修场地，如图 11-50 所示（见彩插）。

（7）将带有叶轮、密封环、轴承、机械密封和联轴器的整个转动组件全部吊至检修场地，如图 11-51 所示（见彩插）。

（三）转动组件解体

（1）用三爪拉马从泵轴上拆下联轴器，如图 11-52 所示（见彩插），取下键并保存。

（2）松开两侧轴承内侧压盖，做好标记。

（3）取下两侧轴承室。

（4）松开自由端轴承紧固锁母（两个）。

（5）取下两侧轴承及轴承内侧压盖。

（6）取下两侧机械密封静环，松开两侧动环座顶丝，做好原始标记，记录数值并取下动环组件。

（7）测量两侧轴套锁紧螺母至轴肩距离，做好记录。

（8）松开两侧叶轮轴套锁紧螺母。

（9）取下两侧叶轮轴套。

（10）取下两侧叶轮密封环。

（11）做好叶轮旋转方向的原始标记，取下叶轮及键。

（四）叶轮与密封环检查

（1）检查叶轮，特别在叶轮顶部有无磨损痕迹。

（2）测量叶轮与密封环径向总间隙。叶轮与密封环的径向总间隙为 0.65～1.0mm。

（五）泵轴与轴套检查

（1）检查所有螺纹均处于良好状态，键槽无毛刺。

（2）检查泵轴有无受损痕迹并做弯曲度检查，如图 11-53 所示（见彩插），清理轴套，应光洁，无裂纹、毛刺。泵轴弯曲度小于 0.025mm，晃动度小于 0.05mm。

（六）机械密封与轴承检查

（1）解体组件。

（2）检查动静环密封面有无磨损或受损，必要时更换密封圈，检查弹簧压缩量正常。

（3）装配密封就绪，准备安装。

（4）彻底清洁轴承并检查有无磨损或受损痕迹，内、外圈不得有砂眼、气孔、裂纹等缺陷，表面应光滑、无毛刺。

（七）水泵组装

（1）按照与泵拆卸的相反顺序进行组装。

（2）轴承推力间隙检查。轴承推力间隙：0.15～0.30mm。

（3）回装泵两侧轴承盖并用螺栓紧固，架表推动泵轴，测量、调整泵轴的推力间隙。

（4）联轴器中心检查。

1）轴向间隙：2～3mm。

2）圆周偏差：小于0.10mm。

3）端面偏差：小于0.06mm。

（5）安装联轴器螺栓、螺母、橡胶弹性块，安装防护罩。

（6）清理现场。

四、常见故障分析及处理措施

开、闭式水泵常见故障及产生原因分析和处理措施见表11-8。

表11-8　开、闭式水泵常见故障及产生原因分析和处理措施

序号	故障现象	产生原因分析	处理措施
1	启动后出口压力不足	下游调节阀开启过大	检查阀门控制器和控制系统的运行。根据需要调整，并保持正确的阀门开度
		吸入管道内空气聚积	打开所有的排气口，排出系统内的空气
		入口压力不足引起泵内介质汽化	检查泵的设计要求，对系统进行适当的调整，以产生足够的压力
		入口滤网堵塞	拆卸并清洗或更换入口滤网
2	振动大	转动部件不平衡	排查不平衡部件并做平衡处理
		联轴器中心异常	检查联轴器，调整中心
		轴承磨损严重	检查处理轴承
		地脚螺栓松弛	检查复紧地脚螺栓
		测点异常	更换测振元件
		轴颈划损	轴颈修复处理
3	密封寿命短、漏量大	密封冲洗系统空气未排尽	打开密封冲洗管路排气，排尽系统内的空气
		密封输送环安装不牢靠或反向旋转	拆卸并检查密封组件是否有部件松弛以及输送环的方向是否正确
		密封冷却结垢	检查冷却器，反向冲洗或必要时更换
		轴套磨损	检查密封的使用环境

续表

序号	故障现象	产生原因分析	处理措施
4	轴承温度高	联轴器不对中	检查对中
		油位太低或太高	确定正确油位，按要求调整
		油黏度太高	使用推荐黏度等级的油
		泵轴向推力过大	更换/大修芯包
		轴承磨损	更换轴承
		轴承安装不正确	检查组件，以及轴和相关部件的情况。调整轴承装配，必要时更换部件

五、典型故障分析及防范措施

泵轴断裂故障分析及防范措施如下。

1. 事件经过

某厂闭式泵运行中声音异常，自由端机械密封泄漏增大，自由端轴向振动为 0.30mm。解体检查发现泵轴断裂，断裂位置在泵轴叶轮部位退刀槽处。

2. 原因分析

（1）对断裂的泵轴进行了断口形貌检验、光谱检验、金相组织检验和机械性能检验，经过综合分析得出结论，泵轴断裂属于疲劳断裂。

（2）检查泵轴叶轮部位退刀槽的根部圆角，发现圆角过小，容易发生局部应力集中系数大，导致强度不够，是泵轴断裂的主要原因。

3. 处理及防范措施

（1）更换泵轴，在泵轴验收过程中，进行金相检验、硬度检验以及光谱分析，保证泵轴的各项金相指标均符合相关的生产要求。

（2）根据泵轴生产的相关标准加强对泵轴质量进行验收。

第十二章　热力系统辅助设备

火力发电厂汽轮机热力系统辅助设备在工作中承担着非常重要的作用，一旦发生故障，不仅会影响生产效率，还会给设备带来更大的损害。因此，及时发现和排除汽轮机辅助设备故障非常重要。汽轮机热力系统辅助设备主要包括高压加热器、低压加热器、除氧器、轴封加热器、凝汽器、冷却塔、空冷装置等换热设备。

第一节　高 压 加 热 器

一、高压加热器概述

高压加热器利用从汽轮机抽出的蒸汽来加热锅炉的给水，加热蒸汽通过金属壁面加热锅炉给水，其传热性能的优劣直接影响机组的经济性与安全性。因此，提高高压加热器的传热效率，减小热量传递过程中的不可逆损失，成为解决热能高效利用的重要措施之一。由于金属壁面存在传热热阻，通常将加热蒸汽的饱和温度与给水出口温度之差称为传热端差。如下端差超过设计值，则表明水位过低，应通过试验确定合理的运行水位。调节时应保持加热器水位不低于正常值低限，防止造成对加热器管壁及疏水冷区段的冲刷。

目前，国内 600MW、1000MW 级一次再热机组布置 3 台高压加热器，二次再热机组增加两套蒸汽冷却器，超临界机组目前广泛采用外置式蒸汽冷却器，当抽汽过热度比较大时，首先让其在蒸汽冷却器内放热，降低过热度，然后再进入高压加热器凝结放热。

二、高压加热器的结构

高压加热器大多采用表面式结构，图 12-1 所示为 JG-2520 型高压加热器结构图，此类加热器由过热蒸汽冷却段、凝结段和疏水冷却段三部分组成。

1. 过热蒸汽冷却段

蒸汽保留剩余的过热度，被加热水的出口温度接近或略低于抽汽蒸汽压力下的饱和温度。

2. 凝结段

加热蒸汽凝结放热，出口的凝结水温是加热蒸汽压力下的饱和温度，因此被加热水的出口温度，低于该饱和温度。

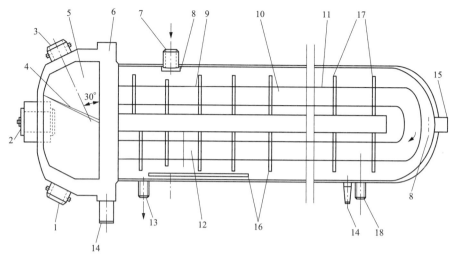

图 12-1 高压加热器结构图

1—给水入口；2—人孔；3—给水出口；4—水室分流隔板；5—水室；6—管板；7—蒸汽入口；
8—防冲板；9—过热蒸汽冷却段；10—凝结段；11—管束；12—疏水冷却段；13—正常疏水；
14—支座；15—上级疏水入口；16—疏水冷却段密封件；17—管子支承板；18—事故疏水

3. 疏水冷却段

凝结段来的疏水进一步冷却，使进入凝结段前的被加热水温得到提高，提高了系统的热经济性。

大型机组高压加热器壳体为全焊接结构，汽水侧均装设安全阀，用于管子破损时保护壳体不受损。管束与管板的连接均采用先焊接、后胀压的工艺，壳体装有自密封型的人孔盖。为避免高温蒸汽对管板及筒壳的热冲击，过热蒸汽冷却段用包壳板、套管和遮热板将该段密封。所有疏水与蒸汽入口处，均装设冲击板，以保护管束。机组运行中，高压加热器发生故障，给水走旁路。

三、检修工艺

以卧式 U 形管高压加热器为例，其检修工艺如下。

（一）人孔拆卸

（1）将拆装专用托架固定在人孔外侧基座，连接人孔盖。

（2）将拆装装置螺杆旋入人孔盖。

（3）拆除固定人孔盖的双头螺栓和压力板。

（4）将人孔盖沿着任何方向旋转 90°。

（5）用链条葫芦将人孔盖从人孔中拉出，如图 12-2 所示（见彩插）。

（6）拆除水侧中间隔板，将给水入口管道加好封堵。

（7）拆卸专用托架取下。

（二）管束试压检漏

1. 气压法查漏

（1）关闭危急疏水电动门、蒸汽进口门、汽侧疏水门、高压加热器上一级疏水前后阀门、本级至下一级疏水前后阀门，完全隔离高压加热器汽侧。将压缩空气管接至汽侧放空气门。

（2）通压缩空气，待压力达到 0.4～0.6MPa 后进行检漏。

（3）用肥皂水对每一根管子管口涂抹进行检漏。

（4）对于查出漏点做好标记。

（5）堵漏工作结束后，再次通压缩空气，保压 30min，钢管及胀口应无泄漏。

2. 注水法

壳侧注水，水从管口流出的为漏管。

3. 内窥镜涡流探伤仪

（1）把内窥镜或涡流探伤仪探头插入管子内直接观察或探测管子损坏情况和位置。

（2）上、下水室每一根 U 形管的两端均进行检漏，以免错误判断。

（三）堵漏

1. 单孔堵漏

（1）清洁并抛光堵头和管孔，除去所有氧化物、潮气、油脂和油污。

（2）根据管子尺寸和材质，加工材质一致并带有锥度的堵头。

（3）将堵管管孔进行打磨，堵头打入管孔，端头部露出管孔 2mm。

（4）采用手工氩弧焊接，用 2.5mm 焊丝，焊丝材质根据堵管材料选用，第一次与第二次焊接错开 180°，焊接电流控制在 90～110A 之间。

（5）焊接后探伤检验无缺陷（气孔、熔合等）。

2. 多孔堵漏

（1）根据查漏情况和内窥镜或涡流探伤仪探头检查结果，得出堵管数量。对于一根以上的漏管或泄漏时间长的高压加热器管束，根据断管振动及对相邻管束磨损分析讨论适当增加堵管数量，防止启机后再次泄漏。

（2）根据管子尺寸和材质，加工材质一致并带有锥度的堵头。

（3）焊接前，清洁并抛光管孔和堵头，除去氧化物，焊接部位预热到 55℃以上，以除去潮气。

（4）焊接应采用直径为 2.5mm 焊丝，焊丝材质根据堵管材料选用。

（5）根据焊接切割面积的大小打磨焊角凹坑，焊接时采用条状焊道及回火焊缝工艺。打磨焊逢起弧点和停弧点；错开起弧点和停弧点；对最初 3 层焊逢每隔一层焊逢锤击一次，避免锤击其表面焊层。

（6）用 2.5mm 焊丝，逐步堆焊管板表面，直到堆焊完 3 层为止，如堆焊层与管板表面齐平，施焊下道焊口前必须除去焊渣。

（7）堆焊好 3 层后让其冷却，并从焊道上除去所有的焊渣。

（8）着色检查堵管焊缝，不允许有线状显示。打磨和修补所有显示的缺陷。

（四）壳体、水室检查

（1）检查水室及筒体内壁，筒体应无明显汽水冲刷减薄和腐蚀。

（2）检查水室隔板无变形。

（3）高压加热器封头焊缝金相检查。高压加热器水室隔板图如图 12-3 所示（见彩插）。

（4）高压加热器本体焊缝检查，根据探伤要求，对焊缝周围用角向砂轮打磨后进行探伤。本体焊缝无裂纹、砂眼、气孔，无凹坑、无腐蚀，无冲击伤痕，无线性显示。

（五）人孔门回装

（1）清理水室遗留物，去除水室入口封堵盖板，清点工具；检查和清洁人孔盖，用金属刷和砂布清理人孔盖与水室接触面，双头螺栓涂润滑脂。

（2）装复分流隔板盖板。

（3）更换新人孔盖密封垫圈。

（4）旋转人孔盖，使其穿过椭圆形的人孔，向水室密封座方向旋转拆装装置的螺杆。

（5）人孔盖就位后，先装上一只双头螺栓和压板，用手旋紧螺母，然后拆去拆装装置。

（6）进行泄漏试验，检查人孔接合面密封无泄漏，给水达到运行压力后，人孔双螺栓复紧。

四、检修质量标准

（1）汽侧灌水时，必须淹没全部管束。

（2）标记已堵管束的根数及方位，记录在专用记录卡中。

（3）水位计指示正确，无乱码现象。

（4）安全门及安全附件齐全，动作灵敏、可靠，指示准确，校验整定数值。

五、常见故障分析及处理措施

高压加热器常见故障及产生原因分析和处理措施见表 12-1。

表 12-1　高压加热器常见故障及产生原因分析和处理措施

序号	故障现象	产生原因分析	处理措施
1	加热器 U 形管泄漏	启、停机时候温度控制不当	高压加热器温升率控制在 39℃/h 范围内
		加热器运行水位低	调节时应保持加热器水位不低于正常值下限，防止造成对加热器管壁及疏水冷区段的冲刷
		事故疏水门内漏引起高压加热器靠近疏水门管束振动	更换事故疏水门

续表

序号	故障现象	产生原因分析	处理措施
1	加热器U形管泄漏	受热交换管发生剧烈振动、隔板之间发生强烈摩擦	定期检查，尤其是最外面两层管排，发现有泄漏、减薄、变形的管子要及时采取措施
		管板金属与堆焊层裂纹	提高堆焊质量
		停机时，高压加热器水位高，事故疏水阀开启，误判为高压加热器发生泄漏	停机时，疏水管道凝结水多造成误判，增加放水时间，加强观察再得出结论
2	人孔门泄漏	人孔盖密封垫未紧均匀	装复人孔后均匀紧连接螺栓，高压加热器投运后进一步热紧
		人孔盖密封面变形	清理打磨密封面
3	水室隔板泄漏	螺母松弛或损坏	更换螺母，均匀复紧
		隔板受冲击变形损坏	增加隔板厚度或增强刚性
4	传热恶化	高压加热器U形管结垢	采用稀柠檬酸并用氧碘柔酸清洗

六、典型故障分析及防范措施

（一）高压加热器管束泄漏

1. 事件经过

某电厂8号高压加热器水位由1800mm出现上涨达到2580mm，高压加热器水位保护高Ⅱ值动作，高压加热器入口联程阀保护水门RM546-1、2开启，高压加热器联程阀关闭，给水旁路电门RL551联开，检查高压加热器管漏两根。

2. 原因分析

运行水位低，启、停机时温度控制不当。

3. 处理及防范措施

（1）运行中高压加热器泄漏隔离措施。加热器水位升高，危急疏水门频繁动作，应查明原因，严禁在高压加热器水位升高原因不明时，强行投入高压加热器。当确认高压加热器泄漏时，关闭高压加热器进汽电动门及抽汽止回门，开启抽汽管道疏水气动门，解列高压加热器水侧，给水走旁路，关闭疏水至除氧器门。

（2）运行中高压加热器处理措施。高压加热器解列退出运行，高压加热器汽侧、水侧压力至零，高压加热器温度下降后，解体高压加热器人孔门进行查漏堵管。对泄漏部位周围管束进行全面检查，避免由于管束泄漏汽水吹损、管束碎片撞击造成其他管束损伤。

（3）对于泄漏时间长及频繁发生泄漏的管，除堵泄漏管外，管周围也加堵。

（4）检查高压加热器事故疏水门，防止由于事故疏水门内漏及频繁开启造成管束损坏。

（二）高压加热器管束振动损坏

1. 事件经过

某电厂 1 号机组（660MW）8 号卧式高压加热器在 6 年的运行期间，因常发生爆管泄漏，堵管率高而报废。为了检测爆管常发生的部位及其原因，了解高压加热器存在的缺陷，对该高压加热器外壳进行切割、检验。结果发现：高压加热器热交换管有缺陷的位置主要集中在过热蒸汽冷却区。

2. 原因分析

高压加热器热交换钢管为 U 形结构，根据该高压加热器运行状况、堵管情况及有关资料，泄漏管段主要集中在过热蒸汽冷却区，热交换管剧烈振动、隔板之间发生强烈摩擦引起。

（1）缺陷位置比较集中。该卧式高压加热器热交换管有缺陷的位置主要集中在过热蒸汽冷却区，泄漏管段位于热交换管的近端口处，集中在过热蒸汽进口区域的几个隔板附近。

（2）受热交换管发生剧烈振动、隔板之间发生强烈摩擦的影响。过热蒸汽冷却区热交换管发生剧烈振动与隔板之间发生强烈摩擦是造成管子泄漏的主要原因。

（3）运行工况及介质的影响。高压加热器运行时，来自汽轮机的抽汽，先经过过热蒸汽冷却区，冷却其过热度，然后进入蒸汽凝结区凝结成疏水，疏水再经过疏水冷却区，进一步放出热量。在这个过程中，当高压加热器运行时，直接承受高温蒸汽冲刷最外层的管排振动最剧烈，管壁磨损减薄最严重，发生爆管概率就最高。

（4）当最外层的管排发生爆管断裂后，第二层管排就直接承受高温蒸汽的冲刷的同时，已爆管的管子，管内给水泄漏，这样夹杂着疏水的高温蒸汽对管子的破坏力更强，已爆管的管子的周围管子和第二层管子很快发生破坏，如此循环，就形成连续破坏。

3. 处理及防范措施

通过这次对高压加热器的解体检验及其缺陷分析，对卧式高压加热器的运行和检修提出以下措施。

（1）高压加热器的运行参数要严格控制。在高压加热器投入和切除时要严格控制高压加热器的温升率、温降率，防止高压加热器热交换管受到过大的热应力作用，尽量避免高压加热器因泄漏而退出运行。

（2）高压加热器产生缺陷的管段几乎都集中在过热蒸汽冷却区隔板附近，且大多集中在外面几层管排。因此，应结合大小修，加强对同类卧式高压加热器热交换管进行定期检查，尤其是最外面两层管排，发现有泄漏、减薄、变形的管子要及时采取措施，避免管排发生连续破坏。这对延长高压加热器的使用寿命，减少高压加热器泄漏尤为重要。由于高压加热器热交换管为对称分布，过热蒸汽冷却区和与之相对的区域应作为重点监督、检验的部位。

第二节　低　压　加　热　器

一、低压加热器概述

低压加热器的作用是利用汽轮机中、低压缸抽汽加热进入除氧器的凝结水，提高循环热效率，减少冷源损失。因其水侧压力相对较低，故称之为低压加热器。

低压加热器采用表面式结构，大型机组低压加热器为全焊接型，能承受抽汽压力、连接管道的反作用力及热应力的变化。低压加热器设有凝结段和疏水冷却段，为控制疏水水位并保证在各种工况下疏水区的管子都浸在水中，低压加热器设计有足够的贮水容积。疏水、蒸汽进口设有保护管子的不锈钢缓冲挡板，管材采用不锈钢。

低压加热器分别设置启动和连续运行用的排气接口，并设置正常疏水口和紧急疏水口、供充氮保护的接口。低压加热器正常疏水采用逐级自流的方式，最后疏水分别进入汽轮机本体疏水扩容器。每个低压加热器均设置事故疏水管路，在事故情况或低负荷工况时，疏水可直接进入汽轮机本体疏水扩容器。如大型 600MW 机组 5、6 号低压加热器布置于运转层，7、8 号低压加热器布置于凝汽器喉部。

二、低压加热器的结构

图 12-4 所示为 JG-872-1-1 型低压加热器结构图，低压加热器与高压加热器的结构基本相同，主要区别在于低压加热器没有过热蒸汽冷却区，只有凝结段和疏水冷却段。因其压力较低，故其结构比高压加热器简单一些，管板和壳体的厚度也薄一些。管材均采用不锈钢材料，在加热器的疏水、蒸汽进口设有保护管子的不锈钢缓冲挡板。5、6 号低压加热器为椭圆形自密封人孔门，7、8 号低压加热器为法兰人孔。

低压加热器的蒸汽与凝结水设计为逆流布置的方式，汽侧的蒸汽从上部入口管进入壳体内部，与管中的主凝结水进行热交换，凝结水经疏水流出低压加热器。水侧的主凝结水进入疏水冷却段、疏水凝结段吸热后再进入下一级压力较低的加热器。

三、检修工艺

以 JD-872-1-1 型号低压加热器为例，其检修工艺如下。

（一）人孔拆卸

（1）确认低压加热器各进出汽门、水门已关闭，低压加热器内已降压至零。

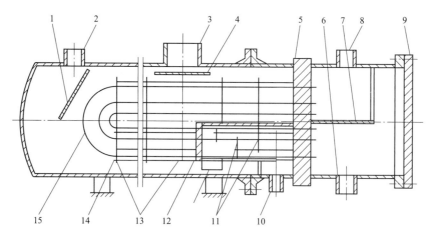

图 12-4　低压加热器结构图

1—防冲板；2—疏水进口；3—蒸汽进口；4—防冲板；5—管板；6—给水进口；

7—水室隔板；8—给水出口；9—法兰；10—疏水出口；11—疏水冷却段隔板；

12—疏水冷却段端板；13—凝结水隔板；14—拉杆及定位管；15—U 形管束

（2）拆卸低压加热器人孔门，通风充分后检修人员方可进入。

（二）管束试压检漏

1. 气压法

（1）关闭低压加热器疏水门、放水门，拆汽侧上部空气管法兰，将压缩空气管接至汽侧放空气门。

（2）通压缩空气，待压力达到 0.1MPa 后进行检漏。

（3）用准备好的肥皂水对每一根管子进行检漏。

2. 注水法

汽侧注入水，若有水从管口流出则该加热管为漏管。

（三）堵漏

（1）对于查出漏点，使用专用堵头将泄漏的钢管上下两端封堵，并做好标记。

（2）焊接后着色检查堵管焊缝，不允许有线状显示。

（3）修补结束后，管束用压缩空气先进行试验，条件允许进行水压试验。修补堆焊处，管孔严密不漏水和渗水。

（四）壳体外部、水室检查

（1）检查水室及筒体内壁。筒体应无明显汽水冲刷减薄和腐蚀。

（2）检查水室隔板无变形。

（3）低压加热器筒体和封头焊缝金相检查。

（4）水位计检查。

（5）安全门及安全附件检查。

（五）人孔门回装

（1）检查和清洁人孔盖，用金属刷和砂布清理人孔盖与水室接触面，并清洁所有螺纹表面，双头螺栓涂上合适的润滑剂。

（2）装复分流隔板盖板。

（3）装复取水室给水入口管封堵盖板。

（4）清理水室遗留物，清点工具、材料，确认无误后方可进行下一步工作。

（5）更换新人孔盖密封垫圈装复人孔盖。

（6）进行泄漏试验，检查人孔接合面密封无泄漏，给水达到运行压力后，人孔螺栓复紧。

四、检修质量标准

（1）上、下水室都要检漏，即每一根 U 形管的两端都要进行检漏，以免错误判断。

（2）已堵管束的根数及方位记录，记录在专用记录卡中。

（3）水位计指示正确，无乱码现象。

（4）安全门及安全附件齐全，动作灵敏、可靠，指示准确，校验整定数值。

五、常见故障分析及处理措施

低压加热器常见故障及产生原因分析和处理措施见表 12-2。

表 12-2　低压加热器常见故障及产生原因分析和处理措施

故障现象	产生原因分析	处理措施
加热器管泄漏	受热交换管发生剧烈振动、隔板之间发生强烈摩擦的影响	定期检查，尤其是最外面两层管排，发现有泄漏、减薄、变形的管子要及时采取措施
	管板基本金属与堆焊层裂纹	提高堆焊质量

第三节　轴封加热器

一、轴封加热器概述

轴封加热器用于汽轮机轴封系统，其主要作用是用凝结水来冷却各段轴封和高、中压主蒸汽调节阀阀杆抽出的汽-气混合物，在轴封加热器汽侧腔室内形成并维持一定的真空，防止蒸汽从轴封端泄漏。使混合物中的蒸汽凝结成水，从而回收工质。将汽-气混合物的热量传给凝结水，提高了汽轮机热力系统的经济性。同时，又分离了空气，保证汽缸轴封系统正常工作。

为保证启动和低负荷时有足够的凝结水流经轴封冷却器，在轴封冷却器之后接出一路凝结水最小流量再循环管路。为分离轴封系统蒸汽，以防止蒸汽漏入大气及汽轮机油系统，轴封加热器除了具有一定的冷却面积外，还需要保证汽轮机系统保持恒定的微负压，为此，轴封加热器配置两台轴封加热器风机（一台运行一台备用），该系统设置一台100％容量的不锈钢管轴封蒸汽冷却器。不凝结气体由一台轴封加热器风机排出，风机进口设有压力开关，当运行风机跳闸或轴封冷却器内压力低时，备用轴封加热器风机自启。

二、轴封加热器的结构

图 12-5 所示为 JQ-150-3 型轴封加热器结构图，其形式为表面式热交换器，由壳体、管系、水室等部分组成，水室设有冷却水进出管。轴封加热器的管系由弯曲半径不等的 U 形管和管板及折流板等组成，管系在壳体内可自由膨胀，下部装有滚轮，以便检修时抽出和装入管系。U 形管采用不锈钢管，可延长冷却管受空气中氨腐蚀的使用寿命。壳体设有蒸汽空气混合物进口管、出口管、疏水出口管、事故疏水接口管及水位指示器接口管等。在冷却水进出口管和汽-气混合物进口管上装有温度计，汽-气混合物进口管上装有压力表，供运行监视用。

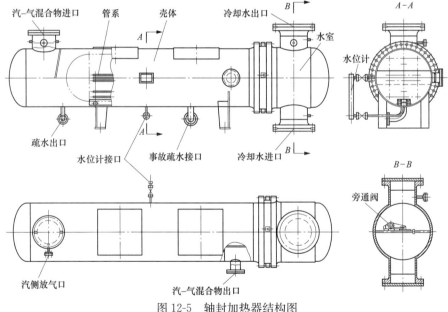

图 12-5　轴封加热器结构图

轴封加热器在正常运行中，100％的凝结水进入轴封加热器的水室后，一部分作为冷却水经 U 形管折流返回到水室出水口，其余的凝结水经过内旁通阀由进水室直接流入出水室，两部分水汇合后流出加热器。汽-气混合物进入轴封加热器汽侧壳体后，在换热管（U 形管）外迂回流动，通过换热管与冷却水进行热交换，使凝结水温度升高，而汽-气混合物中绝大部分蒸汽凝结成水，通过疏水出口管，经水封管进入凝汽器，不凝结的气体和少量蒸汽则由轴封风机抽出并排入大气。

三、检修工艺

以 JQ-150-3 型轴封加热器为例，其检修工艺如下。

（一）人孔拆卸

（1）拆除保温，拆去人孔盖法兰螺栓。

（2）清理干净人孔盖密封接合面，对接合面螺栓用煤油、钢丝刷清洗。

（二）管束试压检漏

（1）将加热器汽侧所有的出入口阀关闭。

（2）在汽侧用压缩空气或采用汽侧灌水方法进行查漏。

（3）检查轴封加热器泄漏点部位，确定泄漏具体位置、情况。

（三）管孔堵漏

（1）若发现胀口有轻微泄漏可进行补胀，若有裂纹或冲蚀凹坑，应进行打磨后补焊，在焊接时应保护好管板和管口，不得损伤；补焊裂纹和堵漏管子时不伤到附近管板和管子。

（2）若管束有泄漏，确定受损管子，用合适的锥形堵头对所漏的管子进行封堵，堵头插进管子的深度为 2/3 左右，留在外面堵头为 15～20mm。然后用小锤把堵头尾部敲与管口平齐，进行焊接。

（四）壳体、水室检查

（1）检查水室及筒体内壁应无明显汽水冲刷减薄和腐蚀。

（2）检查水室隔板无变形。

（3）轴封加热器筒体和封头焊缝金相检查。

（五）轴封加热器风机检查

（1）联系电气拆电动机线，拆除轴封加热器风机端盖，将电动机及端盖连同叶轮一同取出。

（2）用专用工具将叶轮拔出。

（3）测量叶轮轴头晃度。

（4）测量叶轮与轴径向间隙。

（5）检查风叶与轮毂铆接情况。

（6）检查叶轮与壳体。

（六）人孔门回装

（1）检查和清洁人孔盖，用金属刷和砂布清理人孔盖与水室接触面，并清洁所有螺纹表面，双头螺栓涂上合适的润滑剂。

（2）人孔装复后，对壳程、管程分别进行水压试验，如果在水压试验时出现泄漏情况，则必须进行消除。

四、检修质量标准

（1）法兰螺栓应无裂纹、毛刺、乱扣、翻边，配合良好。

（2）上下水室同时检漏，即每一根 U 形管的两端都要进行检漏，以免错误判断。

（3）记录已堵管束的根数及方位，登记在专用记录卡中。

（4）焊接时管口清理干净，无水渍。

（5）风机叶轮轴头晃度小于 0.10mm。

（6）叶轮与外壳完好无损，叶轮无变形、扭曲等现象，组装后，手动盘车灵活，无卡涩、摩擦等现象，运行后振动符合标准。

（7）清理水室遗留物，清点工具、材料，确认无误后方可进行下一步工作。

五、常见故障分析及处理措施

轴封加热器常见故障及产生原因分析和处理措施见表 12-3。

表 12-3　轴封加热器常见故障及产生原因分析和处理措施

序号	故障现象	产生原因分析	处理措施
1	加热器管泄漏	受热交换管发生剧烈振动、隔板之间发生强烈摩擦的影响	定期检查，尤其是最外面两层管排，发现有泄漏、减薄、变形的管子要及时采取措施
		管板基本金属与堆焊层裂纹	提高堆焊质量
2	轴封加热器风机跳闸	轴封加热器汽侧疏水量大，风机保护跳	增加疏水管径

六、典型故障分析及防范措施

轴封加热器风机跳闸故障分析及防范措施如下。

（一）事件经过

2019 年 9 月 20 日，机组负荷为 580MW，AGC 投入，机组正常运行。A 轴封加热器风机运行，B 轴封加热器风机联锁备用。轴封加热器负压为 7.13kPa，凝结水系统运行正常，就地轴封加热器液位约为 120mm，DCS 无液位信号及报警；轴封母管压力为 30kPa，减温器后温度为 110℃，轴低压母管温度：4、5 号瓦间为 201℃，6 号瓦前为 192℃，3 号瓦轴封混合腔室为 164℃，6 号瓦轴封混合腔室为 132℃，7B 给水泵汽轮机轴封温度为 195℃；高压段轴封温度为 293℃，压力约为 38kPa；轴封溢流阀关闭（压力设定为 33kPa，反馈约 1.94% 误差），辅助蒸汽供轴封调节汽门约 13% 开度，轴封减温水调节汽门约 24% 开度，系统运行正常。

（二）原因分析

7B 轴封加热器风机联启后与 7A 轴封加热器风机同时跳闸，均为过载开关热偶动作，分析原因应为风机蜗壳内积水导致。由于 7B 轴封加热器风机蜗壳底部疏水管疏水不畅，造成壳体内积水高于叶轮外缘，当 7B 轴封加热器风机联启时，其蜗壳内积水由出口打至运行轴封加热器风机，造成两台风机几乎同时过载跳闸。由于轴封加热器风机无"辅机跳闸与联动"的相关报警，发现不够及时。

（三）处理及防范措施

轴封加热器风机蜗壳底部疏水不合理，放水管疏水不畅。将目前轴封加热器风机蜗壳底部疏水管与无压放水系统断开，加装接水漏斗。将轴封加热器风机蜗壳底部疏水接口扩大，由 G3/8″ 增大至 G1″，并将疏水管直径由 $\phi25$ 放大至 $\phi32$。轴封加热器系统存在泄漏可能性，现场对轴封加热器系统可能存在的渗漏点进行逐一排查，因轴封加热器风机无"辅机跳闸与联动、轴封加热器压力高"的相关报警，导致运行人员发现不及时，运行部负责对 DCS 报警画面进行梳理，增加轴封加热器风机跳闸与联动报警。

第四节　除　氧　器

一、除氧器概述

当给水中含有过量空气（氧气）时，影响热力设备和管道系统的工作可靠性和寿命。因为给水中的氧气会造成金属的腐蚀，影响传热效果，降低传热效率。为了保证电厂安全经济运行，必须不断地从锅炉给水中清除掉生产过程中溶解于水中的气体（氧），所以，称为给水除氧过程，其设备称为除氧器。

除氧器的作用是除去锅炉给水中溶解氧和其他不凝结气体，减少设备腐蚀和保证换热效果。其方法为蒸汽与给水直接混合，将给水加热至高压除氧器运行压力所对应的饱和温度，水面上部的气压几乎全部由水蒸气产生，从而使得其他气体的分压力大大减小，接近于零，这样就会使溶解在水中的氧气及其他气体从水中逸出，从而达到除去给水中氧气及其他不凝结气体的目的。除氧器是一种混合式加热器，高压加热器的疏水、化学补水及全厂各处水质合格的高压疏水、排汽等均可汇入除氧器加以利用，减少发电厂的汽水损失。

当前，我国电厂中应用的传统除氧器都是由除氧头和给水箱两部分组成，除氧头负责对给水进行加热除氧，给水箱的功能是储存除过氧的水，供锅炉使用。传统除氧器根据除氧头与给水箱的相对轴线和连接方式有三种形式：立式单封头除氧器、立式双封头除氧器和卧式双封头除氧器。近年来荷兰 STORK 公司研制出一种内置式除氧器（又称无头式除氧器），这种除氧器的特点是将除氧头和给水箱合并成一个容器，在该容器中对进水同时完成除氧和储水两个功能。容器上的最大开孔是人孔，其直径不大于 $\phi500$，这种除氧器受力均匀，具有较好的强度和刚度。

二、除氧器的结构

图 12-6 所示为 YY-2250 型内置式除氧器结构图。内置式除氧器的正常

水位通常设在除氧器纵向中心线上或稍高的位置，在除氧器的汽侧空间布置喷嘴组件。每个蒸汽入口前均设置汽平衡管，以防止机组甩负荷时除氧器中的水倒吸至蒸汽管道中，对机组的安全运行造成威胁。

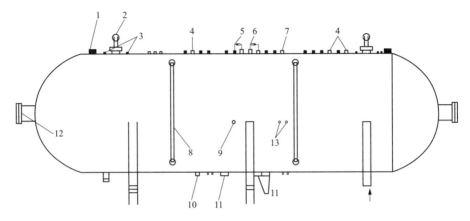

图 12-6　内置式除氧器结构图

1—安全阀；2—进水口；3—排气口（每个喷嘴周围 4 个）；4—再循环接口；

5—四段抽汽供汽接口；6—辅助蒸汽供汽接口；7—高压加热器疏水接口；8—就地水位计；

9—溢流口；10—放水口；11—出水口；12—人孔；13—压力测点

　　由于单容器结构取消了除氧头，避免了水箱与除氧头处的应力裂纹，筒体具有较高的强度和较小的应力。此外，由于加热蒸汽从水下送入，使蒸汽迅速减温，除氧器的工作温度为水箱内运行压力下蒸汽的饱和温度，水箱内的温度场分布均匀，使除氧器整体工作温度水平降低，金属热疲劳寿命大大提高，使用寿命大于 30 年。

　　正常运行时，除氧器的储水量能维持 BMCR 工况运行 5～10min；除氧器在正常运行情况下（滑压运行），除氧器出口含氧量小于或等于 5μg/L；除氧器排汽损失（T-MCR 工况）为 140kg/h。

　　1. 除氧器喷嘴

　　由于内置式除氧器的除氧空间小，要求除氧元件具有较高的传热传质性能，特别是在要求较大进出水温升时，传统除氧器的大部分除氧元件已不能满足要求，为此在内置式除氧器中采用了碟形 stork 恒速喷嘴，如图 12-7 所示（见彩插）。喷嘴由 9 个喷水圆盘和 4 个加强环组成，每个喷水圆盘由上、下两个不锈钢碟形盘组成，在每个碟形盘的内侧边缘各有一个凸形半圆环。进水由上部进入各个碟形盘内侧，在水压作用下，具有弹性的上下碟形盘产生上下位移，使碟形盘内侧的一对凸形半圆环之间产生"张口"，形成一道环形截面，进水通过环形截面和碟形盘的外缘口喷出，形成一层水膜环。当进水流量减少时，进水压力降低，上下碟形盘在弹力作用下，内侧一对凸形半圆环之间的环形截面减小，喷嘴的喷水量相应减小。在没有进水时，一对凸形半圆环全部关闭，喷嘴停止喷水。迭式圆盘形喷嘴正常工作时，加热蒸汽自下而上加热水膜环。逸出的氧气自喷嘴两侧的排气口排向大气。

2. 安全阀

为防止除氧器超压，除氧器装有两个安全阀，其中一只动作压力为1.3MPa，另一只动作压力为1.4MPa。单个安全阀的通流量为52.827t/h。

3. 溢流管

除氧器水位过高可能引起除氧器超压，当除氧器水位失控甚至满水时可能使汽轮机进水，造成恶性事故。因此除氧器内设有除氧器溢流与放水口，并在顺序控制中设有高水位限制。

除氧器供汽方式：除氧器的两路汽源四抽和辅助蒸汽均引入底部，任一路均能满足除氧和加热的要求。除氧器采用滑压运行方式，滑压运行时其压力跟随机组的负荷而变化，其抽汽管路上有防止汽轮机进水进汽的电动关断阀与止回阀，不设调节阀。

4. 蒸汽平衡管与止回阀

为避免蒸汽管内返水，在每个加热蒸汽管路上均设一路蒸汽平衡管，平衡管上装有止回阀，正常运行时供汽管内的压力大于除氧器内部压力，止回阀关闭，蒸汽经供汽管引入水面以下；当供汽压力突降使除氧器内部压力高于供汽管道内压力时，在此压差的作用下止回阀打开，使除氧器内部压力降至供汽管内的压力，防止因除氧器的压力过高，使水箱内的给水返入蒸汽管内。

汽轮机抽汽在加热器内和给水直接混合，蒸汽凝结成水，其汽化潜热释放到水中，压力温度相同，端差为0。除氧器即为一种混合式加热器，是一种适用于定、滑压运行的卧式除氧设备。正常运行由汽轮机的四级抽汽供汽，启动时由辅助蒸汽系统供汽。蒸汽与来自低压加热器的凝结水进行混合传热和传质，迅速将凝结水加热至工作压力下的饱和温度，除去溶解于给水中的氧气及其他气体，防止或减轻锅炉、汽轮机及其附属设备的氧腐蚀。

三、检修工艺

以YY-2250型内置式除氧器为例，其检修工艺如下。

1. 人孔门及附件解体

（1）确认除氧器各进出汽门、水门已关闭，除氧器内已降压至零。

（2）拆卸除氧器人孔门，充分通风，气体检测合格后，检修人员方可进入。

（3）拆除翻板水位计下端盲板，取出浮筒。

（4）解体除氧器安全门。

2. 除氧器水室检修

（1）对水室内部进行金属检验项目检查，按要求打磨焊口。

（2）清扫检查挡水板及隔板，对开焊的挡水板及隔板进行加固，并记录在案。

（3）检查水箱壁的锈蚀、壁厚状况，并进行探伤检查，重点检查部位为水线以下的焊缝（焊缝为中心，左右各 90mm 宽需打磨），对检查发现的问题应进行挖补处理。要求各焊缝完好、无裂纹，支框架无明显的腐蚀、冲刷及其他缺陷。

（4）清理各喷淋管道及水室内杂物，保证水室内清洁。

3. 喷嘴的检修

（1）将拆下的喷嘴在除氧器外部进行解体检查。

（2）用吊耳从喷嘴中吊出流量分配器，并记录齿边上每个碟片的编号，以便回装时按照顺序安装。

（3）拆下连接棒，将喷嘴完全解体，如图 12-8 所示（见彩插）。

（4）清理接合面，检查接合面有无划痕、裂纹，如果损坏及时更换。

（5）与拆卸时的顺序相反进行重装。

（6）在整个回装过程中，须保证部件的清洁。如有杂物脏物落入，应及时清理干净。

（7）检查有问题的喷嘴要及时进行更换，然后按照要求将喷嘴逐一进行回装。

4. 除氧器外部检修

（1）对筒外壁进行金相检查，筒体应无明显汽水冲刷减薄和腐蚀，如图 12-9 所示（见彩插）。

（2）滑动支座无裂纹、碎裂，能自由移动，支承面平整、受力均匀，辊子与底部和支座间清洁，接触面密实、无间隙。

（3）水位计回装。

（4）安全门及安全附件回装。

5. 人孔门回装

（1）检查管口封堵全部拆除，确认内部无杂物、工具、材料，清点人员、工具数目，核对材料的使用。

（2）清理、清点完毕后，清理干净除氧器人孔门法兰接合面（法兰接合面平整），放置人孔盖密封垫，装好除氧器人孔盖，并紧好螺栓。

（3）检修工作完毕，清理好现场。

（4）进行泄漏试验，检查人孔接合面密封无泄漏，给水达到运行压力后，人孔双螺栓复紧。

四、检修质量标准

（1）通入压缩空气或使用轴流风机向里通风，严禁通入氧气，条件允许后方可进入水室。

（2）在水室内接好行灯照明，将水箱下降管及其他管口用专用封堵封好，并做好记录，通知化学监督人员现场取样。

（3）对焊缝壁厚、材质进行测试检查，所有的焊缝、封头、过渡区和其他应力集中部位无裂纹或断裂。

（4）除氧器内部各部件无裂纹、吹损、腐蚀、脱焊。布水槽钢、栅架平整、清洁，无垃圾、杂物，连接固定螺栓、固定支架在基础上固定良好，基础无裂纹，固定螺栓无松动，支座无歪斜、下沉，支座钢板焊缝无裂纹。

（5）恒速喷嘴的喷嘴板、压缩弹簧等无腐蚀、变形、裂纹等，喷嘴固定螺母完好、无松动，喷嘴特性无明显改变。

（6）容器外表面、三角及对焊缝根据单限进行抽检。

（7）法兰平面平整，无锈蚀、吹损、径向伤痕等，密封垫片完好、无损，螺栓无毛刺、蠕伸、滑牙等。

（8）水位计指示正确，无乱码现象。

（9）安全门及安全附件齐全，动作灵敏、可靠，指示准确，校验整定数值。

（10）防腐层、保温层及设备的铭牌完好。

五、常见故障分析及处理措施

除氧器常见故障及产生原因分析和处理措施见表 12-4。

表 12-4　除氧器常见故障及产生原因分析和处理措施

序号	故障现象	产生原因分析	处理措施
1	支架脱落或变形	1. 负荷过重。 2. 流量过大或蒸汽温度过高	1. 修复或更换支架。 2. 减少温升
2	喷水阀故障	异物卡涩	解体清理，重新调整弹簧
3	压力、水位异常	1. 除氧器的压力突升：进水量突降、机组超负荷运行、高压加热器疏水量大、除氧器的压力调节阀失灵。 2. 除氧器的压力突降：除氧器的进水量、压力与负荷不匹配。 3. 除氧器水位异常：进、出水失去平衡和除氧器内部压力突变引起。	1. 检查原因，并作相应处理，必要时可手动调节除氧器压力，避免除氧器超压运行持续。 2. 检查进水量、压力与负荷匹配度，若加热汽源为辅助蒸汽，注意监视辅助蒸汽压力调节阀的动作是否正常。 3. 找出进、出水失去平衡和除氧器内部压力突变原因并针对处理，不可盲目调节，防止除氧器满水
4	除氧器水箱壳体损坏	受蒸汽或疏水冲击	进行补焊，再作打磨处理

六、典型故障分析及防范措施

除氧器预留管口盲板爆裂故障分析及防范措施加下。

（一）事件经过

某日某点某分，除氧器预留管口盲板突然爆裂，飞出的盲板落至 5 号机组 B 低压缸南侧，如图 12-10 所示（见彩插）。

（二）原因分析

（1）故障盲管堵板为高压加热器疏水至除氧器备用口堵板，机组长期运行过程中，在工作应力和热应力的作用下，最终导致突然爆开。

（2）焊接无孔平端盖不符合国家标准要求，实测堵板厚度为 8mm、材质为 20 钢，属于 GB/T 16507.4《水管锅炉　第 4 部分：受压元件强度计算》中无孔平端盖。

（3）盲管与堵板属未焊透结构，与标准规定的结构形式不符。

（4）堵板侧的实测焊缝宽度为 2.5～3mm，焊缝强度严重不足。

（5）该未焊透结构易形成应力集中，诱发裂纹产生。

（6）堵板厚度不合格。

（三）处理及防范措施

（1）坡口加工采用机械打磨，加工成 V 形坡口，坡度保证在 30°～40°。管道对口连接时，不得有偏斜、错口或不同心等现象。

（2）根据 GB/T 16507.4《水管锅炉　第 4 部分：受压元件强度计算》，堵板厚度由 8mm 增加为 18mm。

第五节　凝　汽　器

一、凝汽器概述

凝汽器是使驱动汽轮机做功后排出的蒸汽变成凝结水的热交换设备。蒸汽在汽轮机内完成一个膨胀过程后，在凝结过程中，排汽体积急剧缩小，原来被蒸汽充满的空间形成了高度真空。凝结水则通过凝结水泵经给水加热器、给水泵等输送进锅炉，从而保证整个热力循环的连续进行。为防止凝结水中含氧量增加而引起管道腐蚀，现代大容量汽轮机的凝汽器内还设有真空除氧器。

凝汽器的主要作用如下。

（1）在汽轮机排汽口造成较高真空，使蒸汽在汽轮机中膨胀到最低压力，增大蒸汽在汽轮机中的可用焓降，提高循环热效率。

（2）将汽轮机的低压缸排出的蒸汽凝结成水，重新送回锅炉进行循环。

（3）汇集各种疏水，减少汽水损失。

（4）凝汽器也用于增加除盐水（正常补水）。

凝汽器还有除氧的功能，又是热力系统中压力最低的汽、水汇集器，接收机组启、停时旁路系统排出的蒸汽，凝结水再循环及热力系统各种疏放水。在汽轮机运行中，允许凝汽器半侧清洗半侧运行，且可以带 60%～70% 负荷，运行时间小于 24h。为了使汽轮机排汽凝结，凝汽器需要大量的循环冷却水。对于沿江、沿海地区采用开式循环冷却方式，对于水源离电厂较远，采用冷却塔闭式循环冷却方式，水源不足地区采用空冷设备冷却方式。

当机组容量达到 600MW 甚至更大等级时，由于材料、叶片制造工艺、机组空间布置等方面的限制，采用多压凝汽器成了现代大型电站凝汽器研制发展的一个必然的重要方向，采用多压可以降低热耗，减小凝汽器表面积，减少冷却水量，改进设备布置和运行。

二、凝汽器的结构

双压式凝汽器由一个串联冷却水冷却汽轮机低压缸排出的蒸汽，使得蒸汽在分隔开的两个不同压力的凝汽器汽室中凝结成水，图 12-11 所示为 N-34000 型凝汽器结构图，该凝汽器为双背压、双壳体、单流程、表面式凝汽器，横向布管，由低压侧的凝汽器 A 与高压侧的凝汽器 B 组成，主要包括外壳、水室、端盖、管板、隔板、冷却水管。凝汽器按汽轮机 T-MCR 工况进行设计，当冷却水温为 20℃时，平均背压为 4.9kPa。正常运行工况时凝汽器出口凝结水的含氧量不超过 20μg/L，凝汽器出口凝结水的过冷度不大于 0.5℃。

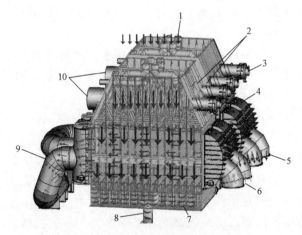

图 12-11　凝汽器结构图

1—汽轮机－凝汽器排汽接管；2—7A7B 低压加热器接口；3—低压旁路接管；4—水室放气孔；
5—循环水出口；6—循环水入口；7—凝汽器热井；8—凝结水管；
9—循环水管；10—给水泵汽轮机排汽接口

该凝汽器主要由接颈、壳体、水室、排汽接管和汽轮机旁路的第三级减温减压装置组成，每个凝汽器底部用五个大支墩支撑。接颈由碳钢板焊接而成，内部采用钢管支撑，以保证其强度与刚度。接颈内布置有汽轮机 5～8 号抽汽管，为安装 7、8 号组合式低压加热器，在接颈侧板上开设有孔洞，内部有支承板，其中 5～6 号抽汽管分别通过接颈，穿壁引出，接颈内的所有抽汽管道均设有不锈钢多波形膨胀节，以吸收管道膨胀。汽轮机旁路的第三级减温减压装置和给水泵汽轮机的排汽管布置在侧面。壳体内布置管束，管束与管束之间设计有合理的流速通过汽道，保证凝汽器的性能。管束中部设置有挡汽板隔出的空气冷却区，以使汽-气混合物及非凝结气体通过该区域再次冷却，并通过抽空气管由空冷区域顶部引出，从接颈穿壁而出。在前、后管板内侧下方，设有检漏用收集装置。热井布置在管束的下方，低压凝汽器 A 的热井用隔板一隔为二，并保证各自的密封，凝汽器 A 所形成的凝结水引入高压凝汽器 B 的两个水平放置的淋水盘，再经淋水盘上的小孔流入凝汽器 B 热井，被凝汽器 B 中的蒸汽加热至相应的饱和温度，并由布置在凝汽器 A 热井中的疏水管引出。水室由圆弧曲面碳钢板焊接而成，其外壁用筋板加强，使水室整体刚性好，质量轻。每个水室外侧装设有两个人孔，以便检修人员进出。热井内部用挡板分隔开，并配有接头，以便测量水室内管束的导电度，配有检漏装置以检测凝汽器管子是否损坏。

在凝汽器的主凝结区，低压缸排出的蒸汽进入凝汽器后，迅速地分布于冷却管全面积上，通过管束间和两侧的通道使蒸汽沿冷却管表面进行热交换并被凝结成水，部分蒸汽和被冷却的空气汇集到空冷区的抽气管内，被真空系统的真空泵抽出。

双背压凝汽器与单压凝汽器相比具有以下优点。

（1）双背压凝汽器从根本上改善了蒸汽负荷的不均匀性，从而提高了凝汽器的传热性能。

（2）双背压凝汽器在传热过程中，冷却水温度除了在进口处和出口处与单压凝汽器相等外，做功过程损失均比单压凝汽器低，因此多压凝汽器的传热性能优于单压凝汽器。

（3）把低压侧温度较低的凝结水设法送往高压侧回热，利用高压汽室中的蒸汽将它加热到比单背压凝汽器凝结水温度更高的温度，则送往锅炉的凝结水温度将高于平均温度，从而可使整个系统循环热效率进一步提高。

（4）双背压凝汽器的平均背压低于相同条件下单背压凝汽器的背压，这样就增大了汽轮机在低压缸处的焓降，提高了整个机组的经济性。一般来说采用双背压凝汽器，机组热效率可提高 0.15%～0.25%。

三、检修工艺

以 N-34000 型凝汽器检修为例，其检修工艺如下。

1. 修前安全准备

（1）关闭凝汽器循环水出入口门，切断凝汽器进水和出水。

（2）打开凝汽器出入口管道和水室放水门和出口管空气门，排尽存水。

（3）打开进、出水室人孔门，确保空气流通，方可进入水室工作。水室内部的工作照明采用 12V 安全电压。

（4）水室排水口上部使用木板搭设脚手架，防坠落排水口。

（5）进入凝汽器内工作，外面必须有专人监护。

2. 水侧检查

(1) 清理水室内的杂物，检查水室内壁裂纹、腐蚀、脏污，如发现有问题及时修复。

(2) 检查钛管内壁的清洁状况。若有松软的污垢时，可用毛刷去除或用压力水冲洗；若有大量硬垢，须取硬垢的试样，经过化学分析确定其成分后进行酸洗（建议使用高压水冲洗）。

(3) 出入口水管内的污泥、杂物清除干净。

(4) 水室放水门解体检查，门芯密封面研磨，换门密封垫，加盘根。

3. 汽侧检查

(1) 打开气侧人孔、热水井人孔，通知化学水处理采样。

(2) 进入凝汽器汽侧，清理壳内及钛管表面的杂物和脏物。

(3) 检查钛管有无冲刷、外形的汽蚀程度，发现问题须及时处理。

(4) 检查防冲刷板、管板、支承板、支架有无损坏，所有对外接口防护板（罩）及壳体内壁，重点检查焊缝部位，发现裂纹须及时进行补焊处理。

(5) 检查热水井，滤网孔无堵塞，清扫热水井里沉淀物，滤网无损坏。

(6) 如装有磁性格栅，对磁棒铁粉进行清理。

(7) 彻底清理汽侧铁锈等杂质，保证启机后给水品质。

(8) 检查完成后，清理杂物，清点人员工具材料等，确认无误后，方可关闭汽侧人孔门。

4. 运行中检漏

(1) 根据取样判断确定凝汽器泄漏部位，降负荷进行凝汽器单侧隔离，放尽该侧水室内的存水。

(2) 打开水室人孔门，进入水室内。

(3) 用蜡烛火焰、塑料薄膜或检漏仪在管口处检查。由于凝汽器汽侧的真空抽吸作用，就会在破裂的钛管的管口处（或破裂的钛管与管板的接合处）形成抽吸的低压区。这个抽吸的低压区可以用火焰、塑料薄膜、检漏仪检验出来。

5. 停机检漏

(1) 汽侧水位计放水门接临时水位计（透明胶管），引至高于最上层钛管的位置固定好，并在顶部开一个排气孔。

(2) 打开汽侧钛管上部人孔。

(3) 打开水室人孔门进入水室侧，将钛管内、水室内的水清理干净。

(4) 凝汽器汽侧灌水，灌水水位至最上层钛管 150mm 以上且不浸没低压转子为准，保持静压试验。

(5) 属于管口的渗漏，根据情况采用补胀或补焊的方法消除；属于钛管破裂造成的泄漏，用堵头堵死。堵管的数量不能超过管子总数的 10%，否则须更换钛管。

(6) 对于新安装及大修后投运凝汽器发生的泄漏，重点从低压缸下部进入钛管顶部，检查低压缸落物砸伤钛管情况，发生压扁及破损严重的须堵管或更换。

6. 更换钛管

（1）抽管方法。

1）打磨焊口，用錾子打磨将钢管端部挤成三叶形，将钢管抽出，清理管板管孔。

2）管孔用专用工具打磨干净，无污物、无纵向贯通的沟槽，两端有 $1 \times 45°$的坡口。

3）钢管与管板孔的间隙为 0.25~0.40mm。

（2）换管方法。用细砂布把管板上的管孔打磨光滑，擦拭干净，不得有油污，再把钢管穿入管板管孔内，用胀管器逐根胀好。

（3）胀管操作方法。

1）钛管在管板两端各露出，管内涂以黄油，一端固定，另一端放入胀管器，使它与钛管留一定距离。然后用扳手或电钻等机械转动胀管器，待钛管胀到与管孔壁完全吻合时，胀管器外壳上的止推盘贴近管头时，胀管结束。

2）钛管胀好后，用专用工具进行翻边，可增加胀管强度。

（4）胀管的质量标准及工艺要求。

1）钛管头和管孔用细砂布打磨干净，不允许在纵向上有 0.1mm 以上沟槽。

2）用电钻或其他转动机械胀管时，转速应在 200r/min 以下，不宜过高。

3）胀管前管子与管孔间隙应为 0.2~0.4mm，钢管长应大于两端管板距离 2~4mm。使管子两端应伸出管板 1.5~2mm，不允许管头缩进管板内，胀管深度为管板厚度的 80%~90%，不小于 16mm，不大于管板厚度，胀管后，管端伸出管板 0.4~0.6mm 为宜。

4）管壁金属表面应无脱皮现象，剥落碎片，疤斑、凹坑、开缝裂纹等，否则须换管。

5）胀管应牢固，胀杆细、滚柱短等易造成胀管不足，应重胀。管壁胀薄 4%~6%，防止欠胀和过胀现象，胀口要求平滑、光亮，管子不得有裂纹和明显切痕。

6）管头不应偏歪两边，松紧要均匀。

7. 凝汽器附属设备检查

（1）检查水位计。

（2）检查水室抽真空管路。

（3）检查人孔门。

（4）水室内的工作经检查确已完成，脚手架拆除，清理水室内的杂物，清点人员、工具、材料等，确认无误后，恢复人孔门，紧固好螺栓。

（5）进行泄漏试验，检查人孔接合面密封无泄漏，给水达到运行压力后，人孔双螺栓复紧。

四、检修质量标准

（1）支承板无明显损伤及变形。

（2）淋水盘无脱落、断裂、弯曲变形现象。

（3）汽室无垃圾及其他杂物，壳体内壁及管表面清洁。管束及胀口处应无泄漏。

（4）对堵管及换新管束的数量及位置应做好记录。

（5）管束在隔板管孔部位应无振动、磨损痕迹，表面无锈蚀、无开裂凹痕。

五、常见故障分析及处理措施

凝汽器常见故障及产生原因分析和处理措施见表 12-5。

表 12-5　凝汽器常见故障及产生原因分析和处理措施

序号	故障现象	产生原因分析	处理措施
1	凝汽器钛管泄漏	（1）机组大修时汽侧内部落物砸破钛管。 （2）胀管不足。 （3）循环水中异物冲刷钛管内壁	（1）钛管上部加盖板。 （2）重新胀管。 （3）封堵钛管
2	凝汽器钛管结垢	（1）加氯系统没有正常投运。 （2）循环水流量不足。 （3）循环水中异物附着	（1）投运加氯系统。 （2）提高循环水流量。 （3）冲洗钛管内壁
3	凝汽器水室衬胶损坏	（1）衬胶老化。 （2）循环水中异物冲刷衬胶	（1）修补衬胶。 （2）修补衬胶
4	凝汽器真空下降	（1）循环水系统故障，如循环水泵跳闸，凝汽器循环水进、出口阀误关及循环水母管破裂等。 （2）汽轮机（包括小汽轮机）轴封供汽不正常。 （3）真空泵故障或其工作水温过高、水位不正常。 （4）凝汽器热水井水位过高。 （5）真空系统泄漏。 （6）凝汽器补水箱缺水。 （7）凝汽器钛管脏污。 （8）汽动给水泵密封水回水水封破坏。 （9）真空系统阀门误开	（1）若真空缓慢下降，且凝汽器端差增大，则可能是钛管污脏。 （2）当发现循环水压力急剧下降时，应检查是否循环水泵跳闸或循环水管破裂。当凝汽器出口循环水温差增大时，表示循环水量不足，应设法增加水量。 （3）若轴封系统工作不正常，则应检查辅助蒸汽联箱压力是否正常、轴封加热器疏水是否通畅，并将轴封压力调整至正常值。 （4）若真空泵工作失常，则应检查其电流、汽水分离器水位及工作水温是否正常并进行调整。 （5）若凝汽器水位过高应根据不同的原因调整水位至正常。 （6）如给水泵汽轮机排汽侧真空低影响凝汽器真空，应将机组负荷降至额定负荷的 80% 以下，启动电动给水泵，停运故障给水泵汽轮机并隔绝进行堵漏
5	凝汽器汽侧支承、淋水盘等损坏	（1）被疏水冲刷。 （2）焊缝质量不好开裂	（1）更换或修理。 （2）重新补焊

六、典型故障分析及防范措施

凝汽器管泄漏故障分析及防范措施如下。

（一）事件经过

某电厂运行中发现 7 号机凝结水电导率超过标准值 $0.2\mu s/cm$，且有上升趋势，立即投入锯末，观察水质变化。联系运行通过隔离凝汽器 B 流道，观察水质变化情况，发现凝汽器 B 流道凝结水电导率和 Na 值无变化；隔离凝汽器 A 流道，观察水质变化情况，发现凝汽器 A 流道凝结水电导和 Na 值下降明显，到达标准范围内，判断凝汽器 A 流道存在泄漏情况；通过查找发现 7 号机低压凝汽器 A 流道入口侧从下往上 41 行、从左到右 20 列 1 处，从下往上 20 行、从左到右 27 列 1 处泄漏，合计 2 处泄漏，并进行封堵，如图 12-12 所示（见彩插）。

（二）原因分析

（1）循环水内含杂物对钛管管口进行冲击出现了泄漏，导致凝结水水质不合格，根据现场检查，发现循环水侧有水泥块等杂物卡在钛管管口部位。

（2）在运行中凝汽器内部硬质物体掉落将钛管砸伤，或者落物掉到钛管间长期磨损，导致钛管损伤，引起泄漏。

（三）处理及防范措施

（1）每次循环水泵检修后对循环水前池进行全面清理。

（2）由于循环水系统不具备加装二次滤网的条件，利用停机检修机会对凝汽器水室杂物进行清理。

（3）利用计划检修机会对凝汽器汽侧内部件松动和脱落情况进行检查处理，并取出掉落在凝汽器管束之间的异物。

第六节 空 冷 凝 汽 器

一、空冷凝汽器概述

空冷系统是指汽轮机的排汽引入室外空冷凝汽器内，直接用空气来将排汽凝结。其工艺流程为汽轮机排汽通过大直径的排汽管道引至室外的空冷凝汽器内，布置在空冷凝汽器下方的轴流冷却风机驱动空气流过冷却器外表面，将排汽冷凝为凝结水，凝结水再经凝结水泵送回汽轮机的回热系统。

空冷系统分为直接空气冷却系统和间接空气冷却系统。根据通风方式的不同，又各自分为机械通风和自然通风两种。间接空气冷却系统根据配用的凝汽器不同分为表面式凝汽器和直接接触喷射式凝汽器（也称为混合式或海勒式），其中采用表面式凝汽器的间冷系统根据热交换器的布置方式不同又分为水平式布置方式和垂直式布置方式。

二、空冷凝汽器的结构

图 12-13 所示为直接空冷系统示意图（见彩插），汽轮机排出的乏汽由主排汽管道引出汽机房 A 列外，垂直上升至一定高度后，改为水平管道，再从水平管道分出若干支管分别与空冷凝汽器顶部的蒸汽分配管相连。蒸汽从顺流空冷凝汽器上部配汽管进入，与空气进行表面换热后冷凝，不凝结的汽-气混合物从逆流散热器下部进入，进一步冷凝，然后由抽气器抽出排入大气。冷凝水由凝结水管汇集，排至凝结水箱，由凝结水泵升压，送至锅炉给水系统。

直接空冷系统主要由凝汽器构件、排汽管道系统、凝结水系统、抽真空系统、空气通道、冷却风机（包括电动机减速机风扇叶片变频柜）、冷凝管束等组成。

1. 凝汽器构件

空冷凝汽器由三排翅片管束、蒸汽分配管、管束下联箱、支撑管束的钢架组成。

2. 排汽管道系统

汽轮机低压缸排汽装置出口到与连接各空冷凝汽器的蒸汽分配管之间的管道以及在排汽管道上设置的滑动和固定支座、膨胀补偿器、相关的隔断阀门及起吊设施、安全阀、防爆膜、疏水系统等。

3. 凝结水系统

经空冷凝汽器凝结成的水通过凝结水管道收集到汽轮机排汽装置下的热井中，然后通过凝结水泵送入汽轮机热力系统。

4. 抽真空系统

抽真空系统由 3 台 100％的水环式真空泵以及所需的管道阀门等组成，机组启动和正常运行时抽出空冷凝汽器和其他辅助设备和管道中的空气，建立和维护机组真空。真空泵一用二备，冷态抽空时间为 40min，要求管道系统必须严密不漏。

5. 空气通道

每台风机对应的冷却管束（冷却单元）应有其空气通道，以保证冷空气进入及热空气排出。凝汽器支撑钢架的布置应不影响冷空气进入凝汽器。不同冷却单元之间应设隔墙，以免相邻冷却单元互相影响和相邻风机的停运而降低通风效率。并且隔墙要有一定的强度，以免由于振动而损坏。

对整个冷凝器风道以外的缝隙应采用抗腐蚀板进行封堵，以保证空气通过凝汽器时不走旁路，保证通风量和冷却效果，减少风机电耗。

6. 冷却风机

冷却风机（包括电动机减速机风扇叶片变频柜）采用变频调速技术，风机转速在现场气象条件下，转速可在 30％～100％间调节，环境温度

20℃及以上应能以110％的转速运行，用于逆流凝汽器风机应可以反转。

7. 冷凝管束

冷凝管束单元尺寸为 10 700mm×2388mm，数量为 240 个（顺流）、60 个（逆流），管基横截面尺寸为 72mm×20mm，基管壁厚为 1.5mm，翅片管外形尺寸为 94mm×46.7mm，翅片厚度为 0.35mm，材质均为 ST，排数为 3 排，翅片管总面积为 573.638m² ＋143.409m²，翅化比（散热面积/迎风面积）＝101.12。空气迎风面流速为 2.3m/s，空气通过迎风面质量流速为 2.28kg/（m²·s），排汽母管与支管直径分别为 5.5m 和 2.4m，材质为 ST37。

三、检修工艺

以机力通风冷却塔为例，其检修工艺如下。

（一）塔体检修

（1）应对碳钢结构进行全面的表面防腐处理。

（2）检查连接节点的连接情况，发现松动、移位情况应予以更正。

（3）检查连接螺栓，加涂环氧树脂密封防腐。

（4）修补已破损的玻璃钢。

（二）循环水系统检修

（1）清洗管网及喷头，除去菌藻、污泥及其他一切杂物，对损坏的喷头应及时进行更换。

（2）清洗填料块，消除菌藻、污垢及其他一切杂物，如有较大的破损应予以更换。

（3）清洗弧形收水器，如有较大的破损应予以更换。

（4）彻底清洗水池杂物，检查清洗出口滤网，发现破损处应及时进行更换。

（三）风机检修

（1）电动机由于长期在户外使用，容易腐蚀，大修时应对电动机外壳及电动机支座进行表面防腐处理，电动机解体更换轴承。

（2）检查风机传动轴系，更换联轴器轴套，找中心，对传动系统表面进行防腐处理。

（3）风机减速箱为二级变速，由一对螺旋锥齿轮和一对斜齿圆柱齿组成，大修时，放净箱内润滑油，打开观察窗盖，即可看清箱内两对齿轮的啮合和齿面磨损情况，如图 12-14 所示（见彩插）。应根据齿轮磨损严重程度，决定是否需要成对更换。检查轴承及油封并更换，对箱体表面进行防腐。

（4）减速箱底部截止阀用于减速箱内放油及检查减速箱内润滑油品质而取样，风筒外截止阀用于检修液位计和加油管时，平时打开检查时将关闭，油管端部截止阀用于减速箱塔上放油，检修时应检查所有截止阀能否有效开启或关闭，检查管道系统是否渗油，油表是否密封良好。

（5）风机叶轮由轮毂、叶片组成，叶轮出厂时经过严格的静平衡校正，因此，拆卸后组装必须严格对号定位（包括平衡配重），叶片则应视实际冲刷磨损情况决定是否返修。

四、检修质量标准

减速箱内安装两对齿轮啮合的间隙为 0.15～0.3mm。

第七节　凝汽器清洗系统

在火力发电厂发电机组正常运行过程中，由于水质及温度等原因凝汽器管内壁会结出不同程度的污垢，影响凝汽器换热，造成机组真空降低，增加发电煤耗。凝汽器清洗有多种方法，目前常用的有胶球清洗、离线人工高压水清洗和凝汽器在线清洗机器人清洗。

胶球清洗是利用水流作用使胶球通过冷却管时带走管壁的污垢。停机人工清洗采用高压水管伸入冷却管内部进行清洗，清洗有针对性，需要机组停机或降负荷运行。凝汽器在线清洗机器人，采用水射流清洗的原理，以机械臂定位、绞盘收放清洗软管、高压水泵提供清洗射流的方式，模拟人工清洗过程。凝汽器在线清洗机器人能够实现不停机、高效、低成本的凝汽器清洗，大大提高热电厂的运行效率和安全性。

一、凝汽器海绵胶球清洗系统

（一）凝汽器海绵胶球清洗系统概述

凝汽器海绵胶球清洗系统是汽轮发电机组在运行当中对凝汽器冷却钢管内污垢进行清洗的一套装置。该装置借助水流的作用将大于冷凝管内径的海绵胶球挤进凝汽器冷凝管，对冷凝管进行擦洗，维持冷凝管内壁清洁，保证凝汽器换热效率，从而维持凝汽器的端差和汽轮机背压。胶球清洗装置为在线运行，可进行手动、自动控制；凝汽器通过清洗可始终保持冷凝管（铜管或不锈钢管）处于清洁状态，避免冷凝管内壁腐蚀，改善运行条件，能够延长冷凝管的使用寿命、减轻劳动强度；是保障凝汽器安全运行、提高电厂经济效益不可缺少的装置。

（二）凝汽器海绵胶球清洗系统的结构

图 12-15 所示为凝汽器胶球清洗装置系统示意图，胶球清洗装置由收球网、装球室、胶球泵、分汇器、阀门、管路和电器控制柜构成。

1. 收球网

收球网是胶球清洗系统中的关键设备，收球网为倒 V 形结构，水平安装在凝汽器出水管段上，收球结构为格栅式，网板采用组装式结构，两只

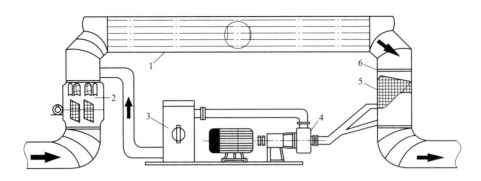

图 12-15　凝汽器胶球清洗装置系统示意图

1—凝汽器；2—二次滤网；3—装球室；4—胶球泵；5—收球网；6—接口管

收球网对称布置。收球网的主要作用是当携带海绵胶球的循环水通过凝汽器管束时，海绵胶球受收球网网板阻挡，沿管道通过胶球泵被输送至装球室、分汇器等阀门管路，再经过循环水入口管重新进入凝汽器进行循环使用。

每个收球网应有两端的法兰、带铰链的人孔门、测量压差的接头、带法兰的出球口网板及电动驱动装置。收球网收球格栅网板设置反冲洗装置，收球装置设置人孔以便于检修。收球网及壳体有足够的刚度，不变形，各转动部件保证转动灵活、不卡死。对收球网的性能要求是既能把胶球从循环冷却水中分离出来，同时又能不漏球、不卡球。

2. 胶球泵

胶球泵是胶球清洗装置中使胶球不断循环的重要动力源之一，胶球泵为胶球的回收和进入循环提供动力。胶球泵出口压力的设定一般略大于循环水进水母管压力，同时胶球泵进口压力比循环水出水母管压力更低，因此，被收球网中截住的胶球会顺着压差被"吸"进通往胶球泵进口的管路，然后胶球泵将从循环出口"吸"进来的循环水提高压力后，连同胶球一起送入循环水进水母管内。对胶球泵的性能要求是不堵球、不切球、抗胶球磨损。胶球泵安装时需要注意胶球泵的入口标高应尽量降低，最好是低于收球网的胶球引出口标高，避免发生气蚀的可能性。

3. 装球室

装球室是胶球清洗系统中用于加球、取球、存储球及观察球循环的装置。装球室由外壳、漏斗、电动切换阀等部件组成，并配有观察窗、排气阀和放水阀。控制装球室运行状态的电动切换阀置于"投球"位置时，球可以自由不断循环在系统中；当装球室电动切换阀置于"收球"位置时，球被阻挡在装球室内，循环水仍能通过，因此投入循环的球全部回收到装球室中。

4. 控制柜

系统运行采用 PLC 程控系统，实现胶球清洗和网板反洗的自动切换以及故障报警与自动保护。根据用户的要求还可以配置网板差压检测、胶球直径检测、胶球回收计数等传感器件，实现智能化监控。

5. 胶球

胶球必须质地柔软富于弹性、气孔均匀贯通、硬度适中，湿态相对密度为 1.00～1.10。使用的胶球湿态直径须比冷却管最小内径大 1.0～2.0mm，球径磨损到不再大于管内径时必须及时更换。胶球使用前须在水中充分浸泡 24h，凡浸泡后膨胀过多、球径超标的胶球必须剔除，不得使用。投入运行的胶球数量应取凝汽器单侧单流程冷却管根数的 8%～12%。

(三) 检修工艺

以某胶球清洗装置为例，检修工艺如下。

(1) 将胶球泵与管道连接的法兰断开。

(2) 松开电动机插接式联轴器定位螺栓，将驱动电动机的地角螺栓拆下抽出电动机。

(3) 解体轴端密封填料的压盖。

(4) 解体胶球泵的端盖，拆除泵壳。

(5) 拆下泵的轴端锁母，注意拆卸的方向与泵的旋转方向是一致的。

(6) 将泵轮从轴上取下，松开机械密封，调整定位螺栓，解体机械密封。

(7) 在传动端，将轴承挡圈取下，用铜棒向电动机侧敲击泵轴，将泵轴连同轴承从泵的电动机端退出。

(四) 检修质量标准

(1) 收球网的网板无脱焊、变形或损坏，与轴连接无松动，活动网板与固定部分之间转动灵活，执行机构手动、电动运转正常，开度指示器准确、无泄漏等。

(2) 胶球泵泵壳内无杂物，动、静部分无摩擦。轴承无磨损，轴端密封无泄漏等。

(3) 装球室的切换阀转动灵活，放水、放气阀无堵塞，轴头无泄漏，开度指示器准确等。

(4) 各阀门的操作灵活、无泄漏，执行机构操作正常，开度指示器准确。

(5) 检查胶球管路无堵塞、杂物、腐蚀、泄漏等。

(6) 对密封件进行无渗漏检查，每次检查后及大修后更换新的密封件。

(五) 常见故障分析及处理措施

凝汽器胶球清洗系统常见故障及产生原因分析和处理措施见表 12-6。

表 12-6　凝汽器胶球清洗系统常见故障及产生原因分析和处理措施

序号	故障现象	产生原因分析	处理措施
1	胶球收球率低	收球网与管壁有间隙跑球	检查收球网有无破损，与循环水管壁间隙是否大
		收球网堵球	清理收球网
		胶球密度小	更换胶球
2	胶球泵振动大	胶球泵轴承损坏	更换轴承

二、凝汽器在线清洗机器人

凝汽器在线清洗机器人的清洗原理和流程是基于物理和化学清洗原理的。其核心机件包括旋转式清洗枪、高压水泵和微泡清洗系统，如图 12-16 所示（见彩插）。通过高压水泵将高压水喷出进行凝汽器内表面清洗，在清洗过程中添加微泡清洗剂，使微小的气泡套住污渍，分拆污渍并提高清洗效率。机器人清洗系统控制信号驱动移动（伺服）马达，带动 WSD 传动机构和清洗机构沿水平方向往复（定点）行走。清洗水泵通过供水管道、清洗动阀门和水力机械臂向清洗机构提供高压水，经喷嘴喷出后，与循环水形成混合水流进入钛管，加大管内流速和扰动，冲走换热管内阻塞物和泥垢，阻止结垢，实现凝汽器运行中在线清洗。

凝汽器在线清洗机器人基于人工智能技术，自主寻路，根据工艺要求，生成清洗工作路径。根据凝汽器内表面结构进行作业，先进行表面分析，然后进行数据处理，生成清洗程序。同时，机器人还可以绘制评估图表，系统性验证清洗效果。机器人可以在运行时持续收集数据并更新清洗程序，进一步提高清洗效果。此外，机器人还有自动测量导通率和故障检测等功能，确保机器人的正常工作。

凝汽器在线清洗机器人在化工投产前清洗、检修清洗、动火拆除前清洗置换、油罐清洗、化学清洗、钝化预膜等领域都有广泛应用。目前，随着科技的不断发展，无人化、智能化等新技术极大地改变了清洗行业和热电行业。未来，凝汽器清洗机器人将更加智能化，成为清洗行业的主导力量。

三、停机凝汽器人工高压水清洗

（1）凝汽器管高压水冲洗采用压力为 40MPa 的射水枪，两人高到低逐根管路进行冲洗，每根停留时间不低于 30s。

（2）从高到低采用大流量 100L/min 进行清洗。

（3）清洗管内淤泥、污垢、管内杂物，清洗结束后管内表面露出金属光泽。

（4）所有凝汽器钛管逐根清洗，无遗漏。冲洗过后钛管无外力损伤，无损坏。冷却水管的疏通率为100%，管无渗漏。

（5）管口部位采取必要保护措施，防止磕碰损伤。

（6）清洗后，采取措施及时风干金属表面，防止二次浮锈的形成。

四、停机凝汽器子弹头清洗

（1）对水室内部各表面进行清洗，清洗防腐衬胶面表面的污垢，表面光洁。

（2）凝汽器钛管装填子弹头，如图12-17所示（见彩插）。

（3）采用水汽联动枪将子弹头从钛管清洗侧弹射到对侧。将钛管表面腐蚀物、氧化物等杂质清洗干净。

（4）清洗对侧表面四壁，清洗回收子弹头。

第八节　闭式水冷却器

一、闭式水冷却器概述

闭式冷却水系统的作用是向汽轮机、锅炉、发电机的辅助设备提供冷却水，包括汽动给水泵前置泵机械密封冷却器，给水泵汽轮机润滑油冷油器，电动给水泵及前置泵机械密封冷却器，凝结水泵轴承机械密封，EH油冷却器，发电机空、氢侧密封油冷却器，定子水冷却器，空气预热器润滑油冷却器，空气压缩机站，磨煤机润滑油站冷却器，一次风机油站冷却器，送风机油冷却器锅炉启动循环泵绝热室。该系统为闭式回路，设有两台100%闭式循环冷却水泵，一台运行，另一台备用；两台100%容量的闭式循环冷却水热交换器；一台闭式水膨胀水箱、滤网及向各冷却设备提供冷却水的供水管道、关断阀、控制阀等。闭式循环冷却水热交换器内，闭式循环冷却水压力高于循环冷却水压力。闭式水膨胀水箱用来维持闭式循环水泵入口压力，并通过该水箱向系统补水。

二、闭式水冷却器的结构

闭式水冷却器按形式分为两种：一种为水-水板式换热器；另一种为壳管式热交换器。图12-18所示为壳管式闭式水冷却器结构图，主要由壳体、管系、水室等部分组成，管系由弯曲半径不等的U形管和管板及折流板等组成。

闭式冷却水系统采用化学除盐水作为系统工质，用凝结水泵向闭式水膨胀水箱及其系统的管道充水，然后通过闭式冷却水泵升压后，至闭式水热交换器，被循环冷却水冷却之后，流经各冷却设备，然后从冷却设备排出，汇集到闭式循环冷却水回水母管后回到膨胀水箱至闭式冷却水泵入口。

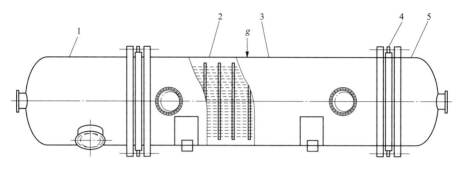

图 12-18 闭式水冷却器结构图

1—混合水室；2—换热管束；3—壳体；4—冷却器放气管；5—冷却水室

三、检修工艺

以 TD-FJ96-6712 型闭式水冷却器为例，其检修工艺如下。

（一）人孔拆卸

（1）松进水室和回水室的螺栓，打开人孔门。

（2）松混合水室人孔门螺栓，打开人孔门。

（3）将开式水侧水室及管束内的淤泥清理干净。

（4）将闭式水侧进、回阀门拆除，用临时堵板将闭式水侧所用开口封死。

（5）取下拆卸专用托架。

（二）管束试压检漏

（1）将作为试验用的水或是压缩空气用临时管道接入闭式水侧升到 0.2～0.3MPa。

（2）在开式水侧的端部管板处满涂被稀释的皂液，如有漏点就会出现很多或很大的皂液泡。

（3）对于查出漏点，使用专用堵头将泄漏的钢管上、下两端封堵，做好标记。

（4）焊接后着色检查堵管焊缝，不允许有线状显示、气孔等。

（5）管束用压缩空气先进行试验，然后按要求进行水压试验。

（三）壳体外部、水室检查

（1）检查水室及筒体内壁检查筒体应无明显汽水冲刷、减薄和腐蚀。

（2）安全门及安全附件检查。

（四）人孔门回装

（1）更换新人孔盖密封垫圈装复人孔盖。

（2）进行泄漏试验，检查人孔接合面密封无泄漏，给水达到运行压力后，人孔双螺栓复紧。

四、检修质量标准

（1）已堵管束的根数及方位记录，记录在专用记录卡中。

（2）安全门及安全附件齐全，动作灵敏可靠，指示准确，校验整定数值。

第九节 循环水旋转滤网

一、循环水旋转滤网概述

循环水旋转滤网用来过滤进入循环水泵的江水或海水杂物，并通过滤网冲洗水将积聚在滤网网板上的脏污及海生物冲至垃圾槽。根据不同型号机组每台循环水泵配有一台或两台旋转滤网，通常采用侧面进水型，两侧网外进水、中间网内出水方式，冲洗方式为从上往下有一定角度倾斜喷水，冲洗滤网采用链轮传动方式。如滤网前后水位差达到 500mm 及以上，在DCS 上报警。

二、循环水旋转滤网的结构

图 12-19 所示为 XKC-3500 型旋转滤网结构图，循环水旋转滤网上部罩壳结构形式采用全封闭不锈钢结构，便于拆卸，并设有透明观察和检修窗

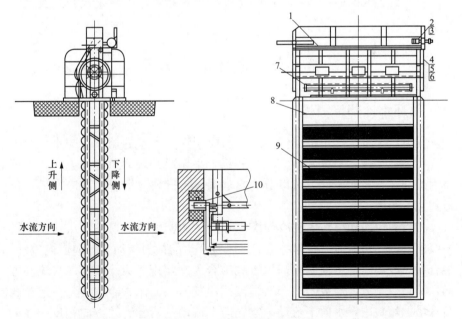

图 12-19 旋转滤网结构图

1—上部机架；2—电动机；3—行星减速器；4—安全保护系统；5—链轮传动系统；
6—链轮罩壳装置；7—冲洗水系统；8—框架与导轨；9—网板；10—预留孔

孔，护罩与土建基础连接处应有止水措施。滤网网板密封采用圆弧啮合式的机械自密封结构，以保证不漏水。滤网应采用链轮传动方式，转动部件的润滑系统保证在高速或低速运转时均应平稳可靠。特殊情况下，旋转滤网能反向点动，链条松紧度可自动调整。旋转滤网设置电动机超负荷过电流、机械双重安全保护，以及链板松动报警装置。

三、检修工艺

以 XKC-3500 型旋转滤网为例，其检修工艺如下。

（1）旋转滤网断电，滤网四周用围栏固定好。

（2）拆卸上部机架罩壳，检查滤网网板、链板及滚轮。

（3）拆卸下网板，清理网板上附着的垃圾。

（4）如果要更换链板，须调松拉紧装置，然后更换链板。

（5）检查链轮传动系统各零部件，特别是链轮上的瓦块。

（6）检查及清理冲洗水管装置。

（7）调整传动链的松紧度。

四、检修质量标准

（1）装配完成后，调整上部机架主轴承，使网板到达合适的松紧度，并试运行滤网。

（2）旋转滤网检修时，周围井坑孔洞用架板封堵，防止检修人员高空坠落。

第十节　循环水冷却塔

一、循环水冷却塔概述

发电厂为了使汽轮机排汽凝结，需要凝汽器大量的循环冷却水。对于电厂所在地水源不足或水源离电厂较远，采用冷却塔通风冷却方式。根据塔内外通风方式的不同，可以分为自然通风冷却塔、混合通风冷却塔、机械通风冷却塔。

自然通风冷却塔是依靠冷却塔内外空气的密度差实现空气从外界环境中流向塔内，机械通风冷却塔是依靠风机产生的抽力带动空气向塔内流动，混合通风冷却塔是将前两种通风方式结合起来实现通风。根据汽水流动方向，又可以划分为逆流式冷却塔横流式冷却塔、混流式冷却塔。在逆流式冷却塔的填料中，水向下流动，空气向上流动，两者流动方向相反，在横流式冷却塔的填料中，水向下流动，空气则从塔外水平方向流入，两者流动方向垂直。根据气水接触方式，可以划分为湿式冷却塔、干式冷却塔、干湿式冷却塔。湿式冷却塔内冷空气和循环水直接接触换热，干式冷却塔内热水在换热管内流动，空气在管外流动，只进行热交换，干湿式冷却塔是将底部水池的水喷洒在换热管表面，冷却换热管内的热水，同时，通过风机使空气从下往上流动，带走水蒸气。双曲线冷水塔冷却效果好，主要原因是气流条件好，以及淋水装置的空气阻力较小。

在上述冷却塔中双曲线结构自然通风逆流湿式冷却塔应用最为广泛。

二、冷却塔的结构

图 12-20 所示为双曲线结构冷却塔结构图，该冷却塔主要由塔壳、收水器、配水系统、填料层、雨区和集水池组成。

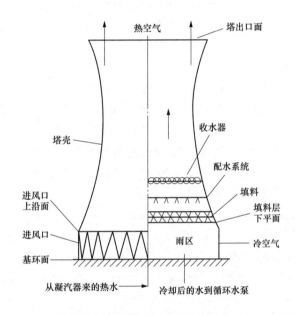

图 12-20 双曲线结构冷却塔结构图

1. 塔壳

大型电厂目前使用的冷却塔结构普遍为双曲线空间结构，一般由钢筋混凝土制成。双曲线结构可以使下部进风口处更易进风，当塔壳由宽变窄时，可以加强"烟囱效应"产生的气流流动，加速热空气从塔顶部流出，并且对于塔体结构的稳定性具有一定增强作用。

2. 收水器

在冷却塔内会产生许多大小不均的水滴，其中细小的水滴由于体积相对较小，会被空气气流携带出塔外，对周围设备和环境带来影响，尤其在冬季，严重时会造成周围建筑、道路结冰。通过设置收水器可以减少空气流动带走的水滴，使水滴重新落回塔内，既能减少循环水的损失，又能防止对周围环境造成污染。为减少空气流动的阻力，目前普遍采用 S 形结构，由玻璃钢或 PVC 制成。

347

3. 配水系统

配水系统将循环水通过喷洒装置按小水滴的方式喷洒出，并均匀散落到填料表面，循环热水能否均匀喷洒在填料表面对冷却塔的冷却性能至关重要，配水系统的形式主要分为槽式、管式、管槽结合式、池式等，要根据冷却塔类型、水质条件等进行合理选择，保证配水均匀性的同时，还要尽量减小由于结构原因带来的通风阻力。

4. 填料层

填料层是冷却塔内实现汽水换热的主要场所之一，占换热量的 60%～70%。当喷淋水均匀散落到填料上后，水滴由滴状流动转变为膜状流动，不但降低了循环水下落速度，增加了冷却时间，同时循环水在填料层处铺展开来，使换热面积增加，增强了换热效果，目前，在电厂双曲线型冷却塔中，多采用 S 波填料。

5. 雨区和集水池

雨区是指循环水从填料层底部下落到集水池的这一段区域，是冷却塔的另一个主要换热场所，换热性能仅次于填料区，进入冷却塔的冷空气先在雨区与流动方向相反的循环水进行换热，然后再进入填料层，最后由集水池收集经过冷却后的循环水，冷却后的循环水会被送到水泵房中，进而送往凝汽器中实现水的循环使用，在这一过程中，通过集水池来收集冷却后的循环水，并维持水量的平衡。

三、检修工艺

（一）配水系统检修

（1）主水槽、分水槽、配水槽应完好、无损，没有裂纹，内壁光滑，防护面完整、良好，以减少水流阻力损失。

（2）喷嘴溅水盘、出水器应清洁完整，无结垢，无杂物；水槽内沉积污泥应清除，防止配水不均。

（3）喷嘴周围和各水槽接口处不漏水，水流分布均匀。

（4）地基无较大的不均匀下沉。

（5）压力管道护面应完整、中央竖井等无泄漏现象，发现裂缝和钢筋外漏时，应采取措施。管道支架和伸缩补偿装置应完好、正常，金属压力水管无振动和锈蚀。

（二）淋水装置检修

（1）淋水装置的网格板应完好、无破碎，层数未减，四周进风口处严实，防止冷风短路。

（2）淋水网格板无结垢、无青苔等附着物，无堵塞网孔，以使在网格板下形成最薄水膜，充分传热，良好冷却。

（3）喷嘴和溅水碟应完整、无损，喷嘴和溅水碟应垂直，上下中心应对正，不能有破碎和堵塞，溅水蝶阀找好正后，应用螺栓上好，固定牢。

（三）通风筒及其斜撑检修

（1）塔筒及斜支撑均应完整、良好，无不均匀沉降损坏，无裂纹、裂缝等现象。

（2）内、外筒壁均涂刷有良好的防水层涂料，如有渗水现象，应补修。

（3）检查水流冲刷和结块冰对水塔的损坏。

（四）检查蓄水池检修

（1）检查水流对水池和沟道的冲刷情况。

（2）水池无裂纹和不均匀下沉现象，应严密不漏水，并定期检查地基有无下沉、渗水等现象。

（3）水池底面应整平、抹光，并有环形沟槽，便于清理冲刷水池。

（4）水池中各主柱和主梁、次梁应完整无损，没有裂纹、露筋，防水层涂料应完好，各梁预埋件焊接牢固。

（5）立柱和池壁、水槽抗水冲蚀，抗化学侵蚀性强，不得疏松、脱落。

（6）水池和回水沟道的淤泥和杂草等定期清除。

（7）排污门应开关灵活，溢流管高度应符合要求。

（五）除水装置检修

（1）除水装置的设置是为了防止过多的水和水蒸气、空气混合通过冷却塔；流向大气，造成过大的循环水损失而增加补水量。

（2）除水装置为成组的波纹板结构，其材料为玻璃纤维和塑料构成，由于工作于一定温度下，玻璃纤维板易变形，塑料易老化变脆。

（六）冬季防冻结装置

（1）为防冬季进风口处结冰，在靠近通风筒壁处装了一圈石棉波浪瓦，使筒壁流下的水离开斜支柱引入水池，入冬前检查挡水板无缺损。

（2）每一主、分水槽外部装有放热水管，进风口内部装有一圈热喷水管，冬季开放热水管，防止进风口结冰、挂冰，入冬前检查使之畅通，气温较低时打开喷水管盖板，气温回升 应立即盖好。

（3）结冰时期，应使用防冻装置或根据冷却塔特性改变运行方式，消除或减轻冷却塔结冰。

（4）冬季结冰期间，冷却塔有关管道、阀门可能冻坏时，均应有保温。

（5）冬季不应将冷却塔水池内积水放空，必须放空时，必须对池底和池壁水泥面层采取保温措施，防止冻裂。

第十三章　阀门与管道

发电厂的热力系统是由热力设备和汽水管道及其各种附件连接而成，其中汽水管道与阀门是不可分割的一部分，是电厂热力系统里分布最广、应用最多的设备与部件，其工作状态直接关系到电厂系统设备的效率和性能，有时还影响到电厂系统及其设备的安全，做好阀门与管道的检修和维护工作，对电厂系统设备的安全经济运行具有重要意义。

第一节　阀门概述

一、阀门的作用

阀门是管路流体输送系统中控制部件，它是用来改变通路断面和介质流动方向的，具有导流、截止、调节、节流、止回、分流或溢流卸压等功能。用于流体控制的阀门，从最简单的截止阀到极为复杂的自控系统中所用的各种阀门，其品种和规格繁多。阀门的公称通径从极微小的仪表阀大至通径达 10m 的工业管路用阀。阀门可用于控制水、蒸汽、油品、气体、各种腐蚀性介质、液态金属等各种类型流体的流动。阀门的工作压力可以从－10MPa 到 1000MPa，工作温度从－269℃的超低温到 1430℃的高温。阀门的控制可采用多种传动方式，如手动、电动、液动、气动、涡轮、电磁动、电磁-液动、电-液动、气-液动、正齿轮、伞齿轮驱动等；可以在压力、温度或其他形式传感信号的作用下，按预定的要求动作，或者不依赖传感信号而进行简单的开启或关闭，阀门依靠驱动或自动机构使启闭件作升降、滑移、旋摆或回转运动，从而改变其流道面积的大小以实现其控制功能。

随着现代工业的不断发展，阀门需求量不断增长，据不完全统计，一个现代化的大型火力发电厂，两台 600MW 容量的机组就需要上千只各式各样的阀门，阀门使用量大，开闭频繁，使用选型或维修不当，容易发生"跑、冒、滴、漏"现象，严重的甚至造成停机等事故。

二、阀门的分类

阀门的用途广泛，种类繁多，分类方法也比较多。具体分类方法如下。

1. 按结构特征分类

（1）截门形：关闭件沿着阀座中心移动。

（2）闸门形：关闭件沿着垂直阀座中心移动。

（3）旋塞和球形：关闭件是柱塞或球，围绕本身的中心线旋转。

（4）旋启形：关闭件围绕阀座外的轴旋转。

（5）碟形：关闭件的圆盘围绕阀座内的轴旋转。

（6）滑阀形：关闭件在垂直于通道的方向滑动。

2. 按结构种类分类

（1）旋塞阀、闸阀、截止阀、球阀：用于开启或关闭管道的介质流动。

（2）止回阀（包括底阀）：用于自动防止管道内的介质倒流。

（3）节流阀：用于调节管道介质的流量。

（4）蝶阀：用于开启或关闭管道内的介质，也可作调节用。

（5）安全阀：用于锅炉、容器设备及管道上，当介质压力超过规定数值时，能自动排除过剩介质压力，保证生产运行安全。

（6）减压阀：用于自动降低管道及设备内介质压力。是使介质经过阀瓣的间隙时，产生阻力造成压力损失，达到减压目的。

（7）疏水器：用于蒸汽管道上自动排除冷凝水，防止蒸汽损失。

3. 按用途分类

（1）开断用：用来接通或切断管路介质，如截止阀、闸阀、球阀、碟阀等。

（2）止回用：用来防止介质倒流，如止回阀。

（3）调节用：用来调节介质的压力和流量，如调节阀、减压阀。

（4）分配用：用来改变介质流向、分配介质，如三通旋塞、分配阀、滑阀等。

（5）安全阀：在介质压力超过规定值时，用来排放多余的介质，保证管路系统及设备安全，如安全阀、事故阀。

（6）其他特殊用途：如疏水阀、放空阀、排污阀等。

4. 按作用分类

（1）截断阀类：主要用于截断或接通介质流。包括闸阀、截止阀、隔膜阀、球阀、旋塞阀、蝶阀、柱塞阀、球塞阀、针形仪表阀等。

（2）调节阀类：主要用于调节介质的流量、压力等。包括调节阀、节流阀、减压阀等。

（3）止回阀类：用于阻止介质倒流。包括各种结构的止回阀。

（4）分流阀类：用于分离、分配或混合介质。包括各种结构的分配阀和疏水阀等。

（5）安全阀类：用于介质超压时的安全保护。包括各种类型的安全阀。

5. 按压力分类

（1）真空阀：绝对压力小于 0.1MPa，即 760mmHg 的阀门。

（2）低压阀：公称压力 PN 小于或等于 1.6MPa 的阀门（包括 PN 小于或等于 1.6MPa 的钢阀）。`

（3）中压阀：公称压力 PN 为 2.5～6.4MPa 的阀门。

（4）高压阀：公称压力 PN 为 2.5～6.4MPa 的阀门。

（5）超高压阀：公称压力 PN 大于或等于 100.0MPa 的阀门。

6. 按介质的温度分类

（1）普通阀门：适用于介质温度为－40～425℃的阀门。

（2）高温阀门：适用于介质温度为 425～600℃的阀门。

（3）耐热阀门：适用于介质温度在 600℃以上的阀门。

（4）低温阀门：适用于介质温度为－40～－150℃的阀门。

（5）超低温阀门：适用于介质温度在－150℃以下的阀门。

7. 按公称通径分类

（1）小口径阀门：公称通径 DN 小于 40mm 的阀门。

（2）中口径阀门：公称通径 DN 为 50～300mm 的阀门。

（3）大口径阀门：公称通径 DN 为 350～1200mm 的阀门。

（4）特大口径阀门：公称通径 DN 大于或等于 1400mm 的阀门。

三、阀门基本知识

选择阀门时，应按其用途、所在管道系统中的公称压力 PN 和公称直径 DN、流体种类、流体的工作参数、流量等因素，并考虑检查、运行、安装、维护的方便及经济上的合理性。建议选择使用高一档次的阀门。

1. 公称通径 DN

公称通径是管路系统中所有管路附件用数字表示的尺寸，以区别用螺纹或外径表示的零件。公称通径是用作参考的经过圆整的数字，与加工尺寸数值上不完全等同。如公称通径 250mm 应标记为 DN250。

2. 公称压力 PN

公称压力是指在设计介质温度下最高允许的工作压力，PN10 代表公称压力为 1MPa（GB/T 1048—2019《管道元件 公称压力的定义和选用》），试验压力在一般情况下应为公称压力的 1.25 倍。工作压力是指在各种不同温度下所承受的压力。

3. 压力-温度额定值

压力-温度额定值是在指定温度下用表压表示的最大允许工作压力。当温度升高时，最大允许工作压力随之降低。压力-温度额定值数据是在不同工作温度和工作压力下正确选用法兰、阀门及管件的主要依据，也是工程设计和生产制造中的基本参数。因此阀门使用工作温度应限定在允许的最高温度以下，订货时，除了提出阀门的型号规格，还必须提出介质温度，安全门还要提出工作压力级，减压阀要提出进、出口压力。

四、阀门型号编制方法

阀门型号由七个单元组成，其编制方法见表 13-1。

表 13-1 阀门型号组成

1	2	3	4	5	6	7
阀门类型代号（见表 13-2）	传动方式代号（见表 13-3）	连接形式代号（见表 13-4）	结构形式代号（见表 13-5 和表 13-14）	阀座密封面或衬里材料代号（见表 13-15）	公称压力数值	阀体材料代号（见表 13-16）

1. 阀门类别代号

阀门类别代号用汉语拼音字母表示，其表示方法见表 13-2。

表 13-2 阀门类别代号

阀门类型	代 号	阀门类型	代 号
闸 阀	Z	安全阀	A
截止阀	J	减压阀	Y
节流阀	L	疏水阀	S
碟 阀	D	调节阀	T
止 回 阀	H	给水分配阀	F
水位表（平衡容器）	B		

2. 传动方式代号

阀门传递方式代号用阿拉伯数字表示，其表示方法见表 13-3。

表 13-3 阀门传动方式代号

传动方式	代 号	传动方式	代 号
电磁动	0	圆锥齿轮	5
电磁-液动	1	气动	6
电-液动	2	液动	7
涡轮	3	气-液动	8
正齿轮	4	电动	9

注 1. 手轮、手柄和扳手传动的阀门及安全阀、减压阀、疏水阀省略传动方式代号。

　　2. 对于气动或液动，常开式用 6K、7K 表示，常闭式用 6B、7B 表示，气动带手动用 6S 表示，防爆电动用 9B 表示，户外耐热用 9R 表示。

3. 连接形式代号

阀门连接形式代号用阿拉伯数字表示，其表示方法见表 13-4。

表 13-4　阀门连接形式代号

连接形式	内螺纹	外螺纹	法兰	焊接
代　号	1	2	4	6

注　焊接连接包括对焊和承插焊。

4. 结构形式代号

阀门结构形式代号用阿拉伯数字表示，同一数字表示的结构形式与阀门类别有关，其表示方法见表 13-5 和表 13-14。

表 13-5　闸阀结构形式代号

闸阀结构形式	明杆楔式			明杆平行式	暗杆楔式		
	弹性闸板	刚性单闸板	刚性双闸板	刚性单闸板	刚性双闸板	刚性单闸板	刚性双闸板
代　号	0	1	2	3	4	5	6

表 13-6　截止阀和节流阀结构形式代号

截止阀和节流阀结构形式	直通式	角式	直流式	平衡直通式	平衡角式	三通式
代　号	1	4	5	6	7	9

表 13-7　蝶阀结构形式代号

蝶阀结构形式	杠杆式	垂直板式	斜板式
代　号	0	1	3

表 13-8　疏水阀结构形式代号

疏水阀结构形式	浮球式	钟形浮子式	脉冲式	圆盘式
代　号	1	5	8	9

表 13-9　止回阀结构形式代号

止回阀结构形式	升降		旋启		
	直通式	立式	单瓣式	多瓣式	双瓣式
代　号	1	2	4	5	6

表 13-10　减压阀结构形式代号

减压阀结构形式	薄膜式	弹簧薄膜式	活塞式	波纹管式	杠杆式
代　号	1	2	3	4	5

表 13-11　安全阀结构形式代号

安全阀结构形式				代　号
弹簧	封闭	带散热片	全启式	0
		微启式		1
		全启式		2
	不封闭	带扳手	全启式	4
			双弹簧微启式	3
			微启式	7
			全启式	8
		带控制机构	全启式	6
	先导式			9
杠杆	单杠杆		全启式	2
			角形微启式	5
	双杠杆		全启式	4

注　杠杆式安全阀在类型代号前加"G"。

表 13-12　调节阀结构形式代号

调节阀结构形式				代　号
回转	套筒式			0
升降	单级	套筒式	Z 形	5
				7
		针形阀		2
		柱塞式		4
		闸板式		6
	多级	套筒式		8
		柱塞式	Z 形	1
				9

表 13-13　给水分配阀结构形式代号

给水分配阀结构形式	代　号
柱塞式	1
回转式	2
旁通式	3

表 13-14　水位计结构形式代号

水位计结构形式			代号
平衡容器			7
就地		云母片式	1
		玻璃板式	2
		玻璃管式	3
	光学折射式	双色	9
		光学电视式	9a
低读	轻液	玻璃板式	6
		玻璃管式	0

5. 阀座密封面或衬里材料代号

阀门阀座密封面或衬里材料代号用汉语拼音字母表示，其表示方法见表 13-15。

表 13-15　阀座密封面或衬里材料代号

密封面或衬里材料	符号	密封面或衬里材料	符号	密封面或衬里材料	符号
铜	T	聚四氟乙烯	SA	塑料	S
不锈钢	H	聚三氟乙烯	SB	渗氮钢	D
巴氏合金	B	聚氯乙烯	SC	衬胶	CJ
硬质合金	Y	酚酸塑料	SD	衬铅	CQ
橡胶	X	尼龙	N	衬塑料	CS
硬橡胶	J	渗硼钢	P	搪瓷	TC

注　由阀体直接加工的阀座密封材料代号用"W"表示，当阀座和阀瓣（闸板）密封面材料不同时，用低硬度材料代号表示。

6. 公称压力数值

阀门公称压力数值用阿拉伯数字表示，由 NB/T 47037—2023《电站阀门型号编制方法》所采用的计量单位作法定单位，若工作温度为 540℃，工作压力为 14MPa 时，其标注方法为"PW5414V"。其中"W"为温度的含义。

7. 阀体材料代号

阀门阀体材料代号用汉语拼音字母表示，其表示方法见表 13-16。

表 13-16　阀体材料代号

阀体材料	代号	阀体材料	代号
灰铸铁	H	铬钼合金钢	I
球墨铸铁	Q	铬镍钛钢	P
碳　钢	C	铬钼钒合金钢	V

注　PN≤1.6MPa 的灰铸铁阀门及 PN≥25MPa 的碳素钢，阀体省略本代号。

8. 产品通用油漆对阀体材料的识别

产品通用油漆对阀体材料的识别见表 13-17。

表 13-17 阀体与油漆识别

序 号	阀体材料	识别涂漆颜色
1	灰铸铁、可锻铸铁	黑色
2	球墨铸铁	银色
3	碳素钢	中灰色
4	耐热钢、不锈钢	天蓝色
5	合金钢	中蓝色

注 耐酸钢、不锈钢允许不涂漆，铜合金不涂漆。

9. 阀门产品标志含义

阀门产品标志含义见表 13-18。

表 13-18 阀门产品标志含义

序 号	标志名称	序 号	标志名称
1	公称通径 DN	11	标准号
2	公称压力 PN	12	熔炼标志（炉号）
3	受压部件材料名称	13	阀杆、阀瓣、密封材料
4	制造厂名或商标	14	合同号
5	流动方向箭头	15	衬里材料代号
6	金属垫片号	16	质量和试验标记
7	极限温度	17	检验人员印记
8	螺纹标志	18	制造年份
9	极限压力	19	流动特性
10	鉴定号	20	认可证或认可标记

注 通常 1~4 项是必要标志，对某些阀类，除 1~4 项外，5 或 6 项也是必要标志。1~4 项标志应标在阀体上，标志式样应符合 JB/T 106—2004《阀门的标志和涂漆》。

10. 常用阀门试验项目及标准

常用阀门试验项目及标准见表 13-19。

表 13-19 常用阀门试验项目及标准

序号	系统或设备	周期	试验内容	试验方法
1	截止阀、闸阀	使用前	填料室及连接处的密封性试验	（1）用 1.1 倍公称压力的室温水，水中可含有水溶油或防锈剂，按规定的入口方向输入调节阀的阀体，另一端封闭，同时使阀杆每分钟作 1~3 次往复动作，持续时间不少于 3min。 （2）观察调节阀填料函及其他连接处应无渗漏现象。 （3）试验后应排气。 （4）必要时尚须清洗和干燥

续表

序号	系统或设备	周期	试验内容	试验方法
2	气动截止阀、闸阀	1个月	活动试验	对于长期处于全开状态下的自控阀门应进行定期的活动试验，以防卡涩，隔离需要试验的阀门，由操作员下达关门命令，阀门机械部分动作灵活，执行机构转向正确
3	安全阀	3个月	排汽试验	用手动提升装置慢慢向上提升安全阀，确认安全阀的启回座灵活

第二节　汽轮机系统常用阀门

电厂中应用的阀门种类很多，主要有闸阀、截止阀、止回阀、安全阀等，下面主要介绍汽轮机系统常用阀门的结构和检修。

一、闸阀

闸阀结构形式有暗杆与明杆、楔式与平行式、单闸板与双闸板等，闸阀的优点是流体阻力小，开启、关闭力较小，介质可以两个方向流动，缺点是结构较复杂、外形尺寸较大，密封面容易受损等。闸阀的传动方式有手轮传动、正齿轮传动、伞齿轮传动、电动、气动、液动等，闸阀的连接形式有法兰、螺纹、焊接等。

（一）闸阀的结构

从结构上来看，闸阀主要的区别是所采用的密封元件的形式。根据密封元件的形式，常常把闸阀分成几种不同的类型，如楔式闸阀、平行式闸阀、平行双闸板闸阀、楔式双闸板阀等。电厂常用的形式是自密封闸阀和门盖密封闸阀，如图 13-1 和图 13-2 所示。

（二）检修工艺

1. 解体

（1）拆除、清理保温，阀门处于开启位置，并做好记号。

（2）拆除执行机构或手轮。

（3）拆除铜套与阀壳连接螺栓，取出铜套。

（4）拆填料压盖螺栓和填料压盖。

（5）拆除阀盖锁紧螺母，吊出压盖，取出四合环、均压环、密封圈，吊出阀盖阀杆组件、阀芯。

（6）拆除活灵架上轴承压盖上支头螺栓，旋出轴承压盖，取出轴承，阀杆螺母。

（7）挖出填料，抽出阀杆。

2. 整修

（1）检查清理阀壳、阀盖、活灵架。

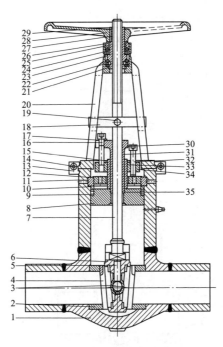

图 13-1　自密封闸阀结构图

1—阀体；2—阀座；3—钢球；4—阀芯；5—推杆；6—支架；7—阀杆；8—阀盖；
9—自密封圈；10—圆环；11—四合环；12、34—盖板；13—连接环；14、19—螺栓；
15—填料；16—盘根螺栓；17—垫；18—定位板；20—门架；21、26—密封环；
22、24—轴承；23—铜套；25—锁紧螺母；27—键；28—手轮；29—挡圈；
30—填料压板；31—填料压环；32—预紧螺栓；33—半圆环；35—填料座环

（2）检查清理阀杆螺母、填料压盖、填料紧圈、轴承压盖、四合环、均压环。

（3）检查阀杆弯曲度，阀杆螺纹。

（4）清理检查阀芯、阀座、密封圈接触处及四合环槽并测量有关间隙，加工密封圈。高温阀门有关部件及紧固件应按金属监督条例规定，定期进行测试检验。

先可选用砂皮砂光阀芯、阀座或用电动工具研磨，然后用研磨膏作精磨，并用红丹粉检查密封面接触状况，阀芯（闸板）阀座密封面接触位置不可过分偏于闸板上边缘，阀芯处于关闭位置时，底部应保留充分余地，避免磨损后造成过关现象。

3. 组装

（1）选用尺寸合适、质量合格的填料，检查新密封圈质量合格。

（2）按解体步骤逆序装复阀门，紧法兰螺栓应对角均匀，逐步拧紧并控制应力值不超过材料的许可值。

（3）装复传动装置、齿轮箱、电动头，加注润滑油，做开度检验。

（4）恢复、完善阀门及管道保温。

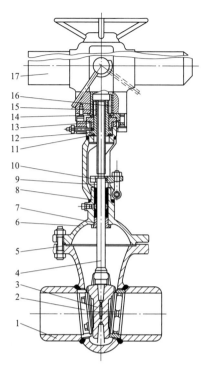

图 13-2　门盖密封闸阀结构图

1—阀体；2—阀座；3—阀芯；4—阀杆；5—垫；6—阀盖；7—填料座环；
8—填料；9—填料压环；10—填料压板；11—轴承；12—铜套；13—锁紧螺母；
14—衬套；15、16—键；17—电动执行机构

（三）检修质量标准

（1）齿轮箱清洁、无损伤，齿轮无磨损、变形，齿轮内孔与阀杆螺母（活灵）配合间隙为 0.05～0.08mm。

（2）均压环（垫圈）四合环压盖上均无槽痕、锈蚀和污垢。

（3）密封圈完整，无毛刺、裂纹；密封面光滑、无蚀坑；金属密封圈与壳体间隙为 0.05～0.08mm；石墨密封圈与壳体间隙不大于 0.2mm。

（4）阀杆螺母（活灵）、螺纹完好，无毛刺、裂纹，磨损不大于 10%，与阀杆螺纹配合良好。

（5）轴承无松动、脱弹，弹夹平整，无碎裂、腐蚀，转动灵活。

（6）轴承压紧螺母无毛刺、翻牙。

（7）填料压盖螺栓完好，无毛刺、滑牙，填料压盖无毛刺、变形、污垢、锈蚀。

（8）阀杆光滑、完整，弯曲度小于 0.20mm，螺纹部分应无毛刺、滑牙，磨损不大于 10%，阀杆螺纹部分应无锈蚀、划痕，阀杆挂扣无变形、磨损、裂纹拉毛。阀杆与填料座间隙为 0.30～0.50mm，阀杆与填料压盖间隙应大于 0.30mm，阀杆与阀盖（阀杆套）间隙为 0.25～0.30mm。

（9）阀芯与阀座密封面接触连续均匀，关闭后阀芯底部留有过关余地。

（10）四合环及槽应光滑、无裂纹，无严重变形，其配合间隙为0.4～0.6mm。

（11）阀盖、阀体与密封圈接触部分光滑，无吹痕、锈蚀、沟槽。

（12）紧固螺栓、螺母配合良好，不松旷；螺纹无乱扣、无毛刺；螺栓无裂纹、锈蚀、变形，蠕伸硬度为HRC22～28。

（13）自密封安装后提升时均压环要均匀提升预紧，防止歪斜导致自密封泄漏。

二、截止阀

截止阀也叫截门，是使用最广泛的一种阀门，由于开闭过程中密封面之间摩擦力小，比较耐用，开启高度不大，制造容易，维修方便，不仅适用于中、低压，而且适用于高压。截止阀的闭合是依靠阀杆压力，使阀瓣密封面与阀座密封面紧密贴合，阻止介质流通。截止阀只许介质单向流动，安装时有方向性。截止阀的结构长度大于闸阀，同时流体阻力大，长期运行时，密封可靠性不强。截止阀分为直通式截止阀、直角式截止阀及直流式斜截止阀三种类型。截止阀选用不同的材质，可分别适用于水、蒸汽、油品、硝酸、醋酸、氧化性介质、尿素等多种介质。

（一）截止阀的结构

图13-3和图13-4所示为电厂常见的两种截止阀的结构。截止阀的启闭件是塞形的阀瓣密封面呈平面或锥面，阀瓣沿流体的中心线做直线运动。阀杆的运动形式有升降杆式（阀杆升降、手轮不升降），也有升降旋转杆式（手轮与阀杆一起旋转升降，螺母设在阀体上）。截止阀只适用于全开和全关，不允许作调节。

因为截止阀属于强制密封式阀门，所以在阀门关闭时，必须向阀瓣施加压力，以强制密封面不泄漏。当介质由阀瓣下方进入阀体时，操作力所需要克服的阻力是阀杆和填料的摩擦力与由介质的压力所产生的推力，关阀门的力比开阀门的力大，因此阀杆的直径要大，否则会发生阀杆顶弯的故障。近年来，从自密封的阀门出现后，截止阀的介质流向就改由阀瓣上方进入阀腔，这时在介质压力作用下，关阀门的力小，而开阀门的力大，阀杆的直径可以相应地减小。同时，在介质作用下，这种形式的阀门也较严密。我国截止阀的流向，一律采用自上而下。截止阀开启时，阀瓣的开启高度为公称直径的25%～30%时，流量已达到最大，表示阀门已达全开位置。截止阀的全开位置，应由阀瓣的行程来决定。

（二）检修工艺

1. 解体

（1）拆除保温，清扫阀体灰尘，开启阀门。

（2）拆除填料压盖螺栓，松脱填料压盖、填料压套。

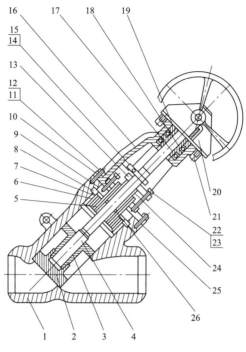

图 13-3 Y 形直流式截止阀结构图

1—阀体；2—阀瓣；3—阀瓣盖；4—阀杆；5—上阀瓣；6—密封环；7—隔环；
8—均压环；9—阀盖；10—调节螺钉；11、22—螺栓；12、23—螺母；13—填料压板；
14—限位夹块；15—内六角螺钉；16—支架；17—轴承；18—阀杆螺母（铜）；
19—轴承压盖；20—伞齿轮；21—螺钉；24—填料压套；25—填料；26—套环

（3）拆除调节螺钉，拆除锁紧螺母，用铜棒敲击，旋转拆卸阀盖。

（4）转动手轮，拉出密封环与均压环。

（5）拆除限位夹板内六角螺钉，取下限位夹板。

（6）将阀杆、阀瓣、阀门帽等部件从阀体中取出。

（7）从阀门帽中抽出阀杆与阀芯组件，取出填料和填料压套。

（8）拆卸定位螺钉，松脱阀瓣盖，取下阀瓣。

（9）拆除执行机构连接螺母，取下手轮、支架、轴承。

2. 整修

（1）清理检查阀体、阀盖、锁紧螺母、手轮、阀杆螺母、轴承。

（2）清理检查填料压盖、填料压套、填料压盖螺栓。

（3）检查清理阀杆，测量阀杆弯曲度及有关间隙。

（4）检查清理阀瓣阀座，阀瓣送机修加工，阀座用专用工具进行研磨，最后用研磨膏精磨。

（5）清理阀瓣阀座，擦拭密封面，用红丹粉检查密封面接触情况。

3. 组装

（1）选用合格的填料和密封环，组装限位夹板组件。

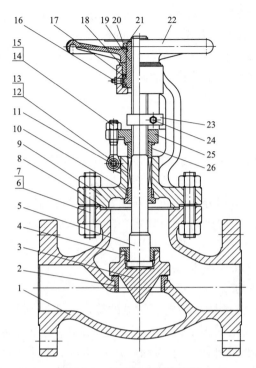

图 13-4　节流截止阀结构图

1—阀体；2—阀座；3—阀瓣；4—阀瓣盖；5—阀杆；6—螺柱；7、15、21—螺母；
8—垫片；9—阀盖；10—倒密封；11—填料；12—销轴；13—开口销；14—活节螺栓；
16—油杯；17—平面滑动轴承；18—轴承压盖；19—阀杆螺母；20—垫片；22—手轮；
23—限位夹板；24—内六角螺钉；25—填料压板；26—填料压套

（2）组装阀瓣与阀杆，并紧阀瓣盖，安装定位螺钉。

（3）将阀瓣与阀杆、密封环、均压环装入阀盖，一起放入阀体内，阀盖必须放正。

（4）将阀盖旋入阀体，压紧均压环、密封环，旋上锁紧螺母和调节螺钉。

（5）将填料装入，套上填料压套和填料压板，拧紧填料压板螺母。

（6）组装阀门执行机构，拧紧固定螺母，装复限位夹板。

（7）恢复阀门保温。

（三）检修质量标准

（1）阀杆螺母及阀杆螺纹无毛刺、翻牙，磨损小于 10％，阀杆阀芯连接部分无变形、磨损，阀杆弯曲度小于 0.10mm，顶端圆弧完好。

（2）撑杆、阀体无变形、裂纹、锈蚀。

（3）轴承无锈蚀与松旷；轴承平整；弹道光洁，无裂纹、凹坑；轴承组合转动灵活，不卡涩。

（4）阀芯无裂纹，阀芯与阀座密封面粗糙度为 0.2 且无裂纹、麻点和沟槽。

（5）填料压盖完好，无裂纹、变形、锈蚀，与阀杆配合间隙为 0.5～1.0mm，密封套与阀杆间隙为 0.3～0.5mm。

（6）填料压盖螺栓、螺母和螺纹配合良好，无翻牙和毛刺。

（7）阀门随系统水压试验不泄漏。

（8）手轮完好，无裂纹和破损。

三、止回阀

止回阀是指启闭件为圆形阀瓣并靠自身重量及介质压力产生动作来阻断介质倒流的一种阀门。属自动阀类，又称止回阀、单向阀、回流阀或隔离阀。止回阀按结构划分，可分为升降式止回阀、旋启式止回阀和蝶式止回阀三种。升降式止回阀可分为立式和卧式两种。旋启式止回阀分为单瓣式、双瓣式和多瓣式三种。蝶式止回阀为直通式。以上几种止回阀在连接形式上可分为螺纹连接、法兰连接和焊接三种。

（一）阀门结构

图 13-5 和图 13-6 所示为电厂常见的旋启式止回阀结构，图 13-7 所示为对夹双瓣旋启式止回阀结构。旋启式止回阀的阀瓣绕转轴做旋转运动。其流体阻力一般小于升降式止回阀，适用于较大口径的场合。单瓣旋启式止回阀一般适用于中等口径的场合。大口径管路选用单瓣旋启式止回阀时，为减少水锤压力，最好采用能减小水锤压力的缓闭止回阀。双瓣旋启式止回阀适用于大中口径管路。对夹双瓣旋启式止回阀结构小、质量轻，是一种发展较快的止回阀；多瓣旋启式止回阀适用于大口径管路。对夹双瓣旋启式止回阀水锤压力小、阀瓣行程短，且有弹簧辅助关闭，关阀速度快。

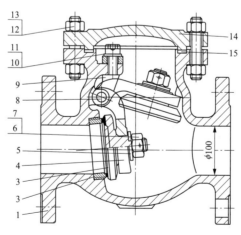

图 13-5　旋启式止回阀结构图 1

1—阀体；2—阀座；3—阀瓣；4—摇臂；5—垫片；6、13—螺母；

7—开口销；8—圆柱销；9—支架；10—内六角螺钉；11—垫圈；

12—双头螺柱；14—阀盖；15—密封垫片

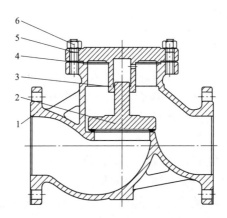

图 13-6　旋启式止回阀结构图 2

1—阀体；2—阀瓣；3—阀盖；4—密封垫片；5—螺栓；6—螺母

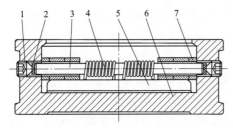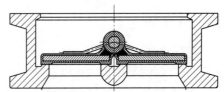

图 13-7　对夹双瓣旋启式止回阀结构图

1—螺钉；2—填料；3—阀杆；4—弹簧；5—阀瓣；6—阀体；7—挡圈

（二）检修工艺

1. 解体

（1）拆除清理保温，拆除执行机构部件。

（2）拆卸阀盖螺栓，吊下阀盖，再用尼龙带将阀碟吊住。

（3）拆卸小填料压盖螺栓，松脱小填料压圈，拆卸小支架连接法兰螺栓，取下小支架法兰盖。拆除大支架连接法兰螺栓，吊下大支架、杠杆轴等部件。

（4）抽出摇臂轴，吊出摇臂与阀碟。

（5）拆卸大填料压盖螺栓，松脱大填料压圈，拆除杠杆上和螺塞止头螺钉，旋出螺塞，抽出杠杆轴，取下平面推力轴承、杠杆、大填料压盖及压圈。

（6）拆卸阀碟连接螺母，分离摇臂阀碟。小心将阀碟放置专用场地，不要碰伤阀碟密封面。

2. 整修

（1）检查清理阀壳、阀盖。

（2）摇臂轴，测量弯曲度。

（3）清理检查大小填料压盖，

（4）清理检查阀瓣、阀座密封面，用砂皮或专用研磨机研磨阀瓣、阀座，用红丹粉检查密封面。

（5）清理、检查所有螺栓、螺母。

3. 组装

（1）组合阀瓣与摇臂，拧紧连接螺母，并用止动螺栓固定。

（2）按解体程序逆序装复组合装垫片，紧阀盖法兰螺栓，接上控制气源管接头，作启动前动作及信号试验。

（三）检修质量标准

（1）螺栓、螺母完好，螺纹无毛刺、翻牙、松旷。

（2）各接合面平整，无吹损及径向伤痕。

（3）摇臂轴和杠杆轴圆整、光滑，无弯曲，无异常磨损、腐蚀，开槽处无变形，轴和轴套配合间隙为 $0.15\sim0.25$mm，轴与填料压圈间隙为 $0.35\sim0.5$mm。键无异常磨损变形。

（4）阀芯、阀座密封面光洁，无裂纹、凹坑和沟槽，接触连续均匀。

四、安全阀

安全阀是锅炉、压力容器和其他受压力设备上重要的安全附件。安全阀属于自动阀类，其动作可靠性和性能好坏直接关系到设备和人身的安全，并与节能和环境保护紧密相关。安全阀必须经过压力试验才能使用。目前，大量生产的安全阀有弹簧式和杆式两大类。另外，还有冲量式安全阀、先导式安全阀、安全切换阀、安全解压阀、静重式安全阀、杠杆式安全阀等。当工作温度高而压力不太高时选用杠杆式安全阀较合适；对于高压设备宜选用弹簧式；随着火力发电厂蒸汽参数不断提高，目前国内大容量机组常用弹簧式安全阀。

（一）安全阀的结构

图 13-8 所示为弹簧式安全阀结构示意图，弹簧式安全阀主要依靠弹簧的作用力工作，图 13-8 中进汽口与管道或容器连接，当进汽口侧介质压力超过安全阀排放压力时，介质压力克服弹簧压力，安全阀阀芯开启，介质从排汽口侧排出；当介质压力小于回座压力时，安全阀阀芯自动关闭。弹簧式安全阀中又有封闭和不封闭的，一般易燃、易爆或有毒的介质应选用封闭式，蒸汽或惰性气体等可以选用不封闭式，在弹簧式安全阀中还有带扳手和不带扳手的。扳手的作用主要是检查阀瓣的灵活程度，有时也可以用作手动紧急泄压用。

（二）检修工艺

1. 解体

（1）拆进、出口法兰螺栓，吊下安全阀。

（2）旋出上部保护罩壳，测量阀杆露出部分高度及调整螺杆高度，做好记录，并记入专用记录卡中。

（3）先拆除阀盖上的部分短螺栓，在对称 $180°$ 位置装好专用长螺栓后，

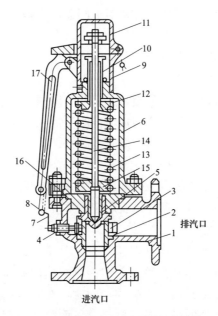

图 13-8　弹簧式安全阀结构示意图

1—阀体；2—阀座；3—调节齿轮；4—止动螺钉；5—阀盘；6—阀盖；7—铁丝；
8—铅封；9—锁紧螺母；10—调节套筒；11—安全罩；12、15—弹簧座；13—弹簧；
14—阀杆；16—导向套；17—手动提升装置

再拆除其余阀盖上的短螺栓，并逐步均匀地将长螺栓、螺母松开。弹簧无弹力时，拆去长螺栓，卸下阀盖，取出弹簧托板、弹簧、阀杆及并紧螺栓和调整螺杆。

（4）取出导向套、反冲盘及阀芯。

（5）解体反冲盘与阀芯，将反冲盘外圈两面用木板垫好，利用它自重在木板上冲击，将阀芯冲出。

（6）测量调节圈行程，做好记录，记录在专用记录卡中，拆除调节圈固定螺钉，旋出调节圈。

2. 整修

（1）清理检查阀壳、阀盖、导向套、反冲盘、调节螺杆、弹簧，并测量弹簧刚度和自由长度。

（2）清理检查阀杆，测量阀杆弯曲度。

（3）清理检查调节圈及调节圈固定螺钉。

（4）用砂皮（平板）磨光阀芯、阀座后，再用细研磨膏研磨，并用红丹粉检查密封面。

3. 组装

（1）按原测量行程装入调节圈，并将其固定螺钉旋紧。

（2）组装阀芯和反冲盘，适当加清洁润滑油。

（3）垫好高压纸箔垫，装入导向套、阀杆。

（4）装入弹簧上、下托板，弹簧盖上阀盖，均匀对称地拧紧螺栓。

（5）按原测量高度旋好调节螺杆，并将并紧螺母旋紧，装上保护罩。

（6）做好安全门密封及动作试验后装入系统。

（三）检修质量标准

（1）按原测量行程装入调节圈，并将其固定螺钉旋紧。

（2）组装阀芯和反冲盘，适当加清洁润滑油。

（3）垫好高压纸箔垫，装入导向套、阀杆。

（4）装入弹簧上、下托板，弹簧盖上阀盖，均匀对称地拧紧螺栓。

（5）按原测量高度旋好调节螺杆，并将并紧螺母旋紧，装上保护罩。

（6）做好安全门密封及动作试验后装入系统。

（四）安全阀整定

安全阀的整定压力（又叫开启压力）是关系到设备受压过高时安全阀是否能及时开启的重要参数。平时每年一次校验的安全阀主要是查看安全阀的内部有无损伤，密封面有无破损，同时，对安全阀整定压力进行重新整定，使之保持安全阀的最佳开启状态。下面就蒸汽锅炉及压力容器的安全阀整定值做简单的介绍。

1. 蒸汽锅炉及过热器安全阀的整定值

蒸汽锅炉及过热器安全阀的整定标准见表 13-20。

表 13-20 安全阀的整定标准

额定蒸汽压力 p（MPa）	整定压力值
$p \leqslant 0.8$	工作压力＋0.03MPa
	工作压力＋0.05MPa
$0.8 < p \leqslant 5.9$	1.04 倍的工作压力
	1.06 倍的工作压力
$p > 5.9$	1.05 倍的工作压力
	1.08 倍的工作压力

注 1. 锅炉上必须有一个安全阀按表中较低的整定压力调整。
　　2. 表中的工作压力，是指安全阀装置地点的工作压力。
　　3. 省煤气、再热器、直流锅炉启动分离器的安全阀整定压力为装设地点工作压力的1.1倍。
　　4. 整定压力偏差：当整定压力小于或等于 0.5MPa 时为±0.015MPa，当整定压力为0.5～2.3MPa 时为±3％整定压力，当整定压力为 2.3～7.0MPa 时为±0.07MPa，当整定压力大于 7.0MPa 时为±1％整定压力。

2. 压力容器安全阀的整定压力

只安装一只安全阀时，开启压力不应大于设计压力，且密封实验压力大于容器的最高工作压力，即最高工作压力＜开启压力≤设计最高工作压力（开启压力一般为最高工作压力的 1.05～11 倍）。整定压力偏差：当整定压力小于或等于 0.5MPa 时为±0.015MPa，当整定压力大于 0.5MPa 时为±3％整定压力。

五、高低压旁路阀

为了协调汽轮机，锅炉进出口蒸汽参数，保护再热器，回收工质，设置旁路系统。旁路系统主要包括高压旁阀、低压旁阀以及减温水阀。旁路阀执行机构有液压、电动、气动三种。高参数机组一般选用液压的较多。每台机组的旁路系统设置液动执行器的供油装置1套，供油装置配主油泵、油温自动控制装置、在线自动净化过滤装置及冲洗装置。

（一）高低压旁路阀结构

高低压旁路阀一般由三部分组成，主要包括控制系统、蒸汽减压系统、喷水减温系统，阀门控制系统的执行机构一般有三种：气动执行机构、电动执行机构、电液联动执行机构。高低压旁路阀的具体结构如图13-9所示。

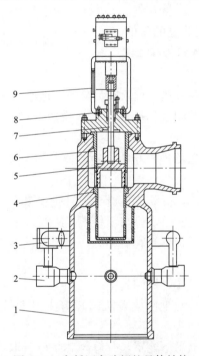

图 13-9　高低压旁路阀的具体结构

1—阀体；2—减温水喷嘴；3—减温水管路；4—阀座；5—阀瓣；
6—节流套筒；7—阀杆；8—阀盖；9—执行机构

高低压旁路阀一般首先进行蒸汽减压，之后再进行蒸汽减温。介质减压是通过执行机构来控制阀体内启闭件的开度进而实现调节介质压力和流量的目的，将介质的压力降低到要求的数值；高、低压旁路阀的阀后设有压力取样点，将阀后的压力信号传输回控制系统，与设定压力数据进行比较，并将比较后产生的电信号发送给执行机构，当阀后压力大于设定值时通过执行机构带动阀芯向下移动；当阀后压力小于设定值时通过执行机构带动阀芯向上移动；当阀后压力等于设定值时通过执行机构带动阀芯保持原位。

借助阀后压力的作用调节启闭件的开度，使阀后压力保持在一定范围内，并在阀体内或阀后喷入冷却水，使蒸汽和减温水在阀体内充分混合，将介质的温度降低到要求的数值，从而实现减压减温的目的。减温水的喷射量由减温水调节阀进行调节，减温水调节阀的开度由调节阀执行机构来控制、调节。在高、低压旁路阀的阀后管道上设有温度取样点，将减温后的温度信号传输回控制系统，与设定的温度数据进行比较，并将比较后产生的电信号发送给执行机构，当阀后温度大于设定值时通过执行机构带动减温水调节阀的阀芯向上移动，增大减温水的流量，降低工作介质的温度；当阀后温度小于设定值时通过执行机构带动减温水调节阀的阀芯向下移动，减小减温水的流量，提高工作介质的温度；当阀后压力等于设定值时通过执行机构使减温水调节阀的阀芯保持原位，从而实现减压减温的目的。

（二）高低压旁路阀检修工艺

1. 解体

（1）拆卸保温，联系热工拆除有关接线，做好配合记号。

（2）系统泄压，关闭液压旁路阀，拆除油管接头，拆后应及时将接头封好。

（3）断开位置变送器连杆接头，拆除阀杆联轴节，标记并测量执行器轴与阀杆之间的距离。

（4）吊住执行机构，拆除执行器与阀门连接螺栓，吊下执行机构。

（5）拆下填料压盖法兰螺母与填料压盖法兰，用夹具上紧。

（6）装好专用吊具，拆卸阀盖螺母，使用顶丝螺栓将阀盖与阀体分离，吊下阀盖与阀芯组件。

（7）取下阀座密封圈，拆卸阀座。

（8）松开夹具，小心地将阀盖从阀芯组件和笼罩上拆下，取下阀盖密封环。

（9）从阀芯组件上吊下笼罩，分解阀芯组件，取下阀杆、阀芯、弹簧、并帽。

（10）用专用工具从阀盖中取出填料。

2. 整修

（1）对所有的部件进行清理和检查。

（2）检查阀杆螺纹无变形，阀杆无划伤、无磨损，测量阀杆弯曲度。

（3）检查清理阀芯、阀座及阀杆、预启阀密封面，进行研磨修理。

（4）清理检查各法兰接合面。检查螺栓螺母，必要时更换。

3. 组装

（1）组合阀芯与阀杆，将阀芯组件垂直立在地面，小心将笼罩安装在阀芯上。

（2）将新密封环放在阀座上，使它落在阀体底部的凹槽中，将笼罩吊入，安装在阀体和阀座底部的环形沟槽中。

（3）松开阀芯夹并缓慢地放低其位置，使之落在阀座上。

（4）将新密封环安装在阀盖上，吊起阀盖，小心地越过阀杆，将阀盖吊装到阀体上。

（5）按要求拧紧阀盖螺母，利用塞尺检查阀盖法兰间隙为 0。

（6）安装新填料，装好压盖衬套压盖法兰，拧紧填料法兰螺母。

（7）将执行机构吊至阀上定位，拧紧法兰固定螺栓，连接液压软管。

（8）根据测量间隙 a，测量油动机行程，保证油缸关闭余量，安装阀杆联轴器。

（9）安装位置变送器连杆接头，联系热工人员进行阀门行程校验。

六、高压加热器联成阀

高压加热器联成阀是高压加热器配备的一种自动保护装置；当高压加热器管系发生泄漏或疏水调整门故障时需要及时切断给水，关闭通往高压加热器的水路，同时打开旁路，保证锅炉给水供应；为此设计的一套水侧保护阀门，称为联成阀，包括入口联成阀、出口联成阀；也是平时所说的高压加热器给水三通阀。高压加热器联成阀一般有电动和液动驱动两种类型，目前电厂中液动高压加热器联成阀用得比较多。

（一）高压加热器联成阀的结构

图 13-10 和图 13-11 所示为高压加热器入口和出口联成阀结构示意图（见彩插），均为液动阀门，靠给水驱动阀门开关动作。止回阀在小旁路来水的作用下关闭，同时给水通过止回阀流到锅炉，避免锅炉断水，同时保护了高压加热器。当阀门打开给水进入高压加热器时，阀芯与上阀座接触密封，保证给水不走小旁路；当阀门关闭，给水走小旁路进入锅炉时，阀芯与下阀座接触密封，保证高压加热器能够解列、检修。

高压加热器出、入口联成阀系统示意图如图 13-12 所示，高压加热器正常时，进、出口三通阀主路开放、旁路关闭，给水从主路进入高压加热器，然后通过出口阀至锅炉。当高压加热器出现故障时，液位变送器检测液位过高输出信号至控制室，同时给水三通阀系统的快关阀失电（即电磁阀失电），快关阀开启，使三通阀液压缸下腔压力泄放，同时液压缸上腔充液加压，阀瓣在液压缸上、下压差的推动下向下运动，关闭主回路，同时旁路打开，给水经旁路进入锅炉，完成高压加热器解列。

当三通阀关闭到位后，液压缸上腔继续保持压力，以确保安全可靠。高压加热器解列后可以通过三通阀上部手轮锁紧阀门，以防高压加热器检修的时候误操作导致阀门开启。

高压加热器故障修复后系统重新开启时，先打开高压加热器注水阀，向高压加热器系统注水以平衡压力，之后打开阀门开启控制阀，关闭快关

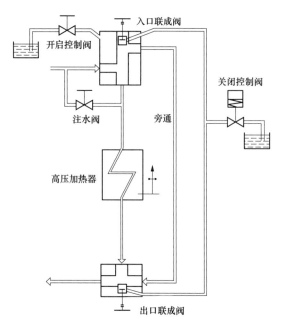

图 13-12　高压加热器出、入口联成阀系统示意图

阀。高压加热器进、出口三通阀门能在高压水的推动下自动快速打开。

（二）高压加热器联成阀检修工艺

1. 解体

（1）拆除阀门行程压板电源线。

（2）拆除保温，清理灰尘，对阀门各部分作出配合标记。

（3）拆卸阀杆连接块销栓，取下连接块与行程指示板。拆除门架法兰螺栓，吊下门架。

（4）拆卸填料压圈锁紧螺母，拆除填料压圈并帽下压圈，用专用工具取出填料。

（5）拆除阀盖吊紧螺栓，取出端盖，拆出四合环，拆出阀盖、阀杆与阀芯。

（6）从阀盖中抽出阀杆与阀芯组件，从阀盖上取下密封件。

（7）拆除上阀座与阀盖连接螺栓，取下上阀座。

（8）拆除手轮并帽，取下手轮与上阀杆螺母。

2. 整修

（1）检查清理阀壳、阀盖、门架。

（2）检查清理阀杆螺母、填料压盖、填料紧圈、轴承压盖、四合环、均压环。

（3）检查阀杆弯曲度、阀杆螺纹。阀杆弯曲度应小于 0.10mm。

（4）清理检查阀芯、阀座密封面，进行修理

（5）清理检查密封圈接触处及四合环槽。

3. 组装

（1）选用尺寸合适、质量合格的填料，检查新密封件质量合格。

（2）按解体步骤逆序装复阀门，做开度校验。

（3）恢复、完善阀门及管道的保温。

七、循环水泵出口液控蝶阀

自动保压重锤式液控蝶阀既具有水泵出口电动闸阀的作用，又有止回阀的功能，即有一阀替代两阀的优点，可减少占地面积和降低投资成本，是电站循环水系统截断或接通介质的理想设备。液控蝶阀是根据启、停泵的水力过渡过程理论，按预先设定程序，分阶段按角度实现开、关动作。阀门开启后，液压系统自动保压，使重锤不下降，蝶板不抖动。关闭时，按预定的时间和角度，分快、慢两阶段关闭。因此，液控蝶阀对防止水泵倒转，抑制和消除水压波动及水锤产生具有良好的效果，可起到保护机组及管网安全的作用。

（一）液控蝶阀的结构

如图 13-13 所示（见彩插），液控蝶阀主要由驱动机构、阀体、蝶板、阀轴、轴封部件和阀轴定位部件等组成。驱动机构由固定在阀轴上的连接头、重锤、内外墙板和夹在两墙板中间用于驱动阀轴回转的液压油缸组成。驱动机构通过阀轴带动蝶板在 90°范围内转动，由蝶板上实心橡胶密封圈或金属密封圈与阀体上的不锈钢密封座接触形成密封。液压油缸在蝶阀开启过程中作工作油缸，在蝶阀关闭过程中作液力制动器，用以控制快、慢关的时间和角度。驱动机构的所有动作均由蝶阀电控箱和液压控制箱控制，并通过轴封部件与阀轴形成密封，确保管道中的介质不外漏。阀轴的位置通过阀轴定位部件调定，保证阀轴及蝶板位置固定，轴向不窜动。

电厂循环水泵出口液控蝶阀多采用三偏心蝶阀，如图 13-14 所示，即偏心 1：阀杆旋转中心线与阀座中心线偏离一定距离，保证密封面的完整性；

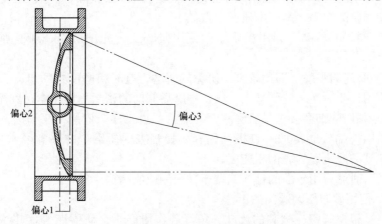

图 13-14 三偏心蝶阀示意图

偏心 2：阀杆旋转中心线与阀体中心线偏离一定距离，降低阀门启闭时密封副之间的摩擦力；偏心 3：阀体中心线与阀座圆锥密封面中心线偏离一定角度，使阀门开启或者关闭时，蝶阀密封环与阀座之间迅速脱离或接触，密封副之间无摩擦、无卡挤。

（二）液控蝶阀检修工艺

1. 阀门解体

（1）液压站放压到零，拆卸连接油管。

（2）拆卸传动装置。

（3）拆卸阀门盘根螺栓。

（4）拆卸伸缩节螺栓，吊出伸缩节。

（5）卸掉门板后的螺钉，抽出门杆，取出门板。

2. 清理检查

（1）检查门杆磨损腐蚀程度，严重的更换。

（2）检查门板接合面的磨损、接触情况，对门板与门座处，用粗砂布把水垢清理干净，并用细砂布把接合面打磨光亮。

（3）检查轴承的情况，必要时更换。

3. 回装

按解体逆序进行回装。

八、阀门的研磨工艺

1. 根据阀门的缺陷情况进行研磨

（1）阀门的缺陷（麻点、划痕、冲刷沟槽）深度小于 0.20mm 时，直接用研磨工具进行研磨。

（2）阀门的缺陷深度大于 0.20mm 时，可先在车床上机加工，使缺陷深度小于 0.20mm，然后用研磨工具研磨。

2. 根据阀门的材料及缺陷情况确定研磨材料

（1）使用研磨砂研磨阀门的工艺。根据阀座及阀芯的尺寸、角度配制研磨头、研磨座等。阀门的研磨要点如下。

1）阀门的粗磨。即用粗研磨砂使用研磨工具先把麻点、划痕等缺陷磨去。

2）阀门的中磨。即用较细的研磨砂研磨，这时粗磨用过的研磨头、座不能再用，要更换新的研磨头、座。中磨后阀门的密封面应基本达到光亮。

3）阀门的细磨。这是研磨阀门的最后一道工序，应用手工研磨。研磨时磨料用极细研磨膏加一点机油稀释，轻轻来回研磨，并注意经常检查，直至达到需要研磨的表面粗糙度。

（2）研磨后用干净的棉纱或绸布粘丙酮或酒精擦干净。

3. 使用砂布研磨阀门的工艺

（1）根据阀座、阀芯的尺寸、角度制作研磨头、研磨座等，并注意砂布的固定方式，一般可采用自粘砂布直接粘在磨具上。

（2）阀门的研磨要点。

1）先用 2 号及以上粗砂布把麻点、划痕等缺陷磨平，再用 1 号或 0 号砂布把用 2 号粗砂布研磨造成的纹痕磨掉，最后用抛光砂布磨一遍即可达到需要的表面粗糙度。

2）用砂布研磨阀门时，要按一个方向一直研磨下去，不必逆向研磨，并要经常检查，当缺陷磨去后就可更换较细的砂布继续研磨。

3）用砂布研磨阀座时，工具和阀体间隙要保持在 0.20mm 左右，间隙太大易磨偏，并在配制研磨工具时要注意保证达到这个要求。

4）用机械的工具研磨时要用力均匀，以免使砂布皱叠，磨坏阀门。

5）阀芯有缺陷时，可用车床车光，然后用抛光砂布抛光，或者用抛光砂布放到研磨座上进行研磨。

（3）研磨后用干净的棉纱或绸布粘丙酮或酒精擦干净。

九、阀座与阀瓣密封面的处理

（1）焊前用钢丝刷或砂布清理密封面，直到露出金属光泽。

（2）进行堆焊。

1）先加热到 250～300℃，再用堆 547 合金焊条或结钴基合金焊条，进行堆焊，并保持温度。

2）堆焊后，将阀座阀瓣加热到 650～700℃，自然冷却到 500℃，并保持 2～3h，然后放到石棉灰中自然冷却到室温。

（3）用车床加工到要求尺寸，再用研磨的方法使其表面粗糙度达到要求。

十、阀门常见故障分析及处理措施

阀门常见故障及产生原因分析和处理措施见表 13-21。

表 13-21 阀门常见故障及产生原因分析和处理措施

序号	故障现象	产生原因分析	处理措施
1	盘根泄漏	（1）盘根老化。 （2）盘根压盖螺栓紧固力矩偏差。 （3）阀门质量差，阀杆粗糙度较低，盘根压盖间隙过大。 （4）盘根压盖螺栓紧力不够。 （5）盘根质量欠佳。 （6）盘根安装不当。 （7）盘根选用不当	（1）更换盘根。 （2）紧固盘根压盖螺栓。 （3）系统无法隔离时，可采用带压堵漏技术
2	阀门内漏	（1）阀门使用时间长。 （2）阀门操作不当，未关到位。 （3）执行机构未调到位。 （4）隔离阀、调节阀内部组件吹损	（1）解体检修或更换阀门。 （2）将阀门关到位。 （3）调整执行机构行程及力矩。 （4）更换内部组件

续表

序号	故障现象	产生原因分析	处理措施
3	法兰泄漏	(1) 法兰螺栓紧固力矩偏差。 (2) 垫床老化。 (3) 密封面吹损	(1) 紧固法兰螺栓。 (2) 更换垫床。 (3) 补焊密封面，并打磨
4	阀门卡涩	(1) 阀杆、手轮等转动组件锈蚀严重。 (2) 阀杆与传动螺母或格兰间隙过小。 (3) 阀杆弯曲。 (4) 阀门内部组件损坏、卡涩。 (5) 阀门内异物卡涩	(1) 清除铁锈，润滑转动部件。 (2) 解体检修或更换阀门。 (3) 校正或更换阀杆。 (4) 更换阀门内部组件。 (5) 清除异物
5	焊口泄漏	(1) 焊接质量差。 (2) 热应力引起	(1) 补焊或重新焊接。 (2) 消除管道焊口应力
6	手轮脱落	手轮螺栓松动、脱落	更换、紧固手轮螺栓

第三节　汽　水　管　道

一、汽水管道概述

发电厂的热力系统是由热力设备和汽水管道、管件及各种附件连接而成的有机整体。生产过程的进行和工质的输送是通过管道来完成的。管件是和管子一起构成管道系统本身的零部件的统称，包括弯头、三通、异径管、接管座、法兰、堵头、封头等。管道附件系指用于管道系统的外部支持部件，包括支吊架、垫片、密封件、紧固件等。管件和管道附件一般都按国家标准，由管件附件专用生产厂家制造。

火力发电厂汽水管道系统主要有以下几种：主蒸汽系统，再热蒸汽系统，旁路系统，除氧给水系统，抽汽系统，凝结水系统，疏放水系统，闭冷水系统，循环水系统、辅汽系统等。

二、管道的分类及常用术语

1. 管道的分类

(1) 按压力等级分类。管道按工作压力参数来分，可分为 $p < 0$ 为真空管道；$0 \leqslant p \leqslant 1.6\text{MPa}$ 为低压管道；$1.6\text{MPa} < p \leqslant 8\text{MPa}$ 为中压管道；$8\text{MPa} < p \leqslant 42\text{MPa}$ 为高压管道。工作压力 $p > 8\text{MPa}$，且工作温度超过 500℃ 的蒸汽管道，可升级为高压管道。

(2) 按管道元素及其成分含量分类。电厂常用金属压力管道材质一般有 20 号钢、12Cr1MoV、15CrMo，1Cr18Ni9、10Cr9Mo1VNbN（P91）、10Cr9MoW2VNbBN（P92）等。钢管中主要合金元素，除个别微合金元素外，一般以百分之几表示。当平均合金含量小于 1.5% 时，钢号中一般只标出元素符号，而不标明含量，但在特殊情况下易致混淆者，在元素符号后也可标以数字1，例如钢号"12CrMoV"和"12Cr1MoV"，前者铬含量为0.4%~0.6%，后者为0.9%~1.2%，其余成分全部相同。当合金元素平均含量大于或等于1.5%、2.5%、3.5%等时，在元素符号后面应标明含量，可相应表示为2、3、4等，例如18Cr2Ni4WA。

1）钢号开头的两位数字表示钢的碳含量，以平均碳含量的万分之几表示，如40Cr、12CrMoV合金钢管。

2）钢中的钒V、钛T、铝AL、硼B、稀土RE等合金元素，均属微合金元素，虽然含量很低，仍应在钢号中标出。例如20MnVB钢中钒为0.07%~0.12%，硼为0.001%~0.005%。

3）高级优质钢应在钢号最后加"A"，以区别于一般优质钢。

4）专门用途的合金结构钢，钢号冠以（或后缀）代表该钢种用途的符号。例如铆螺专用的30CrMnSi钢，钢号表示为ML30CrMnSi。

（3）按制造工艺分类。按制造工艺可分为热轧钢管、冷拔钢管。

（4）按生产工艺分类。按生产工艺可分为有缝和无缝管，而有缝管又包括直缝管和螺旋管。

2. 公称直径和公称压力

（1）公称直径。公称直径是指管子的名义通径，记做DN。管道直径一般指管道的外径，记做OD，可省略；常用管道外径有$\phi14$、$\phi32$、$\phi48$、$\phi57$、$\phi219$、$\phi325$、$\phi508$、$\phi724$、$\phi880$等。如果用管道内径做记录需明确标记ID。GB/T 8163—2018《输送流体用无缝钢管》中无缝钢管部分公称直径和管道外径对照见表13-22，ASME标准中部分公称直径与外径对应关系见表13-23。

表13-22　GB/T 8163—2018中无缝钢管部分公称直径和管道外径对照表

mm

公称直径	10	15	20	25	32	40	50	50	65	80
管道外径	14	18	25	32	38	45	57	57	76	89
公称直径	100	125	150	200	250	300	350	400	500	600
管道外径	108	133	159	219	273	325	377	426	530	630

表13-23　ASME标准中部分公称直径与外径对应表

公称直径（mm）	10	15	20	25	50	100	200	400	500	600
英制直径（nps）	3/8	1/2	3/4	1	2	4	8	16	20	24
国内外径（mm）	18	22、25	27、32	34、38	57、60	108、114	219	426	530	630
国外外径（mm）	17.1	21.3	26.7	33.4	60.3	114.3	219.1	406.4	508	610

（2）公称压力。公称压力是指由与管道系统元件的力学性能和尺寸特性相关的字母和数字组合的标识，由字母 PN 或 Class 和后跟的无量纲数字组成。管子最高允许工作压力是随着工作温度的升高而降低，这是由金属材料的强度是随着温度的升高而降低的物理特性决定的，但这种关系是有限制的，对任何一种金属材料来说，都有它自己的最高允许使用温度，超过规定的最高使用温度，金属材料的金相组织将被破坏，使耐压能力或机械性能迅速降低而破坏。因此，在选用管道和管件材料时，必须同时考虑工作温度、工作压力这两个重要参数。

三、汽水管道检修要点

（一）管道检修工艺

压力管道及管件的大小修周期一般随机组的大小修进行，但还需根据管道的使用情况、工作环境等因素而确定大修周期。

在压力管道的系统检验中，对介质经常经过的部位、弯管（头）、三通、焊缝、易腐蚀、易冲刷减薄部位以及汽水系统中的高中压疏水、排污、减温水管座角焊缝应作重点检查。对于腐蚀、冲刷严重的排污管、疏水管应及时进行更换。

工作温度大于 450℃ 的主蒸汽管道、高温再热管道（含相应的导汽管、抽汽管、联络管）的检验，应按《火力发电厂金属技术监督规程》的要求进行。工作压力大于或等于 10MPa 的主给水管（含下降管、联络管）运行达 50 000h 时，对三通、阀门进行宏观检查，弯头进行宏观和壁厚测量，焊缝和应力集中部位进行宏观和无损探伤检查，阀门后管段进行壁厚测量。以后检查周期为 30 000～50 000h。

（二）管道检修标准项目

管道检修标准项目见表 13-24。

表 13-24　管道检修标准项目

序号	标准检修项目	备注
1	管道更换	（1）发现有裂纹。 （2）管径有明显胀粗。 （3）腐蚀减薄超过 1/3。 （4）运行时间超过 100 000h 时的引出管
2	管道拆保温宏观检查、管径测量、壁厚测量、无损探伤	
3	蠕变监督	针对大口径高温高压蒸汽管道
4	高温高压蒸汽管道引出管的管座角焊缝宏观检查、无损探伤	（1）30 000～50 000h 时抽查 30%。 （2）50 000～100 000h 时抽查 50%
5	高温高压蒸汽管道一次阀门前的弯管、直管宏观检查，管径测量，壁厚测量，无损探伤	（1）30 000～50 000h 时抽查 30%。 （2）50 000～100 000h 时抽查 50%

（三）管道及其附件检查要求

（1）主蒸汽管道的螺栓按金属监督要求作外观检查、硬度测定、超声波探伤、金相抽验，必要时作机械性能试验。

（2）对易锈蚀的管道应至少每两次大修对监视点作一次内壁检查，并做好腐蚀情况记录，必要时作适当处理。

（3）管道法兰应根据工作介质参数选用，法兰接合面，应平整、光洁，接触良好，无径向沟槽痕和裂纹，以及气孔或其他降低连续可靠性的缺陷。带凹凸面或凹凸环的法兰应能自然嵌合，凸面的高度不得小于凹槽的深度，法兰背部的连接螺栓支承面应与法兰接合面平行，以保证连接时法兰和螺栓受力均匀和避免螺栓弯曲应力，高压法兰拆下后应用红丹粉检查平面变形状况，并作必要的研磨，使接触面连续均匀。

（4）法兰垫片材料应符合设计要求（如无具体要求时，可选用适当的垫片材料）金属垫片的表面应无裂纹、毛刺、凹痕等缺陷。用平尺目测检查应接触良好，硬度宜低于法兰硬度，法兰所有垫片内径应比孔径大 2~3mm。

（5）螺栓螺母和螺纹应完整，无损伤、毛刺等缺陷，并配合良好，不松动、不卡涩（必要时用研磨砂研磨）。装复时涂适当的涂料，法兰螺栓应均匀拧紧至适当预紧力，预紧力不宜过紧（M36~M52 高温螺栓用硬垫片时建议控制在 245MPa 为宜，经常要开、关的阀门及有预应力管道上的法兰螺栓可增加 10%，最多不超过 20%），高温螺栓宜采用细腰结构，埋装螺栓一般不宜横向锤击，过度歪斜、弯曲的应更换，并校正螺孔垂直度。

（6）油系统附件及底部的高温管道和易被油喷到的高温管道均应包上铁皮，铁皮罩接缝搭头应严密完整。修时拆下的铁皮罩修后应装复，搭头应坚固，螺钉应齐全，外观应整齐。

（四）管道更换或敷设要求

对于检查不符合要求的管道需要进行更换处理，更换步骤及注意事项具体如下。

1. 焊接前准备

（1）检修中需更换或新装管道时，应先按设计要求鉴定新管道及附件材质；查验出厂证明和质量保证书，并核对尺寸规格；必要时进行有关鉴定试验；合金钢管在使用前应逐根作光谱分析，重要的管件还需做硬度检查；验证钢号后，并在管材上标明，防止错用；特别注意使用温度和压力等级是否符合要求。

（2）管道接口焊接、热处理和检验应遵照国家劳动总局颁发的《蒸汽锅炉安全监察规程》和部颁的《电力建设及验收技术规范（管道篇）》《电力建设及验收技术规范（焊接篇）》以及《火力发电厂金属技术监督规程》的有关规定进行。

（3）管道连接中不可强行对接，管子与设备连接应在设备安装定位后进行。

（4）管子接口位置应符合规程要求，并尽量减少焊口数量，管口坡口形式及质量应符合规程要求。焊口应避开应力集中还应便于施焊和热处理，管道焊口的位置应符合下列要求。

1）焊缝位置距离弯管的弯曲起点不得小于管子外径且不小于100mm。

2）管道的两个对接焊口间的距离不得小于管子外径，且不小于150mm。

3）管道焊口不得布置在支吊架上，焊口距支吊架边缘不得小于50mm。

4）对于焊后需热处理的焊口，该距离不得小于焊缝宽度的5倍，且不小于100mm。

5）管道焊口应避开疏、放水及仪表管等的开孔位置。一般距开孔的边缘不得小于60mm，且不得小于孔径（大管管子内径）。

6）三通、弯头等两个成型管件相连接时，两管件间须有一段直管，此直管长度对于公称直径150mm以上的管道不应小于200mm，对于公称直径小于150mm的管道不应小于100mm。

7）搭接焊缝的搭接尺寸应不小于5倍母材厚度，且不小于30mm。

（5）热力管道冷拉必须符合设计规定，更换管道应保持原设计冷拉值，进行冷拉前应检查冷拉区域各固定支架装置牢固，各固定支架间所有焊口（除冷拉之外）焊接完毕，并经检验合格，要作热处理焊口应作过热处理，法兰与阀门的连接螺栓已拧紧，管道冷拉口焊接后，经检验合格，并热处理完毕，方可拆除拉具。

（6）合金钢管道表面不得引弧试电流或焊接临时支撑物，合金钢管道上开孔宜用机械法，必须用气割或熔割时，应作回火处理或用机械法切除热影响，并修圆孔缘。

（7）主蒸汽管、再热汽管、高中压导汽管的焊口位置应在竣工图上标明存档，并在管道（保温或罩壳）表面设明显标志，以便定期检查。

（8）主蒸汽和再热汽管道应按金属监督要求测量蠕胀值和椭圆度，对弯管、三通、阀门和焊口作外观和无损探伤检查，必要时进行高温强度试验和管道应力验算。

（9）管道要垂直；水平管道要有一定的坡度，汽水管道的坡度一般为2‰。汽管道最低点应装疏水管及阀门，水管道最高点装放气管和放气阀。管道密集处的地方应留有一定的间隙，以方便保温和留有热膨胀余地。

2. 管道对接

焊件在组装前，应将焊口表面及内外壁的油漆、污垢、锈等清理干净，直至发出金属光泽，并检查有无裂纹夹层等缺陷，清理范围每侧各为10~20mm。

管子的坡口按设计图纸规定最好选用机械加工，如无规定时，坡口的形式和尺寸应按能保证焊接质量、填充金属量少、便于操作、改善劳动条件、减少焊接应力和变形、适应探伤要求等原则选用。

（1）管道对接尺寸要求。管道对接要求见表13-25。

表 13-25 管道对接要求   mm

图 例	管子外径	Δf
	≤60	0.5
	60~159	1
	159~219	1.5
	219	2

1）端面：对接管口端面应与管子中心线垂直其偏斜度 Δf 不大于管径的 1%，且不超过 2mm。

2）外圆：焊件对接一般应做到内外壁对齐，如有错口，其错口值应符合下列要求。

a. 对接单面焊的局部错口值不应超过壁厚的 10%，且不大于 1mm。

b. 对接双面焊的局部错口值不应超过焊件厚度的 10%，且不大于 3mm。

除设计规定的冷拉口外，其余焊口应禁止用强力对接，更不允许利用热膨胀对接，以防引起附加应力。

（2）不同厚度焊件对接。不同厚度焊件对接时，其厚度差可按下列方法处理。

1）内壁尺寸不相等而外壁齐平时，加工方法如图 13-15 所示。

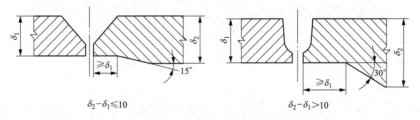

$\delta_2 - \delta_1 \leq 10$ $\delta_2 - \delta_1 > 10$

图 13-15 管道内壁不等加工图

2）外壁尺寸不相等而内壁齐平时，加工方法如图 13-16 所示。

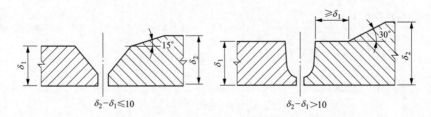

$\delta_2 - \delta_1 \leq 10$ $\delta_2 - \delta_1 > 10$

图 13-16 管道外壁不等加工图

3）内、外壁尺寸均不相等时，加工方法如图 13-17 所示。

4）内壁尺寸不相等，厚度差小于 5mm 时，在不影响焊件的强度条件下，加工方法如图 13-18 所示。

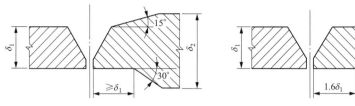

图 13-17　管道内、外壁不等加工图　　　　图 13-18　管道内壁不等加工图

5) 焊口的局部间隙过大时，应设法修正至规定尺寸，严禁在间隙内填塞它物。

对接和 T 形接头基本形式及尺寸见表 13-26。

表 13-26　对接和 T 形接头基本形式及尺寸

序号	接头类型	坡口形式	图形	焊接方法	焊件厚度	接头结构尺寸					适用范围
						α	β	b	P	R	
1	对接	I 形		SMAW OFW GMAW /FCAW	≤4	—	—	1～2	—	—	容器和一般钢结构
				SAW	3～12			0～2			
2		V 形		SMAW GTAW GMAW /FCAW	≤6	30°～35°	—	1～3 1～3 0～1	0.5～2 1～2		各类承压管子压力容器和中、薄件承重
					≤16						
				SAW	≥16～20				7		结构
3		U 形		SMAW GTAW	≤60	10°～15°	—	2～5	0.5～3	5	中、厚壁汽水管理
4		双 V 水平		SMAW GTAW	>16	30°～40°	8°～12°	2～5	1～2	5	中、厚壁汽水管道
5		双 V 垂直		SMAW GTAW	>16	$\alpha_1=35°$ ～40° $\alpha_1=20°$ ～25°	$\beta_1=15°$ ～20° $\beta_1=5°$ ～10°	1～4	1～2	5	中、厚壁汽水管道

续表

序号	接头类型	坡口形式	图形	焊接方法	焊件厚度	接头结构尺寸					适用范围
						α	β	b	P	R	
6		综合型		SMAW GTAW FCAW SAW	>16	20°~25°	5°	2~5	1~2	5	厚壁汽水管道
7	对接	X形		SMAW	>16	30°~35°	—	2~3	2~4	—	双面焊接的大型容器和结构
				SAW	>20			≤4	7		
8		封头		SMAW GTAW	管径不限	同厚壁管坡口加工要求					汽水管道或联箱封头
9		堵头		SMAW GTAW	直径 ϕ ≥273	同厚壁管坡口加工要求					汽水管道或联箱堵头
10	T形接头	管座		SMAW GTAW	管径 ϕ ≤76	50°~60°	30°~35°	2~3	1~2	按壁厚差取	汽水、仪表取样等接管座
11		管座		SMAW GTAW	管径 ϕ76~ ϕ133	50°~60°	30°~35°	2~3	1~2	—	一般汽水管道或容器的接管座
12		无坡口		SMAW SAW	≤20 >8	—	—	0~2	—	—	不要求全焊透结构

序号	接头类型	坡口形式	图形	焊接方法	焊件厚度	接头结构尺寸					适用范围
						α	β	b	P	R	
13	T形接头	单V形		SMAW SAW	>20	50°~60°	—	0~2	$\leq 2\delta/3$		不要求焊透结构
					≤20	50°~60°	—	1~2	1~2	—	要求焊透结构
14		K形		SMAW SAW	>20	50°~60°	—	0~1	1~2	—	要求焊透大型结构
15	搭接	无坡口		OFW SMAW GMAW /FCAW	>2	—	—		≤2	$L \geq 5\delta$ 且不小于 25mm	容器和结构
				SAW	>8						

注 SMAW：焊条电弧焊；GTAW：钨极氩弧焊；GMAW：熔化极气体保护焊；FCAW：实心和药芯焊丝气体保护焊；OFW：气焊；SAW：埋弧焊。当不全采用全 GTAW 时，表中 GTAW 用于根层焊接，SMAW 用于填充或盖面焊接。

（3）焊接前预热。各种钢材施焊前，预热温度要按照焊接工艺执行且满足以下规定。

1）壁厚不小于 6mm 的合金钢管子及管件在负温下焊接时，预热温度应按表 13-27 中的规定值再提高 20~50℃。

表 13-27 焊前预热温度

钢种（钢号）	管材		板材	
	壁厚(mm)	预热温度(℃)	厚度(mm)	预热温度(℃)
含碳量小于或等于 0.35％的碳素钢及其铸件	≥20	100~200	≥34	100~150
C-Mn(16Mn)	≥15	150~200	≥30	
Mn-V(15MnV)			≥28	
$\frac{1}{2}$Cr-$\frac{1}{2}$Mo(12CrMo)	—	—		
1Cr-$\frac{1}{2}$Mo(15CrMo、ZG20CrMo)	≥10	150~250	≥15	150~200
$1\frac{1}{2}$Mn-$\frac{1}{2}$Mo-V(14MnMoV、18MnMoNbg)	—	—		

续表

钢种（钢号）	管材		板材	
	壁厚（mm）	预热温度（℃）	厚度（mm）	预热温度（℃）
$1Cr-\frac{1}{2}Mo-V$（12Cr1MoV、ZG20CrMo）	—	200～300		
$1\frac{1}{2}Cr-1Mo-V$（15Cr1Mo1V、ZG15Cr1Mo1V） $2Cr-\frac{1}{2}Mo-VW$（12Cr2MoWV） $1\frac{3}{4}Cr-\frac{1}{2}Mo-V$ $2\frac{1}{4}Cr-1Mo-$（12Cr2Mo） 3Cr-1Mo-Vti（12Cr2MoVSiTiB）	≥6	250～350	—	—
9Cr-1Mo 12Cr-1Mo-V	—	300～400	—	—

注 1. 用钨板氩弧焊打底时，可按下限温度降低50℃。

   2. 大于219mm或壁厚大于20mm（含20mm）时，应采用电加热法预热。

2）壁厚小于6mm的低合金钢管子及壁厚大于15mm的低碳钢管子在常温下焊接时，也应适当预热。

3）异种钢焊接时，预热温度应按可焊性能差或合金成分较高的一侧选择。

4）接管座与主管焊接时，预热温度应按承压件选择。

5）根据焊接工艺试验提出预热要求。

6）预热宽度从对接中心开始，每侧不少于壁厚的3倍。

7）施焊过程中，层间温度不低于规定的预热温度的下限，且不高于400℃。

（4）焊后热处理。

1）热处理是为了降低焊接接头的残余应力，改善焊缝金属的组织与性能，应严格按照热处理规范及有关规定进行，处理时间要求见表13-28。

表13-28 常见焊接热处理时间要求

钢种（钢号）	温度（℃）	厚度（mm）					
		≤12.5	12.5～25	25～37.5	37.5～50	50～75	75～100	100～125
		恒温时间（h）					
C≤0.35%（20、ZG25） C-Mn（16Mn）	600～650	—	—	$1\frac{1}{2}$	2	$2\frac{1}{4}$	$2\frac{1}{2}$	$2\frac{3}{4}$

续表

钢种（钢号）	温度（℃）	厚度（mm）						
		≤12.5	12.5~25	25~37.5	37.5~50	50~75	75~100	100~125
		恒温时间（h）						
$\frac{1}{2}$Cr-$\frac{1}{2}$Mo(12CrMo)	650~700	$\frac{1}{2}$	1	1$\frac{1}{2}$	2	2$\frac{1}{4}$	2$\frac{1}{2}$	2$\frac{3}{4}$
1Cr-$\frac{1}{2}$Mo(15CrMo、ZG20CrMo)	670~700	$\frac{1}{2}$	1	1$\frac{1}{2}$	2	2$\frac{1}{4}$	2$\frac{1}{2}$	2$\frac{3}{4}$
1Cr-$\frac{1}{2}$Mo-V(12Cr1MoV、ZG20CrMo) 1$\frac{1}{2}$Cr-1Mo-V(ZG15Cr1MoV) 1$\frac{3}{4}$Cr-$\frac{1}{2}$Mo-V	720~750	$\frac{1}{2}$	1	1$\frac{1}{2}$	2	3	4	5
2$\frac{1}{4}$Cr-1Mo	720~750	$\frac{1}{2}$	1	1$\frac{1}{2}$	2	3	4	5
2Cr-$\frac{1}{2}$Mo-VW(12Cr2MoWVB) 3Cr-1Mo-Vti(12Cr2MoVSiTiB)	750~780	$\frac{3}{4}$	1$\frac{1}{4}$	1$\frac{3}{4}$	2$\frac{1}{4}$	3$\frac{1}{4}$	4$\frac{1}{4}$	5$\frac{1}{4}$
9Cr-1Mo 12Cr-1Mo		$\frac{1}{2}$	1	1$\frac{1}{2}$	2	3	4	5

2）下列焊接接头焊后应进行热处理。

a. 壁厚大于 30mm 的碳素钢管子与管件。

b. 壁厚大于 32mm 的碳素钢容器。

c. 壁厚大于 28mm 的普通低合金钢容器。

d. 耐热钢管子与管件。

e. 经焊接工艺评定需做热处理的焊件。

3）凡采用氩弧焊或低氢型焊条，焊前预热和焊后适当缓冷的下列部件可免做焊后热处理。

a. 壁厚小于或等于 10mm、管径小于 108mm 的 15CrMo、12Cr2Mo 钢管子。

b. 壁厚小于或等于 8mm、管径小于或等于 108mm 的 12Cr1MoV 钢管子。

c. 壁厚小于或等于 6mm、管径小于或等于 63mm 的 12Cr2MoWVB 钢管子。

4）焊后热处理一般为高温回火，常用钢材的焊后热处理温度与恒温时间具体参照焊接工艺。

（5）质量检验。

1）应重视焊接质量的检验工作，实行焊接质量三级检查验收制度，贯彻自检与专业检验相结合的方针，做好验评工作。

2）焊接质量检验包括焊接前、焊接过程中和焊接结束后三个阶段的质量检查，应严格按检验项目和程序进行。

3）焊接接头分类检查的方法、范围及数量按相关要求进行，且应符合下列规定。

a. 外观检查不合格的焊缝，不允许进行其他项目检查。

b. 需做热处理的焊接接头，应在热处理后进行无损探伤。

c. 管道系统严密性试验要求：各类管道安装完毕后应进行系统严密性试验，以检查各连接部位（焊缝、法兰接口）的严密性。

（6）管道系统进行严密性水压试验。

1）管道系统进行严密性水压试验前准备工作。

a. 支吊架安装检修工作结束。

b. 焊接和热处理工作结束，且经检验合格。

c. 试验用压力表计经检验正确。

d. 有严密性试验的技术、安全和组织措施。

e. 管道系统在严密性试验时，对焊缝及其他应作检查的部件不得保温。

2）严密性试验要求。

a. 管道系统一般通过打水压进行严密性试验，向管道系统充水时，应将系统内空气排尽，试验压力如无设计规定时，一般采用工作压力的 1.25 倍，但不得小于 0.196MPa，对于埋入地下的压力管应不小于 0.392MPa。

b. 管道系统进行严密性水压试验时，当压力到试验压力后保持 5min，然后降压至工作压力进行全面检查，若无渗漏现象，可认为合格。

c. 在进行管道系统严密性水压试验时，禁止再拧各接口处的连接螺栓，试验过程如发现泄漏时，应降压后经消缺后再重复进行试验。

3. 管道补偿

（1）为了避免由于管道热伸长时产生的应力过大而使水管道损坏，常采取加装 Ω 型或 Π 型补偿器、波纹补偿器的办法来抵消，补偿管道的热伸长量。

（2）Ω 型或 Π 型补偿器具有补偿能力大、运行可靠及制造方便等优点，适用于任何压力和温度的管道，能承受轴向位移和一定量的径向位移，其缺点是尺寸较大，蒸汽流动阻力也较大。

（3）Ω 型或 Π 型补偿器当使用部位工作温度高于 300℃ 或工作压力高于 2.45MPa 时，应用与母管规格材质相同的整根管子弯制而成，若使用部位的工作温度、工作压力低于上述参数时，可用与母管规格、材质相同的热压弯头焊制而成。

（4）波纹补偿器是用 3～4mm 厚的钢板经压制和焊接制成的，其补偿能力不大，每个波纹为 5～7mm，一般波纹数有 3 个左右，最多不超过 6 个，这种波纹补偿器只能用于介质压力为 0.7MPa、工作温度不超过 300℃、公称直径大于 100mm、不允许占有较大空间的管道上。

四、管道常见故障及处理方法

管道常见故障及产生原因分析和处理措施见表 13-29。

表 13-29 管道常见故障及产生原因分析和处理措施

序号	故障现象	产生原因分析	处理措施
1	管道泄漏	（1）焊口泄漏。 （2）管道腐蚀引起泄漏。 （3）管道吹损引起泄漏。 （4）热应力或膨胀受阻引起泄漏	（1）补焊。 （2）更换管道；系统无法隔离时，可采用带压堵漏技术。 （3）消除热应力及膨胀受阻
2	管道法兰泄漏	（1）法兰螺栓紧固力矩偏差。 （2）垫床老化。 （3）密封面吹损	（1）紧固法兰螺栓。 （2）更换垫床。 （3）补焊密封面，并打磨；系统无法隔离时，可采用带压堵漏技术

第四节　管道支吊架

一、支吊架概述

支吊架是将管道按设计要求支撑或固定在空间合适位置上的一种管道附件。在进行管道设计时，首先要考虑满足工艺要求，还要考虑设备、管道及其组成件的受力状况，以保证安全运转。管道应力分析是涉及多学科的综合技术，是管道设计的基础。在管道应力分析过程中，正确设置支吊架是一项重要的工作。支吊架选型得当、布置合理，所设计的管系不仅美观，而且经济安全。

支吊架由管部、根部和连接件三部分组成，装设在管道上的部分称为管部，与建筑构架生根的部分称为根部，管部与根部之间的过渡称为连接件。管道支吊架主要有以下几方面的作用。

（1）保障管道在空间的布局、走向及位置合理。

（2）承受管道本身及介质、保温、附件的重量，并将重量传递给建筑架构。

（3）将管道由于重量产生的下垂应力限制在规定范围之内。

（4）对管道热变形进行限制或固定，以减少或避免管道对设备的推力和力矩。

（5）防止或减轻管道的振动。

二、支吊架的分类

管道支吊架的种类很多，按功能和用途可分为四大类七小类，详见表 13-30。从管道支承的结构及连接关系等方面考虑，管道支吊架由管部附着件、连接配件、特殊功能件、辅助钢结构及生根件等组成。

表 13-30　支吊架分类表

大分类			小分类		
序号	名称	用途	序号	名称	用途
1	承重支吊架	用来承受管道的重力及其他垂直向下荷载的场合	1	刚性支吊架	无垂直位移的场合
			2	弹簧支吊架	有垂直位移的场合
2	限制性支吊架	用来阻止、限制或控制管道系统热位移的场合	3	固定支架	在固定点处不允许有线位移和角位移的场合
			4	限位支架	限制某一方向位移的场合
			5	导向支架	允许管道有轴向位移、不允许有横向位移的场合
3	恒力支吊架	用于垂直位移大，希望保持管道在冷、热状态下支吊点的荷载不能变化很大的场合	6	减振器	需要弹簧减振的场合
4	防振支架	用于限制、缓和往复式机、泵进出口管道和由地震、风压、水击、安全阀排出反力引起的管系振动	7	阻尼器	缓和往复式机泵、地震、水击、安全阀排出反力等引起的油压式振动

1. 固定支架

固定支架是一种承重支架，属于刚性支架，它对承重点管线有全方位的限制作用，是管线上三度坐标的固定点；用于管道中不允许有任何位移的部位。固定支架要求具有充足的强度和刚度，生根部分牢固、可靠，原因为固定支架除承重以外还要承受管道各项热位移推力和力矩。

2. 限位支架

限位支架又叫作滑动支架，属于部分固定（限位）的承重支架，多用于水平管线靠近弯头的部位。它是承受管道自重的一个支撑点，它只对管线的一个方向有限制作用。当管线在该点上有向上的热位移时，须采用弹性支承，即弹簧活动支架。

3. 导向支架

导向支架也叫作滑动支架，属于部分固定（限位）的承重支架，是管道应用最为广泛的一种支架，它是管道自重的一个支承点。它对管道有两个方向的限位作用，能引导管道在导轨方向（即轴线方向）自由热位移，起到稳定管线的重要作用。

限位支架和导向支架多数是刚性的，这两种支架都设有滑动支承块，导向支架在滑动块两侧增设有与管线平行的两根导轨。

为减小滑动块的运动摩擦阻力，在滑动块和支承面之间铺设一层聚四氟乙烯塑料软垫，此垫有减阻和耐温作用。在重要部位，在滑动块下设有滚子或滚珠盘，变滑动摩擦为滚动摩擦。

4. 吊架

（1）刚性吊架。刚性吊架用于常温管道，或用于热管道无垂直热位移和垂直热位移很微小的管道吊点，除承受管道分配给该吊点的重量之外，它允许该吊点管道有少量的水平方向位移，而对管道的向下位移有限位作用。刚性吊架如果用在高压管系中，其作用不以承重为主，而是作为专用限位吊架使用。

（2）普通弹簧吊架。普通弹簧吊架用于有垂直方向热位移和少量水平方向热位移的管道吊点，它在承重的同时，对吊点管道的各方位移无限位作用，弹簧吊架使管道在尽可能长的吊杆拉吊下可以自由热位移。弹簧吊架的承载值是由弹簧的压缩值来确定的，可以精确计量。

（3）恒力弹簧吊架。这种性能更优越的吊架用于管道垂直热位移偏大或需限制吊点荷重变化的吊点，它不限制吊点管道的热位移，并且在管道很大的垂直热位移范围内，吊架始终承受基本不变的载荷。

（4）限位支吊架。限位支吊架不以承载为目的，而是限制管道限位支吊点某一方向热位移的专用支吊架。

5. 减震器

减震器是一种特殊支吊架，专用于管道的易振和强振部位，用以缓冲和减小管道因内部介质特殊运动形态引起的冲击和振动，防止振动对管道产生振动交变应力，以免管道发生突然的疲劳损坏。

6. 阻尼器

利用液体的不可压缩性，既可以保证管道正常热膨胀的缓慢热位移，同时在载荷瞬变时遏制振动、消减振幅，保护管道和设备。

三、支吊架检修要点

1. 支吊架设计要求

（1）支吊架必须合理选用，必须满足在装部位的设计要求。支吊架应能承受在装部位全部载荷，且满足在装部位的各种载荷要求。

1）固定支架。这种支架受力最大，不但承受管道的重量，而且承受管道温度变化时所产生的推力和拉力，安装时一定要保证托架和管箍跟管壁紧密接触，并且把管子卡紧，使管子没有转动和窜动的可能，成为管道膨胀的死点。

2）滑动支架。应能保证管子轴向自由膨胀，而将其他方向的活动限制在一定范围内，安装时要留出热位移量，位置在与热位移方向相反侧一定距离处，此距离应为该处热位移的1/2。滑动支架的活动部分必须裸露，不得被水泥及保温层覆盖。滑动支架的摩擦面不得与管道直接摩擦，上摩擦面应与管子焊接或紧固可靠。

（2）吊架的吊杆在冷安装时，需要留出预留量，倾斜角应使管箍与吊点的垂直距离为该处热位移量的1/2。

（3）不得在没有补偿器的管线上同时装上两个以上的固定支架。

（4）安装支吊架弹簧时，需要根据弹簧压缩量预先把弹簧压紧，并用钢筋把上、下压盘点焊成一体，待安装结束再松开；热态时根据设计要求对弹簧压缩量进行调整。

（5）支吊架、吊杆、管箍等应根据管道内介质和参数的不同选用不同的材质。

（6）合金钢管道上的支吊架不得随意与管子施焊。

（7）支吊架安装就位时应满足一般压力管道2/1000倾斜度的要求。

2. 管道支吊架的检查与维护

（1）支吊架根部设置牢固，无歪斜倒塌，构架刚性强、无变形，根部埋件无松动、脱落；螺栓连接部位无松动；焊接部位焊缝无裂纹和脱焊。

（2）支吊架的管夹、管卡和套管应无松动、偏斜，无位移。

（3）检查吊架冷热态是否到位，校对与设计值的偏差。

（4）膨胀指示器应按规定正确装设，指示灵活、准确。

（5）当为恒作用支吊架时，规格与安装符合设计要求，安装焊接牢固，转动灵活。当为活动支架时，其滑动面清洁，热位移量符合设计要求。

（6）当为弹簧吊架时，吊杆无弯曲，弹簧压缩量符合设计要求，弹簧与弹簧盒应无倾斜、卡涩，无被压缩得无层间间隙的现象，吊杆焊接牢固，吊杆螺纹完整，与螺母配合良好；安装销子应拆除。

（7）当为导向支架时，管子与枕托紧贴、无松动，导向槽焊接牢固，枕托位于导向槽内，间隙均匀，且滑动接触良好，能自由膨胀。

（8）所有固定支架、导向支架和活动支架，构件内不得有任何杂物；当为滚动支架时，支座与底板、滚珠（滚柱）接触良好，滚动灵活，且应有满足管道热位移量的余量。

（9）支吊架应经常检查，发现有锈蚀严重、裂纹、断裂、严重变形或弹簧老化、弹力变小，以及振动、晃动过大时应及时检修，恢复到设计要求。

四、管道及支吊架常见故障及处理措施

管道及支吊架常见故障及产生原因分析和处理措施见表13-31。

表 13-31　管道及支吊架常见故障及产生原因分析和处理措施

序号	故障现象	产生原因分析	处理方法
1	管道膨胀受阻变形	（1）管道安装错误。 （2）管系布置不合理	（1）增加管道膨胀节。 （2）改变管道布置
2	恒力吊架卡涩	（1）机械卡涩。 （2）载荷过大	（1）调整吊杆螺栓。 （2）校验管系载荷，核对吊架是否选用合理
3	弹簧吊架过载	（1）弹簧调整过紧。 （2）载荷过大	（1）调整弹簧螺栓。 （2）校验管系载荷，核对吊架是否选用合理
4	恒力、弹簧吊架冷热态未到位	（1）安装后调整不到位。 （2）管道膨胀与设计值存在偏差	根据管系设计要求，合理调整吊架冷热态位置，使其达到或接近设计值
5	限位支架卡涩、脱位	（1）安装错误，超出管道膨胀范围。 （2）支架脱焊、变形	（1）调整安装位置。 （2）补焊、加强支架焊缝

第十四章 技 术 专 项

汽轮机结构复杂，可靠性、经济性和安全性是汽轮机的基本状态要求。汽轮机的大部分故障会引起机组的振动异常，在对汽轮机设备检修时，还会涉及机组的密封、振动、状态异常、润滑和保温，本章针对上述问题进行专题讨论。

第一节 密 封

一、密封概述

汽、水、油等作为发电厂中的重要工作介质在管道、设备中发挥着重要的作用。工作介质的渗漏是电力设备系统常见缺陷，发生部位多是在设备系统密封之处，少量产生于管件表面。

在压力差作用下，被密封的介质通过密封件材料的间隙泄漏称为渗漏；可分为内漏、外漏两大类。内漏指在系统或元件内部工作介质由高压腔向低压腔的渗漏；外漏则是由系统或元件内部向外界的渗漏。对于液压传动系统，内漏会引起系统容积效率的急剧下降，达不到所需的工作压力，使设备无法正常运作；外漏则造成工作介质浪费和污染环境，甚至引发设备操作失灵和设备、人身事故。

减小或消除间隙是阻止渗漏的主要途径。密封就是将接合面间的间隙封住，隔离或切断渗漏通道，增加渗漏通道中的阻力，或者在通道中加设小型做功元件，对渗漏物造成压力，与引起渗漏的压差部分抵消或完全平衡，以阻止渗漏。

二、密封的分类

密封是指各种介质可能向外渗漏的接合面，可分为动、静密封两种。动密封是指相对运动间密封，如设备转动或往复运动的每一处轴与端盖间的密封。静密封是指相对静止部件密封，如设备、容器、阀门、管道上法兰、门盖、端盖、盘根、丝堵、堵板、活接头等部件间的密封。

根据工作压力，静密封又可分为中低压静密封和高压静密封。中低压静密封常用材质较软、垫片较宽的垫密封；高压静密封则用材料较硬、接触宽度很窄的金属垫片。

动密封可以分为旋转密封和往复密封两种基本类型。按密封件与其作用相对运动的零部件是否接触，可以分为接触式密封和非接触式密封，常见的密封结构如图 14-1 所示（见彩插）。

（1）静密封设计结构：螺纹密封、卡套密封、垫片密封、O 形圈密封、填料密封。

（2）动密封设计结构：

1）往复式密封：O 形圈密封、Y 形圈密封、V 形圈密封、组合密封。

2）旋转密封：机械密封、骨架油封、迷宫密封、螺旋密封、磁流体密封。

三、密封材料的选型

对密封的基本要求是密封性好，安全可靠，寿命长，并应力求结构紧凑，系统简单，制造维修方便，成本低廉。大多数密封件是易损件，应保证互换性，实现标准化、系列化。密封材料应具备如下性能：

（1）材料致密性好，不易泄漏介质。

（2）有适当的机械强度和硬度。

（3）压缩性和回弹性好，永久变形小。

（4）高温下不软化，不分解；低温下不硬化，不脆裂；

（5）抗腐蚀性能好，在酸、碱、油等介质中能长期工作，其体积和硬度变化小，且不黏附在金属表面上。

（6）摩擦系数小，耐磨性好。

（7）具有与密封面结合的柔软性。

（8）耐老化性好，经久耐用。

（9）加工制造方便，价格便宜，取材容易。

1. 橡胶密封

橡胶是最常用的密封材料。常见的橡胶及化工密封品的特点及用途见表 14-1。

表 14-1 常见的橡胶及化工密封品的特点及用途

胶种	主要特点	工作温度（℃）	主要用途
丁腈橡胶	耐油、耐热、耐磨性好。广泛用于制作密封制品，但不适用于磷酸酯系列液压及含极性添加剂的齿轮油	−40～120	用于制作 O 形圈、油封，适用于一般的液压、气动系统
氢化丁腈橡胶	强度高、耐油、耐磨、耐热、耐老化	−4～150	用于高温、高速的往复密封和旋转密封
橡塑胶	材料弹性模量大，强度高、耐油、耐磨、耐热、耐老化	−30～80	用于制作 O 形圈、Y 形圈、防尘圈等，应用于工程机械及高压液压系统的密封
氟橡胶	耐热、耐酸碱及其他化学药品，耐油（包括磷酸酯系列液压油），适用于所有润滑油、汽油、液压油、合成油	−2～200	适用于耐高温、化学药品、抗燃液压油的密封，在冶金、电力等行业用途广泛

续表

胶种	主要特点	工作温度（℃）	主要用途
聚氨酯	耐磨性能优异、强度高、耐老化性能好	−20～80	适用于工程机械和冶金设备中的高压、高速系统密封
硅橡胶	耐热、耐寒性好。压缩永久变形小，但机械强度低	−6～230	适用于高、低温下的高速旋转密封及食品机械的密封
聚丙烯酸酯	耐热性优于 NBR，可在含极性添加剂的各种润滑油、液压油、石油系液压油中工作，耐水性较差	−2～150	可用于各种小汽车油封及各种齿轮箱、变速箱，可耐中高温
乙丙橡胶	耐气候性能好，在空气中耐老化、耐油性能一般，可耐氟利昂及多种制冷剂	−5～150	应用于冰箱及制冷机械的密封
聚四氟乙烯	化学稳定性好，耐热、耐寒性好，耐油、水、汽、药品等各种介质。机械强度较高，耐高温、耐磨，摩擦系数极低，自润滑性好	−5～260	制作耐磨环、导向环、挡圈，为机械上常用的密封材料，广泛用于冶金、石化、工程机械、轻工机械
尼龙	耐油、耐热、耐磨性好，抗压强度高，抗冲击性能好，但尺寸稳定性差	−4～120	用于制作导向环、支承环、压环、挡圈
聚甲醛	耐油、耐热、耐磨性好，抗压强度高，抗冲击性能好，有较好的自润滑性能，尺寸稳定性好，但屈挠性差	−4～140	用于制作导向环、挡圈

2. 垫密封

垫密封广泛应用于管道，压力容器以及各种壳体的接合面的静密封中。垫密封有非金属密封垫、非金属与金属组合密封垫和金属密封垫三大类。其常用材料有橡胶、皮革、石棉、软木、聚四氟乙烯、钢、铁、铜和不锈钢等，常见密封垫的特点及应用见表 14-2。

表 14-2 常见密封垫的特点及应用

种类	材料	压力（MPa）	温度（℃）	应用介质
纸垫	青壳纸		<120	油、水
工业橡胶板	合成橡胶	≤1.0	−20～100	水、空气
聚四氟乙烯垫	聚四氟乙烯板	≤4.0	−196～260	水、氢气、浓酸碱、润滑油、抗燃油、液氨
	聚四氟乙烯包覆垫		0～150	水、酸碱、溶剂

续表

种类	材料	压力（MPa）	温度（℃）	应用介质
柔性石墨复合垫	低碳钢	<11.0	≤400	水、蒸汽
	0Cr18Ni9		≤650	
缠绕式垫片	柔性石墨+0Cr18Ni9	1.0～40.0	≤650	水、蒸汽、空气
	聚四氟乙烯+0Cr18Ni9		<200	酸、碱水、液氨
金属平垫（齿形垫）	铜	4.0～16.0	<300	润滑油
	0Cr13，1Cr13	6.4～42.0	<540	水、蒸汽

3. O 形密封圈

O 形密封圈简称 O 形圈，开始出现在 19 世纪中叶，当时用它作汽轮机汽缸的密封元件。O 形密封圈是一种自动双向作用密封元件，安装时其径向和轴向方面的预压缩率与 O 形密封圈自身的初始密封能力，随系统压力的增大受挤压而产生应力，从而达到密封效果。

（1）O 形密封圈的选用。O 形密封圈有结构简单、体积小、价格低、用途广、零泄漏（静密封）的优点，常用于静密封和往复密封，不宜应用于滑移面需频繁往复运动的密封装置中。O 形密封圈是液压与气压传动系统中使用最广泛的一种密封件。

（2）O 形圈标准。GB/T 3452.1《液压气动用 O 形橡胶密封圈 第 1 部分：尺寸系列及公差》采用截面直径有 1.8、2.65、3.55、5.3 等。

（3）O 形圈工作条件。材料为合成橡胶（一般为丁腈橡胶、氟橡胶等）时如下。

1）工作介质：液压油、压缩空气和抗燃油。

2）工作温度：一般场合为 $-30～+110℃$；特殊橡胶为 $-60～+250℃$；旋转场合为 $-30～+80℃$。

3）工作压力：无挡圈时，最高可达 20MPa；有挡圈时，最高可达 40MPa。

4）工作速度：一般小于或等于 0.2m/s，最大往复速度可达 0.5m/s，最大旋转速度可达 2.0m/s。

（4）O 形密封圈的拉伸量和压缩率的选用范围。O 形密封圈的拉伸量和压缩率的选用范围见表 14-3。

表 14-3 O 形密封圈的拉伸量和压缩率的选用范围

密封形式	密封介质	轴向密封拉伸量 α	径向密封压缩率 ε(%)
静密封	液压油	1.03～1.04	15～25
	空气	<1.01	15～25

密封形式	密封介质	轴向密封拉伸量 α	径向密封压缩率 ε(%)
往复动密封	液压油	1.02	12~17
	空气	<1.01	12~17
旋转动密封	液压油	0.95~1	5~10

径向密封压缩率 ε 可用式（14-1）进行计算，即

$$\varepsilon = \frac{d_0 - h}{d_0} \times 100\% \tag{14-1}$$

式中　d_0——O形密封圈自由状态截面直径，mm；

　　　h——O形密封圈安装空间的高度，mm。

轴向密封拉伸量 α 可用式（14-2）进行计算，即

$$\alpha = \frac{d + d_0}{d_1 + d_0} \tag{14-2}$$

式中　d——轴径，mm；

　　　d_1——O形密封圈内径，mm。

静密封的压缩率大于动密封，但是其极值应小于 25%；否则压缩应力明显松弛，将产生过大的永久变形。在高温工况中，尤为严重。然而压缩率也不宜过小；否则当装配部位存在偏心时就会消失部分压缩量，也会导致泄漏。

O形密封圈安装沟槽的宽度为O形密封圈直径的 1.3~1.5 倍，即 $b = 1.3$~$1.5d_0$。静密封时，压缩量较大，应取大值；往复动密封时，应取小值，旋转动密封时，取 $b = 1.05$~$1.1d_2$，并应考虑摩擦生热引起密封圈内径收缩，从而影响密封质量的问题。

4. 机械密封

（1）机械密封亦称端面密封，垂直于旋转轴的端面在流体压力及补偿机构的弹力作用下，在辅助密封的配合下，与另一端面保持贴合并相对滑动，从而构成防止流体泄漏的机械装置。

（2）机械密封工作原理：由于两个密封端面的紧密贴合，使密封端面之间的交界形成一微小间隙，当有压介质通过此间隙时，形成极薄的液膜，形成一定的阻力，阻止介质向外泄漏，又使端面得以润滑，由此获得长期的密封效果。

（3）机械密封一般有四个密封处，如图 14-2 所示（见彩插），具体包括：

1）动环与静环之间的动密封。

2）B动环与轴或轴套之间的相对静密封。

3）静环与静环座之间的静密封。

4）静环座（压盖）与设备之间的静密封。

（4）机械密封的组成。

1）动环和静环。动环的材料可采用高合金钢、硬质合金、铸铁等，在腐蚀性介质一般推荐用不锈钢表面堆焊硬质合金或新型碳化硅陶瓷，既可耐磨又可耐腐蚀，静环可采用铸铁、青铜合金，也可用浸渍后的石墨或聚四氟乙烯。

2）弹簧装置。弹簧以合适的弹簧比压保持动静环端面缓冲接触（弹簧作用于密封端面的压紧力称为弹簧比压）。

3）辅助密封件。形式有 O 形圈、V 形、方形环、梯形环等。材料有人工合成橡胶，例如丁腈、氟橡胶、三元乙丙等。

（5）机械密封的分类。机械密封按结构形式分类，其基本类型有平衡式和非平衡式、内置式和外置式、接触式和非接触式等。

1）平衡式和非平衡式机械密封。能使介质作用在密封端面上的压力卸荷的为平衡式，不能卸荷的为非平衡式。按卸荷程度不同，前者又分为部分平衡式（部分卸荷）和过平衡式（全部卸荷）。平衡式密封如图 14-3（a）所示，端面上所受的作用力随介质压力的升高而变化较小，因此适用于高压密封；非平衡式密封如图 14-3（b）所示，密封端面所受的作用力随介质压力的变化较大，因此只适用于低压密封。平衡式密封能降低端面上的摩擦和磨损，减小摩擦热，承载能力大，但其结构较复杂，一般需在轴或轴套上加工出台阶，成本较高。后者结构简单，介质压力小于 0.7MPa 时广泛作用。

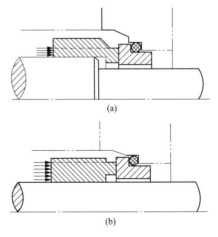

图 14-3 平衡式与非平衡式机械密封
（a）平衡式；（b）非平衡式

2）内置式和外置式机械密封。弹簧和动环安装在密封箱内与介质接触的密封为内置（装）式密封，如图 14-4（a）所示；弹簧和动环安装在密封箱外不与介质接触的密封为外置（装）式密封，如图 14-4（b）所示。前者可以利用密封箱内介质压力来密封，机械密封的元件均处于流体介质中，密封端面的受力状态以及冷却和润滑情况好，是常用的结构形式。

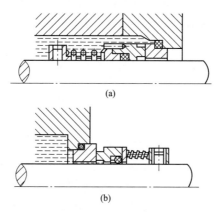

图 14-4　内置式和外置式机械密封

（a）内置式；（b）外置式

外置式机械密封的大部分零件不与介质接触，暴露在设备外，便于观察及维修安装。但是由于外置式结构的介质作用力与弹性元件的弹力方向相反，当介质压力有波动，而弹簧补偿量又不大时，会导致密封环不稳定甚至严重泄漏。外置式机械密封仅用于强腐蚀、高黏度和易结晶介质以及介质压力较低的场合。

3）接触式和非接触式机械密封。接触式机械密封如图 14-5（a）所示，是指密封面微凸体接触的机械密封，密封面间隙 $h = 0.5 \sim 2\,\mu m$。摩擦状态为混合摩擦和边界摩擦；非接触式机械密封是指密封面微凸体不接触的机械密封，密封面间隙对于流体动压密封 $h > 2\,\mu m$，对于流体静压密封 $h > 5\,\mu m$。摩擦状态为流体摩擦、弹性流体动力润滑。

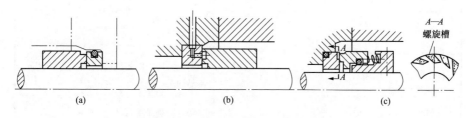

图 14-5　接触式和非接触式机械密封

（a）接触式；（b）静压效应密封；（c）动压效应密封

普通机械密封大都是接触式密封，而可控间隙机械密封是非接触式密封。接触式密封结构简单、泄漏量小，但磨损、功耗、发热量都较大。非接触式密封发热量、功耗小，正常工作时没有磨损，能在高压、高速等苛刻工况下工作，但泄漏量较大。

非接触式又分为流体静压［如图 14-5（b）所示］和流体动压［如图 14-5（c）所示］两类。流体静压密封是指利用外部引入的压力流体或被密封介质本身，通过密封端面的压力降产生流体静压效应的密封。流体动压密封是指利用端面相对旋转自行产生流体动压效应的密封，如螺旋槽端面密封。

（6）机械密封型号表示方法。机械密封型号含义如图 14-6 所示。

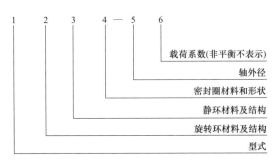

图 14-6　机械密封型号含义图

（7）机械密封与材料密封对比。机械密封具有提高机械效率和可靠性、减少漏泄、降低能耗等优点。与填料密封对比结果见表 14-4。

表 14-4　填料密封与机械密封对比

内容	填料密封	机械密封
泄漏量	180～450mL/h	一般为软填料密封的 1%
摩擦功率损失	机械密封为软填料密封的 10%～50%	
轴磨损	有磨损，用久后要更换	几乎无磨损
维护及寿命	要经常维护，更换填料	寿命很长，大小修时更换维修
高参数	高压、高温、高真空、高转速，大直径密封达不到	可以
加工安装	加工一般，填料更换方便	动、静环表面粗糙度及平直度要求高，不易加工，成本高，装拆不便
材料要求	一般	动、静环要求较高

（8）机械密封安装与使用。

1）设备转轴的径向跳动应小于或等于 0.04mm，轴向窜动量不允许大于 0.1mm。

2）设备的密封部位在安装时应保持清洁，密封零件应进行清洗，密封端面完好、无损，防止杂质和灰尘带入密封部位。

3）非集装式机械密封压缩量一般调整至总压缩量的 1/2～2/3，还要结合弹簧的多少、粗细及转速等参数。

4）在安装过程中严禁碰击、敲打，以免使机械密封摩擦副破损而密封失效。

5）安装时在与密封相接触的表面应涂一层清洁的凡士林或机械油，以便能顺利安装。

6）安装静环压盖时，拧紧螺钉必须受力均匀，保证静环端面与轴心线的垂直要求。

7）安装后用手推动动环，能使动环在轴上灵活移动，并有一定弹性。

8）安装后用手盘动转轴、转轴应无轻重感觉。

9）设备在运转前必须充满介质，以防止干摩擦而使密封失效。

5. 迷宫密封

（1）迷宫密封概述。迷宫密封是在转轴周围设若干个依次排列的环形密封齿，齿与齿之间形成一系列截流间隙与膨胀空腔，被密封介质在通过曲折迷宫的间隙时产生节流效应而达到阻漏的目的。

由于迷宫密封的转子和机壳间存在间隙，无固体接触，无须润滑，并允许有热膨胀，适应高温、高压、高转速频率的场合，这种密封形式被广泛用于汽轮机、压缩机、鼓风机的轴端和级间的密封，其他的动密封的前置密封。

流体通过迷宫产生阻力并使其流量减少的机能称为"迷宫效应"。对液体，有流体力学效应，其中包括水力磨阻效应、流束收缩效应；对气体，还有热力学效应，即气体在迷宫中因压缩或者膨胀而产生的热转换；此外，还有"透气效应"等。而迷宫效应则是这些效应的综合反应，因此，迷宫密封机理是很复杂的。

（2）迷宫密封的结构形式。迷宫密封按密封齿的结构不同，分为密封片和密封环两大类型。如图 14-7 所示，密封片结构紧凑，运转中与机壳相碰，密封片能向两侧弯曲，减少摩擦，且拆换方便。

图 14-7　迷宫密封

密封环由 6～8 块扇形块组成，装入机壳与转轴中，用弹簧片将每块环压紧在机壳上，当轴与齿环相碰时，齿环自行弹开，避免摩擦。这种结构尺寸较大，加工复杂，齿磨损后将整块密封环调换。

（3）直通型迷宫的特性。由于在轴表面加工沟槽或各种形状的齿要比孔内加工容易，因此常把孔加工成光滑面，与带槽或带齿的轴组成迷宫，这就是直通型迷宫，因为制作方便，所以直通型迷宫应用最广。但是，直通型迷宫存在着透气现象，其泄漏量大于理想迷宫的泄漏量。密封的齿数、齿距、膨胀室、副室等均会对密封效果产生较大影响。

6. 浮环密封

浮动环密封简称浮环密封，用于离心压缩机、氢冷汽轮发电机、离心泵等轴封。

浮环密封属于流阻型非接触式动密封，是依靠密封间隙内的流体阻力效应而达到阻漏目的。由于存在间隙，避免了固体摩擦，适用于高速情况，既可封堵液体，也可封堵气体，但泄漏量较大，某些情况下还需配置比较复杂的密封辅助系统。

在中、高压离心压气机中可供选择的密封方式有机械密封、迷宫密封和填料密封。但由于气体的散热和润滑条件不如液体，所以填料密封只有小型、低速才用，而机械密封在周速大于 40m/s、温度高于 200℃ 以后也很难适应，只有迷宫密封和浮环密封是最常用的两种方式。

（1）浮环密封的优点。

1）密封结构简单，只有几个形状简单的环、销、弹簧等零件。多层浮动环也只有这些简单零件的组合，比机械密封零件少。

2）对机器的运行状态并不敏感，有稳定密封性能。

3）密封件不产生磨损，密封可靠，维护简单，检修方便。

4）密封件材料为金属，固耐高温。

5）浮环可以多个并列使用，组成多层浮动环，能有效地密封 10MPa 以上的高压。

6）能用于 10 000～20 000r/min 的高速旋转流体机械，尤其是用于气体压缩机，其许用速度高达 100m/s 以上，这是其他密封所不能比拟的。

7）只要采用耐腐蚀金属材料或里衬耐腐蚀的非金属材料（如石墨）作浮动环，可以用于强腐蚀介质的密封。

8）因密封间隙中是液膜，所以摩擦功率极小，使机器有较高的效率。

（2）浮环密封的缺点。密封件的制造精度要求高，环的不同心度和端面的不垂直度和表面不粗糙度对密封性能有明显的影响。此外，这种密封对液体不能做到封严不漏。对气体虽然可做到封严，但需要一套复杂而昂贵的自动化供油系统。

（3）浮环密封的结构。浮环密封装置的结构有多种形式，其主要形式有宽环和窄环、光滑环和开口环、液膜和干式浮动环，浮环密封的结构及特点见表 14-5。

表 14-5　浮环密封结构与特点

名称		结构简图	特　点
剖分型浮动环	单流浮动环		密封液进入环隙后分两路流向氢侧和空侧。此类密封间隙大、耗油量大。进入氢侧的油流带入空气并吸收氢气，需要复杂的真空净油设备
	双流浮动环		氢侧及空侧两股油流在环中央被一段环隙分开，各自成为一个独立的油压系统。空侧油路设均压阀控制两股油流压力相等，以保证两股油流接触处没有油交换。氢侧油路设差压阀控制油压大于氢压，保证氢气不外漏。此结构不用真空净油设备，但需两套油系统
	带中间回油的浮动环		封液进入室Ⅰ后，一路经孔 ϕA 进入密封环隙，外漏至空侧回油箱；内漏至氢侧；中途部分通过孔 ϕC 进入中间回油室Ⅲ；另一路经孔 ϕB 进入压力平衡室Ⅱ。此结构不需要复杂的真空净油设备，系统简单

续表

名称		结构简图	特　点
整体型浮动环	带冷却孔矩形浮动环	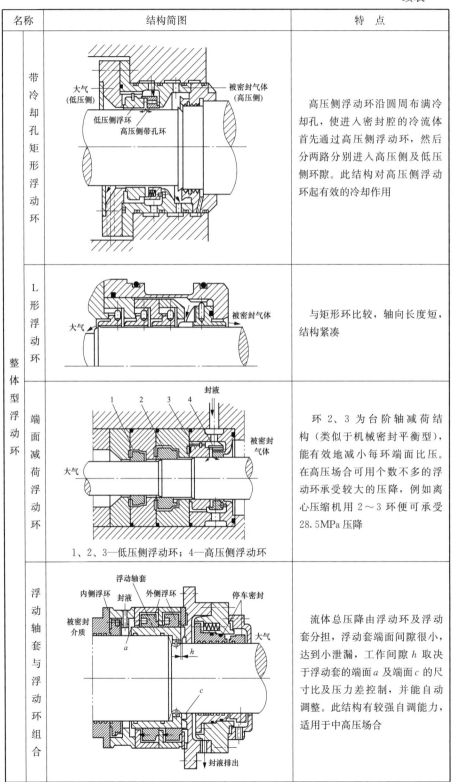	高压侧浮动环沿圆周布满冷却孔，使进入密封腔的冷流体首先通过高压侧浮动环，然后分两路分别进入高压侧及低压侧环隙。此结构对高压侧浮动环起有效的冷却作用
	L形浮动环		与矩形环比较，轴向长度短，结构紧凑
	端面减荷浮动环	1、2、3—低压侧浮动环；4—高压侧浮动环	环2、3为台阶轴减荷结构（类似于机械密封平衡型），能有效地减小每环端面比压。在高压场合可用个数不多的浮动环承受较大的压降，例如离心压缩机用2～3环便可承受28.5MPa压降
	浮动轴套与浮动环组合		流体总压降由浮动环及浮动套分担，浮动套端面间隙很小，达到小泄漏，工作间隙h取决于浮动套的端面a及端面c的尺寸比及压力差控制，并能自动调整。此结构有较强自调能力，适用于中高压场合

续表

名称		结构简图	特　点
整体型浮动环	多级浮动环	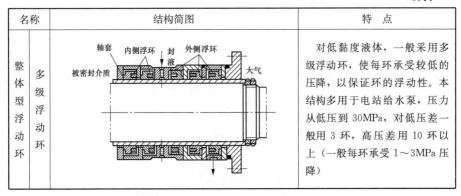	对低黏度液体，一般采用多级浮动环，使每环承受较低的压降，以保证环的浮动性。本结构多用于电站给水泵，压力从低压到 30MPa，对低压差一般用 3 环，高压差用 10 环以上（一般每环承受 1～3MPa 压降）

7. 螺旋密封

螺旋密封应用于许多尖端技术部门，如气冷堆压缩机密封、增殖堆钠泵密封等。有时也用于减速机高速轴密封。它的最大优点是密封偶件之间即使有较大的间隙，也能有效地起密封作用。如设计合理，其使用寿命可达无限大。由于可以从材料上作广泛的选择，且制造上极其容易，当压差不大时，螺旋密封功率耗损和发热都很小，用冷却水套散热已足够。螺旋密封往往需要辅以停车密封，这样就使结构复杂，并加大了尺寸，故常使应用受到限制。螺旋密封可用于高温、深冷、腐蚀和带有颗粒等的液体，密封条件苛刻，密封效果良好。

(1) 螺旋密封概述。螺旋密封的轴表面开有螺旋槽，而孔为光表面，这同迷宫密封的开槽情况是一致的，因此可以把螺旋密封看成是迷宫密封的一种特殊形式，称为螺旋迷宫。但是，螺旋迷宫的齿是连续的，不像前述的各种迷宫的齿是连续的。由于齿的连续性，通过齿的介质的流动状态发生变化。螺旋槽不再作为膨胀室产生旋涡来消耗流动能量，而是作为推进装置与介质发生能量交换，产生所谓的"泵送作用"，并产生泵送压头，与被密封介质的压力相平衡，即压力差 $p=0$，从而阻止泄漏。因此在密封机理上与迷宫密封略有不同。但是，介质在通过间隙时会有一部分越过齿顶流过，而不沿槽向流动，即有透气效应，这和迷宫密封中的情况是一样的。

(2) 螺旋密封的分类。

1) 单螺旋密封。单螺旋密封利用螺旋杆泵原理，通过螺旋的泵送作用，把沿泄漏间隙的介质推赶回去，以实现密封，如图 14-8 所示。它适用于密封液体或气液混合物，无须外加封液，常用于轴承封油。须注意的，螺旋的赶油方向需与油的泄漏方向相反；否则，不但不能实现密封，反而会导致泄漏量急剧增加。

2) 双螺旋密封。两段旋向相反的螺旋，将封液挤向中间，形成液封。液封的压力稍大于或等于被密封介质的压力，即能实现密封，如图 14-9 所示。两段旋向相反的螺旋在高旋转频率下将气体向两侧排出，使中间形成高真空陷阱以实现密封，这种密封可用作真空密封。

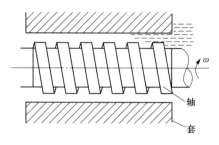

图 14-8　单螺旋密封

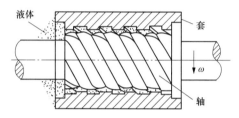

图 14-9　双螺旋密封

　　理论上，螺旋密封的间隙越小则对确保密封越有利，如果间隙大，则液体介质不能同时附着于轴的表面上，假设液体介质仅附着于孔壁而与轴分离，则螺旋密封不起推赶介质的作用，即密封失效。但是，间隙太小，又怕轴与孔壁相碰。为避免产生密封金属偶件的摩擦与磨损，可在孔壁表面涂上一层石墨。

　　3）迷宫螺旋密封。迷宫螺旋密封在工业上使用时间不长，它与螺旋密封的不同之处是在轴表面车制了螺旋槽，如图 14-10 所示，在密封的孔上也车制成螺套，而且具有与轴相反的螺纹旋向，使轴与螺套间的流动形成强烈的紊流。此外，迷宫螺旋密封的螺旋运动速度要比螺杆密封的高，它在紊流工况下用于低黏度液体。迷宫螺旋密封一般用于层流工况下大黏度液体（如黏度大于水的液体）。

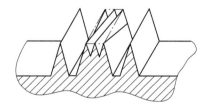

图 14-10　迷宫螺旋密封

　　在螺杆与螺套之间的工作空间内，液体位于螺套两齿面和螺杆两齿面所围成的若干个蜂窝状的空间内。螺杆与螺套表面间的缝隙呈带凹槽的环形柱面。液体通过这些螺纹时形成旋涡，方向与流出方向相反。由于螺杆绕流液体的动量交换结果，螺杆将能量传给液体。螺旋和螺套与液体相互作用，其结果在通过螺杆与螺套之间间隙的名义分界面上产生摩擦力。液体中产生的摩擦力就在螺杆与螺套之间产生了压力。

第二节　机　组　振　动

汽轮发电机组在运行过程中不可避免地存在或大或小的振动，振动在正常范围内对机组的组件不会产生破坏作用，但如果振动超过一定的临界值后，将对机组设备造成极大的危害。

一、振动概述

1. 振动分类

机械振动是指质点或机械动力系统在某一稳定平衡位置附近随时间变化所做的一种往复式运动。机械振动的振动形态用位移、速度和加速度来描述。按照这些运动量随时间变化的规律，振动可以划分为周期振动和非周期振动。振动具体分类及描述见表 14-6。

表 14-6　振动具体分类与描述

原则	种类	描述		典型振动原因
规律	周期振动	简谐振动	$y = A\sin(\omega t + \psi)$ 式中　A——量值； 　　　ω——角频率； 　　　t——时间； 　　　ψ——初相位角	质量不平衡、共振、转子热弯曲、动静摩擦
		非简谐振动		
	非周期振动	振动频率与转速不对应，通频与基频量值差多，量值波动大		随机振动
原因	自由振动	初始激励后，不受外界激励，由本身固有特征决定		
	强迫振动	外界激振力不停		质量不平衡、共振、转子热弯曲、动静摩擦
	自激振动	系统内能量转换成振荡激励形成振动；自身诱发并维持的运动	涡动：转子受系统外力产生偏离经挠曲线的自激振动。 油膜振荡：轴承切向力的增加产生的半速涡动；发生在高于一阶临界转速2倍之后。 颤振：动态交互作用引起的结构自激振动	油膜振荡（频率约为转速一半）、汽流激振
系统机构参数	线性振动	线性响应且能用线性微分方程描述，响应与激励成比例，满足叠加原理		
	非线性振动	非线性响应且只能用非线性微分方程描述，响应与激励不成比例，不满足叠加		

续表

原则	种类	描述	典型振动原因
位移特征	弯曲振动	弯曲变形的振动，也叫横向振动；垂直于轴线方向振动	
	扭转振动	绕轴线扭转产生周期振动；绕轴线方向振动	
	纵向振动	纵轴方向振动，也称轴向振动	
自由度	单自由度系统振动	需2个及以上坐标才能确定状态的系统	
	多自由度系统振动		
	弹性体振动		

2. 简谐振动

简谐振动是运动量随时间按谐和函数的形势变化；如果运动量的变化经过一个固定的时间间隔不断重复，这样的振动是周期振动；反之，如果振动量的变化随时间不呈现重复性，则是非周期振动；对任一给定时刻的运动量不能预先确定的振动是随机振动。

在大多数情况下，汽轮发电机组的激振力来自周期旋转的轴，因而，机组振动多数是周期振动，一般可以被分解为若干个简谐振动；个别情况下，也会呈现为单一的简谐振动形式。

对于位移、速度、加速度等运动量随时间按谐和函数变化的简谐振动，它的标准的数学表达式为

$$X = A\sin(\omega t + \phi) = A\sin(2\pi f t + \phi) = A\sin\left(\frac{2\pi}{T} + \phi\right) \tag{14-3}$$

式中　　X——振动量；

　　　　A——位移幅值，它是指做简谐振动的物体离开平衡位置的最大距离，量值是单峰值，即振动测量中经常用到的峰峰振幅值的一半，mm 或 μm；

　　　　ω——圆频率，每秒钟转过的弧度，rad/s；

　　　　ϕ——初始相位角；

　　　　f——振动频率，每秒振动次数，Hz；

　　　　T——振动周期，运动重复一次所需要的时间，s。

二、振动传感器

振动传感器种类繁多，根据不同的工作原理可分为涡流振动传感器、感应振动传感器、电容振动传感器、压电振动传感器和电阻应变振动传感器。

1. 涡流振动传感器

涡流振动传感器是以涡流效应为工作原理的振动型传感器，属于非接

触式传感器。涡流振动传感器通过传感器末端与待测物体之间的距离变化来测量物体的振动参数。涡流振动传感器主要用于测量振动位移。电厂常用涡流振动传感器测振幅振动。

2. 感应式振动传感器

感应振动传感器是根据电磁感应原理设计的振动传感器。感应振动传感器设有磁铁和磁化器，当物体经受振动测量时，机械振动参数可以转换成电参数信号，所产生的电动势与测得的振动速度成正比，感应振动传感器可以应用于诸如振动速度和加速度的参数的测量。因此实际上是速度传感器。

3. 电容式振动传感器

电容式振动传感器通过改变间隙或公共区域来获得可变电容，然后测量电容以获得机械振动参数。电容式振动传感器可分为可变间隙型和可变公共区域型。前者可用于测量线性振动位移，后者可用于扭转振动的角位移测量。

4. 压电振动传感器

压电振动传感器利用晶体的压电效应来完成振动测量。当被测物体的振动在压电振动传感器上形成压力时，晶体元件产生相应的电荷，并且电荷可以转换成振动参数。压电振动传感器也可以分为压电加速度传感器、压电力传感器和阻抗头。

5. 电阻应变型振动传感器

电阻应变型振动传感器是通过电阻变化量表示被测物体的机械振动量的振动传感器。电阻应变型振动传感器以多种方式实现，并且可以应用各种传感元件。其中，电阻应变较为常见。

三、振动评估标准

汽轮发电机一般具有较重的转子和挠性支承。在 GB/T 11348.2—2012《机械振动　在旋转轴上测量评价机器的振动　第 2 部分：功率大于 50MW，额定工作转速 1500r/min、1800r/min、3000r/min、3600r/min 陆地安装的汽轮机和发电机》中，将转轴的径向宽带振动量值划分四个区域进行定性评价。

（1）A 区：新交付使用的机器的振动通常落在该区。振动在此区内的机器是良好的，可不加限制地运行。

（2）B 区：振动量值在该区内的机器，通常可以不受限制地长期运行。

（3）C 区：如果机器的振动量值在该区内，一般不宜长期持续运行，机器可在这种状态下运行有限时间，直到有合适时机采取补救措施为止。

（4）D 区：振动量值在该区域的机器通常被认为振动剧烈，足以引起机器损坏，须停机检修。

转轴相对振动和绝对振动位移的区域边界推荐值见表 14-7 和表 14-8，

对于大型汽轮机轴承箱或轴承座振动速度区域边界推荐值（振速均方根值）见表 14-9。

表 14-7　转轴相对振动位移的区域边界推荐值（峰峰值）　　μm

区域边界	轴转速			
	1500r/min	1800r/min	3000r/min	3600r/min
A/B	100	95	90	80
B/C	120～200	120～185	120～165	120～150
C/D	200～320	185～290	180～240	180～220

表 14-8　转轴绝对振动位移的区域边界推荐值（峰峰值）　　μm

区域边界	轴转速			
	1500r/min	1800r/min	3000r/min	3600r/min
A/B	120	110	100	90
B/C	170～240	160～220	150～200	145～180
C/D	265～385	265～350	250～300	245～270

表 14-9　大型汽轮机轴承箱或轴承座振动速度区域边界推荐值（振速均方根值）

mm/s

区域边界	轴转速	
	1500r/min 或 1800r/min	3000r/min 或 3600r/min
A/B	2.8	3.8
B/C	5.3	7.5
C/D	8.5	11.8

报警值：振动仪达到某个规定的限值或振动值发生显著变化，可能有必要采取补救措施，进行报警。通常不宜超过区域边界 B/C 值的 1.25 倍。

停机值：规定一个振动量值，超过此值继续运行可能引起机器损坏。如超过停机值，应立即采取措施降低振动或停机。一般来说，停机值在区域 C 或 D 内，但推荐停机值应不超过边界 C/D 值的 1.25 倍。

四、振动分析图

1. 伯德图

伯德图是振动幅值、相位随转速变化的函数曲线，如图 14-11 所示。伯德图包括幅频图、相频图两张。伯德图可以分析启停过程振动及不平衡、确定临界转速、不平衡角位置及转子初始偏摆值、结构共振等。

2. 轴心位置图

轴心位置图表示了轴心线在轴承中的平均相对位置随转子转动速度变化的函数曲线。为了能够作出轴心位置图，需要两个正交安装的位移探头测其输出的直流信号。通常轴心位置也称轴心静态轨迹，如图 14-12 所示。

通过轴心位置图可以获得轴颈浮起量、轴承承载、轴承标高、轴径偏

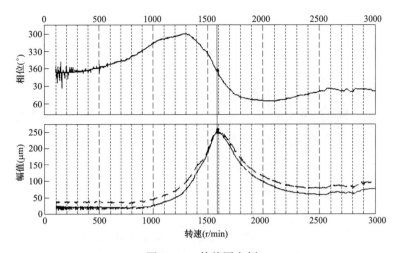

图 14-11 伯德图实例

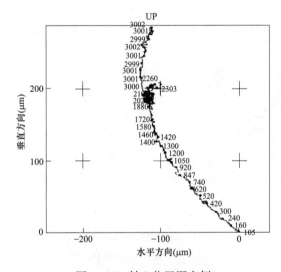

图 14-12 轴心位置图实例

心率等。

3. 轴心轨迹图

图 14-13 所示为汽轮机组轴心轨迹测量传感器及其测量原理示意图，转子自身旋转的同时，转子中心还环绕某一中心做涡动运动，涡动运动的轨迹称为轴心轨迹。轴心轨迹可以确定转轴的运动方向，可在故障振动中确定转子的临界转速、空间振型曲线等，图 14-14 所示为轴心轨迹与轴心轨迹提纯图。

4. 频谱图

振动信号多数是多种频率信号合成的复杂信号，将其分解为一系列谐波分类，横坐标为频率、纵坐标为幅值构成频谱图，如图 14-15 所示。

411

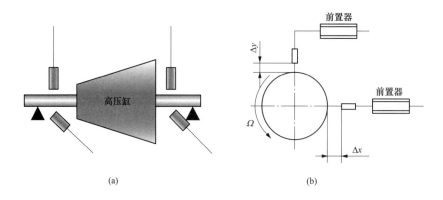

图 14-13　汽轮机组轴心轨迹测量传感器及其测量原理示意图

（a）测量轴心轨迹的传感器；（b）轴心轨迹测量原理示意

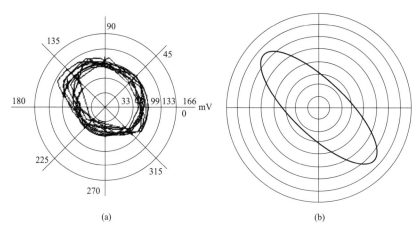

图 14-14　轴心轨迹与轴心轨迹提纯

（a）实际轴心轨迹；（b）轴心轨迹的提纯

5．瀑布图

机组启停过程各个不同转速的频谱图画在一张图时，得到三维谱图，也称为瀑布图，如图 14-16 所示。瀑布图可以判断临界转速、振动原因和阻尼大小、失稳转速、油膜振荡产生过程等。

6．趋势图

趋势图是振动、相位、负荷、温度等参数随时间变换的曲线，如图 14-17 所示。时间可以是 1h 或几天，趋势图比较明显，是监控分析重要曲线。

五、振动诊断

1．振动诊断的步骤

（1）收集关于制造、安装、运行、维修等图纸和资料，建立档案，对

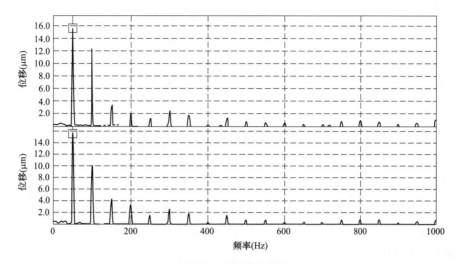

图 14-15　频谱图实例

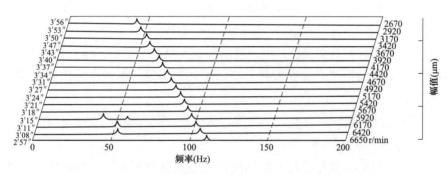

图 14-16　瀑布图实例

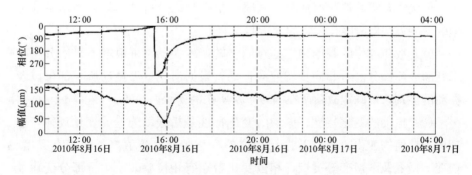

图 14-17　趋势图实例

机组实行全寿命管理。

（2）依据机组的重要性和经济、技术等条件，配置各种档次的离线的定期测量仪表或在线的监测系统。

（3）根据机组和转子的结构，选定测点位置、测量方向、测量参数，

413

确定监测周期、评定标准等。

（4）建立各测点的振动数据库，坚持定期测量和记录振动数据。

（5）定期对振动的幅值、相位或频谱数据作趋势分析，掌握它们的变化情况。捕捉故障特征，及早发现故障苗头。

（6）与维修技术人员一起，分析和验证诊断结论，认真总结诊断经验，编写案例，积累规律性的知识。

（7）虽然不少故障的特征在振动信号中通常表现得比较明显。但为了提高诊断的效率，辅助采用其他非振动手段也是很必要的，如噪声、温度和红外、压力、油液分析、应力和磁测等无损监测手段。

诊断技术发展很快，诊断方法日新月异。模式识别、模糊数学、神经网络、小波分析、人工智能等新方法都被应用到诊断领域中来，并显示出良好的应用前景。

2. 故障诊断的主要难点

（1）故障与各征兆之间不存在一一对应的关系。一个故障可能与若干征兆相关，而一个征兆可能与不同的故障有关。

（2）故障征兆有多义性。由于机组制造、结构、安装、运行上的差别，同类故障出现的征兆会存在差异，难以用某种确定的模式作为比较、鉴别的标准。

（3）机组可能同时存在几种故障，从而使征兆表现出复杂的现象。

3. 故障诊断的策略

（1）振动信号数据处理。根据振动的频谱分析可对机组振动作基本的分类。实际振动故障的频谱不一定是单一的频率，有时往往以某种频率为主，但包含若干其他频率成分。这时可根据频谱分析的结果，采用目前常用的一些方法对故障作大致的分析归类等。

（2）故障部位的判断确定。对同步转速的振动，可根据不平衡分析技术判断故障部分。对非同步转速的振动，根据出现过大振动所在部位以及振动的类别，可确定故障所在的转子及所在的支承。

（3）振动的变化特性。振动的变化特性是指振动矢量的变化规律，包括振动幅值的变化速率以及振动相位的变化特点。幅值变化速率有突增、快变、慢变及渐慢变等类型，相位变化特点有相位旋转、相位部分变化及相位不变等情况。在故障诊断中，可根据振动变化特性与其他因素相结合来诊断故障的类别，确定故障的原因。

（4）振动与相关量的关系。机组的每一种故障，除了振动参数方面的特征外，均与某些相关量有关。这些相关量是指机组的各种运行参数，如主蒸汽及再热蒸汽的压力、温度、流量，排汽温度，凝汽器真空，润滑油温、油压，各轴承的顶轴油压，机组的绝对及相对膨胀，发电机有功及无功负荷，转子电流，冷却风温、风压或冷却水的温度、流量等。在现场为寻求振动故障原因而进行的各种振动试验，实际上就是探求与各种相关量的关系。

（5）机组的结构分析。实践表明，机组的结构分析对振动故障诊断是必要的，因为机组的振动故障特征与机组结构特点密切相关，有的故障只能在某种结构情况下才能产生；同一类故障在不同结构形式的机组上其征兆有明显的不同；机组的振动传递特性与机组的结构有密切关系；有的故障本身就是因为结构有缺陷或结构不合适所引起。

六、振动典型故障

1. 振动典型故障分类

汽轮机组振动典型故障分类见表 14-10。

表 14-10　汽轮机振动典型故障分类

分类	振动典型故障
第一类故障	转子初始不平衡，转子永久变形或转子碎块（叶片）飞出，转子呈临时弓形
第二类故障	箱体变形、基础变形、密封碰磨、转子轴向碰磨、不对中
第三类故障	轴颈使轴承偏心，轴承损坏，轴承和支座受激振力，轴承水平、垂直方向刚度不相等，推力轴承损坏
第四类故障	螺栓松动、叶轮连接毂盘和轴承装配过盈不足、轴承缸套过盈不足、轴承和衬瓦之间过盈不足、轴承与箱体之间过盈不足、箱体与支座之间过盈不足
第五类故障	齿轮不精确或损坏、联轴器不精确或损坏
第六类故障	气体动力激荡、转子和轴承系统临界、联轴器临界
第七类故障	箱体共振、支座共振、基础共振
第八类故障	压力脉动、电激振动、振动传递、油封受激振动
第九类故障	次谐波共振、谐波共振、摩擦引起涡动、临界转速、共振振动、油膜涡动、油膜振荡、间隙引起振动、扭振、瞬态扭振

2. 振动原因分析

（1）振动原因与频率的关系。汽轮机组振动原因与主要频率关系见表14-11。

表 14-11　振动可能原因与主要频率关系　　　　　　　　　%

振动原因	主要频率										
	0~0.4n	0.4n~0.5n	0.5n~1n	1n	2n	高次谐波	0.5n	0.25n	低次谐波	高频	奇次谐波
初始不平衡				90	5	5					
转子弯曲部件失落				90	5	5					
汽缸变形	10	10	10	80	5	5					
不对中					40	50	10				
密封碰磨	10	10	10	20	10	10				10	
转子轴向碰磨	20	20	20	30	10	10				10	
轴颈和轴承偏心				80	20						
轴承损坏	20	20	20	40	20					20	
轴承与支承激起的振动(半速涡动等)	10	70					10	10			
轴承横向与垂直方向刚度不等					80	20					
推力轴承损坏	90	90	90	90	90	90				10	
管道力	5	10		30	60	10				10	
次同步共振							100	100	100		
同步共振				100	100	100					
碰磨引起的振荡	80	10	10								
油膜振荡	100										
共振振荡	100										
间隙引起的振荡	10	80	10								
扭转共振				40	20	20					20
瞬态扭振	50										50

注　n 为旋转频率。

（2）振动原因与振动方向、升速、降速的关系。汽轮机组振动原因与振动方向、升速、降速的关系见表 14-12。

表 14-12 振动原因与振动方向、升速、降速的关系

振动原因	最大振幅方向			升速						降速				
	垂直	水平	轴向	不变	渐增	渐减	峰值	突增	突减	不变	新增	渐减	突增	突减
初始不平衡	40	50	10		100							100		
转子弯曲部件失落	40	50	10		100							100		
汽缸变形	40	50	10	30	50	5	临界转速出现峰值	5	10	30	5	50	5	10
不对中	20	30	50	20	30	10		20	20	20		40	20	20
密封碰磨	30	40	30	10	70			10	10	10		70	10	10
转子轴向碰磨	30	40	30	10	40	10		20	20	10		50	20	20
轴颈和轴承偏心	40	50	10	40	50	10				40	10	50		
轴承损坏	30	40	30	10	50	10		20		10	10	50		
轴承与支承激起的振动（半速涡动等）	40	50	10	10				90		10				90
轴承横向与垂直方向刚度不等	40	50	10		40		50*	10				40		10
推力轴承损坏	20	30	50	20	50	10		10	10	20	10	50	10	10
管道力	20	30	50	20	40			20				40	20	20
次同步共振	30	30	40			20	20*	30	30			20	30	30
同步共振	40	40	20	20	20		60*			20		20		
碰磨引起的振荡	40	50	10					90	10				10	90
油膜振荡	40	50	10					100						10
共振振荡			100											
间隙引起的振荡	40	50	10					80	20	20			20	60
扭转共振	扭振					20	30*	30	20				20	30
瞬态扭振	扭振						50*	30	20				30	20

注 表中数据为概率,%。

* 表示升速、降速合用。

3. 汽轮机组振动常见故障及特征

汽轮机组常见振动故障及特征汇总见表 14-13。

表 14-13 汽轮机组常见振动故障及特征汇总

序号	故障名称	频谱特征	其他特征
1	原始质量不平衡	1X	振幅、相位随转速变化、随时间不变,轴心轨迹呈椭圆或圆形轨迹
2	转子原始弯曲	1X	低转速下转轴原始晃动大,临界转速附近振动略减小
3	转子热弯曲	1X	振幅、相位随时间缓慢变化到一定值,转子冷却后状况恢复
4	转动部件飞脱	1X	振动突增,相位突变到定值,伴随声响
5	转子不对中	1X、2X	高的 2X 或 3X 振幅,1/2 临界转速有 2X 共振峰、"8"字形轨迹
6	联轴器松动	1X、2X 等	与负荷有关

续表

序号	故障名称	频谱特征	其他特征
7	动静碰磨	$1X$、整分数、倍频	内环或外环轨迹，振幅、相位缓慢旋转或振幅逐渐增加
8	油膜涡动	$(0.35\sim0.5)X$	低频的出现与转速有关
9	油膜振荡	f_{cx}	在一定转速出现突发性的大振动，频率为转子第一临界转速，大于 $1X$ 振幅
10	汽流激振	f_{cx}	与负荷密切相关，突发性的大振动，频率为转子第一临界转速，改变负荷即消失
11	结构共振	$1X$、分频、倍频	存在明显的共振峰，与转速有关
12	结构刚度不足	$1X$	与转速有关，瓦振、轴振接近
13	转子裂纹	$1X$、$2X$	降速过 $1/2$ 临界转速有 $2X$ 振动峰，随时间逐渐增大
14	转子中心孔进油	$1X$、$(0.8\sim0.9)X$	与启机次数有关，随定速、带负荷时间逐渐增大
15	转轴截面刚度不对称	$2X$	$1/2$ 临界转速有 $2X$ 振动峰
16	轴承座刚度不对称	$2X$	垂直、水平振动差别大
17	轴承磨损	$1X$、次同步	$1X$、$1/2X$、$1.5X$ 高
18	轴承座松动	$1X$	与基础振动差别大
19	瓦盖松动，紧力不足	$1X$、分频、$1/2X$	可能出现和差振动或拍振
20	瓦体球面接触不良	$1X$ 和其他	振幅不稳定
21	叶轮松动	$1X$	相位不稳定，但恢复性好
22	轴承供油不足	$1X$	瓦温、回油温度过高
23	匝间短路	$1X$、$2X$	和励磁电流有关
24	冷却通道堵塞	$1X$	与风压、时间有关
25	磁力不对中	$2X$	随有功增大
26	密封瓦碰磨	$1X$、$2X$	振幅逐渐增大

注 f_{cr} 为转子临界转速对应频率；$1X$ 为 1 倍频。

第三节　设备检修与点检管理

汽轮机设备是火力发电厂的重要组成部分，它能否安全经济运行，直接关系到整个电厂的电能生产。点检定修是保证汽轮机设备健康状况的重要手段。

一、设备检修模式

在不同时期，根据不同的行业特点和设备管理要求，有四种检修方式。

1. 事后检修

事后检修又称故障检修或纠错检修，是当设备发生故障或失效时，对设备相关部位进行的非计划性检修。现在设备管理中主要用于不可预知的设备故障问题或影响设备可靠性较小的设备。这种方式可以使设备的零部件发挥最大的效能。

2. 预防性检修

预防性检修也叫计划性检修，是一种基于时间段的定期检修。它对火力发电厂主设备如锅炉、汽轮机、发电机、脱硫设备等，是一种保守的检修方式。但随着对设备故障规律的把握、设备部件寿命的延长、关键部位可靠性的提升，预防性检修周期正在不断延长。

3. 预知性检修

预知性检修是根据对设备的日常点检、定期重点检查（离线状态监测）、在线状态监测故障诊断所得信息，经过分析，判断设备的健康和性能劣化状况，及时发现设备故障的早期征兆，并跟踪发展趋势，在设备故障发生前及性能降低到不允许的极限前有计划地安排检修。这种检修方式能及时有针对性地对设备进行检修，不仅提高设备可用率，而且有效降低检修费用，甚至为检修过程控制提供充足的保障，为技术人员总结设备故障规律、查找设备薄弱环节、进行技术改进或维护控制提供技术支持。

4. 改进性检修

改进性检修是为了消除设备的先天性缺陷或频发故障，对设备的局部结构或零件的设计加以改进，并结合检修过程实施的检修方式。改进性检修通过检查和修理实践，对设备易出现故障的薄弱环节进行改进，以改善设备的技术性能，提高设备的可靠性和可用率。可使设备故障率降低，延长设备寿命，是设备检修管理的重要方式。

狭义的状态检修即预知性检修，而广义的状态检修，是包括了从设备寿命角度总结的规律和从以可靠性为中心的状态检修中所发现的要素，而进行检修和维护的一种模式。就状态检修的核心内容而言，一般包含以设备状态监测为理论的预知性检修、以寿命管理理论为依据的设备寿命管理、以可靠性理论为中心的状态检修和以风险分析为基础的检修。

二、设备管理模式

（一）设备点检

目前，设备管理的一种常见方式是点检定修。通过点检定修的管理模式，实现设备的预知性检修，最终实现状态检修。

点检是借助人的感官（视、听、触、嗅、味等）和检测工具按照预先制定的技术标准，定人、定点、定周期、定方法、定量、定作业流程地对设备进行检查的一种设备管理方法。精密点检是指用检测仪器、仪表，对设备进行综合性测试、检查，或在设备不解体的情况下，运用诊断技术，特殊仪器、工具或特殊方法测定设备的振动、温度、裂纹、变形、绝缘等状态量，并将测得的数据对照标准和历史记录进行分析、比较、判定，以确定设备的运行状况和劣化程度的一种检测方法。

点检日常工作包括点检巡回检查标准和计划的编制，做到定点、定标准、定人、定周期、定方法、定巡查路线，并正常实施，做好记录和分析；建立点检工作台账；开展日常分析和月度总结工作，确定重点关注部位，对有异常现象的一些设备加大巡查力度。

点检的标准应满足"8定"要求，即定点、定检、定人、定周期、定方法、定量、定作业流程、定点检要求。

1. 定点

科学地分析，找准设备易发生劣化的部位，确定设备的维护点，以及漏点的点检项目和内容。

2. 定检

按照检修技术标准的要求，确定维护检查的参数（如间隙、温度、压力、振动、流量、绝缘等）和正常工作范围。

3. 定人

按区域、设备、人员素质要求，明确专业点检员。

4. 定周期

制定设备的点检周期，按分工进行日常巡检、专业点检和精密点检。

5. 定方法

根据不同设备和点检要求，明确点检的具体方法，如用感观或用仪器、工具进行。

6. 定量

采用技术诊断的劣化倾向管理的方法进行设备劣化的量化管理。

7. 定作业流程

明确点检作业的程序，包括点检结果的处理程序。

8. 定点检要求

做到定点记录、定标处理、定期分析、定项设计、定人改进、系统总结。

"8定"中的前6定属于技术操作层面的要求，后2定是对点检管理的要求。

（二）设备定修

设备定修是在推行设备点检管理的基础上，根据预防性检修的原则和设备点检结果，确定检修内容、检修周期和工期，并严格按计划实施设备检修的一种检修管理方式。其目的是合理延长设备检修周期，缩短检修工期，降低检修成本，提高检修质量，并使日常检修和定期检修负荷达到最均衡状态。

把设备按重要程度分为 A、B、C 三类。点检定修的工作重点放在 A、

B类设备上。

设备分类原则：A类设备是指该设备损坏后，对人员、电力系统、机组或其他重要设备的安全构成严重威胁的设备，以及直接导致环境严重污染的设备；B类设备是指该设备损坏或在自身的备用设备皆失去作用下，会直接导致机组的可用性、安全性、可靠性、经济性降低或导致互不干涉污染的设备，本身价格昂贵且故障检修周期或者备件采购（或制造）周期较长的设备；C类设备是指除A、B类设备以外的其他发生设备。

把设备按轻重缓急划分为A、B、C三类，一般把锅炉、本体、汽轮机本体、发电机、主变压器、脱硫设备、计算机控制中心、继电保护装置、带保护测点自动调节划为A类设备，把锅炉送风机、一次风机、密封风机、磨煤机、捞渣机、给水泵、凝结水泵、循环水泵、增压风机及风机划为B类设备，其他划分为C类设备。

定修工作包括定修计划编制和执行、定修的记录和分析、定修项目的质量监控管理。具体有定修计划的报批和执行、定修项目的修前分析和修后总结、定修项目过程实施中的质量控制和管理。对计划性检修和预知性检修项目，通过诊断分析技术等手段进行修前预判断，通过检修过程（解体）查找设备损坏部位，从而不断总结提高预知性检修水平。

（三）点检定修管理

1. 点检管理

（1）点检的巡回检查。点检的巡回检查传统意义上是携带一些简单的工具，如听棒、测振仪，到现场对设备和管道系统，通过望、闻、问、切等方式进行的检查活动。后来，随着振动分析仪（可以测量位移、速度、加速度、频谱分析、包络分析等）、红外点温仪、红外成像仪以及油颗粒度分析仪、铁谱分析仪等精密点检设备的使用，点检的内容和深度得到扩展。特别是信息技术的发展，使很多状态监测变成了在线监测，如汽轮机振动在线监测和远程诊断、发电机故障在线监测系统、锅炉寿命管理系统、锅炉四管泄漏报警系统等，有的还实现了重要辅机的振动在线监测和分析。

巡回检查是发现事故隐患、保证安全运行的重要措施之一，是点检员每天最重要的工作。只有认真执行巡回，才能及时发现异常，防止事态扩大。因此，对点检员的巡查要求带有强制性和导向性。要鼓励发现问题、解决问题。

（2）设备状态分析。点检员从现场或计算机上每天收集数据如振动、温度、运行参数等，有的还有频谱分析、红外监测、油液分析等数据，这些数据可以说量大、面广、繁杂。只靠一个点检员的力量进行分析显然是不够的，有些电厂成立设备故障诊断中心，就是一种技术专业化管理的方式，也是一种趋势。但局部的技术优先还不能代替整体的设备管理理念。

2. 定修管理

定修通常是指有计划的大修、中修和小修，而节日检修也带有一定的计划性，排在检修管理当中。

大修、中修由于项目多、时间长、计划准备难、组织要求高、特别强调过程控制和节奏的把握，尤其是安全风险大，因此受到各级领导的重视。小修和节日检修主要以消缺为主。有的电厂则会抓住机会，大范围地开展预防性检查和保养维护，如锅炉"四管"（指锅炉的水冷壁、过热器、再热器、省煤器）的检查，电气、热工设备的清扫等。

这四种检修类型都有一个共同的特点，就是计划性。有计划性就意味着有准备、有目标、有项目、有措施、有方案、有组织管理、有闭环检验、有总结提高。

修后总结，做好记录和台账，为可能出现的异常情况提供分析的资料，也可为下次检修提供经验。

3. 点检定修制的特点

（1）点检定修制明确了点检员为设备主人，对设备管理的全过程负责，包括日常检查记录统计分析与检修项目制定、检修过程质量控制、备品配件计划采购、设备异常情况下跟踪分析、每月设备状态判定和每月预知性检修项目报批下发等。

（2）点检定修制明确了以简易点检手段为基础，逐步使用更加精确的各种诊断技术手段和设备管理理论，从精密点检、预知性检修、状态检修直至优化检修。

（3）点检定修制明确了用 PDCA 循环的方法，持续改进优化各个点、各种检查的内容、每次检修的项目、每次预知性诊断的成败、每个设备状态的标准等，包括组织的动态调整、优化管理结构。

（4）点检定修制明确全员参与的要求，特别是运行部门要积极配合点检工作，除了日常巡查，查找设备存在的缺陷外，还应该支持点检制度的维护、保养和检查计划，为设备保养和提前发现问题提供条件。

（5）点检定修制明确规定了点检员对检修部外包人员的技术指导，要求规范检修工艺行为和保证检修质量，严格执行作业指导书、质量计划书和质量验收制度。对技术改造项目，提前下发 W 点和 H 点验收要求。

（6）点检定修制明确规定了设备承包行为，追求设备可控受控。减少设备故障率，特别是保证主要设备和重要辅助设备的良好状态，使健康水平逐步提高。

（7）点检定修制明确提出，通过对设备故障规律的把握和预知性检修，增加工作的计划性，减少突发性故障抢修。

（8）点检定修制提倡站在设备全寿命的角度，通过合理的改进、标准的执行、状态参数的优化、维护保养的到位，使设备寿命周期延长。

（四）设备维护保养管理

1. 设备缺陷管理

凡因设备原因导致威胁安全生产、影响经济运行、污染文明生产环境等异常情况，均为设备缺陷。

设备缺陷的管理是设备管理的重要环节，各有关人员均应加强对设备缺陷的管理，掌握设备缺陷的发生及发展规律，应能及时发现并主动消除设备缺陷。设备缺陷管理是电厂日常管理中最重要、最主要、最基础、最频繁的一项工作。

2. 设备的润滑管理

一般对稀润滑油，通过化学监督、油务管理，能及时发现油质变化情况，通过滤油、换油就能保持润滑油的品质。而油脂则存在流淌性和充满度问题，导致轴承腔室中的润滑脂不均，轴承温度变化较大。生产厂家的要求是定期、定量加油。而事实上，由于运行环境不同、运行时间不同、运行方式不同，油脂的劣化时间是不同的。开展油的清洁度、铁谱等精密分析，进行精细化管理，是设备管理的一大进步。

3. 设备的定期切换试验

设备定期切换试验，不仅可以验证控制部分的正确性，也可以发现备用设备是否能够真正备用。为确保停用备用设备在下一个周期内，始终处于完好状态，在停用前，应该进行一次完整的状态评估。由点检员利用振动分析仪进行一次全面的体检，测量振动的位移、速度、加速度、频谱分析，结合轴承温度以及流量、压力，电机电流等运行参数，给出综合评价。如果发现一些异常或潜在问题，则可以利用停运期间彻底处理。

4. 设备"四保持"

设备"四保持"是指保持设备外观整洁，保持设备结构完整，保持设备的性能和精度，保持设备的自动化水平。"四保持"是对设备管理的一项基本要求。一个好的企业的设备管理，应该把自动控制水平作为一个评价标准，提高自动化的投入率，追求高水平的自动控制，以提高生产效率，从而不断提高设备管理水平。

三、设备点检管理防护体系

点检工作中把设备管理人员、生产操作人员和检修作业人员等有机地组织起来，构筑成由五层防护组成的、保证设备正常运行的防护体系。电厂设备点检管理的五层防护体系具体内容如下。

第一层防护是运行岗位值班员负责对设备进行日常巡检，以及时发现设备异常或故障。

第二层防护是专业点检员按区域设备分工负责设备专业点检，应积极创造条件实行跨专业点检。

第三层防护是设备工程师或点检员在日常巡检和专业点检的基础上，根据职责分工组织有关专业人员对设备进行精密点检或技术诊断。

第四层防护是设备工程师或专业点检员在日常巡检、专业点检及精密点检的基础上，根据职责分工负责设备劣化倾向管理。

第五层防护是专业主管、设备工程师或专业点检员，根据职责分工对经济性指标进行综合性精密检测和性能指标测定，以确定设备的性能和技术经济，评价点检效果，合理安排点检管理。

五层防护线既体现以点检为核心的精神，又充分发挥与点检管理有关的运行巡检、技术监督、定期试验等工作，做到五层防护各有重点，不产生重复点检，设备数据信息流畅通，分工和职责明确，达到点检工作优化的目标。

第四节 润 滑

一、润滑概述

润滑就是在相对运动的摩擦接触面之间加入润滑剂，使两接触表面之间形成润滑膜，变干摩擦为润滑剂内部分子间的内摩擦，以达到减小摩擦、降低磨损、冷却、延长机械设备使用寿命的目的。能够在相对运动的、相互作用的表面起到抑制摩擦、减少磨损的物质称为润滑材料。

（一）润滑材料按形态分类

润滑材料按形态可分为液体润滑材料、塑性体及半流体润滑材料、固体润滑材料和气体润滑材料。

1. 液体润滑材料

主要有矿物油、各种植物油、乳化液和水等。

2. 塑性体及半流体润滑材料

主要是由矿物油及合成润滑油通过稠化而成的各种润滑脂，以及半流体润滑脂。

3. 固体润滑材料

如石墨、二硫化钼、二硫化钨、氮气等，可以单独使用或作润滑油脂的添加剂。

4. 气体润滑材料

如气体轴承中使用的空气、氮气、二氧化碳，主要用于航空、航天及精密仪表的气体静压轴承。

（二）机械设备的润滑

机械设备的润滑通常采用稀油润滑和干油润滑两种方式。稀油润滑采用矿物润滑油作为润滑材料，干油润滑采用润滑脂作为润滑材料。

图 14-18 所示为液体动压润滑轴承径向及轴向的油膜分布图，液体动压润滑必须具备以下条件。

（1）两相对运动的摩擦表面必须沿运动的方向形成收敛的楔形间隙。

（2）两摩擦面必须具有一定的相对速度。

（3）润滑油必须具有适当的黏度，并且供油充足。

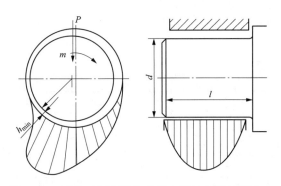

图 14-18　液体动压润滑轴承径向及轴向的油膜分布

（4）外载荷必须小于油膜所能承受的极限值。

（5）摩擦表面的加工精度应较高，使表面具有较小的表面粗糙度值，可以在较小的油膜厚度下实现流体动压润滑。

二、润滑油

润滑油是最重要的润滑材料之一，占润滑剂的 90％以上。包括由石油提炼过程中蒸馏出的高沸点物质（汽油、煤油和柴油）再经过分馏精制而成的低黏度的润滑油，还有以矿物油、软蜡、石蜡等为原料用人工方法生产合成润滑油。

（一）润滑油的物理指标和技术性能

1. 外观

评价润滑油质量是否优良一般从颜色、透明度、气味三方面来考察。通常，油品的精制程度越高，颜色越浅；黏度低的润滑油，颜色也较浅。质量良好的油品具有好的透明度。优良的油品在使用过程中应当没有刺激性气味。

2. 黏度

黏度反映了润滑油的稀稠程度。它的大小也表示了润滑油的内摩擦阻力的大小。在选择润滑油时，通常以黏度为主要依据。

（1）绝对黏度。绝对黏度有动力黏度和运动黏度两种表示方法。

1）动力黏度。动力黏度实质反映流体内摩擦力的大小。如图 14-19 所示，在两平行平板间充满黏性流体，当一块板以速度 u 相对于另一块平板做相对移动时，黏附在上下两表面的流体具有与该表面相同的速度。在层流状态时，中间各相邻层的速度近似呈线性递减。若距离为 dz 的相邻两层流体的切应力为 τ，根据牛顿黏性定律可得

$$\eta = \frac{\tau}{\dfrac{du}{dz}} \tag{14-4}$$

式中　η——动力黏度；

$\dfrac{\mathrm{d}u}{\mathrm{d}z}$——相邻两层流体的速度梯度。

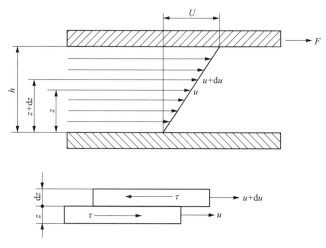

图 14-19　平行平板的黏性牵引力

2）运动黏度。在同一温度下流体的动力黏度与密度的比值称为运动黏度。

$$\nu = \frac{\eta}{\rho} \tag{14-5}$$

式中　ν——运动黏度；

ρ——液体的密度。

（2）相对黏度。相对黏度也称为条件黏度。在规定的温度下，体积为 200mL 的油液从恩氏黏度计流出所需的时间与同体积蒸馏水在 20℃时从恩氏黏度计流出的时间比值即为恩氏黏度。

各种黏度的符号、单位、换算公式及使用的国家见表 14-14。

表 14-14　各种黏度的符号、单位、换算公式及使用的国家

黏度名称		符号	单位	采用国家	与运动黏度的换算公式
绝对黏度	动力黏度	η	Pa·s	俄	$\eta = \nu\rho$
	运动黏度	V	mm²/s	中、俄、美、英、日	$\nu = \eta/\rho$
相对黏度	恩氏黏度	°E		中、德、俄	$\nu = 7.31°E - \dfrac{6.31}{°E}$
	赛氏黏度	SSU	s	美、日	$\nu = 0.22(SSU) - 180/SSU$
	雷氏黏度	R	s	英	$\nu = 0.26R - 172/R$

（二）常用的润滑油及其用途

现在采用 ISO 标准一律按 40℃时的运动黏度划分油的标号，标号的数

值就是润滑油在 40℃时的运动黏度的中心值。例如，标号 N32 的运动黏度中心值就是 $32mm^2/s$ 或 $32×10^{-6}m^2/s$，误差范围为 $±10\%$，即为 $28.8\sim35.2mm^2/s$。普通机械油的标号和主要质量指标见表 14-15。

三、润滑脂

润滑脂是用基础油加入稠化剂进行稠化，再加入各种添加剂制成的。基础油一般为各种黏度的机械油。用于一般工作温度及载荷的润滑脂用较低黏度的油作基础油；用于高温、高负荷的润滑脂用较高黏度的油作基础油。稠化剂为各金属的脂肪酸皂、地蜡、膨润土、硅胶和某新型合成材料。

表 14-15　普通机械油的标号和主要质量指标

名称	标号	运动黏度 (mm^2/s) $(40℃)$	凝点 $(℃)$	闪点 $(℃)$	残炭 $(\%)$	灰分 $(\%)$	机械杂质 $(\%)$	酸值 $[mg/g$ （以 KOH 计）$]$
高速机械油	N5	$4.14\sim5.06$	$\leqslant-10$	$\leqslant110$	—	$\leqslant0.005$	无	<0.04
	N7	$6.12\sim7.48$	$\leqslant-10$	$\leqslant110$	—	$\leqslant0.005$	无	<0.04
	N10	$9.0\sim11.0$	$\leqslant-10$	$\leqslant125$	—	$\leqslant0.005$	无	<0.04
机械油	N15	$13.5\sim16.5$	$\leqslant-15$	$\leqslant165$	$\leqslant0.15$	$\leqslant0.007$	$\leqslant0.005$	<0.14
	N22	$19.8\sim24.2$	$\leqslant-15$	$\leqslant170$	$\leqslant0.15$	$\leqslant0.007$	$\leqslant0.005$	<0.14
	N32	$28.8\sim35.2$	$\leqslant-15$	$\leqslant170$	$\leqslant0.15$	$\leqslant0.007$	$\leqslant0.005$	<0.16
	N46	$41.4\sim50.6$	$\leqslant-10$	$\leqslant180$	$\leqslant0.25$	$\leqslant0.007$	$\leqslant0.007$	<0.2
	N68	$61.2\sim74.8$	$\leqslant-10$	$\leqslant190$	$\leqslant0.25$	$\leqslant0.007$	$\leqslant0.007$	<0.35
	N100	$90.0\sim110$	$\leqslant0$	$\leqslant210$	$\leqslant0.5$	$\leqslant0.007$	$\leqslant0.007$	<0.35
	N150	$135\sim165$	$\leqslant0$	$\leqslant220$	$\leqslant0.5$	$\leqslant0.007$	$\leqslant0.007$	<0.35

（一）润滑脂的主要物理化学性能

1. 锥入度

锥入度表示润滑脂的软硬程度。锥入度越大润滑脂越软，泵送性能也越好，但在高的负荷下容易从摩擦面中挤出。锥入度越小，表示润滑脂越硬，泵送性能越不好。锥入度是选择润滑脂的一项重要指标。

2. 滴点

润滑脂装在试管中按规定的方法加热，开始熔化滴下第一滴油时的温度称作滴点。滴点反映了润滑脂的耐热性能。选用润滑脂时应使滴点高于工作温度 $20\sim30℃$。

3. 稠化剂

稠化剂对润滑脂的性能影响极大。例如，钙皂稠化出的钙基脂不耐高温。稠化剂还是润滑脂命名的依据，例如，钙钠基脂是用钙钠两种皂稠化的。稠化剂的含量与润滑脂的软硬程度有一定的关系，稠化剂的加入量越多，一般润滑脂的锥入度越小。

润滑脂的其他物理化学指标还有水分、机械杂质、抗水性、安定性和抗磨性等。

（二）润滑脂的选用

用润滑脂进行润滑是提高工程机械各运动件减摩、抗磨性能的有效措施。由于工程机械使用环境的特殊性，其使用寿命受到很大影响，并严重影响整机的使用性能。为此，只有认清润滑脂的失效机理，才能做到对其正确使用。

温度对润滑脂的影响很大，若环境和机械运转温度较高，应选用耐高温的润滑脂。高速运转的机件温升又高又快，易使润滑脂变稀而流失，应选用稠度较大的润滑脂。由于润滑脂锥入度的大小关系到使用时所能承受的负荷，负荷大的要选用锥入度小（稠度较大）的润滑脂；如果既承受重负荷又承受冲击负荷，应选用含有极压添加剂的润滑脂，如含有二硫化钼的润滑脂。

目前常用的润滑脂是锂基脂，它的性能比较好，滴点较高，抗水性好，对各种添加剂的感受性也比较好，尤其是机械安定性优异，而且对金属表面的黏附力强。由于其锥入度适中，因而泵送性能好。

由于特殊情况临时采用代用润滑油脂时，代用润滑油应与原用润滑油的黏度相等或稍高；代用润滑油的性能应与原用润滑油的性能相近，代用润滑脂最好是性能更好的润滑脂。如用锂基脂代替钙基或钠基脂，用加入了极压添加剂的润滑脂代替没有极压添加剂的润滑脂，而不宜反过来代用。

第十五章 汽轮机智能化技术

第一节 智能电厂概述

随着大数据和人工智能技术在工业上的广泛应用，以智能工厂、智能生产和智能物流为主题的工业4.0为传统工业的转型和发展指明了方向。电力作为典型的传统工业，响应国家能源发展的战略要求，利用数据化和智能化的方法推进电厂生产的改革，提出了建设"智能电厂"的要求，逐渐受到各大发电企业的重视。对于火力发电厂而言，智能电厂的概念在电站建设中的呼声越来越高，《国家能源发展"十四五"规划》《能源发展战略行动计划（2014—2020年）》和《中国制造2025能源装备实施方案》等文件也指出了对智能控制技术的攻关规划，国家能源集团等大型电力集团也相继展开了对智能电厂的关键技术研究。

智能电厂是以安全、高效为目标，以大数据、物联网等5G技术为支撑，以人工智能为灵魂和可视化为主要表现方式的全自动化电厂。智能电厂建设核心为设备健康管理系统，设备健康主要包含设备能效、设备故障和设备寿命三个方面的内容，汽轮机作为电厂中的主要重大设备，结构复杂，运行环境恶劣，其可靠性对于电厂至关重要。汽轮机的智能化主要表现为对汽轮机本体及辅助系统的智能管理、智能控制、智能决策和智能维护等方面。汽轮机设备的运行、控制和决策均需从整个电厂热力系统的高效运行出发进行统筹考虑，此外，汽轮机的安装、运行和维护也应该考虑智能化、人性化和低人工成本。

2012年以来，以深度学习为代表的新一代人工智能技术在计算机视觉、自然语言处理、机器人技术等方面取得了一系列重大突破，并带动各个工业领域快速发展。现阶段，依托于电厂已有的信息化、数字化、自动化硬件设施和软件平台，世界范围的电厂在"智能发电"的道路上已具备了一定的基础。从2010年起，通用电气、西门子、艾默生、ABB等企业利用工业互联网平台在电厂区域数据共享与可视化辅助运维技术等方面进行了应用级探索。我国在这些方面虽然起步稍晚，但近期已建成了大批示范工程，如大唐姜堰电厂、大唐南电、京能十堰热电和高安屯热电厂、国信高邮和仪征电厂、陕西能源麟北电厂等。

虽然目前的"智能电厂"在部分部件上采用了先进的传感设备、工业机器人、数据挖掘方法和三维数字化管理技术，甚至在局部的数据分析和可视化环节实现了自动化，但仍存在许多不足。

（1）侧重于智能信息的展示及数据管理，并未与生产环节进行互动。

（2）未从整体构架上考虑智能电厂的设计，仅专注于个别部件的智能化升级或者抽象信息的智能化，没有将整体与部件结合考虑。

（3）忽视能源转换的核心装置——汽轮机，在公开报道中，仅在汽轮机冷端运维优化、故障诊断等方面考虑了智能化。

由于汽轮机本体的设计、运维非常复杂且生产危险性较高，因此，具有更高效、更灵活、更智能的"智能汽轮机"是未来"智能发电"的主要发展方向。目前主流的智能电厂项目均未将汽轮机作为重点研究对象，导致智能电厂中"智能"的真正实施还存在重要不足。

第二节 智能汽轮机的架构及功能

一、智能汽轮机概念及架构

"智能汽轮机"是以电厂的自动化、数字化、信息化为基础，将传统工程经验知识及人工智能算法应用于汽轮发电机组，从而建立起来的一套可以感知、分析、学习、执行的智能系统。总体来说，具有以下特点：

（1）通过人工智能算法深度挖掘传统工程经验和可监测数据，充分发挥人类的抽象归纳能力以及计算机的数据精确感知能力，使汽轮机的设计制造、运行维护超越传统经验方案。

（2）可以在不同工况下给出机组运行的最优方案，灵活地根据用电需求改进控制策略，以保证机组热经济性。

（3）最大程度避免恶性事故发生，改进机组检修方式，延长机组的平均工作周期。

（4）具有一般智能体的进化能力，可以自动学习已有运行数据、适应新的用电场景、不断完善提升性能。

作为从属于"智能电厂"体系的一个部分，智能汽轮机也需要融合智能设备层、智能控制层、智能生产监管层以及智能管理层，形成可以与智能电厂对接的模块化产品。具体而言，各个体系归纳为：

1. 智能设备层

机组全方位的物理信号感知设备：通流压力、温度、转子轴承振动及机身红外热成像等测量设备、对叶片等旋转设备的非接触式测量技术（嵌入间接测量算法）；强抗噪的数据传输及转换设备：基础现场总线设备、无线通信设备和智能变送器；部件级的高性能计算设备（如嵌入机器学习、深度学习模型的小型计算芯片）；稳定可靠的执行机构（如智能 EH 油系统、汽轮机的自整定专用卡件）、高危区巡回监测机器人和叶片/转子等易故障部件的探伤设备等。

2. 智能控制层

机组精细化控制：基于模型预测的控制、自适应控制、鲁棒性控制、模糊逻辑控制、基于神经网络、基于强化学习的控制算法以及对多种控制目标优化的控制策略等；机组安全性控制及保护：对 TCS/DEH 及保护系统的智能算法，基于汽轮机主要部件应力振动评估的启动等运行方式；机组启停及变工况控制策略：自动启停、深度调峰/调频等过程控制方法。

3. 智能生产监管层

电厂级的机组数字孪生仿真平台、数据分析平台：通流结构的实时全三维流场预测及机组效率评估，汽轮机主要部件（叶片、转子和汽缸）的温度场、应力场实时分析，旋转部件的振动状况实时监测、故障诊断、预警和评估，以及结构寿命评估；数据可视化平台：VR、AR、MR 方式对汽轮机组的几何、物理场、安全寿命分析、故障状况监测或模拟信息进行三维重建的可视化；机组控制及决策系统：提供机组的控制、设置及管理界面，封装对应的部件及机构的控制、优化及推荐决策的核心算法，并在软硬件上与智能控制层和电厂其余部件管理形成对接；厂级信息跨平台转换：支持服务器端、PC 端、移动端的信息处理，并向智能管理层提供机组运行状况报告。

4. 智能管理层

数值仿真、数据分析平台的远程中心：具备高保真模拟能力的汽轮机数字孪生系统（高性能计算集群以及对应部件的热力、通流、结构、振动等物理仿真软件、信号处理软件、自动寻优软件），专用的机器学习/深度学习服务器，机组数据档案的存储、管理设备，为厂级计算分析模型的定期更新、升级和维护提供支持；机组的远程监测、诊断、巡检、管理与考核系统：为生产监控层提供远程操作与管控界面，协助电厂进行安全生产。

在以上软硬件构架的基础上，集中收集、处理和分析各个电厂各种形式机组的全寿命周期数据，形成汽轮机的云端共享数据平台，汇集汽轮机的各级数据及经验，建立汽轮机的知识图谱，结合有效的行业经验和人工智能方法，不断完善并提升功能，为决策层和专家们提供分析依据，为智能电厂提供强大的数据和技术支撑。

二、智能汽轮机的特征

传统汽轮机的设计、制造、运维环节几乎是相互孤立的，汽轮机的智能化，不仅在于传统汽轮机组的设计—制造—控制—运维—检修各个环节的智能化，更在于全寿命周期形成闭环，可以充分利用历史机组的设计制造经验和长期运维数据资料，改善后续汽轮机的设计策略及运维方式，减少设计制造的周期和成本，提高运行的经济性和安全性。

（1）从设计角度看，通过深度学习和自然语言处理等人工智能算法，分析汽轮机设计知识、数值模拟结果及试验测试数据，智能汽轮机系统能够针对不同发电或动力需求进行机组热力、通流、气动、强度振动等的自动设计，在传统设计经验上更进一步，从设计角度考虑大范围变工况下的高效、安全运行问题，并使得设计过程完全智能化，减少设计人员工作量，缩短设计周期。

（2）从制造角度看，结合目前智能工厂的发展，设计方案可以直接与制造方形成软/硬件接口，利用 3D 图纸等数字资料组织生产制造，对汽轮机部件级的元件进行直接生产和加工，形成设计、制造标准化流程，节省中间环节由于人为干预造成的资源浪费，并降低制造误差。

（3）从控制角度看，通过对同类型机组和该机组运行历史数据的分析与挖掘，实现对机组运行的精细化与自适应控制，自动契合低负荷运行工况，避免未知工况下运行时不可靠经验策略的干扰；机组的快速启停、深度调峰也依赖于机组的智能控制技术。

（4）从运维角度看，通过对机组所有可采集信号（振动、温度、应变、热力图像等）进行统一分析，结合各部件实时状态的数值模拟工况迁移，在严重偏离设计工况时分析机组的性能以及安全性，向整机延伸可以从多个角度获得机组整体经济状况和安全状况，向部件延伸可以精确定位部件工作状态，便于分析部件可能发生的故障，并预测其寿命。

（5）从检修角度看，利用运维过程中形成的关于整机和部件的多角度数据以及专家分析经验，可以构造出机组检修决策的知识图谱，进而形成故障诊断－寿命预测－检修建议－维修决策的一体化检修技术，不仅可对当前发生的故障进行准确判定，分析部件剩余使用寿命，还可以通过观测到的信号侦测人类无法察觉的细微变化，在叶片、转子等重要部件发生故障前就给出有效预警，并提出检修建议和维修决策。

汽轮机的运维和检修数据可以进一步为设计提供更新的经验和知识，积累数据反哺机组的设计制造，改善现有设计，为该机组的后续应用和发展提供支撑。同时依据其长期历史数据，合理制定退役期限，将汽轮机组的整个全寿命周期数据形成正向反馈的闭环过程。

需要强调的是，智能汽轮机的相关技术开发与实施不同于传统人工智能研究，由于应用领域的不同，汽轮机设计及运维数据存在一定的分散性、专业性和严重非结构化，老旧机组数据甚至大量缺失且不可信，必须经过行业专家的统一整合及再标注；另外，由于汽轮机从设计制造到运维涉及多种复杂理论与工程学科，必须结合物理原理与有效行业经验，依靠智能算法和执行机构的反馈进行高效的再挖掘，其后经由汽轮机专家反复测试和验证，最终才能确保智能系统工作的准确性、可靠性和安全性。

三、智能汽轮机的功能

应从汽轮机安装、启动调试、运行控制、检修维护及备件管理等环节入手，结合数字化技术来完成汽轮机的智能化设计和管理的提升，其功能主要包括以下几个方面。

1. 智能启停

当前，汽轮机在启动和停机中，多采用"操作员自动方式"，即电厂运行人员根据汽轮机本体状态和说明书提供的启动操作程序手动给定转速或负荷的目标值和变化率，由 DEH 的基本控制系统按照运行人员给出的目标值和变化率自动完成冲转、升速、同步和带负荷操作。虽然有些电厂设计了"一键启停"的启动方式，但往往由于机组启动过程中的机组胀差、轴系振动、轴瓦温度等参数的异常，不得不进行人工干预，并未真正实现"一键启停"。

汽轮机的智能启停能以最少的人工干预完成从启动准备直至带满负荷，或者从正常运行到停机的整个过程，系统自动判断各类运行参数是否满足冲转、升速、并网、变负荷或者停机条件，并能根据机组当前的运行参数判断机组运行状态，特别是能够自动判断转子、汽缸的膨胀量及胀差、阀门开度、蒸汽流量等情况，自动调整优化升速率、暖机时间、暖机负荷、负荷变化率等直至稳定运行。大大提高汽轮机的智能化水平和自动化控制程度。

智能电厂要求汽轮机设计人员必须对汽轮机产品的结构特点、材料性能、传热原理等进行全面、深入的掌握，同时，需辅以众多电厂的启动停机数据作为支撑，并对汽轮机运行限制区间进行合理的设置。

2. 智能运行

汽轮机的智能运行是对汽轮机关键特性数据进行采集、管理、分析，建立设备各参数之间的关联关系，并利用计算机对运行大数据进行计算及监控。同时，基于热力学原理并结合电厂实际运行经验数据对运行状态进行寻优操作指导，实现全厂重要经济、运行指标的准确计算和可视化监视。进一步可通过采集机组实时在线监测数据，建立智能运行优化管控体系，实现汽轮机实时高效运行。

汽轮机在运行过程中的最终目的是保证电网的负荷需求，在机组稳定运行时，其性能优劣是通过汽轮机本体及辅机系统的众多测点来体现，因此，汽轮机智能运行的首要任务是合理布置能够真实反映其运行状态的各项测点。在实际运行中，汽轮机的测点数据与设计数据必定存在偏差，汽轮机的智能运行要求其必须能够对机组状态进行评判并对机组各辅助系统、模块、部件等的运行控制提出合理的优化建议，当机组进行调频运行尤其是二次调频时，智能运行系统需能够针对调频目标优先选择更有利于安全性和经济性的调整方式。

3. 智能预警

作为火力发电厂的三大主机设备之一，汽轮机运行的安全性始终是最重要的，因此，智能汽轮机的重要功能之一就是能够保障机组运行安全的智能化管理，实现机组关键系统及关键部件的性能、寿命的智能监测和预警。汽轮机智能预警主要包括两部分内容，即汽轮机辅助系统及部件偏离正常运行工况的预警和汽轮机关键部件的寿命预警。

汽轮机辅助系统及部件在运行时产生大量随时间变化而变化的运行数据（温度、压力、振动等），机组运行状态的实质是由这些数据来反映的，数据偏离正常设计值就表示某些相关部件存在非正常运行情况或者故障。因此，以大数据分析和云计算为基础对这些异常数据的波动幅度、趋势以及数据之间的关联性进行分析，并结合具体的热力学基础理论定性把握运行数据与部件故障之间的关系，确定引起故障的关键因素，然后通过对运行数据的智能学习及培训指导机组运行控制方案，从而达到故障预警的目的。

汽轮机关键部件如转子、叶片、汽缸、阀壳、阀杆、高温管道及法兰、高温螺栓、轴承瓦块等，均需长期在恶劣环境下运行，故保障这些部件的安全运行十分有必要。而正常情况下，除了部件设计、制造因素之外，这些部件的寿命损耗还主要取决于与机组运行的压力、温度、负荷及启停过程的控制情况等，因此，准确掌握汽轮机关键部件的寿命，可以为汽轮机的运行、检修、维护提供可靠的建议，实现机组全生命周期内运行的经济性最大化，降低电厂运营成本。

4. 三维可视化及数字孪生

当前，电厂的运维系统数据展示及管理多采用二维平面图形对需求信息以文字或逻辑关系图的形式展示，这要求操作人员需对电厂的各种系统及设备的工作原理、结构进行深入学习、研究和掌握，对于电厂操作人员的要求较高，稍有不慎也可能导致误操作。近几年，随着虚拟仿真技术、计算机图形学、大数据和互联网技术的发展，三维可视化技术在工业行业得到了很好的拓展和应用。

对于汽轮机而言，其本体及辅助系统的三维可视化展示就是利用三维数字化技术，实现汽轮机视角可调的全景浏览，在虚拟空间中将机组虚拟实体模型与运行数据信息有机结合起来，能够直观展示机组实时运行信息，增强工作人员对汽轮机工作原理的理解和工作状态的直观感受；进一步将机组实时运行数据接入虚拟模型对应的结构部位，从而反应实体设备全生命周期的运行状态，实现虚拟模型与机组实体的陪伴运行，形成汽轮机的数字孪生系统。

5. 虚拟现实技术

虚拟现实是利用计算机创建一个虚拟环境，将汽轮机虚拟三维实体和机组动态视景以及使用者的操作行为进行计算机仿真，使用户能够 VR 辅助穿戴设备在虚拟仿真系统中得到沉浸式体验，从而更加直观地了解汽轮机结构、工作原理和运行过程。

虚拟现实技术常用于娱乐业、医疗和建筑设计等行业，作为机械设备制造商，该技术是智能汽轮机技术发展的增值服务之一，该技术不但可以增进制造厂营销、设计、制造相关人员对汽轮机的认识，提升营销效果及设计、制造水平，而且 VR 技术在机组安装、调试、运行、维护以及大修中的广泛应用，还可以协助用户快速解决机组的疑难杂症，辅助用户的汽轮机知识培训，提升机组运行管理的安全性，降低事故风险。

6. 虚拟装配技术

虚拟装配技术在复杂机械的制造、装配中已经屡见不鲜，其实质就是将设备各部套、零件数字化，然后用数字化的模型进行电脑端的三维可视化模拟装配，从而代替实物的机械试装配过程，达到减少实际的装配工序及装配时间的目的。虚拟装配技术主要包括两个方面，一是设计数据模型的虚拟装配，二是产品实际测量数据的虚拟装配。设计数据模型的虚拟装配是结合设计原始的三维数字模型，提取其关键装配参数，实现装配过程的模拟、装配工序的规划以及部件之间的干涉检测等；而实际测量数据的虚拟装配是将制造出来的产品的关键尺寸进行实测、汇总、分类，利用这些数据进行建模，然后完成虚拟装配以及后期分析。两者的区别在于设计数据模型的虚拟装配主要用于使用者对汽轮机结构的总体认识、装配、检修过程的熟悉以及装配要点的深刻掌握，而实际测量数据的虚拟装配主要用于制造厂内部缩短总装时间、优化制造工序和资源配置，虽然后者也具备前者的功能，但是由于其收集、整理产品实测数据的工作量较大，且机组模型通用性较差，故对智能电厂应用的意义不大，因此，智能电厂需要的虚拟装配功能采用设计数据模型更为合理。

面向智能电厂的智能汽轮机的虚拟装配技术主要是用于电建安装人员和电厂运行、维护人员更好、更快地掌握汽轮机结构知识，缩短培训时间、降低培训成本、增强培训效果，更好地保障机组安全运行。

7. 数字化档案及管理

在现有的电厂技术档案管理中，多以纸质版资料管理或者单机电子版资料随机存储的方式进行，管理方式落后，极易出错。智能汽轮机的数字化档案管理是以全三维数据模型为对象，建立整个汽轮机集成的信息管理数据库，将机组全生命周期范围内的所有资料进行数字化管理，将二维数据和三维模型一一对应，可使不同专业的技术人员在同一个平台上开展工作。

在智能汽轮机的数字化档案规划中，汽轮机关键零部件（涉及需现场安装、检修和重点维护的部件）按照统一的编码规则（KKS 编码或者制造厂零部件编码）建立物料与图纸、模型的对应关系，关联数据信息，便于资料查阅和维护，主机设备的关键资料如主机证明书、各类说明书、图纸、备件清单、检修数据等均采用无纸化管理，对于机组维护所需的备件及易损件，可在数字化档案中给对应的模型对象补充必要的属性信息如材质、规格、数量、参数运行区间等等，便于多维度查询。

数字化档案的建立可实现电厂系统信息联通，方便管理人员对信息的把控，在提高电厂的生产管理管控能力、制定设备维护计划以及应急预案等方面均有较大发展空间，可大大提高电厂的智能化水平。

四、智能汽轮机的设计

当前，智能电厂的发展处于初级阶段，内容侧重于整个电厂的信息连通、系统优化和电厂宏观的智能管理、经营等，而设备级的智能化水平较低。对于智能汽轮机的研究，国内几大汽轮机制造商均处于探索阶段，还存在一部分亟待解决的难题。

1. 三维模型构建

汽轮机三维模型的构建是实现汽轮机可视化技术、数字孪生技术和虚拟装配技术等的基础条件，在模型设计时，一方面需充分考虑汽轮机关键技术对三维模型的保密要求，另一方面三维模型须能够满足智能汽轮机具体功能的需要。

在具体操作过程中，模型构建需兼顾以下几方面要求：

（1）汽轮机关键技术如各类型线和关键结构须进行简化或加密处理。

（2）叶片支数进行简化以减少模型的结构面数，便于模型轻量化。

（3）现场不进行拆卸的结构件进行简化或归一化处理。

（4）非关键圆角、倒角、螺纹等结构细节可不进行细化设计，以便于模型轻量化。

（5）现场拆卸频次较低的零件如部分垫片、螺钉和基架、轴承箱以及滑销系统的零件简化处理。

（6）机组所有测点及其测点对应的结构件需设计独立模型，如瓦块、测温测压对应部位、转速、胀差测量位置等。

（7）汽轮机模型的结构至少应满足电厂操作工在安装、拆卸、维护方面的培训需要。

2. 智能决策的优化算法

汽轮机智能化的根本体现是在启停、运行过程中机组能够自我感知、决策和自动控制，尤其是自我决策，需要建立机组的专家系统，专家系统是将专家的思维方式、判断方法以固定程序形式植入到智能汽轮机平台中，利用从机组测点系统中提取到的特征数据为输入条件，智能地将决策结果输送至自动控制系统中，这部分固定程序的本质就是基于特征数据的固定算法，是智能汽轮机的核心技术之一。

智能决策的算法是以自然学科的基本原理为基础，以汽轮机专业知识和运行经验数据为指导而形成的一种优化算法，智能汽轮机运行的算法主要包括汽轮机启动、运行安全性分析（如温度场、高温部件应力场、振动、胀差情况、关键部件寿命等）、汽轮机实时性能分析计算以及汽轮机运行故障诊断算法等，对于不同汽机制造厂或不同系统、不同结构的机组而言，算法也会有差异。

智能优化算法制定的难点主要在于算法的归纳、推演和验证，在此过程中，不但要参考同一台机组运行的历史数据，还需要对大量同类型机组的运行数据和现象进行对比、分析和归纳，充分掌握机组模块的运行状态和变化机理，从而形成更接近机组实际情况的算法公式，确保计算结果能够反映机组真实的状态，更好地保障机组的安全性和经济性。

3. 保护定值设置

汽轮机控制系统中大量的保护如振动、胀差、压力、温度、偏心、转速等，是保障机组安全运行和实现一键启动的重要条件，保护定值设计是检验智能汽轮机优化算法的基本方式，也是汽轮机实现智能化的难点之一。

在机组启动过程中，往往会因为胀差超限造成机组遮断或者因胀差超出正常值造成碰摩而引起振动大遮断，究其原因是设计人员对汽轮机本体温度场的分布、温度场随时间的变化，以及温度场对于本体的热应力作用和结构变形的定量掌握不足而造成的，保护定值的设计不但是智能汽轮机实现一键启停的关键因素，而且也能够从侧面体现汽轮机的设计水平。

4. 材料基础数据

在常规汽轮机本体结构设计过程中，高温部件的安全性通常采用高温材料工作温度下的屈服、蠕变和持久等数据作为安全性评价的标准，而高温部件的运行环境变化（温度、压力、交变应力、应力集中等）对材料高温性能的影响均由结构设计的安全系数来承担，这样做，虽然简化了结构设计过程，但是却降低了高温部件寿命设计的准确性。因此，在智能汽轮机的关键部件寿命预警功能的设计过程中，高温材料的疲劳、松弛等数据的完善性和准确性更加突出，是寿命设计的难点。当然，除了高温材料本身的试验数据之外，也需要大量的高温部件运行数据对其设计寿命加以修正。

第三节　汽轮机的智能化控制策略和算法

汽轮机作为一种高效能、低排放的能源转换设备，广泛应用于电力行业。智能化控制策略和算法可以提高汽轮机的运行效率和稳定性。本节主要介绍汽轮机智能化控制策略和算法以及实现方法。

一、智能化控制策略

汽轮机智能化控制策略主要有模型预测控制（MPC）、遗传算法（GA）和模糊控制（FC）三种类型。

1. 模型预测控制（MPC）

模型预测控制是一种基于系统模型的控制策略，通过预测系统未来的运行状态，优化控制变量的选择，从而实现对系统的精确控制。在微型汽轮机的智能化控制中，MPC可以用于优化燃烧进程、调节蒸汽流量和温度等关键参数，提高燃烧效率和系统稳定性。

2. 遗传算法（GA）

遗传算法是一种模拟自然进化过程的优化算法，通过模拟遗传、突变和选择等过程，寻找最优解。在微型汽轮机的智能化控制中，遗传算法可以用于优化控制参数的选择，如燃烧过程中的燃料配比、燃烧温度和压力等参数，提高系统的效率和稳定性。

3. 模糊控制（FC）

模糊控制是一种基于模糊逻辑推理的控制策略，通过建立模糊规则和模糊推理机制，实现对系统的控制。在微型汽轮机的智能化控制中，模糊控制可以用于根据实时运行状态和外部环境变化，调节控制参数，如燃料流量、蒸汽流量和温度等参数，保持系统的稳定性和安全性。

二、智能化控制算法

汽轮机智能化控制算法有神经网络算法和支持向量机算法。

1. 神经网络算法

神经网络是一种模拟人脑神经元之间相互连接的网络结构，通过学习和训练，实现对系统的自适应控制。在微型汽轮机的智能化控制中，神经网络算法可以用于建立微型汽轮机的非线性模型，实现对系统的精确控制。

2. 支持向量机算法

支持向量机算法是一种通过寻找最优超平面实现分类和回归的算法，具有良好的泛化能力和鲁棒性。在微型汽轮机的智能化控制中，支持向量机算法可以用于建立系统的预测模型，预测系统的运行状态和输出，实现对系统的优化控制。

三、智能化控制实现方法

智能化控制的实现方法包括数据采集与处理、智能化控制系统设计、控制参数优化和控制系统实施与调试。

1. 数据采集与处理

通过传感器采集微型汽轮机的运行数据，如温度、压力、转速等参数，将数据传输给控制系统进行处理。数据处理包括数据清洗、特征提取和预处理等过程，以减少噪声和提高数据的可靠性。

2. 智能化控制系统设计

根据汽轮机的控制需求和智能化控制算法，设计智能化控制系统的硬件和软件结构。硬件部分包括传感器、执行器、控制器等设备的选择和布置；软件部分包括控制算法的实现和控制策略的设计。

3. 控制参数优化

通过对汽轮机的运行数据进行分析和建模，优化控制参数的选择和调节。优化过程可以采用遗传算法、模型预测控制等智能化算法，以求得最优的控制效果。

4. 控制系统实施与调试

在控制系统实施阶段，需对控制系统进行调试和验证，确保系统的稳定性和可靠性。调试过程中，可以通过仿真和实验验证，对控制算法和控制策略进行优化和调整。

汽轮机的智能化控制是提高其运行效率和稳定性的重要手段。通过采用智能化控制策略和算法，如模型预测控制、遗传算法和模糊控制等，可以优化汽轮机的做功过程和调节关键参数，提高系统的效率和稳定性。实现智能化控制需要进行数据采集与处理、智能化控制系统设计、控制参数优化和控制系统实施与调试等步骤。通过智能化控制的应用，汽轮机能够更好地适应不同的工况和环境要求，实现能源的高效利用和节能减排。

第四节 汽轮机在线智能监测与远程智能运维

随着计算机技术、人工智能技术、专家系统、基于知识的系统技术以及网络通信技术的发展，许多状态监测与故障诊断系统被开发，并在电厂实际应用中获得了成功。汽轮机在线监测系统是机组监控系统的必要组成部分，通过汽轮机在线监测系统可以了解和掌握设备在使用过程中的状态，确定其整体或局部的运行状况，并对可能出现的故障进行预判并帮助分析其故障机理。在实际生产中，监测系统已成为保障汽轮机高效运行的必备产品。因此，加强对汽轮机状态的在线监测和故障诊断，提高监测和诊断的效率，对于保证汽轮机的正常运行，提高生产效率，缓解能源紧张等方面都有重要的作用。

一、汽轮机在线智能监测系统

1. 系统组成

汽轮机在线智能监测系统总体上可分为两层，即数据采集层和可视化监视层。数据采集层是通过采集卡采集现场机组的监测数据并存储在数据库服务器中；然后，进行数据类型分类，并在 MSP 平台创建可视化监控层数据及专家诊断系统数据；最后，对数据进行可视化编程处理，在客户端显示图形。系统设计框架如图 15-1 所示。

2. 系统功能

汽轮机在线智能监测系统主要包含 3 个模块：在线监测模块、故障诊断模块和远程专家诊断模块。图 15-2 为该系统的功能框架。

在线监测模块接收电厂 DCS 数据，然后基于博努力 MSP 平台进行数据分析和处理，形成监测图谱。监测图谱主要是汽轮机轴系各测点的轴心轨迹图、振动频谱图、瀑布图和级联图等。当汽轮机运行参数超过设定值时，系统自动报警。

故障诊断模块主要是对汽轮机组监测数据的异常情况进行诊断。故障

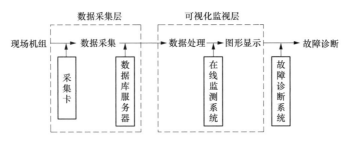

图 15-1　汽轮机在线智能监测系统设计框图

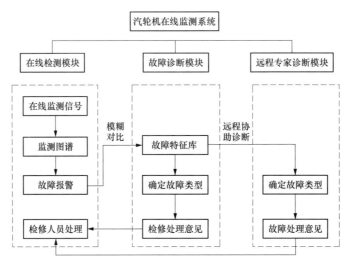

图 15-2　系统功能框架

诊断模块接收监测模块的报警数据后与故障特征库信息进行比对，确定故障类型，再根据操作规程自动给出处理意见，检修人员可根据意见在现场进行检查维护。

　　远程专家诊断模块可为用户提供在线诊断，该模块接收故障诊断模块的故障特征，若无法判定故障类型或处理后不能恢复成正常的运行状态，则启用远程专家诊断模块进行会诊，通过监测图谱和故障特征判定故障类型并给出处理意见。

二、汽轮机远程智能运维系统

　　发电设备远程智能运维服务系统是响应国家号召、顺应时代发展应运而生的一个项目。目前大多数电站仍然采用传统的计划检修模式，对设备易造成过度维修或维修不足的现象。如何根据机组的实际运行状态，合理制定科学的检修计划方案，缩小检修范围；同时针对易损部件如何提前准备备品备件，缩短机组维修时间，成为困扰用户的顽疾。发电设备远程运维服务系统正是为用户解忧，为用户增效的一个系统。系统整合状态监测中的振动信号和电控信号，基于更高的数据维度进行数据分析，并集成专家知识库以及一定的算法进行故障诊断分析，一步步完成从计划检修到状态检修。

1. 远程智能运维系统功能

汽轮机远程智能运维系统有三大主要功能：状态检测与故障诊断、故障预测与健康管理、优化运行建议。系统向用户提供可视化状态监测、故障原因分析、故障处理方法、运行建议、机组健康度综合评估、关键部件故障发生可能性评估、主要部件衰退评估、状态检修决策建议、备件状态与故障预测匹配建议、多机组负荷匹配方案。

2. 远程智能运维系统总体结构设计

平台采用 SOA 架构，即面向服务的架构，可以根据用户需求利用网络对松散耦合的组件进行分布式组合、部署和使用。发电设备智能远程运维服务系统，实时数据经过加密传输至哈电数据中心，通过专家知识库及推理机相互配合实现对故障的诊断功能并反馈至电厂用户，针对特殊故障通过组织专家进行集中会诊，为现场提供解决方案。系统基本工作流程如图15-3 所示。

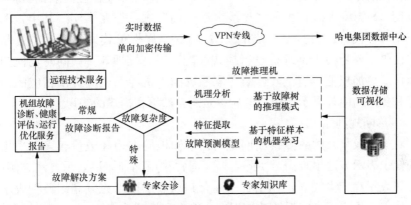

图 15-3　汽轮机远程智能运维系统基本工作流程图

本系统最核心的部分就是专家知识，利用汽轮机厂提供的设备运行技术参数，结合现场运维经验、走访专家、专家评审等方法总结了部分专家知识库。根据总结好的专家知识，建立故障诊断推理软件，该推理软件不仅写入了专家库提出的多种算法，而且能够录入未来开发的满足相似算法的专家知识。

知识是专家系统的核心，决定专家系统解决问题的能力，建立一个诊断专家系统的知识库主要包括知识的分类、表示、获取、组织与管理。知识的分类和表示是与领域有关的，汽轮机系统结构复杂，故障事件之间存在一定的层次性和因果关系。根据专家系统中一般知识的分类方法，结合汽轮机故障诊断的特点，可将诊断知识具体划分为不同的类型，如特征参数、经验知识和对策知识等。

由于汽轮机诊断知识的类型较多，采用单一的知识表示方法很难满足实际需要。本课题分析不同知识表示方法的特点，采用框架和规则相结合的形式来表达诊断知识，增强了诊断系统的知识表达能力。为了便于对诊断知识进行管理和维护，本课题采用 MySQL 数据库存储诊断知识。

汽轮机故障诊断专家系统的诊断知识包含三部分，故障模式库、征兆事实库和诊断规则库，数据表设计如下。

1. 故障模式库

故障模式库包含专家系统能够诊断的所有故障模式的相关信息，如故障名称、故障代码、故障具体含义的描述信息，相当于故障字典；同时还包含故障对策知识，用于给出消除故障的预案措施。其中，父故障代码（father_code）字段表示该故障对应的上层故障，用于构建故障树的层次结构。

2. 征兆事实库

在故障诊断专家系统中，经常采用"属性 — 值"，即（A，V）这样的二元组来表示征兆事实。其中，A（Attribute）表示对象的属性，即与诊断对象相关的某种特征或性质；V（Value）则表示对象属性的取值。例如：可以用（S010，V01）表示"母线电压过高"这一征兆事实。其中，S010是征兆属性代码，表示"母线电压"；V01 是属性值代码，表示"过高"。使用代码主要是便于推理机进行模式匹配，提高推理效率；同时也使知识表示形式更加规范。当然，诊断专家系统的人机界面还应提供相应的代码解释和翻译功能，显示给用户的应该是用自然语言描述的知识。

3. 诊断规则库

对于比较复杂的故障诊断问题，由于知识的类型和数量较多，采用单一的知识表示方法很难满足实际需要，通常采用混合知识表示方法。例如：将框架表示和产生式表示相结合。混合知识表示可以充分利用各种表示方法的优点，提高了专家系统的知识表达能力和推理效率。

第五节　汽轮机智能故障诊断

一、汽轮机智能故障诊断基础

汽轮机作为复杂系统，其运行状态可能由多种故障影响，不同的故障间相互联系、相互激发，往往是由于一个故障发生导致其他故障并发，产生的外在现象是很多因素综合作用的结果，具有复杂的因果关系，如联轴器连接偏差、转子热弯曲与质量不平衡，联轴器连接偏差与轴系振动稳定性，动静碰磨与转子热弯曲等，它们之间都有直接或间接的联系。此外不同故障的原因、征兆之间也具有复杂的联系。正是由于汽轮机故障间这种复杂的网状联系，为汽轮机运维带来了较大的难度。

电厂普遍采用的汽轮机运维方式是通过日常参数监测发现异常，运维人员采取必要的措施恢复机组状态，或者通过定期维修排查机组缺陷。这些都严重依赖于运维人员的经验，同时维修时间也偏向于故障发展后期，已经不能满足智能电厂的发展需求。汽轮机智能故障诊断系统正是立足于传统的参数监测，并在监测的基础上进一步分析，排查故障原因并给出维护建议，包括对已发生的故障进行诊断防止继续劣化、对未发生的故障进行预测防止故障发生，从而达到故障诊断、预诊和智能维护的目的。因此，开展汽轮机智能故障诊断对于汽轮机的运维工作具有一定的现实意义。但是，汽轮机智能故障诊断系统的构建需要满足现场需求，同时又面临故障复杂、知识复杂与运维难度大等问题，如图 15-4 所示。

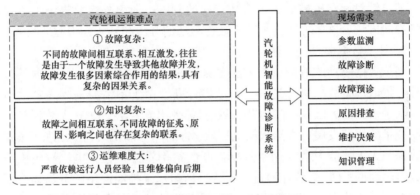

图 15-4 汽轮机运维难点与现场需求

数据与知识是开展汽轮机故障诊断的基础，也是构建汽轮机智能故障诊断系统的基本要素，数据中包含有大量的信息，这需要通过大数据分析充分挖掘数据中的有用信息；知识是进行诊断的理论支撑，只有将知识与数据有效地结合起来，才能够保证汽轮机故障诊断系统上层功能的需求，因此在汽轮机故障诊断系统的构建中需要重点关注以下几个方面的问题：

（1）能否对故障知识及知识间复杂联系实现存储和表达；

（2）大数据、人工智能技术与知识能否有效结合；

（3）系统功能设计是否满足实际需求。

二、汽轮机故障知识管理

故障知识是进行故障诊断的理论支撑，包括诊断知识的获取、表达和使用。故障诊断系统的效果主要取决于其知识库中知识的数量和质量，由于汽轮机设备结构复杂，故障表现形式多样，很难用简单的数学模型进行表达，需要大量的领域专家经验、理论知识作为支撑，因此故障知识的合理存储与表达直接影响到故障诊断结果。应构建包含案例、逻辑、查询、交互等功能的知识域，最终形成巨型分布式知识仓库。在汽轮机故障诊断领域内，就是通过搜集各种专家知识、案例知识、设备知识等相关领域知识，从而构建并不断丰富和完善故障诊断系统领域知识库，辅助故障诊断系统的建设。

在人工智能技术的快速发展下，知识图谱作为人工智能的基石在多个领域发挥了其重要作用，知识图谱可以在非结构化数据中提取结构化知识，并利用图分析进行知识间关联挖掘。这种特性为故障知识管理开辟了新的思路。国内学者开展了大量的研究，并将本体引入到知识管理中，通过分析知识的组织、表达和检索构建了知识管理系统；实现了对多领域本体分布式知识中静态知识和动态知识的索引和管理，提高诊断知识效率。

三、汽轮机故障诊断方法

随着针对旋转机械的故障诊断技术的发展，国内外专家提出大量设备故障诊断方法，这些方法分为基于数据驱动的方法和基于知识驱动的方法。

1. 基于数据驱动的方法

基于数据驱动的故障诊断方法是采集机组监测数据，通过数据的分析处理，提取设备故障信息进而进行故障诊断。由于不需要深入理解故障机理，基于数据的方法在故障诊断领域也展现出其优势。尤其大数据与人工智能技术的快速发展，也给汽轮机故障诊断带来了新的契机，出现了很多将大数据与人工智能方法应用于故障诊断的案例。比如在火电厂汽轮机中利用数据驱动的 FDD 系统，通过监测数据构建基于神经网络的分类器，证明了数据驱动方法在故障检测和诊断领域中的优越性；利用设备运行历史数据样本，利用高斯混合模型中模糊聚类的方法建立了汽轮机转轴状态预测模型，通过高维空间中参数期望值曲线与实际曲线的相似度，推测可能的故障类型。

基于数据驱动的方法依赖于监测数据，如何通过先进的检测手段获取更多的有用信息，也是进行数据分析的底层支持。近些年来，也有一些先进的检测技术被运用到汽轮机故障诊断中来。有人将应力波分析引入到汽轮发电机组状态监测和故障诊断中，尤其是用于测量滑动轴承中运动部件之间的摩擦、冲击和动态载荷传递，并取得了不错的效果。由于工业大数据具有噪声和不确定性，如何处理数据并快速提取有效信息是利用数据进行下一步工作的重要前提。

2. 基于知识驱动的方法

基于知识驱动的方法是通过学习故障知识进而进行故障诊断，其中故障知识来源包括故障机理知识、专家经验、故障案例、仿真模型等等，从数学和机械的角度分析故障发生时产生的一系列表现，能够更深入地揭露汽轮机故障发生和发展的本质。利用故障模式及影响分析和故障树分析技术相结合的方法可将汽轮发电机组中常见的故障知识分为 11 大类，通过贝叶斯网络模型可以实现多元信息融合，采用联合树算法进行诊断推理并开发出汽轮机故障诊断系统。针对电站汽轮机局部进汽工况下发生的高压转子和轴承系统振动故障，开展一系列故障诊断、机理分析、数值模拟、过程仿真和实验研究工作，进而研究相应的解决方案。

由于不需要严密的解析模型，基于知识的方法更适合用于复杂设备故障诊断的工程实践中。此外，基于知识进行的汽轮机故障诊断更深入地研究故障发生与发展的机理，不仅能够提高电厂运维水平，更能够指导设备的设计优化和监测系统的完善。基于知识的故障诊断方法基础是故障知识，由于汽轮机故障诊断知识来源与形式多样，如何将获取到的故障诊断知识合理地管理起来，以支撑后续故障诊断，是利用知识进行故障诊断研究的重点和难点。

四、汽轮机故障诊断系统研究现状

汽轮机作为发电机组的主力设备，为了电力生产的安全性以及广泛的工业利益，设备制造厂商以及各大发电集团都开发了汽轮机故障诊断系统，以降低维护成本，提高机组的可用性。设备制造厂商及各大发电企业相继进行了一系列汽轮机故障诊断系统的研究。

近几十年以来电厂一直缺少成熟应用的设备状态监测与诊断系统，随着厂级监控信息系统的广泛推广，储存的历史数据为火电设备状态监测与智能诊断提供了很好的技术基础，也涌现出很多先进算法在系统上的应用。

（1）针对电厂历史案例中保存的文本和数值信号，分别采用基于形式概念的案例推理方法和基于神经网络的相似度计算方法对故障进行诊断，并设计智能故障诊断系统。

（2）通过连续监测蒸汽轮机的运行状况通过 GSM 网络传送的 STFDDD 的新硬件架构，使用 Verilog 编程语言模拟设计，并以 Arduino 与 FPGA 接口传输数据，能够达到极高的准确性并在短期内采取必要的动作，构建了汽轮机故障检测和操作维护系统。

（3）基于数据采集与时频域分析，建立振动诊断知识库和推理机制，采取 B/S 架构设计开发汽轮机远程监测与诊断系统，实现自动诊断和交互诊断功能，辅助振动专家进行故障排查。

（4）通过建立生产规则的知识库和基于概率的推理机制，构建大型汽轮机集中振动故障诊断专家系统。

总体上来说，汽轮机故障诊断研究中，知识与数据依然是最重要的两个议题。在知识侧，针对复杂故障的知识进行结构化管理；在数据侧，有大量的数据分析方法可被应用于故障诊断领域。但是在现实应用中仍存在一些问题。

（1）不同的故障间相互联系、相互激发，具有复杂的因果关系。选取合适的方式将故障知识以及故障间的复杂关联进行结构化表达，为诊断系统提供高效的知识检索和推理是十分有必要的，但是目前仍没有成熟的汽轮机故障知识结构化管理手段被应用于故障诊断系统。

（2）知识是诊断的理论基础，数据是诊断的现实依据，只有将大数据分析技术与诊断知识有机地结合起来，才能够提高汽轮机故障诊断效果。目前应用于现场的汽轮机故障诊断系统与先进的数据分析方法结合较少，其效果仍有较大提升空间。

参 考 文 献

[1] 谢永慧，刘天源，张荻．新能源形势下的"智能汽轮机"及其研究进展［J］．中国电机工程学报，2021，41（2）：394－408．

[2] 刘吉臻，胡勇，曾德良，等．智能发电厂的架构及特征［J］．中国电机工程学报，2017，37（22）：22－29＋317．

[3] 尉坤，初世明，宋为平，郑宏伟．汽轮机远程智能运维服务专家知识库开发［J］．清洗世界，2019，35（7）：69－70．

[4] 高展羽，宋放放，马骏．智能汽轮机功能及设计难点探讨［J］．东方汽轮机，2023（2）：18－21＋39．

[5] 史进渊，李军，刘霞，等．我国大型汽轮机技术研究进展与展望［J］．动力工程学报，2022，42（6）：498－506．

[6] 杨剑永，韩德斌，张涛，付钰惠，王清．基于MSP的汽轮机在线智能监测系统设计［J］．沈阳工程学院学报（自然科学版），2022，18（2）：50－53．

[7] 孙树民．汽轮机智能故障诊断与维护决策系统研究［D］．华北电力大学（北京），2021．

图 1-1　汽轮机典型设备

（a）凝结水泵；（b）循环水泵；（c）疏水扩容器；（d）除氧器；（e）给水泵前置泵；

（f）给水泵；（g）低压加热器；（h）高压加热器；（i）凝汽器；（j）汽轮机

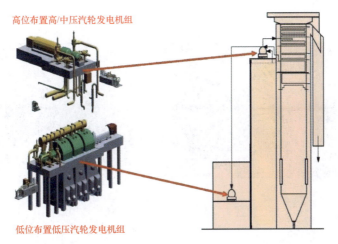

图 1-11　布置图

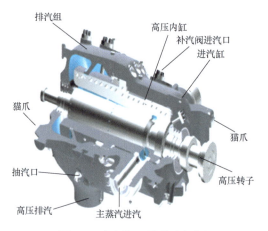

图 2-8 高压缸三维装配视图

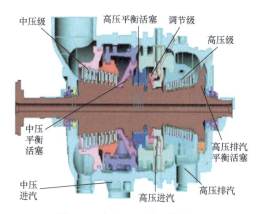

图 2-9 高中压缸合缸结构图

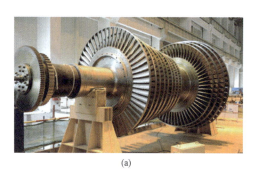

(a)

(b)

图 2-15 常见的高参数高中压转子、低压转子结构图

(a) 高中压转子；(b) 低压转子

图 2-16　刚性联轴器

图 2-17　波形筒式半挠性联轴器

图 2-18　挠性联轴器

图 2-19　持环和隔板上的静叶

图 2-20　低压转子上动叶片的拆装作业

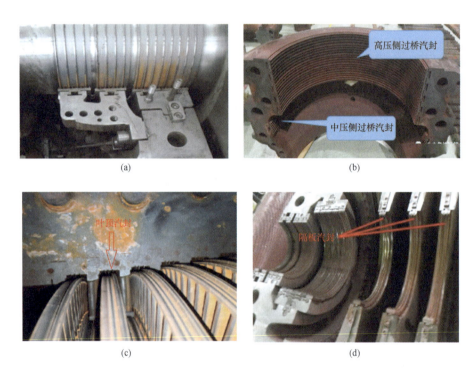

(a)　　　　　　　　　　　　　　(b)

(c)　　　　　　　　　　　　　　(d)

图 2-23　几种不同位置的汽封

（a）轴端汽封；（b）过桥汽封；（c）叶顶汽封；（d）隔板汽封

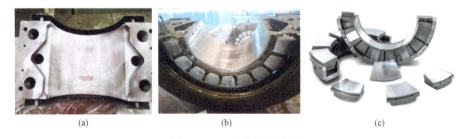

(a)　　　　　　　　　(b)　　　　　　　　　(c)

图 2-25　三种汽轮机轴承

（a）径向支承轴承；（b）径向推力联合轴承；（c）推力轴承

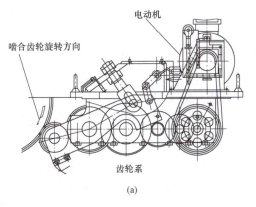

(a)

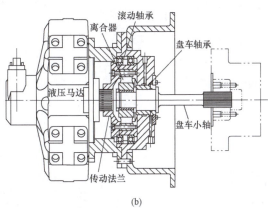

(b)

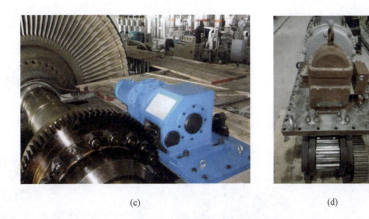

(c)　　　　　　　　　　　　　　　(d)

图 2-26　几种常见盘车装置

（a）摆动齿轮盘车；（b）液压盘车；（c）检修用盘车；（d）侧置式摆动齿轮盘车

5

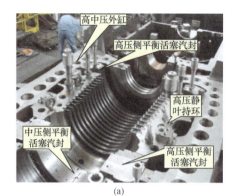

高中压外缸
高压侧平衡活塞汽封
高压静叶持环
中压侧平衡活塞汽封
高压侧平衡活塞汽封

(a)

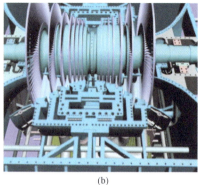

(b)

图 3-1　双层结构高中压合缸和三层结构低压缸
（a）双层结构高中压合缸；（b）三层结构低压缸

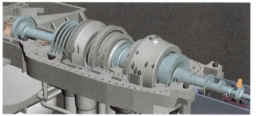

图 3-7　高中压合缸结构图

喷嘴室

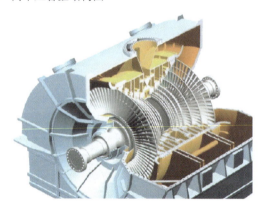

图 3-10　给水泵汽轮机喷嘴室　　　　图 3-11　低压缸三维剖面图

拉杆
应拆除

图 3-13　低压连通管拉杆

图 3-14　低压缸进汽管部件

图 3-15　低压排汽导流环悬挂在外缸内吊出

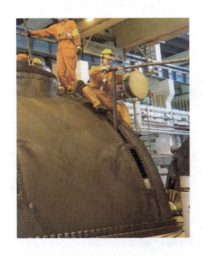

图 3-16　低压内缸内侧螺栓拆卸　　　图 3-17　低压内缸腔室盖板及隔热板

图 3-18　低压外缸顶部大气释放阀

图 3-19　低压内缸螺栓热松

图 3-23　R 角部位的裂纹

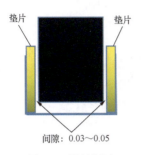

图 4-7　滑销间隙

图 4-8　低压缸进汽短管

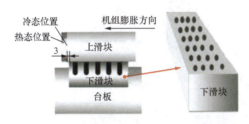

图 4-9　自润滑滑块结构

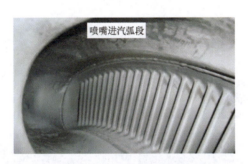

图 5-1　喷嘴进汽弧段

图 5-4　静叶环

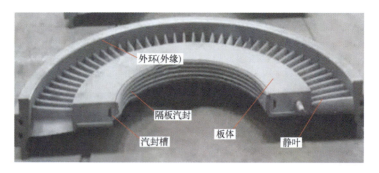

图 5-5　隔板的构成

图 5-8　隔板套

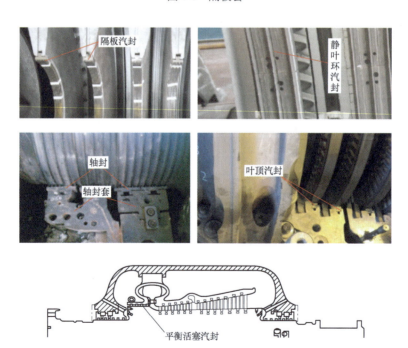

图 5-11　汽轮机的几种汽封

图 5-13　隔板结垢情况

图 5-15　洼窝找正无线激光测量装置

图 5-22　轴封

图 5-23 叶顶汽封

图 5-24 隔板汽封

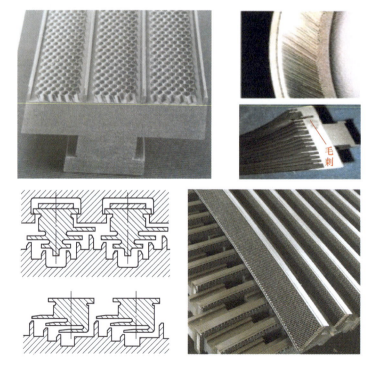

图 5-29 各种结构形式的汽封块

12

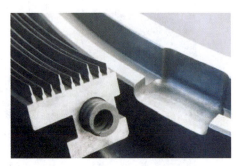

图 5-32　阻汽片　　　　　　　　　　图 5-40　布莱登汽封

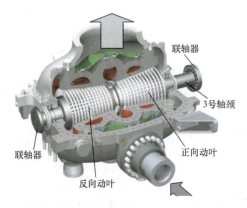

图 6-2　上海汽轮机有限公司 N1000-26.25/600/600（TC4F）
机组中压转子结构图

图 6-4　喷丸除垢效果图　　　　　　图 6-8　轴颈磨损

(a)

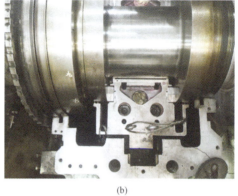
(b)

图 6-9　推力盘

（a）单推力盘；（b）双推力盘

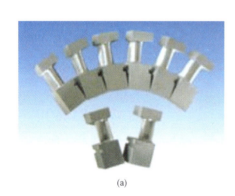
(a)

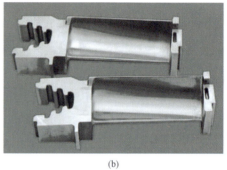
(b)

图 6-10　等截面叶片和变截面叶片

（a）等截面叶片；（b）变截面叶片

图 6-14　动叶封口片松动脱落

图 7-1　轴承座

图 7-2　轴承座内部结构图

图 7-3　汽轮机 1 号轴承座（前箱）

图 7-4　轴承座外油挡

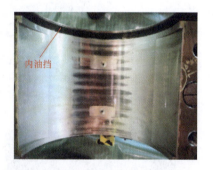

图 7-5　轴瓦铜质内油挡

图 7-7　前箱角销（压销）

15

(a)

(b)

图 7-18　径向推力联合轴承

（a）适用于小功率机组；（b）适用于大功率机组

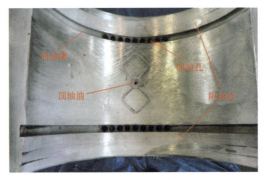

图 7-19　下瓦示意图

图 7-22　油膜高温后的轴瓦

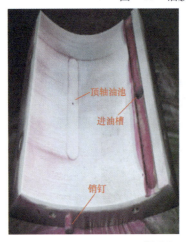

图 7-29　可倾瓦块

图 7-31　端盖轴承顶部双层绝缘垫块

图 7-32　推力轴承

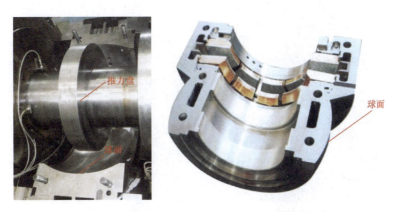

图 7-33　球面自位式推力瓦、径向推力联合轴承

17

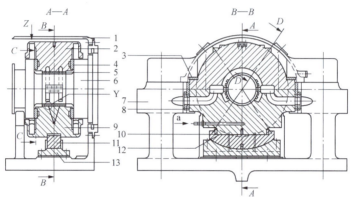

图 7-34　上汽 TC4F 机型 2 号径向推力径向联合轴承

1—轴承座上半；2—轴承壳体上半；3、8—键；4—推力瓦块；5—轴承衬套；6—转子；

7—轴承座下半；9—轴承壳体下半；10、12—调整垫片；

11—球面垫块；13—球面座；a—顶轴油孔

图 9-2　侧置式盘车装置

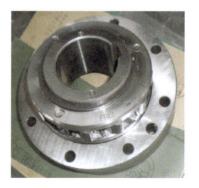

图 9-6　超速离合器

图 10-5　EH 油箱集装

图 10-13　蓄能器充氮

图 10-14　蓄能器菌形阀

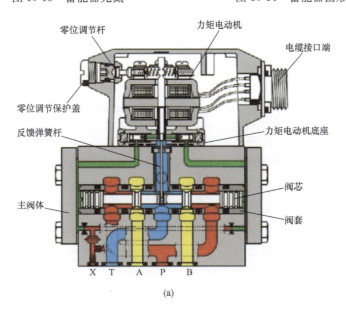

(a)

图 10-17　伺服阀原理及结构图（一）

（a）原理

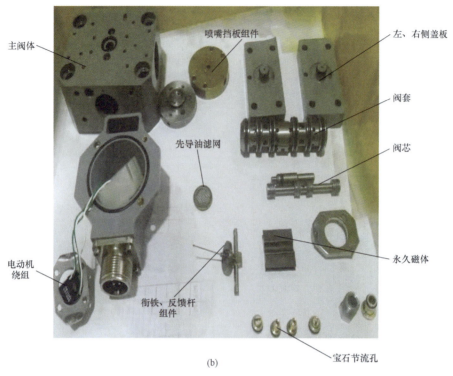

主阀体

喷嘴挡板组件

左、右侧盖板

阀套

先导油滤网

阀芯

电动机绕组

永久磁体

衔铁、反馈杆组件

宝石节流孔

(b)

图 10-17　伺服阀原理及结构图（二）

（b）结构

图 10-35　主油泵图

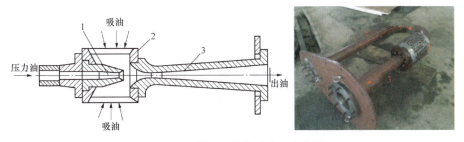

图 10-36 射油器结构示意及实物图

1—进油管；2—滤网；3—扩压管

图 10-39 板式换热器结构图

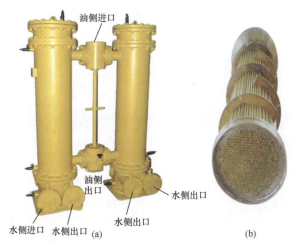

图 10-40 管式换热器外形及芯子图

（a）外形；（b）芯子图

图 11-1　常见小型离心泵外观

（a）卧型立式单级管道离心泵；（b）单级单吸悬臂离心泵；（c）无密封自控自吸泵；
（d）水平中开单级双吸离心泵；（e）卧式多级离心泵；（f）潜水排污泵

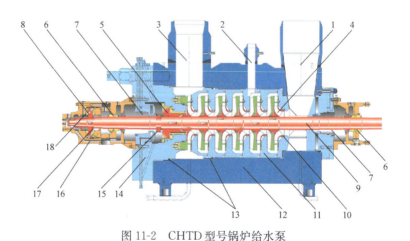

图 11-2　CHTD 型号锅炉给水泵

1—给水泵入口管；2—给水泵抽头管；3—给水泵出口管；4—首级叶轮；
5—平衡鼓；6—径向轴瓦；7—轴端密封；8—推力盘；9—轴；
10—口环密封；11—内筒体；12—外筒体；13—翼形密封；
14—芯包端盖；15—分半环及调整垫；16—调整密封垫；
17—调整垫；18—推力瓦

图 11-4　机械密封拆卸

图 11-5　轴窜测量图

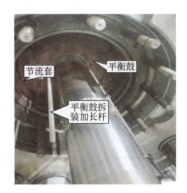

图 11-6　平衡装置拆卸图

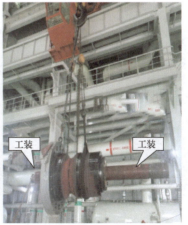

图 11-7　抽芯包

图 11-8　装端盖螺母

图 11-9　抬轴量测量

图 11-10　联轴器回装图

图 11-11　找中心验收图

图 11-12　联轴器图

图 11-13　轴承室解体图

24

机械密封

图 11-14　拆卸机械密封图

图 11-15　轴承盖解体图

窜动测量

图 11-16　轴窜测量图

图 11-17　抽转子图

图 11-18　密封环间隙测量图

图 11-19　轴弯曲测量图

图 11-20　轴承室回装图

图 11-21　推力间隙测量图

图 11-22　联轴器找中心图

图 11-23　机械密封解体

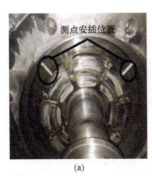

（a）　　　　　　　　　　　　　　（b）

图 11-24　推力瓦及推力盘磨损

（a）推力瓦；（b）推力盘

图 11-25　固定螺栓缺损

图 11-26　芯包解体后图片

图 11-28　吊凝结水泵电动机图

图 11-29　拆卸联轴器图

图 11-30　泵轴向窜动测量图

图 11-31　电动机支架支承面水平测量图

图 11-32　推力轴承解体图

图 11-33　吊凝结水泵图

图 11-34　轴弯曲测量图

(a)

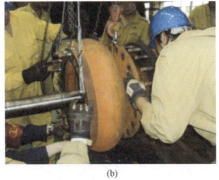
(b)

图 11-35 凝结水泵叶轮及壳体回装图
（a）叶轮回装；（b）壳体回装

图 11-36 找中心图

图 11-38 在联轴器与轴端调整螺母上做标记

图 11-39 吊出泵端盖和导流体

29

图 11-40　拆卸套筒联轴器止推卡环

图 11-41　吊出下泵轴及转子部件

图 11-42　推力瓦与导瓦检查

图 11-43　推力头清理

(a)

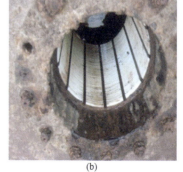

(b)

图 11-44　下轴套与导轴承磨损

（a）下轴套；（b）导轴承磨损

图 11-45　叶轮腔室裂纹

图 11-48　叶轮裂纹

图 11-50　泵盖吊出

图 11-51　转子吊出

图 11-52　拆除联轴器

图 11-53　弯曲度检查

图 12-2　高压加热器人孔盖

图 12-3　高压加热器水室隔板图

图 12-7　除氧器内部结构图

图 12-8　除氧器喷嘴图

图 12-9　除氧器外观图

图 12-10　除氧器事故盲管图

图 12-12　凝汽器水室隔板图

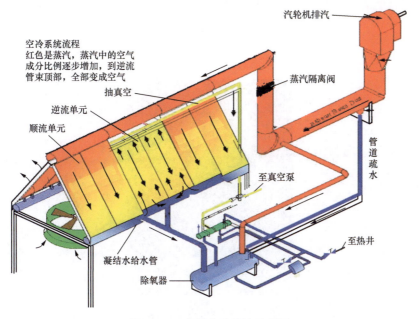

图 12-13　直接空冷系统示意图

图 12-14　风机齿轮箱结构图

图 12-16　在线机器人清洗示意图

图 12-17　子弹头清洗示意图